普通高等教育"十三五"规划教材

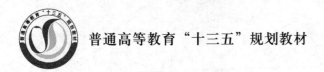

家禽生产学

JIAQIN SHENGCHANXUE

付兴周◎主编

郑州大学出版社

郑州

图书在版编目(CIP)数据

家禽生产学/付兴周主编. —郑州:郑州大学出版社,2017.6
普通高等教育本科"十三五"规划教材
ISBN 978-7-5645-4271-9

Ⅰ.①家… Ⅱ.①付… Ⅲ.①养禽学-高等学校-教材
Ⅳ.①S83

中国版本图书馆 CIP 数据核字(2017)第 081945 号

郑州大学出版社出版发行
郑州市大学路 40 号　　　　　　　　　　邮政编码:450052
出版人:张功员　　　　　　　　　　　　发行电话:0371-66966070
全国新华书店经销
河南龙华印务有限公司印制
开本:787 mm×1 092 mm　1/16
印张:15.75
字数:366 千字
版次:2017 年 6 月第 1 版　　　　　　　印次:2017 年 6 月第 1 次印刷

书号:ISBN 978-7-5645-4271-9　　　　　定价:36.00 元
本书如有印装质量问题,请向本社调换

前言

QIANYAN

近年来我国高等教育体系改革不断深入发展,对教材提出了新的更高的要求。教材不仅要反映学科的研究进展和学科建设的新成果,而且还要更好地适应素质教育、创新能力培养以及多样化教学的要求。在这种形式下本书的编写宗旨为"以综合素质为基础,以能力为本位,立足生产,重视实践,体现现代"。本教材立意新颖,充分反映新知识、新方法、新技术,着重理论联系实践,强化技能。

据统计,我国蛋鸡的存栏量和产蛋量、水禽产品的产量均居世界第一位,肉鸡产量居世界第二位。家禽产品以其营养丰富而全面、品质优良、价格低廉以及消费人群范围广泛具有广阔的发展前景。然而我国养禽业的生产和管理水平位居世界中游,生产水平和效益的提升空间还很大。另外,随着人们生活水平的提高、健康意识的增强,我国家禽产品需求也发生了质的变化,由原来单纯数量增长转变为数量和质量并重的发展模式。因此,普及先进、实用的家禽生产技术,提供优质的家禽产品,仍是提高我国家禽生产水平和市场竞争力的重要措施。

尽管本书是作为高校教材编写的,但在内容上兼顾了生产管理和技术人员的实用性、新颖性、科学性和完整性方面的要求,体现了继承性、权威性、简明性和时代性,内容涉及面宽,详略得当。本书既可以作为高校相关专业的教材,也可以作为家禽养殖及相关企业技术管理人员的培训资料和参考书。

但由于编者水平有限,书中不当乃至错误之处在所难免,敬请同行专家和广大读者不吝指正。

编　者
2017 年 1 月

目录
MULU

第1章 绪 论

家禽是指经过人类长期饲养驯化和培育,在家养条件下能生存繁衍且具有一定价值的鸟类,主要包括鸡、鸭、鹅、火鸡、鸽子、鹌鹑、珠鸡、鹧鸪、鸵鸟等。其中,鸭和鹅合称为水禽,除鸡、鸭和鹅之外的其他家禽称为特种经济禽类,简称特禽,而且鸡、鸭和鹌鹑分化出蛋用和肉用两种类型,其余家禽主要为肉用。在9 000多种鸟类中,人类驯化的只有少数几种,却为人类提供了极为重要的食物资源。

家禽与家畜相比,具有生长迅速、繁殖力强、饲料转化率高、适应集约化、规模化饲养等特点,能在较短的时间内以较低的成本生产出大量营养丰富、品质优良、价格低廉的蛋、肉产品,满足人们对动物性蛋白质的需求。家禽的这一重要经济价值已在世界各地被广大畜牧业生产和食品科技工作者共同关注和广泛发掘利用,人们从遗传育种、营养调控、饲养管理、疾病防控和产品加工等方面进行了大量研究和生产实践,从而形成了现代家禽产业。

1.1 发展养禽业的意义

1.1.1 为人类提供高级的生活资料

发展养禽业可以为人类提供高级的生活资料,家禽生长迅速、繁殖力强、生产周期短、饲料利用率高,禽蛋和禽肉营养全面、品质优良、价格低廉,在人们膳食结构中所占的比例不断提高。禽蛋和禽肉的营养丰富而完善,蛋白质含量高,品质好,含有人体需要的各种必需氨基酸、维生素和矿物元素;禽肉为肉中上品,蛋白质含量比猪肉、牛肉和羊肉高,脂肪、胆固醇含量较低且风味鲜美,易消化,生物学价值高;鹌鹑肉、鸽子肉、火鸡肉别具风味,堪称肉中之佳品;禽蛋是一个幼小生命的起源,富含生命所需的一切营养成分和活性物质,禽蛋含蛋白质、脂肪、卵黄素、卵磷脂以及维生素和矿物质等,对促进人体生长发育具有重要作用。乌骨鸡的骨肉为传统中药"乌鸡白凤丸"的重要原料;禽肉产品如道口烧鸡、德州扒鸡和北京烤鸭都是驰名中外的美味佳肴。随着人们生活水平的提高,健康意识的增强,发展养禽业与改善我国人民的膳食结构,提高国民身体素质有着更为密切的关系。

1.1.2 促进农业的发展

养禽业可以为种植业提供优质的有机肥料,促进农业增产增收。每只鸡、鸭、鹅年产鲜粪月计分别为 55 kg、80 kg、130 kg 左右,禽粪中氮、磷、钾含量丰富,如 55 kg 鸡粪,其肥效相当于硫酸铵 41 kg、过磷酸钙 43 kg、硫酸钾 8.5 kg;鸡粪通过烘干、脱臭或发酵处理后还可以做牛、羊、猪、鱼等的饲料。有机肥不仅养分全面、肥效持久、缓和,还可以疏松土壤、改善土壤结构,为作物提供充分的水分和氧气。有机肥的科学处理和合理利用是维持良好生态环境以及生产无公害、绿色和有机食品不可缺少的优质肥料。

1.1.3　促进工业的发展

养禽业可以为食品工业提供原料,禽产品也是食品、医药、饲料加工等的原料。禽肉包括鸡肉、鸭肉、鹅肉等。目前我国市场上以鸡肉所占比例较高。加工后大多数的禽肉制品成为可直接食用的方便食品,如鸡肉可以制作烧鸡、扒鸡、炸鸡、烤鸡和罐头等,禽蛋可以制作松花蛋、咸蛋等,鸡胚可以制作疫苗,鲜蛋是制作蛋糕、蛋粉等的原料。禽蛋、禽肉是禽产品工业的基础原料,只有优质的原料才能生产出各种优质的禽蛋、禽肉等禽产品。

1.1.4　促进出口换汇

我国家禽产品是传统的出口商品,在对外贸易上占有重要地位。活禽、禽蛋、禽肉及羽绒和羽绒产品等一直都是重要的出口物质,在国际市场上享有较高的信誉。因此,发展养禽业可以为国家多提供出口商品,换取外汇,促进我国现代化建设。

1.1.5　促进农村经济发展和农民致富

家禽饲养周期短,饲养成本低,资金周转快,投资相对较少,经济效益高,禽产品为大多数民族和宗教接受,发展前景好。养禽历来是我国农村一项传统的家庭副业,特别是近年来,我国养禽业迅速发展,正在向集约化、现代化、专业化发展。实践证明,发展养禽业可以促进农村商品经济的发展和农民致富。

因此,科学发展养禽业和禽产品的合理利用,具有广泛的经济效益、社会效益和生态效益。

1.2　现代家禽生产特点

1.2.1　产业体系规范化

(1)良种繁育体系　现代家禽生产需要有高产、稳产、优质、高效、专门化、规格化的优良品种,而原始的地方品种和标准品种很难适应这一需要。因此,在现代化家禽生产中,利用家禽丰富的品种资源,在现代遗传育种理论指导下培养出各种优秀的商业杂交配套系,为现代家禽业奠定了重要的基础。目前,在养鸡生产方面,以国外引进和国内培育商业配套系相结合的方式,推广新品种,基本建成了由曾祖代、祖代、父母代种鸡场和商品鸡场相结合的良种繁育体系。专业化的蛋鸡和肉鸡生产中良种率已达到 95% 以上。

水禽生产也在不断吸收养鸡生产的经验,建立各具特色的良种繁育体系。

(2)饲料工业体系 高产家禽品种必须要在满足各种营养需要以后才能将其遗传潜力充分发挥出来。在完全舍饲的条件下,家禽所需要的营养物质必须全部由人们以饲料的形式供给。因此,要对不同种类和不同生理状态下家禽的营养需要进行科学的研究,形成较为完善的家禽饲养标准,根据饲养标准制定的饲料配方,经过饲料厂加工成全价配合饲料,供家禽饲养场使用。饲料工业体系是现代家禽业的根本物质保证。

(3)禽病综合防控体系 现代家禽业的高度集约化生产模式,为传染病的传播提供了有利条件。如新城疫和马立克氏病的传播曾严重危害养鸡业,如今已基本得到控制,但新的禽病不断出现,至今仍然是世界家禽生产过程中的严重问题。现代家禽生产中,要认真贯彻"以防为主,防重于治"的方针。主要预防措施:疾病净化,全进全出,隔离消毒,接种疫苗进行免疫,培育抗病品系,辅以投药预防。一整套禽病预防和控制措施,构成了现代家禽业的保障体系。

(4)完善的环境控制体系 在研究掌握环境因素对家禽生产性能影响基础上,设计建造适应不同生理阶段的禽舍,大体分为密闭式和开放式两种类型,采用工程设施控制温度、光照、通风、湿度等环境条件,使家禽生产不受季节影响而变成全年连续作业。良好的环境条件保证了家禽遗传潜力的充分发挥。科学的养禽设备的使用可以提高劳动效率,增加饲养密度,如对蛋鸡和种鸡生产采用笼养,在供料、供水、清粪、集蛋和环境控制等环节采用机械化甚至自动化。目前,以湿水帘通风降温设备、纵向通风技术、热风炉的换热器等为标志的环境控制技术得到广泛认可并全面推广,能有效地改善禽舍内的温热环境和空气质量,从而提高家禽的生产性能。另外,一些微生物制剂可降低粪便中氨气的产出,改善禽舍内空气质量,这一技术也已基本成熟。

(5)科学的生产管理体系 现代家禽生产已构成了一个复杂的生产系统,每个生产环节互相关联、相互制约,必须有一套先进的经营管理方法。家禽业在我国较早进入市场化,激烈的市场竞争要求企业管理者提高经济管理水平,尤其是在我国加入世界贸易组织以后,我国的家禽业面临全世界范围的竞争。经营管理水平如何,直接影响到企业的生死和家禽业的发展。因此,必须具有现代化的经营理念,掌握市场规律,采用科学的管理措施,家禽生产才能稳定、健康的发展。

(6)产品加工销售体系 现代家禽生产的最终目的在于提供质优价廉的禽蛋、禽肉产品。因此,现代家禽业不能仅局限于生产过程本身,对产品加工销售体系的建立也要予以重视。通过产品的加工,可以丰富禽产品的种类,扩大消费者对禽产品的需求,这对家禽业的健康发展十分重要。质量控制体系的建立、知名品牌的形成和维护、营销队伍的建设,不但是大型知名家禽企业自身发展的需要,也起到了维护消费者权益的作用。

1.2.2 生产工厂化、集约化

现代家禽生产饲养密度大,把家禽当作机器,把饲料当作原料,应用现代化的科学技术,以过去从未有过的效率最大限度地把饲料通过家禽变为禽蛋、禽肉等产品,供应市场的需要。

1.2.3　经营专业化、配套化

现代家禽生产包括育种场、种禽场、孵化场、蛋鸡场、肉鸡场、屠宰加工厂、饲料厂以及药械厂等都是专业化经验,但它们又是相互联系、相互配套的。

1.2.4　品种品系化、杂交化

现代家禽生产为了保证高产、稳产和整齐的生产性能,普遍使用高产的专门化品系及其配套筛选的杂交种。

1.2.5　设备机械化、自动化

现代家禽生产给料、供水、集蛋、清粪以及屠宰加工等过程都采用机械化、半机械化、自动化生产工艺。环境条件的控制如温度、湿度、通风、光照等采用自控程序进行管理,不仅大大提高了劳动生产效率,而且保证了管理的规范化,极大地提高了管理水平。

1.2.6　营养全价化

根据家禽不同品种、不同生理阶段的生产特点配制满足该生理阶段的全价饲料,充分发挥家禽的生产潜力,既能充分发挥家禽的生产性能,又节约了饲料原料、提高了饲料利用率。

1.2.7　生产效率高

现代化养鸡生产由于供料、供水、集蛋、环境控制等生产环节高度机械化和自动化,以及社会分工高度专业化,饲养人员主要是操作机械和监控鸡群。在世界先进的饲养管理模式下,实现高密度、大规模生产,每单位鸡蛋、鸡肉消耗工时越来越少,发达国家商品代蛋鸡和肉鸡人均饲养量可达 10 万只。

1.2.8　生产水平高

在发达国家现代家禽生产中,每只入舍蛋鸡年产蛋可达 20 kg 以上,料蛋比降到 2.2 以下;肉用仔鸡 35 日龄可达 2 kg,料肉比在 1.7 以下,育成率在 95% 以上;大型肉鸭的生长速度更快,7 周龄体重可达 3.7 kg。

1.3　我国家禽生产的概况

1.3.1　我国家禽发展历史

我国养禽历史悠久,1965 年我国考古研究所出版的《京山屈家岭》一书中报道的湖北京山县屈家岭出土的陶鸡,经放射性碳素分析,时间为公元前 2695 ~ 公元前 2635 年的遗物;在公元前 1783 ~ 公元前 1122 年殷商时代的甲骨文已有"雞"字的发现;周朝《诗经》中多处讲到鸡,其中以"鸡鸣篇"为最早;由此可见,我国养鸡至少有 4 000 多年的历史,是将野鸡驯化为家鸡最早的国家之一。

从已发掘出土的文物看,我国养鸭、鹅历史虽不如鸡的悠久,但在国际上也是久远的,如在河南省安阳殷墟出土的殷商时代(公元前 13～公元前 11 世纪)的墓葬中玉鸭和殷王武丁配偶"姚辛"墓中的玉鹅,表明 3 000 年前鸭、鹅的饲养已经很普遍了。除考古资料外,我国有关养禽业的文字记载资料也很丰富。从 1898～1899 年在河南安阳小屯殷墟出土的大量龟甲、兽骨上卜辞的文字看出,马、牛、羊、鸡、犬、豕六畜,当时都已普遍饲养。春秋末期公元前 5 世纪,还出现了大规模的养禽场。据《吴地记》记载:"鸭城者吴王筑城以养鸭,周数百里"。《左传》鲁庄公 25 年的记载有"季、郈之鸡斗,季氏芥其鸡,郈氏为之金距"。说的是斗鸡双方为了取得胜利,季氏在鸡身上涂上血捣芥汁,郈氏则为鸡套上金距。到了唐代《东城老父传》有这样的记载:唐玄宗"立鸡坊于两宫间,索长安雄鸡千数,养于鸡坊,选六军小儿五百人,使训扰教饲之"。规模之大,实属惊人。在禽种方面,也有不少文献记载。如《庄子》一书中有"越鸡不能孵卵,鲁鸡固能矣"的记载。表明当时已形成小型无抱性的越鸡和大型有抱性的鲁鸡了。明朝李时珍(1518～1593 年)在《本草纲目》中记载有"鸡种甚多,五方所产,大小形色往往亦异,朝鲜一种长尾鸡,尾长三四尺。辽阳一种食鸡,一种角鸡,味均俱美,大胜诸鸡。南越一种长尾鸡,昼夜蹄叫。南海一种石鸡,潮至即鸣。蜀中一种鹖鸡,楚中一种伧鸡,并高三四尺。江南一种矮鸡,脚才二寸许也。"表明当时已形成多种鸡种。又有"乌皮鸡有白毛乌骨者,黑毛乌骨者,斑毛乌骨者。有骨肉俱乌者,肉白骨乌者,但观舌黑者,则肉骨俱乌。"说明乌骨鸡也有多种,而且可以舌黑鉴定肉骨俱乌。清朝《豳风广义》一书记载有"我秦中一种边鸡,一名斗鸡,脚高而大,重有十余斤者,不把屋,不暴园,生卵甚稀,欲供馔者多养之;又有一种柴鸡,形小而身轻,重一二斤,能飞,善暴园,生卵甚多,欲生卵者多养之。"表明当时已形成肉用鸡种边鸡和蛋用鸡种柴鸡以及它们的特征。在水禽方面,《本草纲目》上有"鹅江淮以南多养之,有苍白二色及大而垂胡者,并绿眼、黄喙、善斗"的记载。表明当时鹅已形成不同类型。

1.3.2　我国家禽养殖取得成就

我国养禽业历史悠久,劳动人民在长期的生产实践中,选育了许多优良地方家禽品种并积累了丰富的饲养管理经验,对世界养禽业的发展做出了很大的贡献。

(1)家禽存栏数　据联合国粮食及农业组织的统计,1980 年我国鸡的存栏数仅为9.21 亿只,到 1990 年增长到 20.90 亿只,2001 年达到 37.71 亿只,占世界总量(146.6 亿只)的 1/4。2014 年我国家禽存栏量达 57.8 亿只。2009 年,我国水禽的存栏数为10.89 亿只,占世界水禽总产量的 71.1%。目前,中国已成为世界最大的水禽生产国,被称为"世界水禽王国",鸭和鹅的饲养量绝大部分在中国,鸭占到世界饲养总量的 70% 左右,鹅占到世界饲养总量的 90% 左右。目前我国蛋鸡饲养数量(含后备鸡)有近 20 亿只,快大型肉鸡年屠宰量超过 20 亿只,优质肉鸡年生产量也达到 15 亿只。

(2)禽蛋方面　我国是世界禽蛋生产和消费大国,禽蛋生产量长期处于世界首位。从 1980 年起,我国禽蛋总产量以年 7.8% 的速度增长,从年产 293.5 t 增长到 2001 年的

2 335.4 t,而世界同期的禽蛋年均发展速度为 2.6%。我国的发展速度是世界平均水平的 3 倍。1991 年,我国禽蛋产量达到 946 万 t,人均 8.0 kg,首次超过了世界平均水平,2015 年我国禽蛋总产量 2 999 万 t。目前人均禽蛋年消费量达到 22 kg,达到发达国家的水平。

(3)禽肉方面 我国禽肉生产在 20 世纪 80 年代以后开始迅猛发展,年产禽肉从 1980 年的 166.3 万 t 增长到 2001 年的 1 273.1 万 t,增长 6 倍多,年均增幅达到 7.6%,而世界同期禽肉产量的发展速度只有 3.6%,2015 年我国禽肉总产量为 1 826 万 t。目前我国仅次于美国,是世界第二大禽肉生产国和消费国。

经过 20 多年的发展,家禽业已形成了年产值逾千亿元的巨大产业。禽蛋成了我国罕见的数十年绝对价格几乎未随物价上涨而变化的商品,而禽肉也成为普通消费者的日常食物。尤其是通过鸡蛋获取优质动物性蛋白质,成本低于各种肉类和奶类。鸡蛋作为最廉价优质的动物性蛋白质来源,为提高人民生活水平、改善膳食结构起到了重要作用。

禽肉也是我国十分重要的禽产品,目前占我国肉类产量的 18% 左右,仅次于猪肉。快大肉鸡作为饲料转化率最高的畜禽之一,在我国从无到有,已形成巨大的产业,而且每年出口 30 多万 t,为我国每年创汇达 5 亿~7 亿美元。尽管目前由于饲料价格、生产性能等原因,其价格优势还未充分发挥出来,但未来发展潜力巨大。同时,随着我国肉鸡生产正在从数量型向质量型转变,优质黄羽肉鸡的生产和消费均在快速增长,近年来年发展速度达到 15% 以上,是整个畜牧生产中少有的仍在快速增长的部门。优质黄羽肉鸡由我国优秀地方品种选育而成,具有肉质细嫩、味道鲜美的特点,历史上深受广东、港澳地区食客的喜好。随着人民生活水平的提高,健康意识的增强,对产品品质更加注重,优质黄羽肉鸡越来越受欢迎,黄羽肉鸡的生产和消费已从局部地区向全国各地扩散。目前广东省的优质黄羽肉鸡年上市量达到 8 亿只,华东一带也达到近 5 亿只,北方地区的需求也在不断增长。

(4)品种方面 我国家禽地方品种多种多样。1979~1982 年全国开展家禽品种资源调查时,据不完全统计家禽品种达 128 个。标准品种有狼山鸡、九斤鸡、丝毛乌骨鸡、北京鸭和中国鹅等。一些国外著名品种在育成过程中引入了中国鸡的血液,如美国洛克鸡引入黑色九斤鸡的血液、洛岛红鸡引入鹧鸪色九斤鸡的血液、英国澳品顿鸡引入黑色狼山鸡血液。北京鸭分部于全世界,成为世界上最有名的肉用鸭品种,生产性能居于肉鸭品种之首,中国鹅以其优良的生产性能闻名于世,有"鹅中来航"之称。

(5)技术方面 我国的孵化技术、填肥技术、人工强制换羽技术,雏禽雌性鉴别技术以及禽产品的加工都为世界养禽科学的发展做出了重要的贡献。

1.3.3 我国家禽养殖现状及发展趋势

1.2.3.1 家禽生产的发展现状

我国家禽养殖历史悠久,在一个很长的历史时期内,家禽业主要是农家副业,从 20 世纪 40 年代开始,各主要发达国家的养鸡业开始向现代化生产体系过度,带动了整个家禽生产的现代化,至今已形成高度工业化的蛋鸡业和肉鸡业。我国传统文化将禽肉和禽蛋视为优质食品甚至是补品,近年来我国养禽业发展迅速,家禽饲养量和禽蛋产量已连续多年保持世界第一,禽肉产量世界第二。我国的家禽生产是以鸡为主,水禽为特色,其他家禽(如鹌鹑、肉鸡、鸵鸟等)为补充。

虽然我国是养禽大国,但家禽的单产水平和生产效率同发达国家相比仍有较大的差距。我国蛋鸡72周龄产蛋量15~17 kg,全期料蛋比在2.3:1~2.6:1,产蛋期死淘率大于10%~20%,而美国、荷兰等世界养禽发达国家以上三项指标分别为:18~20 kg、2.0:1~2.3:1、3%~6%;我国肉鸡上市日龄40天,上市体重2.02~2.25 kg,料肉比1.78~1.98;发达国家以上三项指标分别为:上市日龄35天,上市体重1.95~2.15 kg,料肉比1.62~1.78。

另外,在家禽生产中片面追求生产速度,忽视肌肉品质的提高,导致了家禽产品的品质降低,产品缺乏竞争力;家禽良种繁育体系不健全,品质杂乱,品种退化严重;缺乏龙头企业的带动,专业户抗市场风险能力较差。所有这些在一定程度上限制了人们对家禽的饲养,给我国家禽业的发展带来了一定的阻碍。

1.2.3.2 家禽生产的发展趋势

(1)品种优良化、饲料全价化 品种优良化是指采用经过育种改良的优良品种家禽获得高产。目前,多采用三系或四系配套杂交禽种,其生活力、繁殖力均具有明显的杂交优势,可以大幅度提高养殖效益,蛋鸡如海兰、罗曼,肉鸡如艾维因、AA等。饲料全价化是指根据饲养标准和家禽的生理特点,制定饲料配方,再按配方要求将多种原料加工成配合饲料,按不同禽种和生理阶段进行配制。

(2)生产标准化、规模化、规范化 标准化规模养殖是现代家禽生产的主要方式,是现代畜牧业发展的根本特征。由分散养殖向标准化、规模化、集约化养殖发展,以规模化带动标准化,以标准化提升规模化。由于规模化、集约化生产中光照、温度、湿度、密度、通风、饲料、饮水、消毒、清粪等饲养要素可控度高,不但饲料报酬等重要经济指标会提高,而疫病、药残能得到最大程度的控制。能充分体现高产、高效、优质的现代养禽业特点。规范化生产是指制定并实施科学规范的家禽饲养管理规程,配备与饲养规模相适应的畜牧兽医技术人员,严格遵守饲料、饲料添加剂、兽药和生物制品使用有关规定。生产过程实行信息化动管理。

(3)经营产业化、管理科学化 标准化、规模养殖与产业化经营相结合,才能实现生产与市场的对接,产业上下游才能贯通,家禽业稳定发展的基础才能更加牢固,近年来,产业化龙头企业和专业合作经济组织在发展标准化规模养殖方面取得了不少成功的经验。要发挥龙头企业的市场竞争优势和示范带动能力,鼓励龙头企业建设标准化生产基地,开展生物安全隔离区建设,采取"公司+农户""公司+基地+农户"等形式发展标准化生产。扶持家禽专业合作经济组织和行业协会的发展,协调龙头企业、各类养殖协会、中介组织、交易市场与养殖户的利益关系,使他们结成利益共享、风险共担的经济共同体。管理科学化是指按照禽群的生长发育和产蛋规律给予科学的管理,包括温度、湿度、通风、光照、饲养密度、饲喂方法、环境卫生、疫病防治等,并对各项数据进行汇总、储存、分析,实现最优化的运营管理。

(4)设备配套化、防疫系列化、制度化 设备配套化是指采用标准化的成套设备,如笼架系统、喂料系统、饮水系统、环境条件控制系统、集蛋系统、清粪系统等。采用先进配套的设备,可以提高禽群的生产性能,降低劳动强度,提高生产效率。防疫系列化是预防和控制禽群发生疾病的有效措施,包括疾病净化、全进全出、隔离消毒、接种疫苗、培育抗病品系、辅以药物防治等。健全防疫制度,加强家禽防疫条件审查;有效防止重大家禽疫病发生;实现防疫制度化。

(5)产品安全化、品牌化、多功能化、深加工化 绿色、安全、营养、健康的禽产品消费已成为大势所趋。品牌是产品质量、信誉度的标志,产品的竞争就是品牌的竞争,品牌给消费者以信心,是核心竞争力,消费者对同一种产品的选择,在很大程度上取决于消费者对该种品牌的熟识和认可程度。利用禽产品开发功能性食品是未来家禽业发展的热点,除了可以提高产品附加值,增加对禽蛋和禽肉的需求外,还可满足消费者对保健食品的需要,如高碘蛋、高硒蛋、高锌蛋、低胆固醇蛋、富维生素蛋、富集不饱和脂肪酸蛋的生产技术均已开发成功,仍需进一步的市场开拓以达到规模化生产的目标。我国禽肉产品加工转化率仅有5%左右,而禽蛋的加工转化率不到1%,绝大部分是以带壳蛋、白条鸡等初级形式进入市场。禽蛋、禽肉深加工的市场空间非常大。禽产品深加工是增加产品附加值的有效途径。

近几年,随着我国经济的不断发展,人们生活水平的不断提高,健康意识增强,人们对家禽产品的消费正在由数量型转为质量型,人们普遍要求畜禽产品肉味鲜美,瘦肉率高,脂肪含量低,甚至除了营养丰富外,还要求其具有生理调节功能,即保健型禽蛋和禽肉产品。我国加入WTO后,给养禽业带来了极大的机遇和挑战,因家禽产品的低脂肪,低胆固醇,高蛋白,营养均衡,符合健康消费的要求,在国内外市场广受消费者欢迎。家禽的生产将在稳定传统蛋禽和肉禽生产的同时,进行品种改良和探寻合理饲养方式以提高家禽的生产性能和禽肉、禽蛋等禽产品的质量。随着我国经济的进一步发展和城乡人民生活水平的逐步提高,禽产品的消费市场势必将进一步扩大,养禽业将有更广阔的发展前景。

思考与练习

1. 家禽生产学的目的和意义是什么?
2. 简述发展养禽业的意义。
3. 现代家禽生产的主要特点是什么?
4. 论述我国家禽生产现状及发展趋势。

第 2 章　家禽的生物学

2.1　家禽的起源、进化与品种形成

2.1.1　家禽的起源

(1)鸡的起源　鸡在动物学分类上属于鸡形目雉科鸡属。家鸡起源于鸡属中的红色原鸡。红色原鸡分布于亚洲东南部的印度、缅甸、泰国以及印度尼西亚的苏门答腊岛,我国云南南部、广西南部、海南省的丛林中也有分布。红色原鸡的外形和鸣声等与家鸡极为相似,且容易与家鸡杂交,杂交后代具有繁殖能力。红色原鸡体小善飞,体重 800 g 左右,肉质较粗,年产蛋 10~15 枚,蛋重 30 g 左右。印度和中国是驯化鸡最早的国家之一,至今已有几千年的历史,是公认的家鸡的发源地。

(2)家鸭的起源　鸭在动物学分类上属于鸟纲雁形目鸭科河鸭属。家鸭起源于河鸭属的绿头野鸭和斑嘴野鸭。家鸭与绿头野鸭和斑嘴野鸭在外形和生活习性上有许多相似之处,如公鸭的头颈部羽色为墨绿色或棕褐色,镜羽蓝绿色闪紫光和紫蓝色带金属光泽,尾羽黑色呈绿辉和黑褐色。家鸭与这两种野鸭交配均能产生后代,绿头野鸭和斑嘴野鸭在世界的分布范围很广。我国是最早驯化和饲养家鸭的国家之一,已有 3 000 多年的历史。

(3)鹅的起源　鹅在动物学分类上属于鸟纲雁形目鸭科雁属。中国鹅种(除伊犁鹅外)起源于鸿雁,欧洲鹅和新疆的伊犁鹅起源于灰雁。鸿雁与灰雁同属不同种。埃及是驯化鹅最早的国家。在我国,野雁春季在东北、内蒙古及苏联的西伯利亚地区繁殖,冬季飞往长江以南地区越冬。这些野雁经过人类长期驯养和选育,逐渐失去了飞翔能力,其产蛋和产肉性能明显提高,但很多家鹅品种仍保留较强的就巢性。

(4)瘤头鸭的起源　瘤头鸭在动物学分类上属于鸟纲雁行目鸭科栖鸭属,与人类饲养的家鸭同科不同属。瘤头鸭起源于栖鸭属的野生瘤头鸭,是栖鸭属的唯一代表,其别名很多,如番鸭、洋鸭、鸳鸯鸭、火鸡鸭、蛮鸭和巴西鸭,又由于公鸭在繁殖季节散发出麝香气味,因此又被称为麝香鸭。瘤头鸭的原产地是南美洲和中美洲的热带雨林地区,瘤头鸭的驯化历史较短,约有 500 年,驯化后被引入世界各地,我国有 300 多年的饲养历史,主要集中在东南沿海地区和台湾省。

(5)火鸡的起源　火鸡在动物学分类上属于鸟纲鸡形目雉科火鸡属。现代家养火鸡起源于墨西哥野火鸡,最先在美洲被驯化。现今在墨西哥和北美洲南部仍有野火鸡生存。火鸡在外形上与野火鸡很相似,但性情温顺、体躯硕大,产肉和产蛋性能都优于野火鸡。

(6)鹌鹑的起源 鹌鹑在动物学分类上属于鸟纲鸡形目雉科鹌鹑属。现我国、日本和朝鲜等国普遍饲养的鹌鹑,其祖先为鹌鹑属中的野鹌鹑,原产于我国东北各省。日本引去选育后称为日本鹌鹑。

(7)鸽子的起源 鸽子在动物学分类上属于鸟纲鸽形目鸠鸽科鸽属。鸽子的祖先为鸽属中的岩鸽或叫野鸽。

2.1.2　家禽的进化

家禽是由野禽进化而来的,尚保留了一些野禽的特点,但在人类驯养和选育过程中,发展和积累了许多对人类有益的经济性状和特性:多数家禽基本上失去了飞翔的能力;性情温顺,便于饲养;生长迅速,体型增大,提高了产蛋、产肉性能;繁殖能力增强,减弱或失掉了就巢性。家禽为人类提供了大量的蛋、肉等产品。

2.1.3　家禽品种的形成

家禽品种的形成不仅与自然条件和饲养管理条件密切相关,而且还与人类的需要、当时的社会经济条件以及科学技术水平有着密切的关系。饲养家禽的主要目的是获得禽蛋、禽肉及羽绒等副产品。

长期以来,由于受自然条件和人类需要的选择,在世界各地形成了适应该地区自然环境条件和本地人们喜爱的众多地方品种,也就是说地方品种是指在一定地域形成、选育程度较低、适合当地自然条件和消费习惯的禽种。地方品种的特点:生产性能较低,体型外貌不太一致,但生命力强,耐粗饲。由于地域幅员辽阔,各地自然条件和人们喜爱千差万别,地方品种资源极为丰富。

随着经济的发展和科技的进步,在 16～19 世纪,一些发达资本主义国家的经济和科学技术迅速发展,广大畜牧科技工作者根据当时社会的需要,制定了一系列的家禽品种标准,同时培育了许多体型外貌一致的标准品种,有蛋用型、肉用型、兼用型和观赏型品种,标准品种体型外貌一致,生产性能比较高且具有稳定的遗传性。

20 世纪 50 年代后,随着科学技术的进一步发展,人们的需求又发生了新的变化,越来越重视家禽的生产性能,把整体生产水平放在主要位置,而把个体体型外貌放在次要位置。标准品种的重要性逐渐减小,畜牧科技工作者根据当代动物遗传育种理论,采用先进的育种方法,首先培育出若干个各具特点的纯系,然后通过杂交组合试验,进行配合力测定,筛选出最好的杂交组合,用以配套杂交生产商品杂交禽。这个最好的杂交组合即专门化配套品系,简称配套品系就是现代禽种。现代禽种具有明显的杂交优势,表现出生命力强,生产性能高,而且整齐一致,如现代禽种中的蛋鸡系新罗曼和肉鸡系艾维因等。

2.2　家禽的外貌特征

家禽的外貌是指同生理机能相适应的体躯结构状况的外在表现,它与品种、健康和生产性能有着密切的关系。在家禽生产中,通常根据外貌识别品种,辨别健康,进行选种,判断生产性能。因此必须熟悉禽体外貌及其各部位名称。

2.2.1　鸡的外貌

鸡体可分头、颈、体躯、尾部、翅和腿六部分(图2.1)。

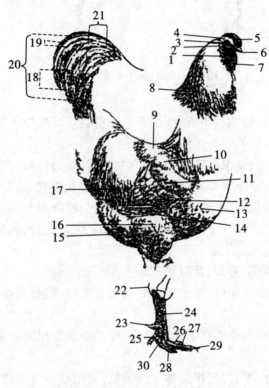

图 2.1　鸡的外貌部位

1-耳叶;2-耳;3-眼;4-头;5-冠;6-喙;7-肉垂(肉髯);8-颈羽(梳羽);9-背;10-肩;11-翼;12-副翼羽;13-胸;14-主翼羽;15-腹;16-小腿;17-鞍羽(蓑羽);18-小镰羽;19-大镰羽;20-主尾羽;21-覆尾羽;22-踝关节;23-距;24-跖;25-第一趾(后趾);26-第二趾(内趾);27-第三趾(中趾);28-第四趾(外趾);29-爪;30-脚

(1)头部　头部的外貌特征与其品种、性别、健康和生产性能有密切的关系,头部包括以下部位。

1)冠　冠为皮肤衍生物,位于头顶,是富有血管的上皮构造。鸡冠的种类很多,是品种的重要特征,冠形可分为单冠、豆冠、玫瑰冠、草莓冠4种基本类型(图2.2),另外还有羽毛冠、肉垫冠和杯状冠等。健康的鸡冠的颜色大多为红色,色泽鲜红,细致,丰满,滋润。母鸡的冠是产蛋或高产和停产的表征。公鸡的冠比母鸡的大、发达。

2)喙　鸟类的唇在上下颚骨上角质化成喙,圆锥状,由表皮衍生而来的特殊构造,是采食和自卫的器官,健壮鸡的喙短粗稍弯曲。喙的颜色一般与脚一致,常见的有黄、白、黄和浅棕色等。鼻孔位于喙的基部,左右对称。

3)眼　鸡眼圆大有神,眼睑单薄,虹彩颜色因品种而异,常见的有橙黄、淡青、黑色等。

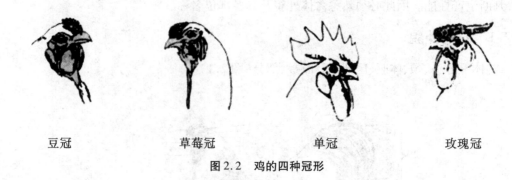

| 豆冠 | 草莓冠 | 单冠 | 玫瑰冠 |

图 2.2 鸡的四种冠形

4)耳孔与耳叶 耳孔在眼的后下方,周围有卷毛覆盖。耳叶位于耳孔的下方,椭圆形,无毛,颜色因品种而异,常见的有红色和白色两种。

5)脸 眼周围裸露部分,要求皮薄,毛少,无皱褶,蛋用鸡脸清秀,肉用鸡脸丰满。

6)肉髯 又称肉垂,位于下颌部位,是颌下下垂的皮肤衍生物,左右对称。

(2)颈部 鸡的颈较长而灵活,由 13 块颈椎组成。一般肉用型的较短粗,蛋用型的较细长。颈部羽毛具有第二性征,公鸡的颈羽细长,末端尖,有光泽,俗称梳羽或披肩羽。母鸡颈羽端部圆钝。

(3)体躯 体躯包括胸部、腹部、背腰部三部分。

1)胸部 为心和肺的所在部位,要求宽、深,稍向前突出,胸骨直而长为好。肉用品种要求胸肌发达。

2)腹部 为消化器官和生殖器官的所在部位,母鸡要求容积宽大而柔软,公鸡紧凑不下垂。

3)背腰部 要求长、宽、平直,蛋用品种背腰较长,肉用品种背腰较短。生长在腰部的羽毛为鞍羽,公鸡的鞍羽长而尖,有光泽,俗称蓑羽。母鸡的鞍羽短而钝,无光泽。

(4)尾部 要求尾正而直,尾形状因品种类型而异,肉用型鸡尾较短,蛋用型鸡尾较长。尾部的羽毛又分为主尾羽和覆尾羽,主尾羽是长在尾端硬而长的羽毛,共 12 根,覆盖在主尾羽上的羽毛称覆尾羽。公鸡紧靠主尾羽的覆层羽特别发达,最长的 1 对叫大镰羽,较长的 3~4 对叫小镰羽。

(5)翅 要求紧扣体躯不下垂。翅上的羽毛名称为翼前羽、翼肩羽、主翼羽、副翼羽、轴羽、覆主翼羽和覆副翼羽。鸡的主翼羽为 10 根,副翼羽一般 12~14 根不等。初生雏如只有覆主翼羽而无主翼羽,或覆主翼羽较主翼羽长,或两者等长,或主翼羽较覆主翼羽微长在 0.2 mm 以内,这种雏鸡由绒羽更换为幼羽时生长速度慢,称为慢羽。如果初生雏的主翼羽长过覆主翼羽并在 0.2 mm 以上,其绒羽更换为幼羽生长速度很快,称为快羽。慢羽和快羽是一对伴性性状,可以用作自别雌雄使用,成年鸡的羽毛每年要更换一次,母鸡更换羽毛时要停产,主翼羽脱落早迟和更换速度,可以估计换羽开始时间,因而可以鉴定产蛋能力。

(6)腿部 一般肉用品种腿较短粗,蛋用品种腿较细长。两腿间距要求较宽。腿部包括股、胫、飞节、胫、趾和爪(通常胫、趾和爪统称为脚)。公鸡胫的内侧有距,母鸡尚存有退化距的痕迹。有的品种胫的外侧有毛,个别品种有 5 个趾。

2.2.2 鸭的外貌

鸭是水禽,在外貌上与鸡有很大差别(图 2.3)。

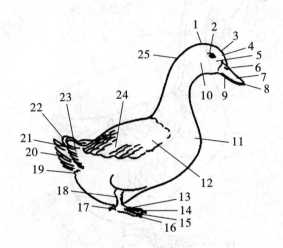

图 2.3 鸭的外貌部位

1-头;2-眼;3-前额;4-面部;5-颊部;6-鼻孔;7-喙;8-喙豆;9-下腭;10-耳;11-胸部;12-主翼羽;13-内趾;14-中趾;15-蹼;16-外趾;17-后趾;18-距;19-下尾羽;20-尾羽;21-上尾羽;22-性羽;23-尾羽;24-副翼羽;25-颈部

(1)头部 鸭头大、无冠、无肉髯、无耳叶,脸上覆有羽毛。喙长宽而扁平(俗称扁嘴),喙的内缘有锯齿,用于觅食和排水过滤食物。上喙尖端有一尖硬的豆状突起,称为喙豆。喙的颜色为品种特征之一,不同品种有不同的颜色。

(2)颈部 鸭无嗉囊,食道呈袋状,称食道膨大部。一般母鸭颈较细,公鸭较粗。蛋鸭颈较细,肉鸭颈粗。

(3)体躯 蛋鸭体型较小,体躯细长,胸部前挺提起,状似斜立。肉鸭体躯肥大呈砖块形。

(4)尾部 尾短,成年公鸭尾羽有 2~4 根向上卷曲的覆尾羽,称为雄性羽。

(5)翅 翅小,覆翼羽较长,有色品种在副翼羽上有较光亮的羽毛,称镜羽。

(6)腿部 腿短,稍偏后躯。后肢跖部较短,脚除第一趾外,其他趾间有蹼,便于游水。成年公鸭胫上无距。

2.2.3 鹅的外貌

鹅的体型较大,与鸭同属水禽(图 2.4)。

(1)头部 鹅的头部有两种类型,如我国鹅由鸿雁驯化而来,喙基部有肉瘤,俗称额包,颌下有垂皮,称为咽袋,都与性别有关,公鹅较发达。由灰雁驯化而来的国外品种和新疆伊犁鹅,没有额包,也无咽袋。

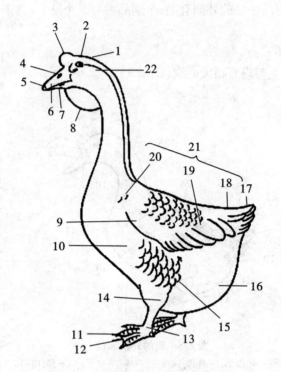

图 2.4 鹅的外貌部位

1-头;2-眼;3-肉瘤;4-鼻孔;5-喙豆;6-喙;7-下腭;8-肉垂;9-翼;10-胸
部;11-蹼;12-趾;13-距;14-附关节;15-腿;16-腹部;17-尾羽;18-覆尾羽;
19-翼羽;20-肩部;21-背部;22-耳

（2）颈部　中国鹅颈细长，国外鹅种较短粗。鹅颈部弯形如弓,能灵活挺伸。

（3）体躯　成年母鹅腹部皮肤有较大的皱褶形成肉袋（俗称蛋包）。成年公鹅尾部无性羽。

（4）四肢　鹅翅羽较长,常重叠交叉于背上。鹅腿粗壮有力,胫骨较短。脚的颜色有橘红和灰黑色。

2.2.4　火鸡的外貌

火鸡体躯高大,颈短直,背宽长略隆起,胸宽深而突出,胸骨长直,胸肌和腿肌发达。头和颈上部没有羽毛,而有珊瑚状皮瘤,皮瘤颜色经常变化,安静时呈赭色,激动时变成为蓝紫色。颌下悬有肉垂。羽毛颜色因品种而异,常见有青铜色、白色和黑色。尾羽发达,末端钝齐。

成年火鸡性别容易鉴别,公火鸡体躯大,前额喙基处有肉锥垂下或覆与喙上,头颈珊瑚状皮瘤特别发达,胸前有须毛束,尾羽发达,时常展开竖起成扇状,胫上有距。母火鸡体躯较小,头小,肉锥和皮瘤不发达,胫上无距,尾羽不能展开。

2.2.5 鹌鹑的外貌

中国、朝鲜、日本、美国等国家饲养普遍的为日本鹌鹑,原产于我国东北。其头与喙均较小,尾羽短,全身羽毛呈茶褐色,头部为黑褐色,中央有淡色直纹三条。背部为赤褐色,均匀分布黄色直纹和暗色横纹,腹部色泽较淡。成年公鹌鹑的脸、下颌、喉部呈红褐色,其上镶有小黑斑点,胸部淡白色。母鹌鹑较公鹌鹑大。

2.2.6 鸽子的外貌

鸽子被人类驯养的历史非常悠久,公母配偶专一,相亲相爱,共同孵抱抚育后代等,人们常用鸽子象征人世间"爱""和平"和"忠诚"。饲养遍及世界各地。经人类选育利用,以及利用的目的不同,体形大小,站立姿势,羽毛颜色斑纹和有无装饰(如羽髻众称风头,羽跖俗称毛脚等)等形成许多品种。

一般作肉用的外貌要求体型重大,胸部宽深,肌肉丰满。作信鸽用的外貌,要求体型修长,羽毛紧密,体质细致紧凑。作玩赏用的外貌,要求羽毛颜色和羽斑美丽,有装饰等。鸽的外貌很难分别公母,但如细致观察,仍有下面一些区别。母鸽头较公鸽细致,体形较公鸽小,公鸽常将嗉囊鼓起作咕咕叫,配种季节常比母鸽表现凶狠,常在笼外追逐母鸽,但不能单凭追逐做配种状,就确定公母,因有时两公两母在一起,也有鼓气,咕咕叫追逐配种等动作;产蛋期间,母鸽腹部容积增大,即两耻骨间距离和耻骨与胸骨末端距离增大,而公鸽无变化;孵抱期间,公鸽只在中午孵抱,其余时间都由母鸽孵抱,晚上公鸽栖息在抱巢侧等。

2.2.7 体尺测量

为了研究家禽生长发育和品种的特征,除用外貌观察叙述外,还可用体尺测量数据表示。目前在养鸡上,除肉用鸡测量胸角外,大群养鸡已很少采用体尺测量,但对研究品种特征,进行品种调查,体尺测量仍有一定意义。常用的体尺指标如下。

(1)跖长　原习惯称为胫长,是指跖(也写为蹠)骨的长度。为避免与解剖学部位的混淆,现统称为跖长。用卡尺度量跖骨上关节到第三趾与第四趾间的垂直距离,可作为衡量家禽生长发育的一个重要指标。

(2)胸角　为了了解家禽,尤其是肉鸡和鸭胸肌发育的情况,对胸角大小进行测定。方法将家禽仰卧在桌案上,用胸角器两脚放在胸骨前端,即可读出所显示的角度,理想的胸角应在90°以上。

(3)体斜长　用皮尺测量锁骨前上关节到坐骨结节间的距离。

(4)胸宽　用卡尺测量两肩关节间距离。

(5)胸骨长　用皮尺度量胸骨前后两端间距离。

2.3 家禽的生理解剖特点

家禽的主要特征:全身覆盖羽毛,头小,没有牙齿;骨骼中有气室,骨骼大量愈合;前肢演化为翼;胸肌与后肢肌肉非常发达;有嗉囊和肌胃;肺小而有气囊;没有膀胱;雌性仅左侧卵巢和输卵管发育正常;产蛋而无乳腺;具有泄殖腔;睾丸位于体腔内;横隔只剩痕迹;靠肋骨和胸骨的运动进行呼吸;眼大;视叶与小脑很发达。

2.3.1　家禽的生理特点

2.3.1.1　新陈代谢旺盛

鸟类生长迅速,繁殖能力高。因此,其基本生理特点是新陈代谢旺盛。具体表现为:

(1)体温高　家禽的体温比家畜高,一般在 40~44 ℃。

(2)心率高、血液循环快　家禽心率的范围一般为 160~470 次/min,鸡平均心率为 300 次/min 以上。而家畜中马仅为 32~42 次/min,年、羊、猪为 60~80 次/min。同类家禽中一般体型小的比体型大的心率高,幼禽的心率比成年高,以后随年龄的增长而有所下降。鸡的心率还有性别差异,母鸡和阉鸡的心率较公鸡高。心率除了因品种、性别、年龄的不同而有差别,同时还受环境的影响,比如,环境温度增高、惊扰、噪声等,都将使鸡的心率增高。

(3)呼吸频率高　禽类呼吸频率随品种和性别的不同,其范围在 22~110 次/min。同一品种中,雌性较雄性高。此外,还随环境温度、湿度以及环境安静程度的不同而有很大差异。

禽类对氧气不足很敏感,它的单位体重耗氧量为其他家畜的 2 倍。

2.3.1.2　体温调节机能不完善

家禽与其他恒温动物一样,依靠产热、隔热和散热来调节体温。产热除直接利用消化道吸收的葡萄糖外,还利用体内储备的糖原、体脂肪或在一定条件下利用蛋白质通过代谢过程产生热量,供机体生命活动包括调节体温需要。隔热主要靠皮下脂肪和覆盖贴身的绒羽和紧密的表层羽片,可以维持比外界环境温度高得多的体温。散热也像其他动物,依靠传导、对流、辐射和蒸发。但由于家禽皮肤没有汗腺,又有羽毛紧密覆盖而构成非常有效的保温层,因而当环境气温上升达到26.6 ℃时,辐射、传导、对流的散热方式受到限制,而必须靠呼吸排出水蒸气来散发热量以调节体温。随着气温的升高,呼吸散热则更为明显。一般说来,鸡在 7.8~30 ℃,体温调节机能健全,体温基本上能保持不变。若环境温低于7.8 ℃或高于30 ℃时,鸡的调节机能就不够完善,尤其对高温的反应更比低温反应明显。当鸡的体温升高到 42~42.5 ℃时,则出现张嘴喘气,翅膀下垂,咽喉颤动。这种情况若不能纠正,就会影响生长发育和生产。通常当鸡的体温升高到 45 ℃时,就会昏厥死亡。

2.3.1.3　繁殖潜力大

雌性家禽虽然仅左侧卵巢与输卵管发育和机能正常,但繁殖能力很强,高产鸡和蛋鸭年产蛋可以达到 300 枚以上。家禽卵巢上用肉眼可见到很多卵泡,在显微镜下则可见到上万个卵泡。每枚蛋就是一个巨大的卵细胞。这些蛋经过孵化如果有 70% 成为雏鸡,则每只母鸡一年可以获得 200 多个后代。雄性家禽的繁殖能力也是很突出的。根据观察,一只精力旺盛的公鸡,一天可以交配40 次以上,每天交配 10 次左右是很平常的。一只公鸡配 10~15 只母鸡可以获得高受精率,配 30~40 只母鸡受精率也不低。家禽的精子不像哺乳动物的精子容易衰老死亡,一般在母鸡输卵管内可以存活 5~10 天,个别可以存活 30 天以上。

禽类要飞翔须减轻体重,因而繁殖表现为卵生,胚胎在体外发育。可以用人工孵化法来进行大量繁殖。当种蛋被排出体外,由于温度下降胚胎发育停止,在适宜温度(15~18 ℃)下可以储存 10 天,长者到 20 天,仍可孵出雏禽。要扬其繁殖潜力大的长处,必须实行人工孵化。

家禽产蛋是卵巢、输卵管活动的产物,是和禽体的营养状况和外界环境条件密切相关的。外界环境条件中,以光照、温度和饲料对繁殖的影响最大。在自然条件下,光照和温度等对性腺的作用常随季节变化而变化,所以产蛋也随之而有季节性,春、秋是产蛋旺季。随着现代化科学技术的发展,在现代养鸡业中,这一特征正在为人们所控制和改造,从而改变为全年性的均衡产蛋。

2.3.2　家禽的解剖特点

2.3.2.1　骨骼与肌肉

家禽的骨骼致密、坚实并且质量很轻,这样既可以支持身体,又可以减轻体重,以利飞翔。骨骼大致分为长骨、短骨、扁平骨。骨重占体重的 5.5%~7.5%。长骨有骨髓腔,骨髓有造血机能。大部分椎骨、盘骨、胸骨、肋骨和肱骨有气囊憩室,通过骨表面的气孔与气囊相通。

家禽的骨骼在产蛋期的钙代谢中起着重要作用。蛋壳形成过程中所需要的钙有60%~75% 由饲料供给,其余的由骨中供给,然后再由饲料中的钙来补充。执行这一机能的骨叫髓质骨。鸡长骨的皮质骨与哺乳动物一样,而髓质骨是在产蛋期存在于母鸡的一种易变的骨质。其构造是由类似海绵状骨质的相互交接的骨针构成。骨针含有成骨细胞和破骨细胞。在产蛋期,髓质骨的形成和破坏过程交替进行。在蛋壳钙化过程,大量的髓质骨被吸收,使骨针变短、窄。一天当中不形成蛋壳时钙就储存在髓质骨中,在形成蛋壳时就要动用髓质骨中的钙,髓质骨相当于钙质的仓库。母鸡在缺钙时可以动用骨中38% 的矿物质,如果再从皮质骨中吸取更多的钙,就要发生瘫痪。

前肢(翅膀)由于指骨的消失和掌骨的融合而退化,肌肉并不发达。后肢骨骼相当长,股骨包入体内而且有强大的肌肉固着在上面,这样使后肢变得强壮有力。

锁骨、肩胛骨与鸟喙骨结合在一起构成肩带,脊柱中颈椎和尾椎以及第七胸椎与腰、荐椎融合的固定现象,为飞翔提供了坚实有力的结构基础。

有许多骨骼是中空的,如颅骨、肋骨、锁骨、胸骨、腰椎、荐椎都与呼吸系统相通。如气管处于关闭状态,鸟类还可通过肱骨的气孔而呼吸。

7 对肋骨中第 1、2 对,有时第 7 对肋骨的腹端不与胸骨相连。其余各对肋骨均由两段构成,即与脊椎相连的上段称椎肋,与胸骨相连的下段称胸肋。椎肋与胸肋以一定的角度结合,并有钩状突伸向后方,对胸腔的扩大起着重要的作用。

禽类肌肉的肌纤维较细,共有两种,一种叫红肌纤维,一种叫白肌纤维。腿部的肌肉以红肌纤维较多,胸肌颜色淡白,主要由白肌纤维构成。红肌收缩持续的时间长,幅度较小,不容易疲劳。白肌收缩快而有力,但较容易疲劳。

为适应飞翔,家禽的胸肌特别发达。此部分肌肉为全身躯干肌肉量的 1/2 以上,是整个体重的 1/12,为可食肌肉的主要部分。

2.3.2.2　消化系统

(1)口腔　家禽没有唇也没有牙齿,只有角质化的坚硬喙(俗称嘴),陆禽为圆锥形,水禽为扁平形。禽类唾液腺不发达,唾液内含少量的淀粉酶,在消化食物上所起的作用不大,饲料在口腔内被唾液稍微浸润即进入食道。舌较硬,肌组织较少,舌黏膜的味觉乳头不发达,分布于舌根附近。

(2)食道与嗉囊　食道是一条长管,从咽开始沿颈部进入胸腔,它起先位于气管背侧,然后偏于气管的右侧。食道较为宽阔,由于黏膜有很多皱褶,较大的食物通过时,易于扩张。食道在刚要进入胸部入口处之前膨大形成嗉囊,陆禽呈球形,水禽呈纺锤形,具有储存和软化食物的功能,嗉囊内容物常呈酸性。

(3)胃　禽类的胃分为腺胃和肌胃。腺胃呈纺锤形,主要分泌胃液,胃液含蛋白酶和盐酸,用于消化蛋白质。食物通过腺胃的时间很短。肌胃又称砂囊,呈椭圆形或圆形,肌肉很发达,大部分由平滑肌构成,内有黄色的角质膜(即中药鸡内金),是碳水化合物和蛋白质的复合物,其组织构造特殊,使此膜非常坚韧。由于发达肌肉的强力收缩,可以磨碎食物,类似牙齿的作用。鸡在采食一定的沙砾后,肌胃的这种作用会更加强,有利于消化。

(4)肠　禽类的肠道包括小肠和大肠两个部分。其中小肠段又由十二指肠、空肠、回肠组成,大肠包括一对盲肠和一段短的直肠。十二指肠与肌胃相连,具有"U"形弯曲的特征外,将胰腺夹在中间。小肠的第二段相当于空肠和回肠,但并无分界。空肠与回肠的长度大致相等。盲肠位于小肠和大肠的交界处,为分枝两条平行肠道,其盲端是向心的,直肠入口有盲肠括约肌,淋巴组织发达。盲肠之后为直肠,约 10 cm,无消化作用,但吸收水分。

(5)泄殖腔　泄殖腔为禽类所特有,直肠末端与尿生殖道共同开口于泄殖腔。它被两个环行褶分为粪道、泄殖道和肛道。粪道直接同直肠相连,输尿管和生殖道开口于泄殖道,肛道是最后一段,以肛门开口于体外。在肛道背侧还有一个开口,通一梨状盲囊,称为腔上囊,也叫法氏囊。腔上囊黏膜形成许多皱褶,内有发达的淋巴组织,对抗体形成有重要作用,法氏囊炎是威胁养鸡业的一种疾病。性成熟开始,腔上囊逐渐萎缩退化。

(6)肝脏和胰腺　鸡的肝脏较大,重约 50 g,位于心脏腹侧后方,与腺胃和脾脏相邻,分左右两叶,右叶大于左右。肝脏一般为暗褐色,但在刚出雏的小鸡,因吸收卵黄色素的关系而呈黄色,大约 3 周龄后即转为暗褐。右叶肝脏有一胆囊,以储存胆汁。胆汁通过开口于十二指肠的胆管流入十二指肠内。左叶肝脏分泌的胆汁不流入胆囊而直接通过胆管流入十二指肠内。胰腺位于十二指肠的"U"形弯曲内,由十二指肠所包围,为一长形淡红色的腺体,有 2~3 条胰管与胆管一起开口于十二指肠。

小肠内有胰液和胆汁流入。胰液由胰腺分泌,含有蛋白酶、脂肪酶和淀粉酶,可以消化蛋白质、脂肪和淀粉。胆汁由胆囊和胆管流入小肠中,它能乳化脂肪以利消化。十二指肠可分泌肠液,肠液中含有蛋白酶和淀粉酶,食物中的蛋白质在胃蛋白酶和胰蛋白酶的作用下分解为多肽,在肠蛋白酶的作用下,分解为氨基酸。脂肪在胆汁的乳化下,由胰脂肪酶分解成脂肪酸和甘油。食物中大部分淀粉在胰淀粉酶作用下,分解成葡萄糖、果糖类的单糖、氨基酶、脂肪酸、甘油和葡萄糖以及溶于水中的矿物质、维生素,都被肠黏膜吸收到血液和淋巴中。

家禽的盲肠有消化纤维素的作用,但由于从小肠来的食物仅有 6%～10% 进入盲肠,所以家禽(尤其是鸡和鹌鹑)对粗纤维的消化能力很低。家禽的大肠很短,结肠和直肠无明显界限,在消化上除直肠可以吸收水分外,无明显的作用。

家禽的消化道短,仅为体长的 6 倍左右,而羊为 27 倍,猪为 14 倍。由于消化道短,故饲料通过消化道的时间大大地短于家畜。如以粉料饲喂家禽,饲料通过消化道的时间,雏鸡和产蛋鸡约为 4 h,休产鸡为 8 h。

家禽对饲料的消化率受许多因素的影响,但一般地讲家禽对谷类饲料的消化率与家畜无明显差异,而对饲料中纤维素的消化率大大低于家畜。所以用于饲养家禽(除鹅外)的饲料,尤其是鸡和鹌鹑应特别注意粗纤维的含量不能过高,否则会因不易消化的粗纤维而降低饲料的消化率,造成饲料的浪费。

2.3.2.3 呼吸系统

禽类的呼吸系统由鼻腔、喉、气管、肺和特殊的气囊组成。禽类喉头没有声带,发出的啼叫音是由于气管分支的地方有一鸣管或鼓室(鸡称鸣管,鸭、鹅则称鼓室),气流经此处产生共鸣而发出不同声音。

家禽的胸腔由于肋骨分成两段,且又成一定角度,故易于扩张。家禽的肺缺乏弹性,并紧贴脊柱与肋骨,支气管进入肺后纵贯整个肺部的称初级支气管。初级支气管在肺内逐渐变细,其末端与腹气囊直接相连,沿途先后分出四群粗细不一的次级支气管。初级支气管除了与颈部和胸部的气囊直接或间接连通外,还分出许多分枝,称三级支气管。三级支气管不仅自身相互吻合,同时也沟通次级支气管。故禽类不形成哺乳动物的支气管树,而成为气体循环相通的管道。三级支气管连同周围的肺房和呼吸毛细管共同形成家禽肺脏的单位结构,称肺小叶。

气囊是装空气的膜质囊,一端与支气管相连,另一端与四肢骨骼与其他骨骼相通。家禽屠宰后气囊间的界限已不明显,不过当打开胸、腹腔时,可在内脏器官上见到一种透明的薄膜,这就是气囊。气囊共有 9 个,即一个锁骨间气囊、两个颈气囊、两个前胸气囊、两个后胸气囊和两个腹气囊。气囊有下列作用。

储存气体:气囊能储存很多气体,比肺容纳的气体要多 5～7 倍。

增加空气的利用率:气囊是膜质的,壁薄且具有弹性,故随呼吸动作易于扩大和缩小,好像风箱一样。这样就可以使空气在吸气和呼气时两次通过肺,增加了空气的利用率。

调节体温:由于禽类的气囊容积大,故蒸发水分的表面积也大,从而可散发体热。

增加浮力:气囊充满空气,由于空气比身体的任何组织都轻得多,相对说来就减轻了体重,这样也就有利于水禽在水面上的漂浮。

2.3.2.4 循环系统

循环系统包括血液循环器官、淋巴器官和造血器官。血液循环器官包括心脏和血管,禽类的心脏较大,相当于体重的 0.4%～0.8%,而大动物和人体仅为体重的 0.15%～

0.17%。禽类的红细胞比哺乳动物的大，卵圆形。鸡的血液每立方毫米有250万~350万个红细胞，公鸡的血细胞较母鸡多。鸡的血量为体重的8%左右。

家禽的淋巴结不发达，鸡没有真正的淋巴结，只有一些微小的淋巴结存在于淋巴管壁上，集合淋巴小结存在于消化道壁上。

禽类的脾脏不大，而且形状也与家畜的脾脏不同，为卵圆形成圆形，呈红棕色。位于腺胃和肌胃交界的右侧，悬挂于腹膜褶上。禽类脾脏是红细胞的储存器官。

腔上囊（法氏囊）与抗病能力有密切关系，位于泄殖腔背侧，为一梨状盲囊。幼禽特别发达，随性成熟而萎缩，最后消失。

2.3.2.5　泌尿系统

由肾脏和输尿管组成。肾脏分前、中、后三叶，嵌于脊柱和髂骨形成的陷窝内。家禽的肾脏没有肾盂，输尿管末段也没有膀胱，直接开口于泄殖腔。尿液在肾脏内生成后，经输尿管直接排入泄殖腔，其中水分为泄殖腔重新吸收，留下灰白糨糊状的尿酸和部分尿与粪便一起排出体外。因此，通常只看见家禽排粪，而不见排尿。

肾脏的功能是排泄体内的废物，维持体内一定的水分、盐类和酸碱度的重要器官。

2.3.2.6　生殖系统

公禽的生殖器官是由睾丸、附睾、输精管和交媾器（鸭、鹅称阴茎）所组成的。睾丸由精细管、精管网和输出管组成，输出管集合为输精管。禽类输精管是精子的重要储藏所。鸭、鹅的阴茎较发达，阴茎表面有一螺旋状的排精沟。当阴茎勃起时，排精沟由于边缘闭合而成管，精液就流经此管而射出。

公鸡、公火鸡和公鹌鹑等的交媾器是由两个乳嘴和一个退化的交尾器组成。乳嘴位于泄殖腔的腹面，是输精管的终点，每个乳嘴有一小腔，精液从中射出。退化的交媾器位于乳嘴的稍后方。

母禽的生殖器由卵巢和输卵管组成，右侧的卵巢和输卵管在孵化中期以后退化，仅左侧发育完善，具生殖功能。卵巢不仅是形成卵子的器官，而且还累积卵黄营养物质供给胚胎体外发育时的营养需要。因此，禽类的卵细胞要比其他家畜的卵细胞大得多。

卵巢位于腹腔左侧，在左肾前叶前方的腹面，左肺的后方，以卵巢系膜韧带悬挂在腰部背侧壁上。此外，卵巢还以腹膜褶与输卵管相连接。

输卵管分为五部分，即漏斗部、膨大部、峡部、子宫部和阴道部，为形成蛋的器官。阴道部开口于泄殖腔。

2.3.2.7　皮肤与羽毛

家禽的皮肤由表皮与真皮组成，都较薄，没有汗腺和皮脂腺，皮肤表面干燥，仅在尾部有一对尾脂腺。水禽尾脂腺特别发达。禽类经常用喙将尾脂腺分泌物涂抹在羽毛上，使羽毛光润、防水。禽类的皮肤颜色主要有黄、白、黑三种，它是品种特征之一，如来航鸡的皮肤是黄色的，澳洲黑鸡的皮肤是白色的，而乌骨鸡的皮肤是黑色的。家禽的喙、爪、距和鳞是皮肤的角质化结构。

禽类的羽毛与家畜的被毛明显不同，是鸟类特有的表皮构造，除了喙与脚面外覆盖全身表面，是保持体温的绝缘体，对于飞翔极重要。羽毛呈现不同颜色，而且还形成一定图案。羽毛的图案取决于黑色素的分布，以及黑色素与其他色素特别是与类胡萝卜素的平衡。羽毛颜色和图案是由遗传决定的,是品种的标志。家禽地方品种遗传构成复杂,毛色也复杂。鸡的现代商业品种经过高度选育,毛色单纯,以白色和褐色为主,辅以其他色泽,有些品种可利用毛色进行初生雏的雌雄鉴别。

禽羽按其结构分下列三种。

正羽:有羽轴和羽片。羽轴埋入皮肤部分称羽根,构成羽片部分称羽干。羽片是羽小枝之间通过羽纤枝相互勾连而成的。

绒羽:包括新生雏的初生羽及成禽的绒羽。有羽轴,但羽小枝间没有羽纤枝相互勾连,故不形成羽片。其保温作用较好。

毛羽(线羽):没有羽轴、羽片之分,具有一条细而长羽杆,在游离端处有一撮羽枝或羽小枝,形状像头发一样,细软。

家禽的羽毛从出雏到成年,要经过 3 次更换。雏鸡出雏时全身被绒羽,绒羽在出壳后不久即开始脱换,由正羽代替绒羽。此时的正羽称幼羽。脱换顺序为翅→尾→胸腹→头部。通常在 6 周龄左右换齐,仅有少数留存。6 周龄到 13 周龄二次更换,称青年羽,由 13 周龄到开产前再更换一次,称成年羽。性成熟时羽毛丰满有光泽。更换为成年羽后从第二年开始,每年秋冬都要更换一次。换羽时,由于需要大量营养,鸡即停止产蛋。从开始产蛋到第二年换羽停止产蛋为止,叫做一个生物学产蛋年。生物学产蛋年的时间长短并不是一定的,而是随品种、个体的不同而不同。开产早,换羽迟的鸡,则生物学产蛋年就长,有可能远远超过 365 天。相反,开产迟,换羽早的鸡,则它的生物学产蛋年就短,有的还不到 300 天。因此,一个品种,如果它的生物学产蛋年时间长,一般说来是高产鸡,否则就是低产鸡。由于禽类羽毛重量占活体空腹重的 4%~9%,因此,禽类羽毛的年度更换,会给禽类造成一种很大的生理消耗,故换羽时应注意营养。

2.3.2.8　家禽的感觉器官

禽类同家畜一样都有眼、耳、口、鼻等器官,但是禽类的视觉、听觉、味觉、嗅觉能力却与家畜不同。禽类的视觉较发达,眼较大,位于头部两侧,视野较广,视觉很敏锐,能迅速识别目标,但对颜色的区别能力较差,鸡只对红、黄、绿等光敏感。禽类的听觉发达,能迅速辨别声音。禽类的嗅觉能力差,味觉也不发达。家禽并不喜好糖,对食盐却很敏感,拒绝吃食盐稍多的食物,拒绝饮超过 0.9% 的盐水。如饲料中含盐量过高,则易因饮水量加大而造成腹泻。

2.3.2.9　内分泌器官

(1)垂体　位于脑的底部,包括前叶和后叶两部分。前叶由腺组织构成,称腺垂体。此叶至少分泌 5 种激素:Ⅰ 型细胞分泌促卵泡激素,刺激卵巢内卵泡的生长,分泌雌激素,在雄禽则刺激睾丸的细管生长及精子的产生;Ⅱ 型细胞分泌促甲状腺激素,可以调节甲状腺的功能;Ⅲ 型细胞分泌促黄体素,对雌禽可引起排卵,而在雄禽刺激睾丸产生雄激素;Ⅳ 型细胞分泌催乳素,参与就巢,可能通过抑制促性腺激素而起作用;Ⅴ 型细胞分泌生长激素。

垂体后叶由神经组织构成,称神经垂体,分泌加压素与催产素两种激素。加压素具有升高血压和减少尿分泌的作用;催产素刺激输卵管平滑肌收缩,促进排卵。

(2)甲状腺　成对暗红色的卵圆形结构,位于颈的基部。分泌甲状腺素,其机能为刺激一般代谢;调节整个机体的生长,特别是生殖器官,适度增加甲状腺激素的供应,可促进生长和提高产蛋量;甲状腺激素增多引起换羽,这可能是刺激新羽毛生长而引起换羽。

(3)甲状旁腺　为两对小的黄色腺体,紧接甲状腺后端。分泌甲状旁腺素,产蛋时它调节血钙水平,使大量的钙由髓质骨转移到蛋壳。

(4)胸腺　有一对,呈长索状,沿颈静脉分布于颈部后半部的皮下。雏鸡发达,具有淋巴器官的作用,与抗体形成有关。

(5)肾上腺　为一对扁平的卵圆形,乳白色、黄色或橙色,位于肾脏前叶的内侧缘附近。肾上腺皮质分泌皮质激素,主要功能是调节机体代谢和维持生命。髓质分泌肾上腺素,具有增强心血管系统活动、抑制内脏平滑肌以及促进糖代谢等机能。

(6)胰岛　调节脂类和糖在体内的平衡。

2.3.2.10　神经系统

家禽的神经系统主要分为中枢神经系统和外周神经系统。中枢神经系统包括脑神经和脊神经;外周神经系统包括除了中枢神经系统之外的神经系统并由神经组成,有的神经源于脑部,有的源于脊髓。从功能上外周神经系统躯体神经系统和自主神经系统。躯体神经系统能够根据外界的刺激做出相应的反应;自主神经系统则主要维持机体的体内平衡和内环境,同时也是调节胃肠道功能的神经系统。自主神经可以进一步分为交感神经和副交感神经。交感神经和副交感神经系统共同调节机体的日常活动和功能。当交感神经受到刺激,外周组织如骨骼肌就需要大量的血液供给,为了满足这种需要,胃肠道的血流量迅速减少以供给骨骼肌足够的血液。同时心跳频率和呼吸频率相应增加,以供给机体充足的氧气。

思考与练习

1.简述家禽品种的形成过程。

2.家禽的基本特征有哪些?

3.家禽的主要生理特点是什么?

4.家禽的主要解剖特点是什么?

第3章 家禽的品种和繁育

3.1 家禽的品种

3.1.1 家禽品种的分类

家禽的品种依据不同的标准有不同的分类方法。

3.1.1.1 标准品种分类法

从19世纪80年代至20世纪50年代初,是按国际上公认的标准品种分类法,把家禽分为类、型、品种和品变种。

(1)类　按家禽原产地分为亚洲类、美洲类、地中海类、英国类等。

(2)型　按家禽的经济用途分为蛋用型、肉用型、兼用型和观赏型。

1)蛋用型　以产蛋多为主要特征。鸡体型较小,体躯较长,腿高跖细,颈细尾长,肌肉结实,羽毛紧凑,性情活泼,行动敏捷,觅食力强,富神经质,容易惊群,开产月龄5~6个月,年产蛋200枚以上,产肉少,肉质差,无就巢性。

2)肉用型　以生长快、产肉多、肉质好为主要特征。这类型鸡体形硕大,体躯宽深,腿短跖粗,颈粗尾短,肌肉丰满,羽毛蓬松,性情温顺,行动迟缓,觅食力差。开产月龄7~8个月,年产蛋130~160枚以上,就巢性强,仔鸡生长快。

3)兼用型　这类型鸡体型外貌和生产性能介于蛋用型和肉用型之间,具有二者的优点。性情温顺,觅食力强,开产月龄6~7个月,年产蛋160~180枚以上,产肉多,肉质好,有就巢性。

4)观赏型　这类型属于专供人们观赏或争斗娱乐的鸡种。有的羽毛特异或羽色艳丽;有的体态特殊或行凶好斗,以及兼有其他特殊性能。如丝毛鸡、长尾鸡、短脚鸡、翻毛鸡、斗鸡等,这类型鸡种一般性成熟晚,产蛋少,就巢性强。

(3)品种　家禽的品种是指通过育种手段而形成的具有一定数量、有共同来源、相似的外貌特征、近似的生产性能和一定的内部结构,且遗传性稳定的一个群禽。

(4)品变种　指在一个品种内按羽毛颜色或冠形而分为不同的品变种。如来航鸡有单冠来航鸡、玫瑰冠来航鸡、白色来航鸡、黄色来航鸡、褐色来航鸡、黑色来航鸡12个品变种。

3.1.1.2 现代鸡种分类法

近二三十年来,随着育种工作的进展和品种的变化,又出现了现代鸡种。现代鸡种都是配套系,又称为杂交商品系。按经济用途,现代鸡种分为蛋鸡系和肉鸡系。

(1)蛋鸡系 专门用于生产商品蛋鸡的配套品系,按所产蛋壳颜色分为白壳蛋鸡、褐壳蛋鸡、粉壳蛋鸡、绿壳蛋鸡等。

1)白壳蛋鸡 主要是以单冠白来航鸡为育种素材培育的配套品系。由于体型较小,又称轻型蛋鸡。如"雪佛星杂288""京白823""罗曼白"等。

2)褐壳蛋鸡 主要是以原兼用品种如洛岛红、新汉夏、芦花鸡等为育种素材培育的配套品系。初生雏通过绒毛颜色可以辨别雌雄。产褐壳蛋,故称褐壳蛋鸡。由于体型比来航鸡大比肉用鸡小又称中型蛋鸡。如"雪佛星杂579""罗曼褐""海赛克斯褐鸡"等。

(2)肉鸡系 专门用于生产肉用仔鸡的配套品系,要求种鸡生长快、体重大、产蛋较多。由于鸡的产蛋量与生长速度和成年体重呈负的遗传相关,产蛋量多的体重较轻,生长快的产蛋较少,两者很难在一个品种或品系内达到"双全"。因此,生产肉用仔鸡需要培育专门化的父系和专门化的母系,进行配套杂交。父系突出产肉性能,产蛋性能可能较差;母系则突出产蛋性能,产肉性能可能稍差。我国引进的肉鸡配套品系主要有美国的艾维茵肉鸡、"AA"肉鸡、罗斯肉鸡等。

1)父系 生产肉用仔鸡的父系,一般都是从原肉用品种中培育,最常用的是白考尼什,也有用红考尼什的。

2)母系 生产肉用仔鸡的母系,一般从原兼用型品种中培育,目前多用白洛克。

3.1.2 家禽的优良品种

目前市场上的优良品种,根据家禽形成的历史背景和用途,一般分为地方品种、标准品种和现代禽种。

3.1.2.1 地方品种

地方品种是指在一定地域形成、选育程度较低、适合当地自然条件和消费习惯的禽种。其特点:生产性能较低,体型外貌不大一致,生命力强,耐粗饲。我国幅员辽阔,地方鸡种资源极为丰富。目前列入《中国家禽品种志》的地方品种,鸡25个,鸭12个,鹅13个。

(1)固始鸡 固始鸡主产于河南省固始县,属蛋肉兼用型品种,是我国著名的地方优良鸡种,它外观秀丽,以抗逆性强、饲料报酬高、饲养效益好而著称,以肉美汤鲜、风味独特、营养丰富等优良特性而久负盛名。固始鸡具有产蛋多、蛋大壳厚、遗传性能稳定等特点,体躯呈三角形,羽毛丰满,单冠直立,6个冠齿,冠后缘分叉,耳垂呈鲜红色,眼大有神,喙短呈青黄色。公鸡毛呈金黄色,母鸡以黄色、麻黄色为多。母鸡6~7个月开产,年产蛋量130~200枚,平均蛋重50 g。成年公鸡平均体重2.1 kg,成年母鸡体重1.5 kg,为我国宝贵的家禽品种资源之一。

(2)仙居鸡 仙居鸡原产于浙江省中部靠东海的台州市,重点产区是仙居县,分布很广,属蛋用型品种。体形较小,结实紧凑,体态匀称秀丽,动作灵敏活泼,易受惊吓,属神经质型。头部较小,单冠,颈细长,背平直,两翼紧扣躯体,尾部翘起,骨骼纤细;其外形和体态颇似来航鸡。羽毛紧密,羽色有白羽、黄羽、黑羽、花羽及栗羽之分。跖多为黄色,也有肉色及青色等。成年公鸡体重1.25~1.5 kg,成年母鸡体重0.75~1.25 kg,5月龄开产,年均产蛋量180枚,平均蛋重42 g。

(3)寿光鸡 寿光鸡原产于山东省寿光市,历史悠久,分布较广,属肉蛋兼用型品种。

头大小适中,单冠,冠、肉垂、耳叶和脸均为红色,眼大灵活,虹彩黑褐色,喙、跖、爪均为黑色,皮肤白色,全身黑羽,并带有金属光泽,尾有长短之分。寿光鸡分为大、中两种类型。大型公鸡平均体重为 3.8 kg,母鸡平均体重 3.1 kg。年产蛋量 90～100 枚,蛋重 70～75 g。中型公鸡平均体重 3.6 kg,母鸡平均体重 2.5 kg。年产蛋量 120～150 枚,蛋重 60～65 g。寿光鸡蛋大,蛋壳深褐色,蛋壳厚。一般为 8 月龄开产,经选育的母鸡就巢性不强。

(4)浦东鸡　浦东鸡原产于上海市南汇、奉贤、川沙等县沿海,以南汇区的泥城、彭镇、书院、万象、老港等地乡镇饲养的鸡种为最佳,属肉用型品种,体型较大,呈三角形,偏重产肉。公鸡羽色有黄胸黄背、红胸红背和黑胸红背三种,主翼羽和副主翼羽多呈部分黑色,腹翼羽金黄色或带黑色。母鸡全身黄色,有深浅之分,羽片端部或边缘有黑色斑点,因而形成深麻色或浅麻色,主翼羽和副主翼羽黄色,腹羽杂有褐色斑点。公鸡单冠直立,母鸡冠较小,有时冠齿不清。喙短而稍弯,基部粗壮、黄色,上喙端部褐色。冠、肉髯、耳叶均呈红色,肉垂薄而小。单冠,冠齿多为 7 个。成年公鸡体重 4 kg,成年母鸡体重 3 kg 左右。浦东鸡是中国较大型的黄羽鸡种,肉质较优良,但生长速度较慢,产蛋量也不高,极需加强选育工作。公鸡阉割后饲养 10 个月,体重可达 5～7 kg。平均 7 月龄开产,年产蛋量 100～130 枚,平均蛋重 58 g。蛋壳褐色,壳质细致,结构良好。

(5)桃源鸡　桃源鸡主产于湖南省桃源县中部,属肉用型品种。体型高大,体质结实,羽毛蓬松,体躯稍长,呈长方形。公鸡头颈高昂,尾羽上翘,侧视呈"U"字形。母鸡体稍高,背较长而平直,后躯深圆,近似方形。公鸡体羽呈金黄色或红色,主翼羽和尾羽呈黑色,梳羽金黄色或兼有黑斑。母鸡羽色有黄色和麻色两个类型。黄羽型的背羽呈黄色,胫羽呈麻黄色,喙、胫呈青灰色,皮肤白色。单冠,公鸡冠直立,母鸡冠倒向一侧。成年公鸡体重 1.7 kg,成年母鸡体重 1.85 kg。平均 6.5 月龄开产,平均年产蛋量 86 枚,平均蛋重为 53.39 g,蛋壳浅褐色。

(6)惠阳鸡　惠阳鸡主要产于广东博罗、惠阳、惠东等地,属肉用型品种,其特点可概括为黄毛、黄嘴、黄脚、胡须、短身、矮脚、易肥、软骨、白皮及玉肉(又称玻璃肉)等 10 项。主尾羽颜色有黄、棕红和黑色,以黑者居多。主翼羽大多为黄色,有些主翼羽内侧呈黑色。腹羽及胡须颜色均比背羽色稍淡。头中等大,单冠直立,肉垂较小或仅有残迹,胸深,胸肌饱满。背短,后躯发达,呈楔形,尤以矮脚者为甚。惠阳鸡育肥性能良好,沉积脂肪能力强。成年公鸡体重 1.5～2.0 kg,成年母鸡体重 1.25～1.5 kg。平均 5 月龄开产,年产蛋量 70～90 枚,平均蛋重 47 g,蛋壳有浅褐色和深褐色两种,就巢性强。

(7)庄河鸡　庄河鸡原产于辽宁省庄河市,分布在辽东半岛,地处北纬40°以南的地区,属蛋肉兼用型。单冠直立,体格硕大,腿高粗壮,结实有力,故名大骨鸡。身高颈粗,胸深背宽,腹部丰满,墩实有力。公鸡颈羽、鞍羽为浅红色或深红色,胸羽黄色,扇羽红色,主尾羽和镰羽黑色有翠绿色光泽,喙、跖、趾多数为黄色。母鸡羽毛丰厚,胸腹部羽毛为浅黄或深黄色,背部为黄褐色,尾羽黑色。成年公鸡平均体重 3.2 kg 以上,成年母鸡平均体重 2.3 kg 以上。平均 7 月龄开产,平均年产蛋量 146 枚,平均蛋重 63 g。

(8)北京油鸡　北京油鸡原产于北京市郊区,历史悠久属肉用型品种。具有冠羽、跖羽,有些个体有趾羽。不少个体颌下或颊部有胡须。因此,人们常将这三羽(凤头、毛腿、胡子嘴）称为北京油鸡的外貌特征。体躯中等大小，羽色分赤褐色和黄色两类。初生雏绒羽土黄色或淡黄色，冠羽、跖羽、胡须明显可以看出。成年鸡羽毛厚密蓬松，公鸡羽毛鲜艳光亮，头部高昂，尾羽多呈黑色。母鸡的头尾微翘，跖部略短，体态敦实。尾羽与主副翼羽常夹有黑色或半黄半黑羽色。生长缓慢，性成熟期晚，母鸡7月龄开产，平均年产蛋量110枚，平均蛋重56 g。成年公鸡体重2.0～2.5 kg，成年母鸡体重1.5～2.0 kg。屠体肉质丰满，肉味鲜美。

（9）绍兴麻鸭　因鸭毛呈麻褐色带黑斑而得名，主要产于浙江绍兴，故亦绍兴麻鸭称"绍鸭"，属蛋用型。公鸭体重1.5～1.6 kg，母鸭体重1.4～1.5 kg，开产月龄平均为4.5月龄，平均年产蛋量280枚，平均蛋重66 g，为中国蛋用型鸭种中之佼佼者，有"禽中明珠"之称。既可放牧，又可圈养。公鸭个体不大，头小颈细，结构紧凑，而肉嫩、味鲜美，一般饲养六七十天便可上市，以秋季最肥。

（10）金定鸭　金定鸭属麻鸭的一种，又名华南鸭，属蛋鸭品种，是福建传统家禽良种。该品种主产于福建省龙海市紫泥镇金定村，金定鸭因此得名。金定鸭体格强健，走动敏捷，觅食力强，公鸭平均体重1.6～1.7 kg，母鸭平均体重1.75 kg，开产月龄平均为4.5，平均年产蛋量280枚，平均蛋重70 g，具有蛋壳青色、觅食力强、饲料转化率高和耐热抗寒特点。该品种尾脂腺较发达，羽毛防湿性强，适宜海滩放牧和在河流、池塘、稻田及平原放牧，也可舍内饲养。金定鸭与其他品种鸭进行生产性杂交，所获得的商品鸭生命力强，成活率高，产蛋、产肉、饲料报酬较高。

（11）高邮鸭　高邮鸭主产于江苏省高邮、宝应、兴化等县市，分布于江苏省中部京杭大运河沿岸的里下河地区，属肉蛋兼用型。成年公鸭体重3～4 kg，成年母鸭体重2.5～3 kg。仔鸭放养2月龄重达2.5 kg。母鸭180～210日龄开产，平均年产蛋量169枚左右，蛋重70～80 g，蛋壳呈白色或绿色。高邮鸭母鸭全身羽毛褐色，有黑色细小斑点，如麻雀羽；主翼羽蓝黑色；喙豆黑色；虹彩深褐色；胫、蹼灰褐色，爪黑色。公鸭体型较大，背阔肩宽，胸深躯长呈长方形。头颈上半段羽毛为深孔雀绿色，背、腰、胸为褐色芦花毛，臀部黑色，腹部白色。喙青绿色，趾蹼均为橘红色，爪黑色。高邮鸭不仅生长快、肉质好、产蛋率高，而且因善产双黄蛋而享誉海内外。

（12）狮头鹅　狮头鹅为中国农村培育出的最大优良品种鹅，也是世界上的大型鹅之一。原产广东省饶平县浮滨镇，属肉用型地方品种。该鹅种的肉瘤可随年龄而增大，形似狮头，故称狮头鹅。颔下肉垂较大。嘴短而宽，颈长短适中，胸腹宽深，脚和蹼为橙黄色或黄灰色，成年公鹅体重10～12 kg，成年母鹅体重9～10 kg。生长迅速，体质强健。成熟早，肌肉丰厚，肉质优良。但年产蛋量少，仅有25～35枚，蛋重平均203 g左右。极耐粗饲，食量大。75～90日龄的肉用鹅，体重5～7.5 kg。行动迟钝，觅食能力较差。有就巢性，现已向全国各地推广。

（13）太湖鹅　太湖鹅原产于长江三角洲的太湖地区，属肉用型品种。太湖鹅体态中小，体质细致紧凑，全身羽毛紧贴。没有肉瘤，无皱褶。颈细长呈弓形，无咽袋，无包。从外表看，公母差异不大，公鹅体型较高大雄伟，常昂首挺胸展翅行走，叫声洪亮，喜追逐啄人；母鹅性情温驯，叫声较低，肉瘤较公鹅小，喙较短。全身羽毛洁白，偶在眼梢、头顶、腰背部有少量灰褐色斑点；喙、胫、蹼均橘红色，喙端色较淡，爪白色；眼睑淡黄色，虹彩灰蓝色。雏鹅全身乳黄色,喙、胫、蹼橘黄色。成年公鹅体重 4.0 ~ 4.5 kg,成年母鹅体重 3.0 ~ 3.5 kg。产蛋性能较好,6 月龄开产,平均年产蛋量为 85 枚,平均蛋重 135 g,蛋壳为白色。

(14)四川白鹅　四川白鹅主产于四川省南溪县,分布于江安、长宁、翠屏区、宜宾县、高县和兴文等区县,属肉用型品种。四川白鹅体型中等,全身羽毛洁白,紧密,橘红色,胫蹼呈橘红色,眼睑椭圆形,虹彩蓝灰色,成年公鹅体质结实,头颈较粗,体躯较长,额部有一个呈半圆形肉瘤。成年母鹅头清秀,颈细长,肉瘤不明显。成年公母鹅平均体重分别为 4.36 kg 和 4.21 kg。平均年产蛋量 70 枚,蛋重 146 g,蛋壳白色。

(15)皖西白鹅　皖西白鹅原产于安徽省六安地区,属肉绒兼用型品种,是中国优良的中型鹅种。该品种是经过长期人工选育和自然驯化而形成的优良地方品种,适应性强、觅食力强、耐寒耐热、耐粗饲、合群性强。早期生长速长快,肉质细嫩鲜美,特别是羽绒产量高且绒品质优。成年鹅全身羽毛洁白,部分鹅头顶部有灰毛。喙橘黄色,喙端色较淡,胫、蹼均为橘红色,爪白色。皮肤为黄色,肉色为红色。体型中等,体态高昂,颈长呈弓形,胸深广,背宽平。头顶肉瘤呈橘黄色,圆而光滑无皱褶,公鹅肉瘤大而突出,母鹅稍小。虹彩灰蓝色,约 6% 的鹅颔下带有咽袋。少数个体头颈后部有球形羽束,即顶心毛。公鹅颈粗长有力,母鹅颈较细短,腹部轻微下垂。成年公鹅体重 5.5 ~ 6.5 kg,成年母鹅体重 5 ~ 6 kg,6 月龄开产,年产蛋量为 30 ~ 35 枚,平均蛋重 160 g。

3.1.2.2　标准品种

在国际上,由美洲家禽协会编写的《美洲家禽标准品种志》和英国大不列颠家禽协会的《大不列颠家禽标准品种志》收录了世界各地主要的标准品种,被国际家禽界广泛认可。

(1)来航鸡　原产意大利,因最先由意大利的来航港出口而得名,是世界上产蛋最多、分布最广的蛋用型标准品种,按冠形(单冠、玫瑰冠)和羽色(白色、黄色、褐色、黑色等)有 12 个品变种,其中以白色单冠来航鸡生产性能最高,分布最广。当前各国培育的现代鸡种中的白壳蛋鸡都来自白来航鸡。白来航鸡体型轻小,体躯较长,腿高胫细,颈细尾长,肌肉结实,羽毛紧凑。成年鸡冠和肉髯特别发达,公鸡冠直立,母鸡冠峰多倒向一边。全身羽毛白色;喙、脚、皮肤黄色,耳叶乳白色。成年公鸡平均体重 2.3 kg,成年母鸡平均体重 1.8 kg,初产月龄 5.5 个月,年产蛋量 200 枚以上,蛋重 54 ~ 60 g,蛋壳白色,无就巢性。来航鸡性情活泼,行动敏捷,觅食力强,富神经质,容易惊群。

(2)洛岛红鸡　育成于美国洛德岛州,属兼用型鸡,有单冠和玫瑰冠两个品变种,我国引进的是单冠洛岛红。该鸡育成曾引入我国九斤黄鸡的血液。现代鸡种褐壳蛋鸡多数是由洛岛红中培育的高产品系与其他品系配套杂交而成的,其商品代不但有优异的生产性能,而且初生雏可以通过绒毛颜色辨别雌雄。洛岛红鸡外貌的最大特点是体躯长,略似长方形,背长而平,皮肤和脚黄色,喙褐黄色。成年公鸡体重 3.6 kg,成年母鸡体重 2.8 kg。初产月龄 6 个月,年产蛋量 170 ~ 180 枚,蛋重 56 ~ 60 g,蛋壳褐色。

(3)新汉夏鸡　育成于美国新汉夏州,是洛岛红鸡经过选育而成的新品种,属兼用型。该鸡的特点是生命力强,羽毛生长快,性成熟早,产蛋多,蛋重大。1946 年引入我国地方良种起了很大作用。该鸡体形与洛岛红鸡相似,唯体躯销短,羽色略浅,全身羽毛黄褐色,尾羽黑色,皮肤和脚黄色,喙浅褐黄色。成年公鸡体重 3.4 kg,成年母鸡体重 2.7 kg,初生月龄 6 个月,年产蛋量 180～200 枚,蛋重 56～60 g,蛋壳褐色。

(4)白洛克鸡　产于美国,与芦花鸡共属洛克鸡种,原属兼用型,由于它早期生长快和当时肉用仔鸡业发展的需要而育成肉用型,属大型肉用鸡种,由于产蛋较多,在现代肉用仔鸡生产中常用以做母系。白洛克鸡体躯宽深,胸部丰满,腿短胫粗,颈粗尾短,体形椭圆形、肌肉发达。全身羽毛白色,喙、脚和皮肤黄色。成年公鸡体重 4.3 kg,母鸡体重 3.4 kg,初产月龄 6.5 个月,年产蛋量 150～160 枚,蛋重 60 g,蛋壳褐色,就巢性强。雏鸡生长快,8 周龄体重可达 1.75 kg 以上。

(5)考尼什鸡　原产英国,是世界著名的大型肉用鸡种,是由几个斗鸡品种与英国鸡杂交而育成的。羽毛颜色有好几种,但以白色为最多,在现代肉用仔鸡生产中常用以做父系。白考尼什鸡头顶宽、平、长,喙粗较弯曲,豆冠,头似鹰头。肩宽、胸深、背长。骨骼粗壮,四肢强健,胸肌和腿肌特别发达。羽毛纯白,紧贴体躯,尾羽紧缩成束,向后平伸,体型酷似斗鸡。喙、脚、皮肤均为黄色。成年公鸡体重 4.5 kg,母鸡体重 3.6 kg,初产月龄 7～8 个月,年产蛋量 120 枚左右,蛋重 56 g,蛋壳浅褐色。公鸡凶悍好斗,母鸡就巢性强。雏鸡生长快,8 周龄可达 1.75 kg 以上。

(6)狼山鸡　产于我国江苏省南通地区,由于南通南部有座小山叫狼山,故取名狼山鸡,兼用型。1872 年首先输往英国,英国著名的奥品顿鸡含有狼山鸡的血液。在美国 1883 年承认为标准品种。该鸡外貌特点是颈挺立,尾高耸,背短呈马鞍形,腿高颈长,胸部发达,外貌威武雄壮。羽毛颜色有黑、白两种,以黑色居多。黑狼山鸡羽毛、喙、脚黑色,皮肤白色,胫的外侧有毛,现经多年培育已成光腿。成年公鸡体重 2.8 kg,母鸡体重 2.3 kg,初产月龄 7～8 个月,年产蛋量 160～170 枚,蛋重 55～60 g,蛋壳褐色。

(7)丝毛乌骨鸡　又名乌骨鸡或泰和鸡。原产我国江西、福建、广东等省,现已分布国内外,国外列为观赏品种,在国内列为药用品种,用以配制妇科中药"乌鸡白凤丸"的原料。丝毛鸡体型小,体躯短,头小,颈短,腿矮、桑葚冠,全身羽毛白丝状,群众称之有"十全":缨头、绿耳、胡须、毛腿、丝毛、五趾、紫冠、乌皮、乌骨、乌肉。此外,眼、喙、脚、内脏、脂肪、血液等都是乌黑色。成年公鸡体重 1.25～1.5 kg,母鸡体重 1.0～1.25 kg,初产月龄 6 个月,年产蛋量 80 枚左右,蛋重 40～42 g,蛋壳浅褐色,就巢性强,丝毛鸡骨骼纤细,生活力弱,育雏率低。

(8)北京鸭　原产北京西郊玉泉山一带,已有 300 多年的历史,在 1873 年输出国外,现已遍及全世界,是世界上著名的肉用标准品种,国外不少优良鸭种都含有北京鸭的血液。北京鸭体形硕大,体躯丰富,胸深、背宽、腹阔,头大、颈粗、腿短,翅小紧贴体躯,尾羽钝齐上翘,羽毛洁白,喙、脚橘黄色,皮肤白色稍黄。成年公鸭体重 3.5 kg,母鸭体重 3.0 kg,初产月龄 5～6 个月,年产蛋量 180～200 枚,蛋重 90～100 g,蛋壳玉白色。北京鸭生长快、易肥育、肉质好、产蛋也多,近年来北京鸭经过选育,生长速度和产蛋性能都有显著提高,某些高产品系年产蛋可达 240 枚,经过填饲的北京鸭 8 周龄体重可达 2.75～3.0 kg。

(9)咔叽-康贝尔鸭　由英国选育而成蛋鸭良种。与一般中国麻鸭不同的是其体躯羽毛无黑色斑点。该品种在无水面的条件下也能够表现出良好的生产性能。体躯结实、宽深,头部清秀,眼睛明亮,颈部细长,背宽平直,胸部丰满,腹部大但是不下垂,体形为长方形,站立或行走时体长轴与地面的夹角较小。公鸭的头、颈部、尾羽和翼羽为青铜色,其他部位羽毛为暗褐色;母鸭头、颈部羽毛和翼羽为黄褐色,其余全身羽毛为暗褐色;喙蓝绿色或浅黑色,胫、蹼为暗褐色。雏鸭绒毛为咖啡色,长大后逐渐变浅。成年公鸭体重2.3～2.5 kg,母鸭体重2.0～2.3 kg。性成熟期为120天左右,年产蛋量270～300枚,蛋重70～75 g,蛋壳颜色主要为白色,少数为青色。其肉质也较好。

(10)瘤头鸭　又称番鸭,原产于南美洲,属肉用型鸭。瘤头鸭属栖鸭属禽类,与一般家鸭不同属,与家鸭杂交所生后代(骡鸭)无生殖力。瘤头鸭与一般家鸭的外貌截然不同。瘤头鸭体躯长而宽,胸部宽而平,后躯不发达,尾狭长平伸,体形呈纺锤形。头顶有一排纵向长羽,受刺激时会竖起。喙基部和眼周围有红色或黑色皮瘤,雄鸭比雌鸭发达。翅膀长达尾部,有一定飞翔能力,腿短粗壮,腿肌胸肌发达。羽色有纯黑、纯白、黑白花等多种,喙及脚有黑色、红色、橙黄色等。成年公鸭体重4.5～5.0 kg,母鸭体重2.5～3.0 kg(我国现有瘤头鸭体重低于这个水平),开产月龄6～9个月,年产蛋量80～120枚,蛋重70～80 g,蛋壳玉白色。有就巢性,公母鸭轮换孵抱,但不善育雏。

(11)朗德鹅　为中型鹅品种,是目前世界上最著名的肥肝鹅品种。原产于法国西南部的朗德省。朗德鹅为典型的灰雁体型,标准羽色为灰褐色,在颈部背侧接近黑色,胸腹部羽色较浅,呈银灰色,腹下部呈白色。少数个体为白色羽或灰白杂色。朗德鹅有较小咽袋,喙橘黄色,胫、蹼肉色。成年体重公鹅7～8 kg,母鹅体重6～7 kg。66日龄子鹅羽毛生长完全,可直接上市屠宰,活重达5.1 kg。或经过填肥后,活重达10～11 kg,肥肝重700～800 g。目前吉林、广东、四川等省有大量引进饲养。朗德鹅在我国南方饲养,母鹅180天左右开产,每年9月至次年5月为繁殖期,年产蛋量为43枚,平均蛋重148 g。自然交配公母比例为1∶3,公母之间均具有择偶性,种蛋受精率65%～70%。

(12)青铜火鸡　原产于美洲,属大型肉用火鸡品种,个体较大,胸部很宽。全身羽毛青铜色,主尾羽及覆尾羽有黑、褐相间的横向条纹,末端有整齐的白边。喙、脚棕黑色。成年公火鸡体重16 kg,母火鸡体重9 kg,初产月龄7～8个月,年产蛋量60余枚,蛋重70～80 g,蛋壳浅褐色带有深褐色斑点。

3.1.2.3　现代禽种

现代禽种又称杂交配套系,是在标准品种的基础上,采用现代育种方法培育出来的,具有特定商品代号的高产禽群。现代禽种的培育首先要进行专门化品系的培育,然后经过配合力测定筛选出的杂种优势最强的杂交组合,用于商品禽群的生产。现代禽种商品代表现生命力强,生产性能高且整齐一致,适于大规模集约化饲养。现代禽种一般以育种公司加用途来命名,如罗曼褐壳蛋鸡就是德国罗曼家禽育种公司培育的褐壳蛋鸡。

(1)北京白鸡　北京市种禽公司培育(现为北京华都集团),有京白823、904、938等配套系。京白939为粉壳蛋鸡,该鸡商品代初生雏可根据羽毛生长速度自别雌雄。

(2)哈尔滨白鸡　滨白蛋鸡是原东北农学院于1976～1984年育成。可根据羽毛生长速度自别雌雄。目前,选出的最优杂交鸡为滨白684。

(3)德国罗曼集团公司　有德国罗曼家禽育种公司、美国海兰公司、美国尼克公司、三家育种公司。共占有全球50%以上的市场份额。上海华申曾祖代蛋鸡场于1989年首次引进罗曼褐曾祖代,1996 年和 2000 年再次引进。

(4)法国伊沙家禽育种公司　20 世纪收购了美国巴布考克公司和加拿大雪佛公司。品牌有伊沙、巴布考克和雪佛(星杂系列)。如星杂 288、星杂 444、伊沙褐鸡、新红褐、巴布可克 B-300、巴布可克 B-380 等。

(5)荷兰汉德克家禽育种公司　世界三大蛋鸡育种公司之一,隶属于荷兰泰高国际集团,2000 年收购美国迪卡公司。品牌有海赛克斯种鸡、宝万斯种鸡和迪卡种鸡。其中宝万斯尼拉蛋鸡:黑羽、黑脚、黑嘴、细腿、麻颈,是培育麻鸡的优秀母本。

(6)以色列"P. B. V"家禽育种协会　蛋鸡有雅发褐壳蛋鸡,雅康粉壳蛋鸡,安卡红肉鸡。上海市华青引进曾祖代安卡红肉鸡。

(7)安伟捷集团公司　世界家禽育种业的领头人,旗下拥有爱拔益加、罗曼印地安河和罗斯三大品牌。公司总部分别设于美国和英。除肉鸡育种产业之外,安伟捷集团公司还拥有尼古拉火鸡育种公司。

(8)彼得逊白羽肉鸡　由美国彼得逊公司选育而成,全身羽毛白色。

(9)狄高黄羽肉鸡　该鸡是澳大利亚狄高公司培育的配套杂交鸡。此鸡羽毛黄麻色,其商品代肉鸡雏可根据羽毛生长速度鉴别雌雄。

(10)科宝肉鸡　是美国泰臣食品国际家禽分割公司培育的白羽肉鸡品种。1993 年初,广州首次引进父母代。

(11)海波罗肉鸡　海波罗有限公司隶属于荷兰泰高国际集团,专业从事肉鸡育种的公司,已有 50 年的历史,是目前世界上仅存的 4 大肉鸡育种公司之一。

3.2　家禽的主要性能

家禽的生产性能主要包括产蛋性能、产肉性能以及与产蛋、产肉有密切关系的繁殖力和生活力等。本节主要介绍各种生产性能的评定指标,影响各项指标的因素以及各项生产指标的测定和计算方法。

3.2.1　产蛋性能

家禽的产蛋性能通常用产蛋量、蛋重、蛋的品质和料蛋比四项指标来评定。

3.2.1.1　产蛋量

产蛋量是家禽最重要的生产性能和繁殖性能指标。

(1)个体产蛋量　指每只家禽在一个产蛋周期或规定的时间范围内的总产蛋个数。

(2)群体产蛋量和产蛋率　指在一定的统计期内一定数量家禽的平均产蛋量和在一定的统计期内一定数量家禽的平均产蛋率。计算方法有两种:按饲养只日(一个母鸡饲养一天为一个饲养只日,简称饲养日)计算和按入舍母鸡计算。

1)按饲养只日计算

饲养日产蛋量(枚)= 统计期内全群累计总产蛋个数/统计期内每日平均饲养只数

饲养日产蛋率(%)=(统计期内全群累计总产蛋个数/统计期内每日平均饲养只数

之和)×100%

根据饲养日计算鸡群的产蛋量和产蛋率,受饲养期中死亡淘汰鸡数的影响,有时死亡淘汰数越多,鸡群的产蛋量和产蛋率反而越高,因此它不能真实地反映整个鸡群的产蛋量生活力以及鸡场的经济效益。

2)按入舍母鸡计算

入舍母鸡产蛋量(枚)= 统计期内全群累计总产蛋个数/统计期入舍母鸡数

入舍母鸡产蛋率(%)= [统计期内全群累计总产蛋个数/(统计期入舍母鸡数×统计期日数)] ×100%

根据入舍母鸡数计算鸡群的产蛋量和产蛋率,没有把饲养期中死亡、淘汰的鸡数扣除,表面上看比按饲养日计算产蛋低了,但它却能真实地反映整个鸡群的产蛋量、生活力以及鸡场的经济效益。因此,鸡场一般采用饲养日计算产蛋量和产蛋率。

(3)影响产蛋量的因素　家禽产蛋受多方面因素的影响,就家禽本身来说,主要有五个因素。

1)开产日龄　个体记录,以产第一个蛋的日龄计算;群体记录,鸡、鸭以禽群日产蛋率达50%的日龄计算,鹅以鹅群日产蛋率达5%的日龄计算。

在同样饲养管理条件下,母禽开产早,全年产蛋量多。但过早开产的个体,由于机体尚未发育充分就开始产蛋,不仅蛋重小,而且体质弱,产蛋不能持久,容易导致早产早衰。所以,对于现代禽种,应适当控制过早开产。

2)产蛋强度　即母禽在一定时期内的产蛋数。通常个体用产蛋周期的产蛋频率来表示,群体用产蛋率来表示。母禽在一定时间内连续产蛋的天数,加以停产天数,即为一个产蛋周期。若连续产蛋的天数用 n 表示,停产的天数用 z 表示。在一个产蛋周期内的产蛋频率(f)应为:$f=n/(n+z)$ 当 $n=z$ 时,即产蛋的天数停产天数相对,产蛋率为 0.5;当 $n<z$ 时,则 $f<0.5$,而向 0 移动,但绝不会等于 0;当 $n>z$ 时,则 $f>0.5$,而向 1 移动,但绝不会等于 1;即 $1>f>0$。

这就是说产蛋频率越大,尤其是接近 1 时,产蛋周期内的连产越大,停产越小,属于优良产蛋禽。当产蛋周期内只停产 1 天时,叫产蛋紧密周期,在紧密周期内,不论 n 值为多少,产蛋频率均在 0.5 ~ 1。

群体产蛋强度多以产蛋率来表示,一般用 300 日龄和 500 日龄的产蛋量来衡量。产蛋量越多,则产蛋率就越高,说明产蛋强度大,禽群优良。

3)产蛋持久性　指母禽从开产至换羽休产这段产蛋期的天数。蛋鸡一般一年左右,所以,又叫生物学产蛋年。高产禽开产早,换羽晚,产蛋持续时间长,全年产蛋多。

4)冬休性　春天孵化的散养鸡群,开产后冬季常有休产现象,如果休产在 7 天以上,又不是抱性时,叫产蛋冬休性。有冬休性的鸡群,全年产蛋量少。现代化工厂养鸡,鸡舍环境可以人工控制,母鸡冬休性已经不存在。

5)就巢性　就巢性是家禽繁殖后代的生理现象,具有高度的遗传性,母鸡在就巢期间卵巢萎缩,停止产蛋,有就巢性的母鸡全年产蛋量少,应予以淘汰。

以上 5 个因素不但受饲养管理条件的影响,而且也是可以遗传的,通过育种手段可以得到改良,如来航鸡通过多年选育已经失去了抱性。

3.2.1.2　蛋重

蛋重也是评定家禽产蛋性能的一项重要指标。同样的产蛋量,蛋重大的总重量也大,现在市场上商品蛋的交易多是以重量计算,饲养产蛋多,蛋重大的品种,经济效益高。在商业上,蛋重是蛋品分级的主要指标,在一定范围内蛋重大的等级高。中单大小直接影响初生雏禽的体重,在正常孵化条件下,初生雏禽体重为蛋重的62%~65%。因此,要求每个品种都应有较大的蛋重。

(1)蛋重的测定　育种场称测个体蛋重,通常称测3个时期的蛋重,即初产蛋重、300日龄蛋重和500日龄蛋重。方法是在上述时间连续称测3枚蛋,求其平均数,一般以300日龄的蛋重为其代表蛋重。繁殖场和商品场只称测群体蛋重,每月按日产蛋量的5%连称3天,或称其一个月内相同间隔的3天,求其平均数,作为该群该月龄的平均蛋重。

(2)影响蛋重的因素　蛋重除受品种和遗传因素影响外,还与其他许多因素有关;初产时蛋重小,以后逐渐增大,母鸡第二个产蛋年达最大蛋重,以后蛋重逐渐减小,蛋重和体重呈正的遗传相关,与产蛋量呈负的遗传相关,选种时片面追求蛋重,产蛋量就会降低。蛋重还与性成熟的早晚有关,性成熟过早的个体往往蛋重小。另外,蛋重也受营养水平和环境条件的影响,饲料营养丰富时蛋重大,春季蛋重较大,夏季蛋重较小,秋季又有所增加。

3.2.1.3　蛋的品质

测定的蛋数每次不应少于50枚,且应在蛋产出24 h内进行。

(1)蛋形指数　蛋形指数表示蛋的形状,是指蛋的纵径与横径之比,正常的蛋为椭圆形,一般的正常鸡蛋蛋形指数在1.30~13.5,大于1.35的蛋为长形蛋,小于1.30的蛋为圆形蛋。如果蛋形指数偏离标准太多,不但不利于工厂化养鸡生产的机械集蛋、分级和包装,而且也会使种蛋的孵化率和商品蛋的等级下降。

(2)蛋壳厚度　蛋壳厚度与蛋的破损率和种蛋的孵化率有关。理想鸡蛋的蛋壳厚度在0.33~1.35 mm。测量蛋壳厚度用蛋壳厚度测量仪,分别测量蛋的顿端、锐端和中腰三处蛋壳的厚度,计算平均值,即为蛋的蛋壳厚度。

(3)蛋壳强度　指蛋壳耐受压力的大小。蛋壳结构致密,耐受压力大,蛋不易破碎,测定蛋壳强度用蛋壳强度测定仪。标准厚度的蛋壳能耐受2.5~4.0 kg/cm^2。蛋的纵轴压力大于横轴,故在装运时以竖放为好。

(4)蛋的比重　蛋的比重不但可以表明蛋的新鲜程度,还可以间接表示蛋壳厚度以及蛋壳强度。同样新鲜的蛋,比重越大说明蛋壳越厚,而蛋壳越厚说明蛋壳强度就越大。测定蛋的比重可以用盐水漂浮法,其比重不应低于1.07~1.08。

(5)蛋壳颜色　蛋壳颜色是品种特征,常见的蛋壳颜色有白、浅褐、褐、深褐和青色等。

(6)蛋的内部品质

1)蛋白浓度　蛋白浓度大表明蛋的营养丰富。国际上用哈氏单位表示蛋白浓度。测定方法是将蛋称重后破壳,把内容物置于平板上,用蛋白高度测定仪测量蛋黄边缘与蛋白边缘的中点,避开系带,测3个等距离中点的平均值为蛋白高度,然后按下列公式求出哈氏单位。

$$哈氏单位 = 100\lg(H - 1.7W^{0.37} + 7.6),$$

式中 H——浓蛋白高度，mm；

      W——蛋质量，g。

哈氏单位越高，表示蛋白黏度越大，蛋白品质越好。

2）蛋黄色泽   国际上按罗氏比色扇的 15 个等级进行比色分级。蛋黄色泽越浓，表明蛋的品质越好。

（3）肉斑率和血斑率   蛋内存在血斑或肉斑的蛋称为血斑蛋和肉斑蛋。血斑蛋和肉斑蛋占总蛋数的百分比，称为血斑率和肉斑率。通常为 1%～2%。蛋内含有血斑或肉斑将会大大降低蛋的等级。

3.2.1.4 料蛋比

即饲料转化率，即每生产 1 kg 蛋所消耗的饲料千克数。饲料在现代养禽业中占禽场总开支的 70% 左右，降低料蛋比就可以降低生产成本，提高经济效益，这是养禽业追求的主要目标之一。

产蛋期的料蛋比与体重、产蛋量密切相关，体重小，产蛋多，料蛋比就小。因为体重小，需要的维持饲料少，那么每生产 1 kg 蛋所消耗的饲料也相对减少。因此，对蛋用家禽要求体型轻小，以降低饲料消耗，提高饲养密度。目前，饲养现代商品蛋鸡在产蛋期内料蛋比一般为 2.0～2.4。计算公式如下：

$$料蛋比 = \frac{产蛋期实际消耗饲料总量（kg）}{总蛋重（kg）}$$

3.2.2 产肉性能

评定家禽的产肉性能，主要有下列 5 项指标。

（1）生长速度   家禽早期生长速度是肉用家禽在育种和生产上极为重要的指标。生长快，增重迅速，可以缩短饲养时间，减少饲料消耗，节省人工，提高设备利用率，减少感染疾病的机会，有利于防疫灭病，加速资金周转，提高经济效益。所有饲养肉用家禽，要求生长速度快。

家禽的生长速度与品种、类型、初生体重、年龄、性别、羽毛生长速度以及饲养管理条件有关。肉用型家禽比蛋用型家禽生长速度快；初生体重大的个体，早期生长速度快；各类家禽均以第 1～2 个月相对增重最快，以后逐渐减慢；公禽比母禽生长速度快；羽毛生长快的，早期增重也快；饲养管理条件好，增重快。

（2）体重   一般情况下，体重越大，产肉越多，对于肉用家禽要求有较大的体重。但体重大则消耗饲料多，饲养不经济。因此必须把体重与饲料报酬二者综合起来考虑。例如饲养肉用仔鸡，体重达 1.8～2.4 kg 的上市体重最为适宜，如果继续饲养，生长速度逐渐减慢，饲料报酬降低。

体重与品种、年龄、性别、饲养管理等因素有关。不同品种都有要求达到的标准体重。日常饲养管理中，需要经常抽测体重，以检查饲养效果，决定饲喂量。育种场还要定期称重。蛋用型鸡主要测开产时、300 日龄和 500 日龄时的体重，早期体重不做重点。肉用型鸡主要称测 5 周龄或 7 周龄体重，后期体重不做重点。

(3)屠宰率　屠宰率反映肉禽肌肉丰满的程度,屠宰率越高产肉越多,对于肉用家禽要求有较高的屠宰率。

$$屠宰率(\%)=\frac{屠体重}{宰前活重}\times100\%$$

屠体重是指放血致死拔净毛,剥去脚皮、趾壳、喙壳后的重量,活重是指屠宰前停饲12 h后的重量。

$$半净膛率(\%)=\frac{半净膛重}{屠体重}\times100\%$$

半净膛重:屠体重除去气管、食道、嗉囊、肠、脾、胰腺和生殖器官,留下心、肝(去胆)、肺、肾、腺胃、肌胃(除去内容物及角质膜)以及腹脂的重量。

$$全净膛率(\%)=\frac{全净膛重}{屠体重}\times100\%$$

全净膛重:半净膛重除去心、肝(去胆)、腺胃、肌胃、腹脂以及头、脚的重量(鸭、鹅保留头、脚)。

(4)屠体品质　评定屠体品质主要通过以下几个指标。

1)胸宽　由于胸肉占全身产肉量比较大,所以要求胸肌发达,理想的肉鸡屠体胸角应在90 ℃以上。一般用胸角器测量胸骨前1/3处。

2)肉嫩　测量肌纤维的粗细和拉力,如肌纤维粗而拉力大,说明肉质差。

3)屠体　屠体皮肤以黄色或白色为佳,要求外观封面、光泽、洁净、无伤痕及胸部囊肿。

(5)料肉比　用每增重1 kg体重所消耗的饲料千克数表示。商品肉禽的耗料比与生长速度密切相关,只有生长快,才能在较短的时间消耗较少的饲料,获得较大的商品肉禽体重。加快生长速度,减少饲料消耗,尽早出场上市,是商品肉禽业追求的主要目标。

$$肉用仔禽料肉比=\frac{全程耗料量}{总活重}$$

3.2.3　繁殖力

家禽繁殖力的高低主要通过种蛋合格率、受精率、孵化率、健雏率等各项指标进行评定。

(1)种蛋合格率　种禽所产的蛋不能全部适于孵化。种蛋要符合蛋的外部品质要求,有些蛋过大或过小、过长过圆、蛋壳过厚过薄或沙皮蛋等都不能入孵,应予剔除。种禽在规定的产蛋期内,所产符合孵化要求的种蛋占产蛋总数的百分比,称为种蛋合格率。一般要求种蛋合格率应达到90%以上。

$$种蛋合格率(\%)=\frac{合格种蛋数}{产蛋总数}\times100\%$$

(2)受精率　入孵的种蛋并非全部受精,孵化到5～7天要经过透视照蛋,把未受精蛋剔除。受精种蛋数占入孵蛋数的百分比称为种蛋受精率。一般要求种蛋受精率应达到85%以上。血圈、血线等死胚胎按受精蛋计算,散黄蛋按未受精蛋计算。

$$受精率(\%)=\frac{受精蛋数}{入孵蛋数}\times100\%$$

（3）孵化率　孵化率有受精蛋孵化率和入孵蛋孵化率两种表示方法。

出雏数占受精蛋数的百分比称为受精蛋孵化率。一般要求达到 90%。

$$受精蛋孵化率(\%) = \frac{出雏数}{受精蛋数} \times 100\%$$

出雏数占入孵蛋数的百分比,称为入孵蛋孵化率。一般要求达到 75% 以上。

$$入孵蛋孵化率(\%) = \frac{出雏数}{入孵蛋数} \times 100\%$$

（4）健雏率　初生雏并非全部是健壮的,总有少数体重过小,精神不振,蛋黄吸收不全,脐部愈合不良,腹大站不起来,残废畸形者,这些统称为残弱雏。健康雏禽数占出雏数的百分比,称为健雏率。一般要求应达到 98%。

$$健雏率(\%) = \frac{健雏数}{出雏数} \times 100\%$$

3.2.4　生活力

生活力主要受环境条件的影响,同时也是可以遗传的。评定家禽生活力通常有三项指标,即育雏率、育成率和母禽存活率,指标中涉及的育雏率和育成率阶段的划分:鸡育雏期为 0~6 周龄,育成期 7 周龄~开产;鸭育雏期为 0~4 周龄,育成期 5 周龄~开产;鹅育雏期为 0~3 周龄,育成期 4 周龄~开产;火鸡育雏期为 0~5 周龄,育成期 6 周龄~开产。

（1）育雏率　育雏期末成活雏禽数占入舍雏禽数的百分比,称为育雏率。一般要求育雏率达到 90% 以上。

$$育雏率(\%) = \frac{育雏期末成活雏禽数}{入舍雏禽数} \times 100\%$$

（2）育成率　育成期末成活雏禽数占育雏期末入舍雏禽数的百分比,称为育成率。一般要求育成率达到 96% 以上。

$$育成率(\%) = \frac{育成期末成活雏禽数}{育雏期末入舍雏禽数} \times 100\%$$

（3）母禽存活率　入舍母禽数减去死亡、淘汰禽数占入舍母禽数的百分比,称为母禽存活率,一般要求存活率达到 88% 以上。

$$母禽存活率(\%) = \frac{入舍母禽数-(死亡数+淘汰数)}{入舍母禽数} \times 100\%$$

3.3　家禽的选择与淘汰

选择即选留优秀个体作种用,通过科学的繁育措施,逐代积累优良性状淘汰不良性状,从而使它们朝着人类需要的方向发展。因此,选择是提高家禽生产性能的重要手段。

家禽的选择方法主要有以下 4 种:根据外貌与生理特征进行选择、根据记录成绩进行选择、根据多性状进行选择和根据血型进行选择。

3.3.1 根据外貌与生理特征进行选择

家禽的外貌和生理特征可以间接反映生产性能的高低。一般繁殖场和商品场不作个体记录,鉴别家禽的优劣,只有根据外貌和生理特征进行。育种场都有个体记录,主要根据记录的成绩进行选择,但还以外貌选择作为辅助手段。

3.3.1.1 鸡的选择

(1)根据外貌进行选择 高产鸡与低产鸡在外貌上有所不同,鉴别的主要部位及其区别见表3.1。

表 3.1　高产鸡与低产鸡的外貌区别

部位	高产鸡	低产鸡
头	宽、深、短,细致(皮薄、毛少、无皱褶)	窄、浅、长,粗糙
喙	短粗稍弯曲	细长而直
胸	宽深,胸肌发达,胸骨直而长	窄浅,胸肌少,胸骨弯而短
背	宽平,长短因品种而异	窄短或驼背
脚	结实稍短,间距宽,爪短而钝	细长,间距窄,爪长而锐
羽毛	产蛋后期干污,残缺不齐	产蛋后期光泽整齐
肥度	适中	过肥或过瘦

(2)根据生理特征进行选择 产蛋鸡与停产鸡在生理特征上有明显不同。高产鸡换羽晚,低产鸡换羽早,据此于产蛋后期,根据换羽的早晚进行选择淘汰,更为简单可靠。鉴定的部位及其区别见表3.2。

表 3.2　产蛋鸡与停产鸡生理特征区别(产蛋后期检查)

部位	产蛋鸡	停产鸡
冠和肉髯	硕大而有弹性,颜色鲜红	萎缩干皱,暗红无光
肛门	湿润松弛,椭圆形,颜色粉红	干燥紧皱,圆形,颜色发黄
耻骨	直而薄,间距2~3指以上	弯而厚,间距1指左右
腹部	宽大柔软,耻骨与胸骨末端间距3~4指以上	小而硬,耻骨与胸骨末端间距2~3指以上
色素消退	肛门、眼圈、喙、脚均成白色	肛门、眼圈、喙、脚恢复黄色
换羽	尚未换羽(换羽晚、速度快)	已经换羽(换羽早、速度慢)
性情	活泼温顺、觅食力强、接受交配	呆板胆小、觅食力差、拒绝交配

1)色素消退 黄色皮肤的禽种,产蛋期由于形成卵黄而需大量的黄色素,储存于体

表的黄色素会逐渐减少,于是出现有规律的褪色现象:首先是肛门,依次是眼圈、耳叶和喙,最后是跖骨前侧、后侧和趾。根据褪色部位可以推测母鸡的产蛋周数和产蛋个数。但褪色速度与饲料中黄色素含量有关,当饲料中黄色素含量不足时,褪色进程加快。母鸡休产后,色素又按上述顺序逐渐恢复,需要2~3周的时间。

2)换羽 换羽是家禽的一种正常生理现象。每当结束一个生物学产蛋年后便出现停产和换羽。全身羽毛先后都要脱换,而主翼羽的脱换最有规律,先由靠近轴羽的一根开始,依次向外脱换,每间隔1~2周脱换一根,每根从脱落到重新长齐需要4周,这样整个换羽期需3~4个月,因此,产蛋较少。而高产鸡换羽迟,速度快,主翼羽常是2~3根一起脱落,换羽时间只需6~7周,因此产蛋较多。

3.3.1.2 鸭的外貌选择

留作种用的鸭要求体质结实,外貌结构匀称,符合品种外貌要求。公鸭要求头大颈粗,眼大明亮有神,胸深背宽体长,跖骨粗蹼大而厚,羽毛紧密贴身,步态雄壮有力,活泼好动,交配能力强。母鸭要求头小颈细,胸深背宽,臀部丰满,腹部深广下垂但不拖地,两腿间距宽,羽毛紧密贴身,耻骨间距宽。

3.3.1.3 鹅的外貌选择

公鹅要求体型大,体态雄壮,胸宽背长,跖粗蹼厚;头大脸阔,颈长有力,叫声洪亮;母鹅要求头清目秀,颈细长,体躯偏长,腹大下垂,跖短结实,羽毛紧凑。

3.3.2 根据记录成绩进行选择

根据外貌和生理特征进行选择,不能确切鉴定出实际的生产性能,而且生产性能相差不大的个体,容易发生误差。为了准确选择优秀的禽种,最可靠的方法是根据记录资料。所有育种场都需做好系统的记录工作,以此作为选择和淘汰的主要依据。根据记录成绩进行下列4个方面的选择。

(1)根据谱系资料进行选择 当选择育成禽或公禽时,由于育成禽还没有产蛋,公禽本身不能产蛋,这就只能查看它们的谱系,通过比较它们祖先的生产性能来推动它们可能的生产性能。这就是我们通常所说的看它们的血缘好坏,祖先生产性能高,说明它们的血缘好,可以留作种用,血缘差的予以淘汰。在比较谱系资料时,血缘越近的对后代影响越大,如亲代影响比祖代大,祖代影响比曾祖代大,因此一般着重比较亲代和祖代。

(2)根据本身成绩进行选择 谱系资料只能说明生产性能可能如何,而本身的成绩则说明实际生产性能,本身性能优良的后代才可能优良,因此是选择的重要依据,但应知道,根据本身的成绩进行选择只适合于遗传力高的形状。

(3)根据全同胞和半同胞成绩进行选择 当选择育成公禽时,因本身不产蛋又无女儿产蛋,要鉴定它的产蛋性能,只有根据它的全同胞或半同胞姐妹的产蛋成绩来鉴定。因为公禽与其全同胞或半同胞有相同的父母或共同的父或母,在遗传上有一定的相关性,故其生产性能理应与其全同胞或半同胞接近。因此,通过鉴定全同胞或半同胞的成绩,可以对种公禽做出优劣的判断。

(4)根据后裔成绩进行选择 根据谱系、本身和全同胞、半同胞成绩可以比较准确地选出优秀的种禽。但选出的种禽能否将优秀品质遗传给下一代,就必须进行后裔鉴定。

根据后裔成绩进行选择与淘汰,是根据记录成绩进行选择的做高形式。因为通过这种方法选得的种禽,能够将其优秀品质稳定地遗传给下一代,使我们能够获得高产的禽群。

根据记录成绩进行选择,以上四个方面都必须重视。这种全面的选择又叫基因型选择。相对而言,根据外貌和生理特征选择叫表型选择。基因型选择才是真实选择,是育种场必须采用的方法。

3.3.3　根据多性状进行选择

多性状选择法主要包括顺序选择法、独立淘汰法和指数选择法 3 种。现代家禽育种工作中此法应用较少。

3.3.4　根据血型进行选择

近代国外许多学者开始研究鸡的血型,探讨血型与生产性能的关系,期望根据血型的差异,早期判断家禽个体的生产性能,作为育种工作上早期的选择淘汰依据。

根据美国和英国学者对鸡血型的研究,证明鸡有 13 种血型。国外有的家禽育种场应用血型选择法于肉鸡育种工作已经取得显著效果。

3.4　家禽的良种繁育体系

3.4.1　现代禽种繁育的基本环节

所谓现代禽种都是专门化配套品系。它是利用某些原有的品种为育种素材,采用先进的育种方法,培育出许多各具特点的纯系,然后通过杂交组合试验,进行配合力测定,筛选出最好的杂交组合,用以配套杂交生产商品杂交禽。这个最好的杂交组合就是专门化配套品系,简称配套品系;通过上述商品杂交禽的生产程序,可知现代禽种的繁育过程(体系)主要包括 4 个基本环节,即保种、育种、配合力测定和制种。

(1)保种——提供育种素材　保存有育种价值的某些原有品种或品系,采用本品种选育或提纯复壮等保种措施,提高原有品种或品系的生产性能。主要工作:发现、收集、保存优良的家禽品种,进行纯繁观察,发掘有利基因用于育种,为育种场提供育种素材。

(2)育种——培育纯系　利用某些原有品种或品系为育种素材,采用先进的育种方法,培育出若干个各具特点的纯系。培育纯系的方法主要有近交系育种法、正反反复选择育种法、合成系育种法等。

(3)配合力测定——杂交组合试验　培育纯系的目的就是为了用其杂交而产生杂交优势最强的商品杂交禽。不同品系的组合杂交,产生的杂交优势强弱不同,所以要进行配合力测定。

具体方法:把培育的各个纯系的杂交组合送到配合力测定站,在相同的饲养管理条件下进行饲养试验,通过对杂交后代生产性能测定,从中选出配合力最好的杂交组合,从而构成配套品系。构成最好杂交组合的几个配套的纯系叫原种。

　　原种是制种工作的基础,它的每个纯系中,既有公禽,又有母禽,可以进行纯系繁殖。除了原种,其他各代都是单性别的家禽,不能进行纯系繁殖。所以,向育种公司购买原种,需要付出极高的价格,因为买到原种就意味着可以进行纯系繁殖,不再受其控制。

　　另外,值得注意的是做原种的一定是纯系,而纯系不一定都是原种。例如,育种工作者常常培育十几个或几十个纯系供杂交组合试验之用,从中只选出两个、三个或四个配合力最好的纯系构成配套品系,即原种,其余仍做纯系保存。

　　(4)制种——配套品系杂交　就是利用配套品系进行杂交生产商品杂交禽的过程。其杂交方式主要有以下三种。

　　1)二系配套杂交　配套系由两个纯系构成,用两个纯系的指定公、母禽进行一次杂交,杂交一代做商品禽生产(图 3.1)。这是最简单的一种杂交方法,也叫单交。例如,我国培育的"京白 823""滨白 42"白壳蛋鸡就是二系配套杂交。

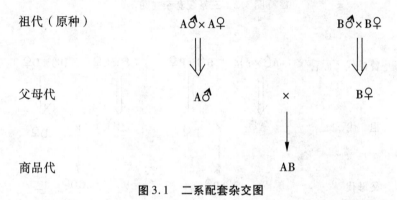

图 3.1　二系配套杂交图

　　二系配套杂交,其制种过程包括原种场的一次纯繁制种和父母代场的一次杂交制种。构成配套系的原种 A 和原种 B 都是祖代。

　　2)三系配套杂交　配套系由三个纯系构成。先用两个纯系的指定公、母禽进行杂交,产生杂交下一代的母禽再与第三个纯系的公禽杂交,用以生产杂交商品禽(图 3.2)。这种杂交方式比二系配套杂交方式的遗传基础广。因此,获得的杂交优势也较大。例如,我国培育的"滨白 584"等白壳蛋鸡就是三系配套杂交。

　　三系配套杂交,其制种过程包括原种场的一次纯繁制种和祖代场及父母代场的两次杂交制种。构成配套系的原种 A 和原种 B 是曾祖代,而 C 既是曾祖代又是祖代。

　　3)四系配套杂交　配套系由四个纯系构成。先用四个纯系分别进行两两杂交,分别生产的后代再进行杂交,用以生产商品杂交禽(图 3.3)。四系配套杂交又叫双交。这种杂交方式遗传基础更广,杂交优势也更强。例如,加拿大的"星杂 579"褐壳蛋鸡、美国的"AA"肉鸡等就是四系配套杂交。

　　四系配套杂交,其制种过程包括原种场的一次纯繁和祖代场及父母代场的两次杂交。构成配套系的原种 A、B、C、D 都是曾祖代。但应注意,各个纯系在配套组合杂交中,其性别都已特定,不能随意更换,否则将失去杂交优势和杂交禽的特点。

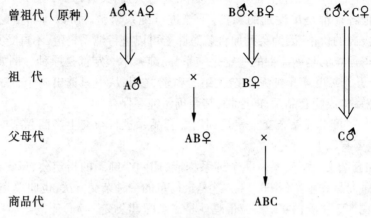

图 3.2 三系配套杂交图

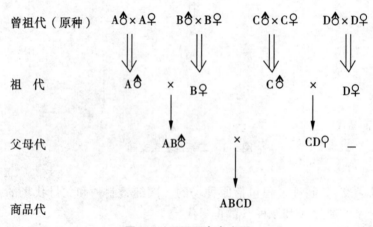

图 3.3 四系配套杂交图

另外,配套品系杂交生产的商品杂交禽,虽然杂交优势很强,生产性能很高,但不能做种用进行自交繁殖,其后代由于基因型的分离,会发生退化,使生产性能下降,某些特性也将随之消失,如自别雌雄特性等。所以,商品代杂交禽绝不能再做种用。

3.4.2 各类禽场的主要任务和相互关系

所谓良种繁育体系就是将品种资源场、育种场、配合力测定站以及曾祖代场、祖代场、父母代场和商品场各个环节有机结合起来,从而形成一套良好的体系就是良种繁育体系。

下面以四系配套杂交为例说明各个禽场的主要任务和相互关系。

(1)品种资源场 品种资源场的主要工作是:发现、收集和保存优良的家禽品种,进行纯繁观察,发掘有利基因用于育种,为育种场提供育种素材;保存有育种价值的某些原有品种或品系,采用本品种选育或提纯复壮等保种措施,提高原有品种或品系的生产性能。

（2）育种场　接受品种资源场的提供育种素材；利用品种资源场提供的育种素材，采用先进的育种方法，培育出若干个各具特点的纯系，为配合力测定站提供纯系。

（3）配合力测定站　接受育种场提供的其所培育的各个纯系在相同的饲养管理条件下进行配合力测定，从中筛选出配合力最好的杂交组合，从而构成配套品系；为原种场提供配合力最好的杂交组合，即原种。

（4）原种场（曾祖代场）　接受饲养有育种场或配合力测定站提供的配套种禽（双性别的 A、B、C、D）即原种；进行纯繁保种的同时，为祖代场提供单一性别的祖代种禽。

（5）一级繁殖场（祖代场）　接受饲养原种场提供单一性别的祖代种禽；进行第一次杂交制种，为父母代场提供二元杂交的单一性别的父母代种禽。

（6）二级繁殖场（父母代场）　接受饲养由祖代场提供的单一性别的父母代种禽；进行第二次杂交制种，为商品场提供四元杂交的商品禽。

（7）商品代场　接受饲养商品代蛋禽和肉用仔禽；为市场提供优质的禽蛋或肉用禽。

3.5　家禽的生殖生理

3.5.1　禽蛋的构造和产蛋机制

3.5.1.1　禽蛋的构造

鸡蛋的纵切面见图 3.4。

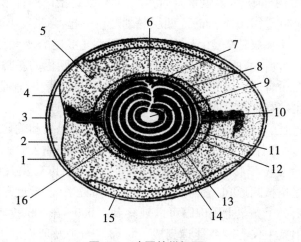

图 3.4　鸡蛋的纵切面

1-蛋壳；2-气室；3-外壳膜；4-内壳膜；5-浓蛋白；6-胚珠（胚盘）；7-潘氏核；8-蛋黄颈；9-蛋黄心；10-系带；11-系带膜；12-蛋黄膜；13-白蛋黄；14-黄蛋黄；15-外层稀蛋白；16-内层稀蛋白

（1）蛋黄　蛋黄位于蛋的中央，在形成过程中，由于昼夜新陈代谢的节律使蛋黄色素呈深浅相间的分层结构。蛋黄外面包有蛋黄膜，新鲜蛋的蛋黄膜弹性好，保持蛋黄呈一定的形状,陈旧蛋的蛋黄膜弹性变差,蛋黄变形呈扁球形,甚至破裂造成散黄蛋。因此,根据蛋黄膜的弹性可以判断蛋的新鲜程度。

蛋黄表面有一白色小圆点,未受精的叫胚珠,它是没有分裂的次级卵母细胞。受精后叫胚盘,它是由精卵细胞结合后细胞多次分裂形成的,外观胚盘中央呈透明状,称为明区,周围颜色较暗不透明,称为暗区;而胚珠没有明区暗区之分,都呈不透明的白色。胚珠比胚盘小,鸡蛋的胚珠直径约为3 mm,而胚盘可达5 mm,胚盘是胚胎发育的原基,由于胚盘比重比蛋黄小,且有系带固定,故不管蛋的位置如何变化,胚盘始终在蛋黄的上方,这是生物的适应性所致,蛋黄占蛋重的33%。排卵前7~9天,卵黄物质沉积加速,体积增大。卵黄在胚胎发育过程中形成卵黄囊,是胚胎主要营养供给器官。

(2)蛋白　主要成分为蛋白质和水分。按成分、黏性和功能和层次分为四层,由内向外分别为系带与系带层浓蛋白(或内浓蛋白,占2.7%)、内稀蛋白(占17.3%)、外浓蛋白(占57.0%)和外稀蛋白(占23.0%)。蛋白占蛋重的56%,蛋白的主要功能是保护胚盘和为胚胎提供营养物质。

(3)蛋壳　蛋壳由胶护膜、矿物质和蛋壳膜三部分组成。壳胶膜位于鸡蛋的最外层,刚产出的蛋胶护膜封闭壳上气孔,具有阻止蛋内水分蒸发和外界细菌入侵的作用,随着蛋的孵化或存放,胶护膜逐渐脱落,保证胚胎的气体交换。矿物质部分的主要成分为碳酸钙,构成了鸡蛋的硬壳,保证鸡胚发育内环境的稳定。蛋壳在鸡胚发育中,满足钙磷等矿物质的需求。鸡蛋厚度一般为0.26~0.38 mm,锐端比钝端略厚。另外,鸡蛋蛋壳上有一万多个气孔,顿端较多,为鸡胚进行气体交换创造条件。高海拔地区的禽蛋气孔较少。蛋壳占蛋重的11%。

(4)蛋壳膜　分内外两层,靠近蛋壳的称外壳膜,靠近蛋白的称内壳膜。内壳膜较厚(0.05 mm),外壳膜较薄(0.015 mm)。两层膜紧贴在一起,当蛋产出时,由于遇冷在蛋的顿端分离形成气室,蛋存放越久,由于蛋内水分蒸发,气室逐渐变大,孵化过程中随着胚龄的增加,气室也逐日增大,所以根据气室的大小,可以判断蛋的新鲜程度和孵化期中胚龄以及温度、湿度是否合适。蛋壳膜的功能是阻止细菌进入蛋内,保证孵化的顺利进行。

3.5.1.2　母禽的生殖器官和机能

母禽生殖器官包括卵巢和输卵管两部分。一般右侧卵巢和输卵管在孵化的第7~9天停止发育,出壳后仅保留痕迹,只有左侧卵巢和输卵管正常发育,具有繁殖机能。

(1)卵巢　禽卵巢位于腹腔左肺后方、左肾前叶头端,以卵巢系膜韧带悬于背侧体壁。幼禽卵巢小,呈扁椭圆形,似桑葚状。性成熟时卵巢增大,常见有几个依次递增的大卵泡。呈葡萄串状,一个卵巢上用肉眼可以观察到1 000~3 000枚卵泡,用显微镜观察大约有1.2万枚,但其中仅有少数能达到成熟排卵。卵子及卵泡的生长发育,以致最后成熟,主要是垂体前叶促卵泡素(FSH)作用的结果。在卵泡迅速生长的过程中,卵泡分泌雌激素不但刺激生殖道影响第二性征的变化,而且使母禽愿意接受公禽的交配。同时可能对排卵激素(LH)的释放也有作用。

在激素和神经系统的控制下,由于卵泡炳和卵带平滑肌的收缩,使卵带破裂,释放出卵母细胞的过程称排卵,即自卵泡裂缝排出卵子的过程称排卵。排卵后,卵子被漏斗部接纳进入输卵管内。卵巢上不形成黄体,卵泡壁很快萎缩,形成瘢痕组织,1个月后完全消失。禽类虽无黄体,但卵子能产生黄体酮,它也能刺激垂体释放排卵激素,导致成熟的卵泡排卵。尚在形成中的蛋经过峡部到达子宫,一般母禽在产蛋后 15 ~ 75 min,下一成熟的卵泡破裂排卵,如果是连续产蛋的母禽,产一枚蛋的时间为 24 ~ 26 h。

(2)输卵管　输卵管前端开口于卵巢的下方,后端开口于泄殖腔。根据形态和机能不同,分为喇叭部、膨大部、峡部、子宫部和阴道部五个部分,见图 3.5。

1)喇叭部　又称漏斗部或伞部。为输卵管的入口,周围薄而不整齐,产蛋期内其长度为 3 ~ 9 cm。漏斗部在排卵前后蠕动活跃,张开宽广的边缘等待着卵细胞的排出。成熟的卵泡破裂排出卵子,排出的卵子在未形成蛋前叫卵黄,形成蛋后叫蛋黄。当卵黄排出后,立即被喇叭部接纳,并进行受精,约经过 30 min。

2)膨大部　又称蛋白分泌部,为输卵管最长的部分,长 30 ~ 50 cm,壁较厚,黏膜形成纵褶,前端与喇叭部界限不明显,后端与峡部区分明显。膨大部密生腺管,包括管状腺和单细胞腺两种,前者分泌稀蛋白,后者分泌浓蛋白。进入膨大部后,首先分泌浓蛋白包围卵黄,因机械旋转,引起浓蛋白扭转而形成系带。然后,分泌稀蛋白,形成内稀蛋白层,再分泌浓蛋白形成浓蛋白层,最后再分泌稀蛋白形成外稀蛋白层。形成中的蛋在膨大部存留 3 h。

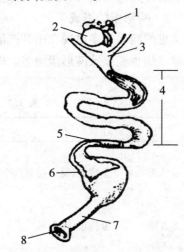

图 3.5　母鸡的生殖器官

1-卵巢;2-成熟的卵子;3-喇叭部;4-膨大部;5-峡部;6-子宫部;7-阴道部;8-通往泄殖腔

3)峡部　前端与膨大部界限分明,后端为纵褶的尽头,与子宫连接为输卵管较窄和较短的一段,长 8 ~ 10 cm,内中纵褶不明显。峡部是输卵管蛋白分泌部的终结,在解剖学上以无腺体圈为界限,它将蛋白分泌部和下一部分连接起来。峡部的腺体不像输卵管蛋白分泌部那样发达,它的分泌物是形成蛋壳膜所必需的物质,同时补充蛋白的水分。当蛋移动经过峡部时,形成由角蛋白纤维编织而成的两层膜,即蛋的内外壳膜在此形成。经过峡部的时间约 74 min。

4)子宫部　子宫前方连接峡部,后接阴道,子宫壁厚而且肌肉多,管腔大,长 10 ~ 12 cm。子宫壁富含腺体,分泌子宫液,形成蛋壳和胶护膜。有色蛋壳的色素也在子宫部分泌。通过蛋壳膜渗入子宫分泌的子宫液(水分和盐分),使蛋白重量几乎增加 1 倍,同时使蛋壳膜膨胀成蛋形,随着蛋在子宫内的逐渐形成,子宫分泌钙质的量也逐渐增多,并沉积在壳膜上形成蛋壳。有色蛋壳上的色素,由子宫上皮分泌的色素卵噗吟均匀地分布在蛋壳和胶护膜上,在蛋离开子宫前形成胶护膜。蛋在子宫部形成的时间最长,达 18 ~ 20 h。

5)阴道部　子宫与阴道在解剖学上以括约肌为界限,为输卵管的最后一部分,长 10 ~ 12 cm,开口于泄殖腔背壁左上侧。肌肉发达,它不参与蛋的形成。已经形成的蛋只在此短暂停留,以待产出,时间为 30 min。当蛋产出时,阴道自泄殖腔翻出,因此蛋并未直接经过泄殖腔,交配时,阴道也同样翻出,接受公禽射出的精液。

（3）蛋的排出　产蛋过程受神经和激素的控制,主要的激素是黄体酮、催产素和加压素等共同作用。蛋在形成过程中,在壳腺部一直保持锐端向下,在产蛋之前转动180°,多以钝瑞先行产出。鸡从卵子排出到蛋的产出需24 h以上,当一个蛋产出以后,要经过30~60 min,下一个卵泡才排出。因而每天产蛋的时间要比前一天推迟,并经过连续数天产蛋后会停产一天或两天,然后再连续产蛋数天,这种周期性的产蛋现象称为产蛋周期。

3.5.1.3 畸形蛋的形成

常见的畸形蛋多出现在刚开产阶段,另外饲料中营养不全、饲养管理不当、母禽患寄生虫等疾病也能导致畸形蛋增多。畸形蛋的种类和形成原因见表3.3。

表3.3　畸形蛋的种类和形成原因

种类	外观	形成原因
双黄蛋	蛋特大,每个蛋有两个蛋黄	两个卵黄同时成熟排出,或由于母禽受惊,或物理压迫,使卵泡破裂,提前与成熟的卵一同排出,多见于初产期肉种鸡
无黄蛋	蛋特小,无蛋黄	膨大部机能旺盛,出现浓蛋白凝块;卵巢出血的血块、脱落组织,多见于盛产期
软壳蛋	无硬蛋壳,只有壳膜	缺乏维生素D、钙、磷;子宫机能失常;母禽受惊;疫苗使用或用药不当
异物蛋	蛋中有血块、血斑或有寄生虫	卵巢、输卵管炎症,导致出血或组织脱落;有寄生虫等
异形蛋	蛋形呈长形、扁形、葫芦形、皱纹、沙皮蛋等	母禽受惊、输卵管机能失常,子宫反常收缩,蛋壳分泌不正常
蛋包蛋	蛋特大,破壳后内有一正常蛋	蛋形成后产出前,母禽受惊或某些生理反常,致输卵管逆蠕动,恢复正常后又包一层

3.5.2　公禽的生殖生理

公禽的睾丸在腹腔内,没有完整的副性腺体,公鸡缺乏真正的阴茎,鸭、鹅有很发达的阴茎。精子在母禽的生殖道内保持受精能力的时间可长达数周。

3.5.2.1 公禽的生殖器官

（1）睾丸　位于腹腔脊柱腹侧,由睾丸系膜悬吊于腹腔体中线背系膜两侧,呈豆形。睾丸的大小、重量随品种、年龄和性活动期的不同有很大差异。未成年的家禽睾丸只有绿豆至黄豆大小,随年龄的增长而长大。成年肉用品种鸡的睾丸重15~20 g,蛋用型鸡为8~12 g。

睾丸的表面几乎完全被腹膜所覆盖,睾丸内缺少结缔组织性间隔,其深层由坚韧的结缔组织构成白膜。性活动期间,白膜分内外两层,外层薄,内层厚,并发出许多小梁深入细管之间,形成支架网,称睾丸间质。家禽的睾丸不分成睾丸小叶,因缺乏睾丸纵隔和小隔,所以,精细管在白膜内可自由分支并吻合成网。精细管之间的睾丸间质内分布有血管、淋巴管和神经,同时还含有呈多边形间质细胞。

(2)附睾　附睾小,是一长纺锤形的管状膨大物,位于睾丸背内侧凹缘与睾丸一起包在被膜内。睾丸输出管和附睾管不仅是精子进出的通道,而且还有分泌酸性磷酸酶、糖蛋白和脂类的功能。家禽的附睾发育较差,只有在睾丸活动期才明显扩大。

(3)输精管　输精管为极弯曲的导管,前接附睾管,沿着肾脏内侧腹面与同侧的输尿管在同一结缔组织路内后行。输精管在骨盆部伸直一段距离后,形成一略为膨大的圆锥体,最后形成输精管乳头,突出于泄殖腔腹外侧的输尿管开口的腹内侧。输精管黏膜形成纵行皱襞,肌层较为发达,末端处环肌特别发达,形成括约肌。输精管是主要的储存精子的器官,其上皮能分泌酸性磷酸酶,精子在输精管成熟。

(4)交配器官　又名交媾器。公鸡的交配器官不发达,无真正的阴茎,但有一整套完整的交配器,位于泄殖腔后端区。在一般情况下隐匿在泄殖腔内,由输精管乳头、脉管体、阴茎及淋巴壁 4 部分组成。性兴奋时,淋巴液或类似淋巴样液体从脉管体滤出,通过淋巴窦,大量进入阴茎和淋巴壁,由于淋巴的压力急剧增高,迫使阴茎勃起。

鸭、鹅的交配器官较发达,平时套索在泄殖腔内,呈囊状。交配时勃起,因充满淋巴液而产生压力,使阴茎从泄殖腔压出。呈螺旋锥状体,其表面有螺旋形的输精沟。交配时输精沟闭合成管状,精液则从合拢的输精沟射出。

3.5.2.2　公禽的精子与精液

(1)精子的形态特点　禽类之间精子存在一定的差异,但外观和大小仍大同小异。鸡精子头部弯曲,略呈长圆柱体,从电子显微镜下观察,整个精子外表面覆以精子细胞的质膜,头部最前方是长约 1.5 μm 的圆锥形顶体,顶体外包顶体帽,其中顶体棘位于头部最前方。顶体帽和顶体棘之间分布有一些成分不明的物质。顶体中含有能溶解卵泡膜的物质,对促进精子和卵子的结合受精具有重要的作用。精子头部主要由蛋白质与脱氧核糖核酸(DNA)组成,精子携带的遗传信息,以密码形式存在于 DNA 分子内。在头的外面包着核膜,最外层是细胞质膜。鸡精子的尾部长约 86 μm,分中段、主段和末段。中段短,仅 4 μm,前中心位紧接核的后方,后中心位呈圆筒形,向后发出轴丝,外包约 30 个弯曲的线粒体鞘,在中段和本段形成终环。精子尾部主段长 80 μm,到精子尾部末端轴丝的构型消失。

(2)精液性状　禽类的精液亦由精子和精清两个部分组成。精清只来自睾丸内的精细管、附睾及输精管的分泌物。另外还混入泄殖腔的淋巴与脉管体所分泌的透明液,所以禽类一般射精量较少。公鸡 0.2~0.5 mL,公火鸡 0.25~0.4 mL,公鹅 0.2~1.3 mL,公鸭 0.1~0.7 mL。禽类的精液为乳白色或略带黄色,是不透明的乳状液体。若混有血液,精液里粉红色,被粪便污染的精液带黄褐色,精液一般略带腥味。禽类精液的精子密度大,公鸡 40 亿/mL,火鸡可高达 60~80 亿/mL,公鹅 2~25 亿/mL,公鸭 10~60 亿/mL。禽类新鲜精液一般呈弱碱性,鸡 pH 值一般为 7.0~7.6,鹅 pH 值一般为 6.9~7.4。

(3)禽类精液的化学成分　禽类因缺乏副性腺体及附睾的退化,所以精清中果糖、柠檬酸含量很少,肌醇、磷酸胆碱和甘油磷酸碱也几乎没有,但在精液中含有黏多糖、葡萄糖、甘油等。精液中磷酸酶的活性,在酸性时强,在碱性时弱。精清中三磷酸腺苷(ATP)

含量少,精子在厌氧的条件下分解糖的能力强。

3.6　家禽的繁育技术

3.6.1　鸡禽的配种方法

3.6.1.1　家禽的自然交配

(1)大群配种　在较大的母禽群中,按适当的公母比例放入公禽,每只公禽可以随机与母禽交配。

优点:管理方便,一次可以获得较多的种蛋,而且大群配种可以实现双重配种,因此受精率高。

缺点:大群配种不能确切辨认后代的血缘,不能做谱系记录,因此这种配种方法只适用于种禽繁殖场。

(2)小群配种　按适当的公母比例,在一小群母禽中,放入一只公禽与其配种。这种配种方法适用于育种场,需要有小间配种舍、自闭产蛋箱,公母禽都要带号。种蛋产下后,饲养员把产蛋母禽从产蛋箱放走,在其所产出的蛋上标明禽舍号、母禽号和产蛋日期,以便进行谱系孵化。

优点:容易做谱系记录。

缺点:配种管理麻烦,且常因公禽对母禽配种有偏爱性,种蛋受精率往往低于大群配种。

3.6.1.2　人工授精

家禽人工授精技术的应用始于20世纪30年代。首先在鸡身上获得成功,但以后却在火鸡繁殖上首先得到应用。而长期没能在鸡、鸭、鹅的繁殖上广泛推广,主要原因是过去家禽主要采用平养、单间小群自然配种,受精率高,采用人工授精对受精率提高有限,加之精液保存问题没有解决,从而使人工授精技术的发展受到局限。20世纪60年代以来,由于现代化养禽业的迅速发展,种鸡逐渐由原来平养改为笼养。20世纪70年代以来,肉用种鸡母系矮小型化,家禽人工授精技术才普遍受到重视,从而加强了对家禽人工授精技术的研究,使人工授精技术得到发展。我国从20世纪50年代起开始了家禽人工授精的研究和应用。20世纪80年代起鸡的人工授精已在生产中广泛应用。目前家禽人工授精已广泛地在生产、科研中应用。

(1)家禽人工授精的优越性

1)减少种公禽的饲养数量　蛋鸡自然交配条件下公母为1:8～1:12;而人工授精条件下,公母一般为1:20～1:40,降低饲养成本。

2)推动了种鸡笼养　人工授精在笼养条件下操作简便,因此也推动了种鸡笼养技术的发展,使种鸡的饲养成本下降。

3)克服无法进行自然交配或交配困难　人工授精技术可以克服体重差异较大,品种间自然交配困难的难题,已在优质肉鸡育种实践中得到了广泛应用。对腿部受伤或其他外伤致残的优秀种公鸡,自然交配无法进行,人工授精还可充分发挥其优势。

4)提高受精率　火鸡自然交配受精率较低,一般为 60% 左右,进行人工授精就可提高到 80% 以上。

5)提高育种效率　一只公禽能通过人工授精方法同时多配母禽,得以更快地进行后裔鉴定,加快育种速度。使用冷冻精液,可不受公禽年龄、时间、地域限制进行配种保种。

(2)采精前的准备

1)选择种公禽　选择好种公禽是搞好人工授精的基础。挑选发育好、健壮、性欲良好、精液品质好的个体。第一次选留公鸡在 60~70 日龄时进行,按公母 1:15~1:20 比例选留。开产前按公母比例 1:25~1:30 选留公禽。选留生长发育正常、健壮、冠发达而鲜红、泄殖腔大、湿润而松弛、性反射好、乳状突充分外翻、大而鲜红、精液品质好的公鸡。

种公鸭、种公鹅第一次选留在 2 月龄进行。第二次选留,蛋鸭在 4 月龄,肉鸭在 6 月龄,鹅在 7 月龄进行。选留生长发育好、阴茎发育正常(阴茎 3 cm 以上)、性欲旺盛、按摩 15~30 s 就能勃起射精的且精液品质达到标准的公鸭和公鹅。有的公鹅精液品质差,有不少公鹅存在阳痿,故对公鹅的选择更加重要。

2)留种用公禽的精液指标　选留的公禽须定期采精并检查精液品质。公禽最初 3 次采下的精液品质同其以后的精液品质呈高度正相关($r=0.8$)。可利用这一特性来选留精液质量好的公禽。

3)采精的调教训练　采精前 1~2 周隔离公禽,最好单笼饲养,避免互相攻击或爬跨,造成精液的损失。同时加强饲养管理,适当添加维生素和蛋白质,增加光照到 14 h。开始采精训练前,先剪去公禽泄殖腔周围羽毛和尾部下垂羽毛,用消毒液消毒泄殖腔周围,再用生理盐水擦去残留消毒药物。每天按摩训练 1 次,一般鸡经过 3~5 天,鸭、鹅经过 10~15 天按摩采精训练,公禽能建立条件反射。训练时间在下午,和正式采精时间一致。

(3)人工授精器械的准备　需要准备好消毒锅、广口瓶、酒精、棉球、镊子、剪刀、人工授精器械(茶色采精杯、试管、长颈胶头滴管、输精枪)、保温杯、温度计、带盖手术盘、暖瓶、脸盆、显微镜等。

保温杯去盖,选一块 2~5 cm 厚泡沫塑料做盖,上面打 1 个插集精管的孔和 1 个插温度计的孔,将温度计和集精试管分别插入 2 个孔。温度计用来测定水杯中的水温。如果水温偏低,应及时补充热水调整温度。各种器皿使用前要清洗干净并做好消毒处理。消毒方法为高温高压煮沸消毒,不能用消毒液浸泡消毒。凡与精液接触的器皿,用前必须用生理盐水或稀释液冲洗 1~2 次。

(4)采精

1)鸡的双人按摩采精　在生产上多数情况下是 3 人为 1 个小组,2 人抓鸡和保定,1 人采精。助手双手伸入笼内抱住鸡的双肩,头部向前将公鸡取出鸡笼,用食指和其他 3 个指头握住公鸡两侧大腿的基部,并用大拇指压住部分主翼羽以防翅膀扇动,使其双腿自然分开,尾部朝前,头部朝后,保持水平位置或尾部稍高,固定于右侧腰部旁边,高度以适合采精者操作为宜。

采精操作为背腹结合式按摩法：采精者右手持采精杯（或试管），夹于中指与无名指或小拇指中间，站在助手的右侧，与保定人员的面向呈90°，采精杯的杯口向外，若朝内时需将杯口握在手心，以防污染采精杯。右手的拇指和食指横跨在泄殖腔下面腹部的柔软部两侧，虎口部紧贴鸡腹部。先用左手自背鞍部向尾部方向轻快地按摩3～5次，以降低公鸡的惊恐感，并引起性感，接着左手顺势将尾部翻向背部，拇指和食指跨捏在泄殖腔两侧，位置中间稍靠上。与此同时采精者在鸡腹部的柔软部施以迅速而敏感的抖动按摩，然后迅速的轻轻用力向上压泄殖腔，此时公鸡性感强烈，采精者右手拇指与食指感觉到公鸡尾部和泄殖腔有下压感觉，左手拇指和食指即可在泄殖腔上部两侧下压使公鸡翻出退化的交接器并排出精液，在左手施加压力的同时，右手迅速将采精杯的口置于交接器下方承接精液。

若用背式按摩采精法时，保定方法同上，采精者右手持杯置于泄殖腔下部的腹部柔软处，左手公鸡翅膀基部向尾根方向按摩。按摩时手掌紧贴公鸡背部，稍施压力，近尾部时手指并拢紧贴尾根部向上滑过，施加压力可稍大，按摩3～5次，待公鸡泄殖腔外翻时左手放于尾根下，拇指、食指在泄殖腔上两侧施加压力，右手将采精杯置于交接器下面承接。

训练好的公鸡，一般按摩2～3次便可射精，有些习惯于按摩采精的公鸡，在保定好后，采精者不必按摩，只要用左手把其尾巴压向背部，拇指、食指在其泄殖腔上部两侧稍施加压力即可采出精液。每采完10～15只公鸡精液后，应立即开始输精，待输完后再采。整过采精过程中应遵守卫生操作，每次工作前用具要严格消毒，工作结束后也必须及时清洗消毒。工作人员手要消毒，衣服要定期消毒。采出的精液要立即用吸管移至储精管内置于30～35℃的保温杯内，准备使用，也可以把试管握在手中。

2）鸭与鹅的采精　鹅、鸭的采精方法相似。采精时助手将公鸭（鹅）保定（小型蛋鸭的保定方法与鸡相同），鹅和大型种鸭保定时保定人员双手抱住鹅和大型种鸭的双肩，放在采精台上并让其后腹部伸出台外。采精者左手由背向尾按摩并在坐骨部位（引起公鸡性兴奋的部位）处要稍加用力，按摩数次后抓住尾羽，再用右手拇指和食指捏住泄殖腔两侧，沿着腹部柔软部分上下来回按摩，当泄殖腔周围肌肉充血膨胀，向外突起时将左手拇指和食指紧贴泄殖腔上下部，右手拇指和食指贴于泄殖腔左右两侧，两手拇指和食指交互作有节奏捏挤的方式按摩充血突起的泄殖腔，公鸭（鹅）即可使阴茎外露，精液外排，此时左手捏住泄殖腔左右两侧以防其阴茎缩回泄殖腔，右手持采精杯置于阴茎下承接精液。

3）采精频率　采精频率指在一定时间内采精的次数。家禽每次的射精量和精子密度会随着采精频率的升高而减少。如自然交配时公鸡每天交配多达40次，但在3～4次后，其精液中几乎找不到精子。经试验测定，公禽经过48 h的性休息之后，精液量和精子密度都可以恢复到最好水平。因此，在繁殖生产中鸡、鸭、鹅的采精次数为每周3次或隔日采精。若配种任务大时每采两天（每天1次）休息1天。生产中一般是将公禽分为2批，每天采其中的1批，轮流采精。

采精的间隔时间不宜过久，如每6天采1次所得精液量与精子密度与每天采1次相似，若间隔时间超过两周，会使退化的精子数增加，第一次采得的精液应弃之不用。

公禽每天早上和下午性欲最旺盛,是采精的合适时间。若精液用于保存则早上或下午采精即可;若用新鲜精液则采精安排要与输精要求相适应:鸡、鹅在下午采精,鸭、火鸡在上午采精。

(5)精液品质评定

1)外观 正常精液为乳白色或略呈黄色和乳状液。混有血液的精液是红色,被粪污染的精液带有黄褐色,混有尿的精液呈白色棉絮状,混有大量透明液的精液呈水溢状。

2)射精量 可以从有刻度的集精杯上直接读出。鸡一般为 0.4 ~ 0.8 mL,火鸡为 0.25 ~ 0.4 mL,鸭为 0.2 ~ 0.7 mL,鹅为 0.1 ~ 1.3 mL。

3)精子活力 精子活力是指直线前进运动的精子数占精子总数的百分比。它是鉴定精液品质最主要指标之一,因为它直接影响蛋的受精率。精子活力受温度影响大,检查时要在 40 ~ 42 ℃条件下进行。①目测法:取一滴精放在载玻片上,密度大时可加 1 滴生理盐水,盖上盖玻片,置于显微镜下放大 150 ~ 400 倍检查,观察不同层次精子运动情况,快速、准确的评定。此法应用广泛,优点是快速、简单,但因其主观性大,造成误差大。②计算法:用血球计算室计算一定容积内死精子数,再计算同样容积内总精子数而计算出精子活率。③亚甲蓝褪色时间测定:根据亚甲蓝褪色时间便可判定精液中所含活动精子数量多少。如果精液里活精子越多,亚甲蓝褪色越快。优质精液亚甲蓝褪色时间鸡为 4 ~ 5 min,鹅为 7 ~ 9 min。

4)精子密度 指 1 mL 精液中所含有的精子总数。这是精液品质的另一项重要指标,它直接影响蛋的受精率。鸡的精子密度一般为 20 亿 ~ 40 亿、火鸡为 40 亿 ~ 50 亿、鸭为 10 亿 ~ 60 亿,鹅为 2 亿 ~ 25 亿。

5)精子形态学检查 它包括精子畸形率检查和精子顶体完整率检查,精子形态正常与否同受精率有密切关系,亦是精液品质的重要指标之一。正常公鸡的精液中畸形精子占精子总数的 5% ~ 10%。

(6)精液的稀释与保存

1)家禽精液的稀释 精液的稀释是指在精液里加入一些配制好的适于精子存活并保持受精能力的溶液。稀释液的主要功能是供应精子的能源,保障精细胞的渗透平衡和离子平衡,提供缓冲剂以防乳酸形成时 pH 值的有害变化。许多研究者还建议,在精液的稀释保存液中添加抗生素防止细菌生长,用于冷冻精液的稀释液还须有防止低温打击的作用。如果采得的精液马上使用而不作保存和运输,为给更多的母禽输精,此时可选用一些简单的稀释液,例如生理盐液、5.7% 葡萄糖液、蛋黄-葡萄液(每 100 mL 含新鲜蛋黄 1.5 mL、葡萄糖 4.25 g)。这些简单的稀释液至今仍在生产中广泛应用。

稀释后可扩大精液量,多配母禽;延长精子在体外存活时间,便于人工授精和进行长途运输。用于稀释保存的精液应是无粪尿污染,透明液少的精液。精液采下后要保温并尽快进行稀释;稀释液的温度要与精液在同温条件下进行,可将稀释液沿玻璃棒缓慢地倒入精液。

2)家禽精液的保存 目前在生产实践中,家禽精液多为现采现用,不作稀释保存。在室温下未经稀释的精液,由于精子代谢很强烈,能量消耗快,同时因代谢产物的积累,改变了 pH 值,导致某些酶的活性被抑制,致使精子丧失受精能力,甚至死亡。稀释精液并保存于一定的温度,给精子造成了一个适宜环境,补充了能量,降低了代谢速率,保证了精子渗透压和离子平衡,缓冲了 pH 值,便可延长精子生存时间。家禽精液中含有一些透明液,但因其能提高精子代谢速率,不利于保存,用于保存的精液要尽量减少透明液含量。一般精液保存在 2~5 ℃温度下可保存几小时到几天。

(7)输精

1)鸡的输精技术　常用输卵管口外翻输精法,也称阴道输精法,是目前养鸡中最常见的输精方法。输精时 3 人一组,其中 2 人负责抓鸡和翻泄殖腔,1 人输精操作。操作时助手抓住母鸡双翅基部从笼内取出,使母鸡头部朝向前下方,泄殖腔朝上,右手大拇指在母鸡后腹部柔软部位向前稍施压力进行推挤,其余 4 指压在母鸡尾部腹面,泄殖腔即可翻开露出输卵管开口,然后转向输精人员后者将输精管插入输卵管内即可输精。输精结束后把母鸡放进笼内。也可以用左手握住母鸡的双腿,右手大拇指在母鸡后腹部柔软部位向前稍施压力进行推挤,其余 4 指压在母鸡尾部腹面,泄殖腔即可翻开露出输卵管开口。

对于笼养母鸡可以不拉出笼外,输精使助手伸入笼内以食指放于鸡两腿之间握住鸡的两腿基部将尾部,双腿拉开笼门(其他部分仍在笼内)。使鸡的胸部紧贴笼门下缘,左手拇指和食指放在鸡泄殖腔上、下侧,按压泄殖腔,同时右手在鸡腹部稍施压力即可使输精管口翻出,输精者即可输精。

2)鹅、鸭和火鸡的输精操作　手指引导输精法:助手将母禽固定于输精台上(可用 50~60 cm 高的木箱或加高的方凳),输精员的右手(或左手)食指插入母禽泄殖腔,探到输卵管后插入食指,左手(或食指)持输精器沿插入输卵管的手指的方向将输精管插入进行输精。

直接插入阴道输精法:助手将母禽固定于操作台上,使其尾部稍抬起,输精员用左手掌将母禽尾巴压向一边,并用大拇指按压泄殖腔下缘使其张开;右手以拿毛笔式手法持输精管插入泄殖腔后就向左方插进便可插入输卵管口,此时左手大拇指放松并稳住输精管,再输入精液。

3)输精时间　输精时间与种蛋受精率之间有密切关系,当母禽子宫内有硬壳蛋存在时会影响精子向受精地点运行,若此时输精则明显的影响种蛋受精率和受精持续时间(其中有些原因目前尚不清楚)。如鸡在蛋产出之前输精种蛋受精率仅为 50% 左右,产蛋后 10 min 内输精效果有所提高,而在产蛋 3 h 之后输精则种蛋的平均受精率超过 90%。因此,应在鸡子宫内无硬壳蛋存在时输精。

鸡一般在下午 2~8 时输精,此时母鸡基本都已在下午输精,此时母鸡基本都已产过蛋;鸭一般在夜间或清晨产蛋,故输精工作宜在上午进行;鹅的输精也可按排于下午进行,也有人认为虽然上午鹅的输卵管里有蛋存在,但上午输精仍有很高的受精率;火鸡在上午输精效果良好。第 1 次输精后间隔一天即可收集种蛋。

4)输精间隔　关于两次输精的间隔时间以 4~5 天为宜。生产上一般把鸡舍内的鸡群分为 4 组,每天为其中 1 组输精,4 组全输完后休息 1 天,再开始下一轮输精。输精间隔超过 7 天种蛋受精率会受影响。如果间隔时间过短(少于 3 天)也不能提高种蛋受精率。

5)输精深度与剂量　输精器插入深度:鸡 1.5~2 cm;鸭、鹅 3~5 cm。深度不够再输精后容易造成精液回流;深度过大容易造成输卵管的损伤。用未经稀释的原精液输精,鸡每次为 0.025 ~ 0.03 mL,鸭、鹅为 0.03 ~ 0.05 mL;若按有效精子数计算,每次输入量鸡为 0.5 亿 ~ 0.7 亿,总精子数最好为 1 亿;鸭为 0.6 亿 ~ 0.8 亿个;鹅为 0.2 亿 ~ 0.8 亿个。第一次输精剂量加倍。

3.6.2　配偶比例

为了保证较高的种蛋受精率,公母禽应有适当的比例。若公禽过多,不但增加饲养管理费用,还会因争配相斗影响配种,反而使受精率降低;公禽过少,则有些母禽得不到交配机会,种蛋受精率当然不高。适当的配偶比例与品种类型、年龄、季节以及饲养管理条件有关,在一般情况下,大群配种,其配偶比例可参考表 3.4。如果采用人工授精,与大群配种比较,公禽可减少 2/3 左右。

表 3.4　不同类型家禽自然交配的公母比例

禽种	公母比例	禽种	公母比例
轻型蛋鸡	1 : 12 ~ 1 : 15	鹅	1 : 4 ~ 1 : 6
中型蛋鸡	1 : 10 ~ 1 : 12	火鸡(小型)	1 : 8 ~ 1 : 10
肉用型鸡	1 : 8 ~ 1 : 10	鹌鹑	1 : 3
蛋用型鸭	1 : 15 ~ 1 : 20	雉鸡	1 : 6 ~ 1 : 8
兼用型鸭	1 : 10 ~ 1 : 15	鸵鸟	1 : 2 ~ 1 : 3
肉用型鸭	1 : 6 ~ 1 : 8	肉鸽	1 : 1

3.6.3　利用年限

家禽的繁殖性能与年龄有直接关系。以鸡和鸭为例,以性成熟后第一个产蛋年产蛋量和受精率最高,第二个产蛋年比第一个产蛋年产蛋量下降 15% ~ 20%,以后每年大约下降 10%。因此商品场和繁殖场饲养的禽群,一般都利用一年。对于生产性能较高的禽群,通过强制换羽,可再利用 8 ~ 10 个月;鹅的生长期较长,性成熟较晚,第二个产蛋年比第一个产蛋年产蛋增加 15% ~ 20%,第三年比第一年增加 30% ~ 40%,以后逐年下降。因此,产蛋母鹅可利用 3 ~ 5 年;火鸡一般 28 ~ 30 周龄开始产蛋,第一年产蛋量最高,第二年比第一年下降 20% ~ 25%,第三年产蛋量更低,因此母火鸡最佳利用年限为 1 ~ 2 年;鸵鸟2 ~ 3 周岁开始产蛋,第一年产蛋较少,一般为 20 ~ 40 枚,7 岁时达到产蛋高峰期,每年可产蛋 80 ~ 100 枚,有效繁殖期可达 40 ~ 50 年。

思考与练习

1. 何谓地方品种、标准品种和现代禽种? 各有何优缺点?
2. 简述高产鸡与低产鸡的外貌区别。
3. 简述产蛋鸡与停产鸡生理特征区别。
4. 简述家禽人工授精的优越性。

第4章 家禽的孵化

家禽是卵生动物,胚胎发育主要在体外完成。种蛋在适宜的外界环境条件下发育成雏禽的过程叫孵化。家禽的孵化是养禽生产中重要的一环,孵化效果的好坏不仅影响雏禽的数量和质量,也影响着以后的生长发育和生产性能。孵化生产的任务是为养禽场提供优质的雏禽。

4.1 家禽的胚胎发育

4.1.1 各种家禽的孵化期

各种家禽都有一定的孵化期(表4.1),但胚胎发育的确切时间受多种因素的影响,如蛋用型鸡比肉用型鸡孵化期稍短;小蛋比大蛋孵化期短;种蛋保存期太长时孵化期延长;孵化温度略高时,孵化期缩短;孵化期延长或提早出壳对孵化率和雏禽品质都有不良影响。

表4.1 各种家禽的孵化期

禽种	鸡	鸭	鹅	火鸡	鹌鹑	山鸡	珍珠鸡	鸵鸟	鹧鸪	瘤头鸭	肉鸽
孵化期/天	21	28	31	28	17	24	26	42	24	33~35	18

4.1.2 受精与蛋形成过程中的胚胎发育

家禽雌雄交配后,大量的精子从阴道及子宫部(壳腺部)向输卵管漏斗部运输。部分精子迅速进入精窝腺皱褶内,精窝腺是子宫部和阴道连接部的特殊管腺,成为保存精子的重要部位。在输卵管漏斗部也有类似的腺体。

家禽卵子的第一次成熟分裂在卵巢内进行,排出的卵子是次级卵母细胞。卵子排出后与精子相遇结合受精,在生殖道内的受精部位是输卵管漏斗部。次级卵母细胞被精子激活(顶体的酶类使卵黄膜破裂)才完成第二次成熟分裂,排出第二极体,形成成熟的卵细胞。在卵母细胞的细胞质中可以见到20~60个钻入的精子,但只有其中的一个精子能够形成原核,其余精子在形成禽蛋的不同阶段被破坏并消融,此后雌性原核和雄性原核发生融合,这种融合一般发生在排卵后的3~5 h。再经过1 h,受精的卵在峡部开始第一次卵裂,20 min后进行第二次卵裂。在峡部可分裂到4细胞或8细胞阶段。当进入子宫 4 h 之后,胚胎从 16 细胞生长分裂到近 256 ~ 512 细胞阶段,形成一个多细胞的胚盘,进入囊胚期或原肠胚早期。产出体外后,因环境温度降低而停止发育。

据研究储存在黏膜皱褶中的精子存活时间为 20 ~ 30 天。精子在输卵管内运行很快,鸡经过 26 min 就可到达输卵管上端,火鸡 15 min 即可到达漏斗部,交配后 20 h 就出现受精蛋。

4.1.3　孵化期的胚胎发育

(1)早期发育与胚层的分化(0 ~ 2 胚龄)　首先形成鸟类胚胎发育初期的特有结构——原条。然后在孵化前 2 天,胚层分化,在内胚层和外胚层之间向囊胚腔生长出中胚层。这三层细胞将发育成身体的各种组织器官和系统。外胚层发育为皮肤及其衍生物(羽毛、喙、爪)、神经系统、口腔与泄殖腔内壁等。中胚层发育为骨骼、肌肉、循环系统、生殖系统、排泄器官等。内胚层发育为消化道、呼吸与内分泌器官的内壁等。

(2)器官的形成阶段(3 ~ 13 胚龄)　第 3 天:卵黄血管区面积增大,直径达 1 cm。胚胎的头、眼大,眼睛色素开始沉着。颈短,背部生长迅速,胚体弯曲。照蛋特征为"蚊虫珠"。

第 4 天:卵黄囊血管包围的卵黄过 1/3,胚胎与蛋黄分离,由于中脑迅速生长,头部显著增大。胚胎因背部生长迅速而更加弯曲,肢芽长与宽相近。照蛋特征为"小蜘蛛"。

第 5 天:生殖腺已经分化,形成口腔和四肢,胚胎极度弯曲,出现指(趾)痕。照蛋特征为"黑色眼点""起珠"。

第 6 天:卵黄囊血管分布在卵黄的 1/2 以上。胚体有弯曲转向伸直。出现喙原基、肋骨。躯干部增大,但小于头部。羊膜平滑肌开始有规律地收缩,打开蛋可见到胚体运动。头部抬起,颈部伸长,胚体伸直。照蛋特征为"双珠"。

第 7 天:胚胎在羊水中时隐时现,1/2 蛋面布满尿囊血管。胚体出现鸟类特征,颈部伸长,翼、喙明显,上喙前端出现一小白点——破壳齿。羽毛原基出现(背中线)。照蛋特征:胚胎在羊水中时隐时现,俗称"沉",1/2 蛋面布满尿囊血管。

第 8 天:四肢完全形成,腹腔愈合。上下喙可以明显分出,尾部羽毛原基三行。照蛋特征:从正面看胚胎重新浮于羊水表面,俗称"浮";从背面看,卵黄已扩大到背面,两侧卵黄不易晃动,俗称"边口发硬"。

第 9 天:鼻孔明显,全身具有羽乳头,性腺能明显区分雌雄。喙伸长并稍弯曲。照蛋特征:背面尿囊血管伸展越过卵黄囊,俗称"窜筋"。尿囊在气室下方血管吻合。

第 10 天:喙开始角质化,出现鸡冠,整个背颈、大腿部出现羽毛乳头。照蛋特征:尿囊血管在蛋小头合拢,除气室外,整个蛋布满血管。正面血管粗,背面血管细。

第 11 天:背部出现绒毛,冠出现锯齿。照蛋特征:背面血管由细变粗。

第 12 天:眼被眼睑遮蔽 2/3。开始吞食蛋白。照蛋特征:尿囊血管变粗。

第 13 天:全身覆盖绒毛,胚出现鳞片。照蛋特征:小头亮区逐渐减小,蛋背面阴影占蛋 1/4。

(3)胚胎的快速生长阶段(14 天以后)　再没有新的器官出现,肢体、器官增长旺盛,体重增加明显。

第 14 天:头部转向气室,胚胎与蛋的长轴平行。照蛋特征:蛋背面阴影占蛋 1/3。

第 15 天:翅已完全成形,眼被眼睑完全遮蔽。照蛋特征:蛋背面阴影占蛋 1/2。

第 16 天:鸡冠与肉垂极为明显,蛋白几乎被吸收。照蛋特征:蛋背面阴影占蛋 2/3。

第 17 天:羊水和尿囊液开始减少,躯干增大,头部缩小。两腿紧抱头部,喙向气室。照蛋特征:小头不再透光,俗称"封门"。

第 18 天:头部弯曲于右翼下,眼睛开始睁开。照蛋特征:气室斜向一侧,胚胎转身造成,俗称"斜口"。

第 19 天:大部分卵黄进入腹腔,开始用肺呼吸,可听到雏鸡叫声。照蛋特征:气室可见黑影闪动,俗称"闪毛"。

第 20 天:尿囊血管完全枯萎,开始啄壳出雏。啄壳时,先用破壳齿在近气室界线处"敲"一孔,而后沿蛋的横径顺时针间隔敲打,形成裂缝。

第 21 天:雏鸡孵出。

4.1.4 胎膜的形成及生理功能

家禽的胚胎发育是一个极其复杂的生理代谢过程,胚胎发育及新陈代谢过程主要依靠胎膜来实现的,促使胚胎能够顺利生长发育的内在环境是胎膜,也称胚外膜,包括羊膜、浆膜(绒毛膜)、卵黄囊和尿囊。

(1)羊膜和浆膜 羊膜和浆膜是同时发生的,在孵化 30 h 左右,首先在头部长出一个皱褶,随后向两侧扩展形成侧褶。孵化 50 h 左右,尾褶出现。第 3~4 天逐渐包围胎儿并且在背部合拢,形成两层胎膜,里面靠近胚胎的叫羊膜,外面的叫浆膜(绒毛膜)。羊膜是无血管的透明膜,羊膜腔中充满羊水,起着缓冲震动,平衡压力,保护胚胎免受震动的作用,从孵化第三、四天羊膜肌肉层起开始有规律地收缩,波动羊水,促进胚胎运动和防止胚胎与羊膜粘连。羊膜随胎儿生长而扩大,但羊水达到一定量后,不再增多。羊水在孵化第 8 天前是透明的无色液体,以后逐渐变成淡紫色。第 12 天由于从浆羊膜道输入蛋白,羊水明显黏稠,胎儿吞食羊水中的蛋白,通过消化道吸收蛋白营养。

浆膜(绒毛膜)只是一种结构,没有功能,尿囊形成后,绒毛膜翻转和尿囊共同形成尿囊绒毛膜,包围整个蛋内容物。绒毛膜因无血管,解剖时很难看到。

(2)卵黄囊 为最早出现的胎膜构造,鸡胚孵化第 2 天形成,第 3 天卵黄囊及其表面分布的血管包围卵黄近 1/3,第 6 天分布于卵黄表面 1/2,第 9 天几乎覆盖整个蛋黄表面。卵黄囊通过卵黄柄(卵黄囊带)与胎儿连接。卵黄囊上分布着稠密的血管,并形成循环系统,卵黄囊通过卵黄柄与胚胎消化道相连。蛋黄囊的血管通入胚体将蛋黄中的营养物质供给胚胎,卵黄囊的主要功能是:通过卵黄囊循环供给胎儿营养物质。卵黄囊的内胚层与肠道的内胚层相连。孵化 6 天时,卵黄囊的内胚层及分泌消化酶以分解卵黄物质。

在孵化早期,蛋白中的水分经过半透明性的卵黄膜进入卵黄内,卵黄液化膨胀,卵黄囊血管紧贴内壳膜,可以进行气体交换。鸡胚孵化第 5 天后这种呼吸功能由尿囊所取代。

孵化末期,脐部开口扩大成直径 1 cm 圆口,卵黄囊及卵黄(6~10 g)吸入腹腔中,使下腹部明显隆起,出壳 1 周后吸收完毕。雏鸡出壳前 3 天,部分卵黄进入胚胎肠道中,主要是在直肠中,呈黄绿色,出壳后变成胎粪。

(3)尿囊 孵化第 2 天末出现,从后肠的后端腹壁形成一个突起,而后迅速增大,第 6 天尿囊达到蛋壳表面。第 10 ~ 11 天,尿囊包围整个蛋内容物,并在蛋的小头合拢。尿囊的主要功能有三:紧贴蛋壳膜,吸收蛋壳中的矿物质;通过气孔,进行气体交换(呼吸作用与肺泡相类似),排出 CO_2,吸收 O_2;储存代谢产物。前期代谢废物主要为尿素,后期为尿酸。

4.2 孵化条件

4.2.1 温度

温度是家禽胚胎发育的首要条件。一般家禽孵化适宜的温度范围为 37 ~ 38.5 ℃。不同禽种比较,种蛋越大,需要的孵化温度越低。鸡蛋孵化适宜温度为 37.5 ~ 38.5 ℃,鸭蛋为 37.3 ~ 38.1 ℃,鹅蛋为 37.0 ~ 38.0 ℃。在生产中,根据孵化过程中温度的变化与否,可分为恒温孵化与变温孵化两种供温制度。变温孵化随胚龄增加逐渐降低孵化温度,符合胚胎代谢规律,适合生产中整批入孵温度控制。孵化室温度每升高 10 ℃,孵化温度要降低 0.4 ℃。孵化过程中,温度较高,鸡胚的发育加快,但雏鸡较弱,温度超过 41.5 ℃,胚胎的死亡率迅速增加。温度较低,出雏时间延长,弱雏增多,温度低至 24 ℃,30 h胚胎全部死亡。

4.2.2 湿度

在孵化温度适宜时,胚胎对湿度的适应范围比较大,但一定要防止高温高湿和低温高湿的现象;整批入孵时,应掌握"两头高,中间低"的原则,孵化初期相对湿度为 60% ~ 65%,中期为 50% ~ 55%。后期(出雏期)湿度提高到 70% ~ 75%;分批孵化时,为使各胚龄的胚蛋都能正常发育,孵化期要经常保持在 53% ~ 57%,开始啄壳时提高到 65% ~ 75%。

湿度与蛋内的水分蒸发与禽胚的物质代谢有关。孵化初期,适宜的湿度可使胚胎受热均匀良好;孵化末期,提高湿度有利于散热和啄壳。

湿度低,蛋内水分蒸发快,提前出壳,个体较小,容易脱水。湿度高,水分蒸发慢,延长孵化时间,个体较大,腹部较软。

4.2.3 通风

通风的目的是为禽胚发育提供必需的氧气,排除代谢过程中产生的废气(主要是 CO_2)。在孵化初期(鸡胚为 1 ~ 7 天),胚胎的气体代谢、交换较弱,可完全关闭进、排气孔(风门);在孵化的中后期,随着胚龄的增加,需氧量增加很快,要逐渐打开气孔,加大通风量,落盘后全部打开。通风的要求,蛋周围 CO_2 的含量不能超过 0.5%,氧气含量不低于 20%。否则会出现胚胎发育迟缓、胎位不正、死胚和畸形胚等现象。

　　适宜的通风还具有调节孵化器温、湿度的作用:胚胎发育过程中,随着新陈代谢的增加,尤其是在孵化后期,会出现温度、湿度增加的现象,往往会出现"自温超温"现象,如果热量不能及时散出,将会严重影响胚胎的正常发育以至于积热而死,所以,适当的通气还有排出余热和调整湿度的作用。

4.2.4　翻蛋

　　翻蛋就是改变种蛋的孵化位置和角度。翻蛋的目的:①避免胚胎与蛋壳膜粘连;②保证种蛋各部位受热均匀,供应新鲜空气;③有助于禽胚的运动,促进发育。在孵化的早期翻蛋更为重要,落盘后停止翻蛋。蛋盘孵化时,每次翻蛋的角度以水平位置前俯后仰各45°为宜,每2 h 翻蛋一次。

4.2.5　晾蛋

　　禽胚发育至中后期,代谢产生大量热能,会使胚蛋实际温度超过设定温度(眼皮感温烫眼时),需要通过晾蛋来降低蛋温。晾蛋同时能排除代谢废气、提供充足的新鲜空气。晾蛋多用于鸭、鹅等水禽的孵化,因其蛋内脂肪含量高,相对表面积小,热量容易积聚。鸡胚在夏季孵化的中后期,孵化容量大时,也要进行晾蛋。水禽蛋在尿囊合拢后(鸭蛋16 ~ 17 天,鹅蛋18 ~ 19 天)开始晾蛋。采用打开机门、关闭电热系统且风扇转动、抽出孵化盘甚至喷洒38 ℃温水等措施进行晾蛋。一般每日晾蛋1 ~ 2 次,每次晾蛋15 ~ 30 min,以蛋温眼皮感温温而不凉即可。

4.3　家禽种蛋的管理

4.3.1　种蛋的收集

　　种蛋的合理收集目的是减少种蛋的污染和破损,提高孵化率。

　　(1)产蛋箱卫生　肉种鸡、鸭、鹅、火鸡等平养家禽,产蛋箱和蛋箱垫料的卫生对于减少种蛋的破损和污染尤为重要。要求垫料每周更换1 ~ 2 次。垫料选择柔软、吸水性好的材料,如锯木屑、稻草、麦秸、碎玉米芯等。收蛋时一旦发现垫料受到粪便污染,要立即更换干净的垫料。

　　(2)增加种蛋收集次数　勤收蛋可以保证种蛋能够及时得到消毒处理,减少种蛋破损,保持蛋面清洁。每天收蛋3 ~ 4 次较为合理,在炎热的夏季每天需收蛋5 ~ 6 次。家禽平养时,每天最后1 次收蛋后要关闭产蛋箱,避免垫料污染。对于火鸡来说还可以减少抱窝次数。鸡产蛋时间集中在上午,即在当日光照开始后的2 ~ 6 h。上午6:00 ~ 8:00,产蛋占全天18% ;9:00 ~ 10:00,占48% ;11:00 ~ 12:00,占26%。鸭鹅产蛋在凌晨,一般在凌晨5:00 和上午8:00 ~ 9:00 两次检蛋。鸵鸟多在下午4:00 左右产蛋,要注意及时收蛋。

　　(3)减少窝外蛋　初产母鸡未经训练,产蛋箱不足或垫料潮湿、不清洁是造成窝外蛋的主要原因。窝外蛋很容易受到污染,而且会造成家禽食蛋的恶癖。一般每 4~6 只鸡要配备一个产蛋箱,产蛋箱放置在光线较暗的地方,保证有充足的垫料,为产蛋创造舒适的环境。刚开产的青年母鸡,可以在产蛋箱中放置假蛋,引诱其进入产蛋箱中产蛋。

(4)减少笼养时蛋的破损　笼养时要注意笼底铁丝的粗细、弹性、坡度等要素。笼底铁丝的粗细为 2.5 mm 左右,太粗缺乏弹性,太细笼底容易变形。笼底坡度为 9°左右,能顺利滚入集蛋槽。

(5)种蛋分类　每次收集种蛋时,把特大、特小、畸形、破损和污染严重等不合格蛋挑出,另外放置,并进行分类统计。这样可以节省孵化前种蛋选择的时间,减少不必要的消毒、运输成本。

4.3.2　种蛋的选择

合格种蛋是孵化健康雏禽的保证,只有对种蛋进行严格的挑选,才能提高孵化率、健雏率,提高孵化的经济效益。孵化场在购进种蛋和入孵前要从以下几个方面进行严格的挑选。

(1)种蛋来源　种蛋应选自健康高产的种禽群。种鸡场必须进行鸡白痢检疫与净化,保证雏鸡的健康。另外可以通过种蛋垂直传播的疾病还有霉形体病、鸡淋巴白血病、鸡伤寒、鸡副伤寒、鸡慢性呼吸道病、传染性支气管炎等。尽量购买产蛋高峰期的种蛋,因为这一时期种蛋受精率和孵化率也最高。种蛋受精率要求 85% 以上。

(2)蛋龄　蛋龄是指禽蛋产出后保存的天数。蛋龄越小,孵化率越高。一般要求蛋龄在 2 周以内,夏季在 1 周以内,保存 3~5 天的种蛋孵化率最高。购买种蛋时,可以通过照检观察气室的大小来确定蛋龄。1 周以内的种蛋,气室大小不超过 1 分硬币大小。

(3)蛋壳品质　首先要求蛋壳表面清洁卫生,没有粪便污染。要求蛋的表面致密、光滑、薄厚均匀一致,合适蛋壳厚度:鸡蛋为 0.27~0.37 mm,鸭蛋为 0.35~0.40 mm,鹅蛋为 0.40~0.50 mm。蛋壳太厚的钢皮蛋、蛋壳太薄的沙壳蛋以及皱纹蛋要淘汰。蛋壳颜色斑纹要符合品种要求,褐壳蛋鸡应剔除白色蛋壳类型。破蛋和裂纹蛋也要剔除。裂纹蛋在码盘时,两手各拿 2~3 枚种蛋,转动手指,使蛋之间轻轻碰击,声音清脆的是正常蛋,“扑扑”嘶哑音的是裂纹蛋。

(4)蛋重　蛋重的大小会影响到孵化率、雏鸡的体重和成活率。刚开产的家禽蛋重过小,而且畸形蛋较多,这时不适合进行孵化。产蛋率超过 50%,蛋重达到标准后,进行孵化。家禽种蛋的范围:蛋鸡 50~65 g,肉鸡 52~68 g,鸭蛋 80~100 g,鹅蛋 160~200 g,蛋用鹌鹑 10.5~12 g,肉用鹌鹑 13~14 g。中等大小蛋的孵化率最高,刚开产的种蛋太小,孵化率、出壳重、生长速度、活力均较低。产蛋后期要通过调整饲料配方来降低蛋重。蛋重与早期生长速度关系密切,肉子鸡蛋重每增加 1 g,6~8 周龄上市体重增加 6~13 g。

(5)蛋形　家禽种蛋为椭圆形,有大头和小头之分。蛋形指数(纵径/横径)能衡量蛋的大体形状,过长、过圆的蛋不能入孵。鸡蛋蛋形指数要求为 1.28~1.43,鸭蛋为 1.20~1.59,鹅蛋为 1.4~1.5。蛋形指数过高(蛋过长),会影响孵化过程中尿囊的合拢。蛋型指数低,出雏较早,营养吸收较好,但过低属于畸形蛋要淘汰。

(6)内部品质　通过照蛋或剖解抽查种蛋内部品质。若发生蛋黄蛋壳粘连、蛋黄颜色异常、蛋内有异物、散蛋黄、蛋黄流动性大、蛋内有气泡、气室偏、气室流动,皆不能用作种蛋。

4.3.3　种蛋的保存

(1)保存时间　种蛋保存3~5天孵化率最高,鸡蛋一般要求保存时间在1周以内,保存1周后的种蛋孵化率显著下降。最长不超过2周,利用特殊方法(如氮气填充),可以使种蛋的保存时间延长为3周以上。最佳的储存期也因禽种而异,鹧鸪种蛋在储存4周后孵化率才明显下降。储存期也受种群年龄影响,小日龄种蛋保存时间可以略长一些,大日龄种蛋最好不要超过4天。储存期延长所导致的孵化率下降与蛋失重有关,与胚胎发育程度无关。种蛋的耗氧率等于失水率,长期储存的种蛋不可能失去更多的水分来换回氧气,造成早期死胚率增高。

(2)保存温度　鸡胚发育的临界温度为23.9 ℃,当储存温度高于23.9 ℃时,胚胎即开始缓慢发育,导致出雏日期提前,胚胎死亡增多,影响孵化率。种蛋保存的适宜温度为13~18 ℃,短期保存,采用上限,长期保存,采用下限。如果储存时间不超过3天,储存温度为20~23 ℃。保存4天,温度控制为15~18 ℃;保存1周,温度为13~15 ℃;保存2周,温度为10~13 ℃。蛋刚产出时,蛋温接近鸡的体温,40 ℃左右,种蛋应逐渐降至保存温度,以免骤然降温影响到胚胎的活力,引起孵化率下降。种蛋在进入种蛋库前,要在缓冲间放置3~5 h,然后装入种蛋箱,放入种蛋库。不要直接暴露放入种蛋库。

(3)保存湿度　在保存的过程中,应尽量减少蛋内水分的蒸发。保存湿度以接近蛋的含水率为宜,适宜的保存湿度为75%~80%,过高的湿度会引起种蛋蛋壳发霉。

(4)适度通风　通风的主要目的是防止种蛋发霉,但是通风量过大会造成蛋内水分过度蒸发。因此,要做到适度通风。种蛋库进出气孔要通风良好,注意不能直接吹到种蛋表面。

(5)蛋的存放状态　保存期1~7天,种蛋钝端向上;8~14天,锐端向上。种蛋保存时应依据种蛋品种、日龄、栋舍及产蛋时间分开保存,利于入孵计划和孵化工作的合理安排。

(6)种蛋库要求　隔热性能良好,清洁卫生,能够防蝇、防鼠,窗户要小,不能有阳光直射。

4.3.4　种蛋的消毒

种蛋在鸡体内基本上是无菌的,一经产出体外,就会受到细菌的侵袭。研究发现,蛋刚产出时,蛋壳上细菌数为300~500个;15 min后,细菌数为1 500~3 000个;1 h后,繁殖到2万~3万个。可见细菌的繁殖速度相当快,一定要做好种蛋的消毒工作。

(1)消毒时机　种蛋在入孵前要进行2次消毒。第一次为种蛋收集后立即进行。这次消毒,要求在种禽舍旁的消毒室完成,然后放入种蛋库,防止交叉污染。入孵时进行第二次消毒,一般在孵化器中进行熏蒸消毒。

(2)消毒方法

1)甲醛熏蒸法　甲醛熏蒸法为种蛋最常用的消毒方法,方法简便,效果好,特别适合大批量种蛋消毒与孵化。用 40% 甲醛溶液和高锰酸钾按一定比例混合后产生的气体,可以迅速有效地杀死病原体。第一次种蛋消毒通常用的浓度为每立方米空间用 42 mL 甲醛加 21 g 高锰酸钾,熏蒸 20 min,可杀死 95%～98.5% 的病原体;第二次在入孵器内消毒,用的浓度为每立方米 28 mL 甲醛加 14 g 高锰酸钾;雏鸡熏蒸消毒时浓度再减半,用 14 mL 甲醛加 7 g 高锰酸钾。甲醛熏蒸要注意安全,防止药液溅到人身上和眼睛里,消毒人员应戴防毒面具,防止甲醛气体吸入人体内。消毒温度 25～28 ℃,湿度 75%～80%,密闭熏蒸时间为 20～30 min。严格控制药品的用量和熏蒸的时间。

2)浸泡消毒　适合小批量孵化和传统孵化法,水禽种蛋蛋壳较脏多采用,在消毒的同时,对入孵种蛋起到清洗和预热的作用。常用的消毒剂有 0.1% 新洁尔灭、0.01% 高锰酸钾等,水温控制在 39～43 ℃,略高于蛋温。

3)喷雾消毒　适合分批入孵,为避免污染和疾病传播,种蛋装上蛋架车后,用 0.1% 新洁尔灭或 0.3%～0.5% 百毒杀溶液进行喷雾消毒。

4.4　人工孵化管理

4.4.1　入孵前的准备

(1)制订孵化计划　目的是合理安排孵化室工作日程,根据雏鸡预定确定出雏时间与数量,以销定产。孵化各批次之间,尽量把工作量较大的环节如入孵、照蛋、移盘、出雏工作错开,降低劳动强度。一般每周入孵两批,工作效率最高,劳动强度适中。孵化管理人员应根据销售计划,统筹安排入孵计划。每一批次尽量入孵同一品种、同一栋舍、同一日龄、同一保存期的种蛋,确保客户所购买的雏禽品种、健康水平、体重大小、抗体水平一致。

(2)孵化用品的准备　孵化常用用品包括消毒药品、温度计、湿度计、照蛋器、马立克液氮苗、连续注射器、各种记录表格等。

(3)孵化器的准备　孵化前要对孵化器进行全面检修,保证孵化过程中良好的运行状态。检修完毕后,用温度计检验孵化器内的各部温差,要求不超过 0.2 ℃。最后孵化前要对孵化器进行消毒处理。

4.4.2　种蛋的预热

种蛋入孵前预热,使胚胎发育从静止状态中"苏醒"过来,减少入孵后孵化器内温度下降的幅度,避免蛋表凝水(出汗),有利于提高孵化指标,种蛋通常要在 25 ℃ 孵化室内预热 6～9 h。

4.4.3　入孵及入孵消毒

根据出雏时间、种蛋日龄、保存时间来判断孵化器,确定入孵时间。对于刚开产种蛋可提前 3～4 h 入孵,肉鸡出壳时间比蛋鸡提前 4～5 h。蛋鸡入孵的时间应在下午 4～

5时,这样白天大量出雏,方便进行雏鸡的分级、性别鉴定、疫苗接种和装箱等工作。种蛋要大头向上码入蛋盘中,分批入孵时"新蛋"与"老蛋"交错放置,彼此调节温度。

当机内温度升高到27 ℃,湿度达到65%时,进行入孵消毒。方法为甲醛熏蒸法,孵化器每立方米空间用福尔马林30 mL,高锰酸钾15 g,熏蒸20 min。然后打开排风扇,排除甲醛气体。

4.4.4 孵化的日常管理

(1)做好观察记录工作 孵化开始后,要对孵化室温湿度、机显温湿度、门表温湿度、翻蛋状态进行观察记录。一般要求每隔1 h观察一次,每隔2 h记录一次,以便及时发现问题,得到尽快处理。值班人员要认真填写孵化条件记录表(表4.2)。

表4.2 孵化条件记录表

孵化器_____号 胚龄_____ ____年___月___日

时间	孵化室		机显		门表		翻蛋	值班人员	备注
	温度	湿度	温度	湿度	温度	湿度			
0									
2									
4									
6									
8									
10									
12									
14									
16									
18									
20									
22									

(2)温度、湿度的设定与调节 入孵前要根据不同的季节、前几次的孵化经验设定合理的孵化温度、湿度,设定好以后,旋钮不能随意扭动。刚入孵时,开门上蛋会引起热量散失,同时种蛋和孵化盘也要吸收热量,这样会造成孵化器温度暂时降低,经3~6 h即可恢复正常。有经验的孵化人员,要经常用手触摸胚蛋或放在眼皮上测温,通过照蛋观察发育情况,实行"看胚施温"。

(3)通风换气调节 在不影响温湿度的情况下,通风换气越畅通越好。在恒温孵化时,孵化机的通气孔要打开一半以上,落盘后全部打开。变温孵化时,随胚胎日龄的增加,需要的氧气量逐渐增多,所以要逐渐开大换气孔,尤其是孵化第14~15天以后,更要注意换气、散热。

孵化器的进气孔一般开于室内,即孵化室内为孵化器新鲜空气来源的场所,其空气质量就会直接影响孵化率、健雏率,因此要注重孵化室的空气调节,确保孵化厅内通风均匀、稳定。

（4）照蛋　照蛋的目的有两个：一是查明胚胎发育情况及孵化条件是否合适，为下一步采取措施提供依据；二是剔出无精蛋和死胚蛋，以免污染孵化器，影响其他蛋的正常发育。

1）头照　一般在入孵后第 5 天（鸭为 6 ~ 7 天，鹅 7 ~ 8 天）进行，主要是检出无精蛋和死精蛋。照蛋特征为"黑色眼点""起珠"。

2）二照　一般在入孵后 10 ~ 11 天（鸭 13 ~ 14 天，鹅 15 ~ 16 天）进行，主要观察胚胎的发育速度及检出死胚。照蛋特征为"尿囊合拢"。

3）三照　一般在入孵后 17 天（鸭 21 天，鹅 24 天）进行。照蛋特征为"封门"。

生产中为了降低劳动强度，减少对胚蛋的影响，只进行一次照蛋，时间为 10 ~ 11 天，剔除不合格种蛋（无精蛋、死精蛋、裂纹蛋）。照蛋在晚上进行，便于观察，将孵化室温度升高，将蛋架车拉出进行照蛋。将孵化盘放在操作台上，照蛋人员右手持照蛋器，主要观察气室是否清晰、边缘是否整齐，左手将无精蛋和死精蛋拿出。正常发育胚蛋气室清晰，边缘整齐，整个蛋被红色尿囊血管包围。无精蛋气室模糊，通体透亮。死精蛋气室比较模糊，只有少量血线。

（5）落盘（移盘）　鸡胚孵化到 18 ~ 19 天时，将胚蛋由孵化蛋盘转到出雏盘中，移至出雏箱，降低温度，提高湿度，停止翻蛋，继续孵化等候出雏，这个过程称落盘。落盘时间可以提前到 16 天，但不能推迟，防止在孵化蛋盘上出雏，被风扇打死或落入水盘溺死。值班人员在落盘前 3 ~ 5 h 对出雏器进行预温，一般冬季 5 h、夏季 3 h，预温时应检查每台出雏器的风机、风门、电热管等工作是否正常。落盘前应安排落盘的顺序，确保每台出雏器内种蛋的栋号和孵化机号记录相对应，在落盘工作结束后，把干湿球温度计挂好，检查出雏车是否在正确的位置，门槛是否放好，然后关门开机。

（6）拣雏　出雏器孵化至 20.5 天时开始出雏。这时要保持机内温湿度的相对稳定，并按一定时间拣雏，将雏鸡于孵化后第 21 天大批取出。对于水禽，出雏持续时间长，需用人工助产法帮助那些自行出壳困难的胚蛋。注意观察，若雏禽已经啄破蛋壳，壳下膜变成橘黄色时，说明尿囊血管已萎缩，出壳困难，应施行人工破壳。若壳下膜仍为白色，则尿囊血管未萎缩，这时人工破壳会造成出血死亡。人工破壳是从啄壳孔处剥离蛋壳，把雏禽的头颈拉出并放回出雏箱中继续孵化至出雏。

（7）清扫与消毒　为保持孵化器的清洁卫生，必须在每次出雏结束后，对孵化器进行彻底清扫和消毒。在消毒前，先将孵化用具用水浸润，用刷子除掉脏物，再用消毒液消毒，最后用清水洗干净，沥干后备用。孵化器的消毒，可用 3% 来苏儿液喷洒或用甲醛熏蒸法（同种蛋）消毒。

（8）停电时的孵化管理　孵化过程是一个生命体的发育过程，停电对孵化的影响较大，一般大型孵化厂应自配与孵化功率相匹配的发电机，如在生产中出现停电现象，应视室温和胚蛋的不同时期而采取不同的管理措施。

1）孵化过程中停电的管理技术　当孵化器停电时，巷道孵化器首先打开前门，关闭风机，如时间超过 10 min，应将孵化器的后门也打开，并将后期胚蛋车推到孵化室中。来电后先关孵化机后门，然后关孵化机前门，打开风机。

2)出雏过程中停电的管理技术　如刚落盘且停电时间短,只需关闭风机开关,打开出雏器的门;如已出 50% 以上的雏鸡,应立即把出雏车的筛子隔个抽出,若夏季停电超 0.5 h,把出雏车拉到通风好的地方;来电后将出雏车恢复原位,关门、开风机,一切做好后将出雏室风机打开彻底更换出雏室空气。

(9)孵化成绩统计　每批孵化结束后,要对本批孵化情况做出统计,填写孵化成绩统计表(表4.3)。

表4.3　孵化成绩统计表

批次	品种	种蛋来源	入孵日期	入孵蛋数	照蛋情况			出雏情况				受精蛋数	受精率	受精蛋孵化率	入孵蛋孵化率	健雏率	备注
					无精蛋	死精蛋	破蛋	移盘数	出雏数	健雏数	弱雏数	死胚数						

4.5　孵化效果的分析

4.5.1　胚胎死亡原因的分析

(1)孵化期胚胎死亡的分布规律　胚胎死亡在整个孵化期不是平均分布的,而是存在两个死亡高峰。第一个高峰在孵化前期,鸡胚在孵化第 3~5 天,胚胎死亡率约占全部死亡胚数的 15%;第二个死亡高峰是在孵化后期,鸡胚在孵化第 18 天以后,胚胎死亡率约占全部死亡胚数的 50%。对于高孵化率鸡群来说,鸡胚多死于第二个高峰,而低孵化率鸡群两个高峰的死亡率大致相似。

(2)胚胎死亡高峰的一般原因　第一个死亡高峰正是胚胎生长迅速、形态变化显著时期,各种胎膜相继形成而功能尚未完善。胚胎对外界环境的变化很是敏感,稍有不适胚胎发育便受阻,以致夭折。种蛋储藏不当,会降低胚胎活力,也会造成胚胎死亡。另外,种蛋储藏期用过量的甲醛熏蒸就会增加第一期死亡率,维生素 A 缺乏也会在这一时期造成重大影响。第二个死亡高峰正处于胚胎从尿囊绒毛膜呼吸过渡到肺呼吸时期。此期胚胎生理变化剧烈,需氧量剧增,其自温产热猛增。传染性疾病的威胁更加突出,对孵化环境要求高,若通风换气,散热不好,势必有一部分本来就较弱的胚胎死亡。另外,蛋的位置放置不是大头向上,也会使雏鸡因姿势异常而不能出壳。

孵化率高低受内部和外部两个方面因素的影响。影响胚胎发育的内部因素是种蛋内部品质,它们是由遗传和饲养管理所决定的。外部因素包括入孵前的环境(种蛋保存)和孵化中的环境(孵化条件)。内部因素对第一死亡高峰影响大,外部因素对第二死亡高峰影响大。

4.5.2　影响孵化效果的因素

影响孵化成绩的三大因素是种禽质量、种蛋管理和孵化条件。种禽质量和种蛋管理决定入孵前的种蛋质量,是提高孵化率的前提。只有入孵来自优良种禽、供给营养全面的饲料、精心管理的健康种禽的种蛋,并且种蛋管理得当,孵化技术才有用武之地,在实际生产中种禽饲料营养和孵化技术对孵化效果的影响较大。

(1)营养对孵化效果的影响　营养素缺乏既影响产蛋率,又影响孵化率,影响的程度随着营养缺乏含量而变化。但是有一点可以区分到底是营养素缺乏造成的影响还是其他原因造成的影响。这就是营养素缺乏造成的影响往往是来的慢,但持续时间长,而孵化技术或疾病造成的影响一般是突发性的,采取措施可以较快恢复。以鸡胚为例,营养素缺乏对孵化率的影响具体见表4.4。

表4.4　营养素缺乏对孵化率的影响

营养成分	缺乏症状
维生素 A	血液循环系统障碍,多孵化48 h发生死亡,肾、眼、骨骼异常
维生素 D_3	孵化至18～19天时发生死亡,骨骼异常凸起,鸡胚发育不良和软骨
维生素 E	血液循环障碍及出血在孵化84～96 h死亡,渗出性素症,单眼或双眼突出
维生素 K	在孵化18天至出雏期间因各种不明原因出血死亡,胚胎和胚外血管中有血凝块
硫胺素	应激情况下发生死亡,除了存活者表现神经炎外,其他无明显症状
核黄素	在孵化的60 h、14天及20天时死亡严重,雏鸡水肿
烟酸	骨骼和喙发生异常
生物素	孵化1～7天和18～21天大量死亡,胚胎出现鹦鹉嘴,骨骼异常,第三、四趾间有蹼
泛酸	皮下出血及水肿,多在孵化14天出现死亡
叶酸	孵化20天左右死亡率高,死胎颈骨弯曲,趾及下颌骨异常
维生素 B_{12}	孵化20天左右死亡率高,腿萎缩、水肿、出血、器官脂化、短喙、弯趾、鸡肉发育不良
锰	突然死亡,软骨营养障碍,侏儒,长骨变短,头畸形,翼和腿变短,鹦鹉嘴
锌	突然死亡,股部发育不良,脊柱弯曲,眼、趾等发育不良,骨骼异常,可能无翼或无腿
铜	在早期血胚阶段死亡,但无畸形
碘	孵化时间延长,甲状腺缩小,腹部收缩不全
铁	红细胞或血红蛋白减少
硒	孵化率低,皮下积液,渗出性素质,孵化早期死亡率高

（2）孵化技术对孵化效果的影响　孵化技术对孵化效果的影响详见表4.5。

表4.5　孵化技术对孵化效果的影响

原因	照蛋		
	5～6胚龄	10～11胚龄	19胚龄
1～2天过热	部分胚胎畸形,与蛋壳粘连		头、眼多见畸形
3～5天过热	有充血、溢血和异位现象	尿囊合拢提前	异位,心、肝和胃变态、畸形
短期的强烈过热	胚胎干燥粘连蛋壳	尿囊血液凝滞且暗	皮肤、肝、脑和肾有点状出血
后半期长期过热	—	—	啄壳较早内脏出血
温度偏低	胚胎发育迟缓	尿囊合拢推迟	发育迟缓,气室边缘平齐
湿度过高	气室小	尿囊合拢推迟	气室边缘平齐且小
湿度偏低	气室大,胚胎粘连蛋壳	气室大,胚蛋轻	气室大,胚蛋轻
通风换气不良	死亡率增高	羊水中有血液	内脏充血,胎位不正
翻蛋不正常	卵黄囊粘连蛋壳	尿囊合拢不良	异位,尿囊粘有剩余蛋白
卫生条件差	死亡率增加	腐败蛋增加	死亡率增加

4.5.3　孵化效果不良的原因

造成孵化率低的原因很多,为了能够及时找到造成这种现象的原因,以便采取措施,使孵化率迅速恢复到正常水平,必须从孵化效果分析出具体原因,然后结合孵化记录和种鸡的健康及产蛋情况采取有效措施。表4.6给出了孵化过程中常见的不良现象和可能原因,再结合有关记录和检验就可以分析出具体原因。

表4.6　孵化效果不良的原因分析

不良现象	可能原因
蛋爆裂	蛋脏,被细菌污染;孵化器不卫生
照蛋时清亮	未受精;甲醛熏蒸过度或种蛋储藏过度,胚胎入孵前已死亡
2～4天死亡	种蛋储藏期长,剧烈震动,温度过高或过低;种鸡染病
气室过小	种鸡饲料营养不全,蛋大或湿度过高
气室过大	蛋过小;湿度过低
7～14天死亡,有血环	温度过高或过低;种鸡日粮营养不全;种鸡患病;通风不良;翻蛋不当
提前出壳	蛋较小;温度高或湿度低
推迟出壳	蛋较大;种蛋储存时间过长,温度低或湿度高
啄未进入气室	种鸡日粮营养不全,1～10天温度过高;第19天湿度过高

续表 4.6

不良现象	可能原因
喙进入气室后死亡	种鸡日粮营养不全;通风不良;20~21 天温度过高或湿度过高
啄壳后死亡	移盘太迟;20~21 天通风不良,温度过高或湿度过低;前 19 天温度不当
胚胎异位	种鸡日粮营养不全;孵化时小头朝上;畸形蛋;转蛋不正常
雏鸡粘连蛋白	移盘过迟;20~21 天温度过高或湿度过低
蛋白粘连雏鸡绒毛	种蛋储藏时间过长;20~21 天通风不良,温度过高或湿度过低
雏鸡个体过小	蛋小;种蛋产于炎热天气;蛋壳薄或沙皮蛋;1~19 天湿度过低
雏鸡个体过大	蛋大;1~19 天湿度过高
雏鸡品质不一致	蛋大小不同;种蛋来源不同;种蛋储藏时间不同;某些鸡群遭受疾病或应激
雏鸡脱水	种蛋入孵过早;20~21 天温度过低;在出雏器停留时间过久
脐部愈合不良	种鸡日粮营养不全;20~21 天温度过低,通风不良;孵化器温度变化大
脐带部发炎	孵化场或孵化器不卫生
鸡软	孵化器不卫生;孵化 20~21 天湿度过高,1~19 天温度低
雏鸡不能站立	种鸡日粮不营养全;1~21 天温度不当;1~19 天湿度过高;1~21 天通风不良
雏鸡跛足	种鸡日粮营养不全;胚胎异位;温度不稳定
弯趾	种鸡日粮营养不全;1~19 天温度不当
八字腿	出雏盘太光滑
绒毛过短	种鸡日粮营养不全;1~10 天温度过高
双眼闭合	20~21 天温度过高,湿度过低;出雏器绒毛飞扬

思考与练习

1. 简述家禽胎膜的形成及其生理功能。
2. 简述孵化的基本条件。
3. 种蛋保存的适宜温度、湿度和保存期限是多少?
4. 种蛋消毒的方法有哪些?
5. 照蛋的时间和目的是什么?
6. 简述影响孵化效果的因素。

第 5 章　蛋用鸡的饲养与管理

随着现代养鸡业的发展和生产水平的不断提高,人们逐渐认识到健康优良的鸡种、营养完善的配合饲料、条件适宜的鸡舍环境、先进的机械化设备和严密的防疫灭病措施等,是构成现代养鸡生产的基本条件,这几个条件是相互联系的,不可缺少的。蛋鸡生产的任务就是运用现代的饲养与管理技术,结合当地的具体条件,培养出优质健壮、生长发育整齐一致的高产禽群,使其优良鸡种的遗传潜力得到充分发挥,从而创造出更高的经济效益。

近年来,我国蛋鸡生产得到了快速的发展,目前我国已成为世界上生产鸡蛋最多的国家,占到世界近40%的产量。蛋鸡业的快速发展不仅改善了中国人的膳食结构,提高了生活质量,同时也成为农民脱贫致富的重要渠道。

为最大限度地挖掘蛋鸡的生产潜力,在不同的生理阶段都能提供最适宜的饲养管理条件,生产上常将蛋鸡的生长阶段划分为三个饲养管理阶段,即育雏期、育成期和产蛋期。育雏期指从出壳到离温前需要人工给温的阶段,称为育雏期,一般为0~6周龄。育成期指育雏期末到到鸡性成熟为育成期,一般指7~20周龄。产蛋期指鸡群从开始产蛋到淘汰的期间叫产蛋期,一般指21~72周龄。

5.1　育雏期的饲养与管理

养育雏鸡是蛋鸡生产中重要的一环。育雏工作的好坏,不仅影响雏鸡的生长发育、育雏率、成鸡的生产性能和种用价值,还影响鸡群的更新和生产计划的完成等。因此,必须做好育雏期的饲养与管理工作,掌握育雏技术。

根据雏鸡的生理特点和对饲养管理条件的要求,把0~6周龄从出壳到离温前需人工给温的阶段,称为育雏期,此阶段的雏鸡称为幼雏。

5.1.1　雏鸡的生理特点

育雏期是蛋鸡比较特殊、难养的阶段,了解和掌握雏鸡的生理特点,对于科学育雏至关重要。雏鸡与成鸡相比有如下生理特点。

(1)体温调节能力差　雏鸡个体小,自身产热少,散热多。绒毛短,皮肤薄,皮下脂肪缺乏,保温性能差,体温调节机能不完善。刚出壳的雏鸡体温比成鸡低2~3 ℃,直到10日龄时才接近成鸡体温。体温调节能力到3周龄末才趋于完善。因此,育雏期要有加温设施,保证雏鸡正常生长发育所需的温度。

(2)代谢旺盛,生长迅速　雏鸡生长发育快,代谢旺盛,心跳和呼吸频率也很快,需要禽舍通风良好,保证新鲜空气的供应。雏鸡生长迅速,正常条件下 2 周龄、4 周龄和 6 周龄体重为初生重的 4 倍、8.3 倍和 15 倍。这就要求必须供给营养完善的配合饲料,创造有利的采食条件。如光线要充足,喂食器具合理安置,适当增加喂食次数和采食时间。雏鸡易缺乏的营养素主要是维生素(如维生素 B_1、维生素 B_2、烟酸、叶酸等)和氨基酸(赖氨酸和蛋氨酸),长期缺乏会引起病症,要注意添加。

(3)消化能力弱　雏鸡消化道较成鸡短小,消化机能有一个逐渐完善的过程。雏鸡饲喂要少吃多餐,增加饲喂次数。雏鸡饲粮中粗纤维含量不能超过 5%,配方中应减少菜籽饼、棉籽饼、芝麻饼、麸皮等粗纤维高的原料,增加玉米、豆粕、鱼粉的用量。

(4)胆小、易惊、抗病力差　雏鸡胆小,异常的响动、陌生人进入禽舍、光线的突然改变都会造成惊群。因此,生产中应创造安静的育雏环境,避免噪音或突然惊吓,饲养人员不能随意更换,在雏禽舍和运动场应增加防护设备,以防鼠、蛇、猫、犬、老鹰、黄鼠狼等的袭击和侵害。雏鸡免疫系统机能低下,对各种传染病的易感性较强,生产中要严格执行免疫接种程序和预防性投药,增强雏鸡的抗病力,防患于未然。

(5)群居性强　喜欢大群生活,一块儿进行采食、饮水、活动和休息,雏鸡模仿性强。因此,雏鸡适合大群高密度饲养,有利于保温。但是雏鸡对喙斗也具有模仿性,密度不能太大,防止啄癖的发生。

5.1.2　育雏方式

(1)垫料地面散养　在育雏室地面铺设 5～10 cm 厚垫料,整个育雏期雏鸡都生活在垫料上,育雏期结束后更换垫料。优点:平时不清除粪便,不更换垫料,省工省时;冬季可以利用垫料发酵产热而提高舍温;雏鸡在垫料上活动量增加,啄癖发生率降低。

缺点:雏鸡与粪便直接接触,球虫病发病率提高,其他传染病易流行。垫料地面散养的供温设施主要为育雏伞和烟道,也可结合火炉供温。地面散养的关键在于垫料的管理,垫料应选择吸水性良好的原料,如锯木屑、稻壳、玉米芯、秸秆和泥炭等。平时要防止饮水器漏水、洒水而造成垫料潮湿、发霉。

(2)网上平养　网上平养适于温暖而潮湿的地区采用,采食、饮水均在网上完成。在舍内高出地面 60～70 cm 的地方装置金属网,也可用木板条或竹板条做成栅状高床代替金属网。注意舍内要留有走道,便于饲养人员操作。网上平养的供温设施有热风炉、火炉、育雏伞和红外线灯。这种方式是家禽较理想的育雏方式。粪便落于网下,不与雏鸡接触,减少疫病发生率,成活率高。金属网孔直径为 20 mm×80 mm,育雏前期在网面上加铺一层方孔塑料网片,防止雏鸡落入网下。

(3)笼养　适合规模养殖户采用。育雏笼为叠层式,4～5 层,每层高度 330 mm。两层笼间设置承粪板,间隙 50～70 mm。笼养投资较大,但是饲养密度增大,便于管理,育雏效率高。笼养有专用电热育雏笼,也可以火炉供温,资金允许用热风炉供温效果最好。

5.1.3　育雏前的准备工作

育雏前要做好各项准备工作,如育雏方式的选择、育雏计划的制订、生产资料的准备,育雏人员的选择和培训,同时还要做好消毒、维修和试温等工作。

(1)制订育雏计划　种用家禽育雏一般选择在春季(3~5月)进行。这时气候干燥,气温回升,阳光充足,雏鸡生长发育良好。在中雏阶段,气温适宜,可增加舍外活动时间。春雏性成熟早,利用时间长。育雏数量要根据房舍面积而定,考虑育雏、育成成活率,雏鸡要多养15%左右。品种选择要根据市场需要来定,主要考虑蛋壳颜色、蛋重、适应性和种鸡场的管理水平。

如大型蛋鸡场要考虑鸡群周转,要在上一批鸡群淘汰前13~14周开始育雏。上一批鸡淘汰后,房舍进行彻底的清理消毒(需要4周时间),本批鸡达到17~18周龄,即可转入产蛋禽舍。

(2)育雏室的清洗、消毒　清除前一批残留的任何活鸡或死鸡,将饮水器、开食盘、料桶、育雏笼、育雏伞等育雏用品移出禽舍,集中进行清洗消毒处理。清理舍垫料与粪便前,应先用消毒药将禽舍喷湿,防止细菌随灰尘扩散到外面。然后将垫料集中在房舍中央,最后装袋或散运至堆肥地点进行发酵处理。

清理完成后,用高压水枪冲洗禽舍,冲洗顺序为天花板、墙壁、地面、下水道。电器设备、电机和电源开关装置要密封防潮。如昆虫数量多,冲洗前先用杀虫剂杀虫处理,如2%的氨基甲酸酯杀虫剂。

冲洗干净的育雏舍选用2%~3%的烧碱或2%的漂白粉等消毒液进行喷洒消毒,禽舍外部的顺序为屋顶、墙外侧、排水沟,舍内的清洁顺序是天花板、墙内侧和地面。有条件的地方可用煤油喷灯进行火焰喷射消毒,把地面和墙壁用火烧一遍,各种病原微生物、球虫卵囊遇到火焰均可被迅速杀死。

(3)育雏设备的清洗与消毒　一切育雏设备需要移出禽舍,集中清洗消毒。塑料开食盘、饮水器、料桶、料槽先用高压水枪冲刷,再用消毒液浸泡、清洗消毒。用具的消毒可采用0.1%过氧乙酸、1%~2%福尔马林、1%的高锰酸钾、1%~2%的火碱溶液、0.5%~1%的复合酚和5%的漂白粉溶液等。金属笼具先用高压水枪冲洗,冲不掉的粪便、羽毛要用硬刷刷干净,晾干后用火焰喷灯喷射消毒。自动饮水系统也需要进行彻底消毒,首先清洗过滤器、水箱和水线,然后用季胺化合物(百毒杀)或含氯化合物消毒药浸泡1~3 h,最后将消毒水放掉,用清水冲洗干净备用。

(4)熏蒸消毒禽舍设备　铺设干净的垫料,对育雏笼等设备进行安装。每立方米空间用42 mL福尔马林(37%~40%甲醛溶液),21 g高锰酸钾。熏蒸消毒前关闭禽舍门窗,堵严一切缝隙。操作时,先将高锰酸钾倒入耐腐蚀的陶瓷或搪瓷容器内,然后加入少量水,搅拌均匀。再加入福尔马林,人立即离开。盛装药品的容器应尽量大一些,不宜小于福尔马林溶液体积的4倍,以免福尔马林气化时溢出容器外面,不可使用塑料盆等容器。温度25 ℃以上,相对湿度达75%以上时,消毒效果较好。熏蒸时要密闭禽舍48 h。消毒完毕后,要打开禽舍门窗,通风换气2天以上,使其中的甲醛气体逸散。如急需使用时,可按每立方米禽舍用5 g碳酸氢铵、10 g生石灰和10 mL 75 ℃的热水混合放入容器内,用其产生的氨气与甲醛气中和。

(5)育雏用品的准备

1)饲料　准备雏鸡用全价配合饲料,雏鸡0~6周龄累积饲料消耗为每只1 kg左右。

自己配合饲料要注意原料无污染,不霉变。饲料形状以小颗粒破碎料(鸡花料)最好。

2)药品及添加剂　药品准备常用消毒药(百毒杀、威力碘等)、抗菌药物(预防白痢、大肠杆菌、霍乱等药物)、抗菌药物(预防白痢、大肠杆菌、霍乱等药物)、抗球虫药。添加剂有速溶多维、电解多维、口服补液盐、维生素C、葡萄糖等。

3)疫苗　主要有鸡新城疫疫苗、鸡传染性法氏囊炎疫苗、鸡传等性支气管炎疫苗、鸡痘疫苗等。

4)其他用品　包括各种记录表格、温度计、连续注射器、滴管、刺种针、台称、喷雾器等。

(6)育雏舍的试温和预温　育雏前准备工作的关键之一就是试温。检查维修火道后点燃火道或火炉升温2天,使舍内的最高温度升至39℃。升温过程检查火道是否漏气。试温时温度计放置的位置:①育雏笼应放在中间层;②平面育雏应放置在距雏鸡背部相平的位置;③带保温箱的育雏笼在保温箱内和运动场上都应放置温度计测试。

预温是指育雏舍进雏前2天开始点火升温,提高舍内温度,检查加温效果。测定各点温度,雏鸡活动区域在33℃左右,其他地方25℃左右。

5.1.4　雏鸡的饲养与管理技术

5.1.4.1　雏鸡的选择与运输

(1)雏鸡的选择　选择健康的雏鸡是育雏成功的基础。由于种鸡的健康、营养和遗传等先天因素的影响及孵化、长途运输、出壳时间过长等后天因素的影响,初生雏中常出现有弱雏、畸形雏和残雏等需要淘汰,因此选择健康雏家禽是育雏成功的首要工作。

1)外观活力　家禽出壳重应在30g以上,同一品种大小均匀一致。健雏表现活泼好动,无畸形和伤残,反应灵敏,叫声响亮。用手轻拍运雏盒,眼睛圆睁、站立者为健雏,伏地不动、没有反应为弱雏。腹部过大过小,脐部有血痂或有血线。健雏绒毛丰满有光泽,干净无污染,绒毛有黏壳,绒毛有黏着的为弱雏。

2)手握感觉　健雏手握时,绒毛松软饱满,挣扎有力,触摸腹部大小适中,柔软有弹性。

3)卵黄吸收和脐部愈合情况　健雏卵黄吸收良好,腹部不大,柔软,脐部愈合良好,干燥,上有绒毛覆盖。弱雏表现脐孔大,有脐钉,卵黄囊外露,无绒毛覆盖。

(2)雏鸡的运输　雏鸡的运输方式依季节和路程远近而定。汽车运输时间安排比较自由,又可直接送达养鸡场,是最方便的运输方式。火车、飞机也是常用的运输方式,适合于长距离运输和夏冬季运输,安全快速。但不能直接到达目的地。雏鸡运输的押运人员应携带检疫证。雏鸡的运输应防寒、防热、防闷、防压、防雨淋和防震荡。运输雏鸡的人员在出发前应准备好食品和饮用水,中途不能停留。远距离运输应有两个司机轮换开车。押运雏家禽的技术人员在汽车启动后30min检查车厢中心位置的雏鸡活动状态。如果雏鸡的精神状态良好,每隔1~2h检查1次。检查间隔时间的长短应视实际情况而定。

5.1.4.2　雏鸡的饲养

进雏时应将舍内的灯全部打开,用60W的灯泡。将雏家禽均匀地分布在每个保温器或雏鸡笼内,认真巡视禽舍,观察每保雏鸡的精神状况,确定喂水、喂料时间。如果是多层笼养,先放置在最上边两层,下边一层或两层暂时空歇。随着日龄的增加,减少饲养密度时再分散到下边一层或两层内。

(1)初饮　初生雏鸡接入育雏室后,第一次饮水称为初饮。雏鸡在高温的育雏条件下,很容易造成脱水,因此初饮应尽快进行。初饮用水最好用凉开水,为了刺激饮欲,可在水中加入葡萄糖或蔗糖(5%),这种水持续 6 h。对于长途运输后的雏鸡,在饮水中要加入口服补液盐,有助于调节体液平衡。在饮水中加入速溶多维、电解多维、维生素 C 可以减轻应激反应,提高成活率。初饮时,对于无饮水行为的雏鸡,可将其啄浸入饮水器内诱导饮水。7~10 日龄过度为自动饮水设备,确定小鸡已经学会新的饮水设备后,才可以将饮水器移走。

(2)开食　雏鸡第一次喂食称为开食。开食时间一般掌握在出壳后 24~36 h,初饮后 2~3 h 进行。开食不是越早越好,过早开食胃肠软弱,有损于消化器官。但是开食过晚有损体力,影响正常生长发育。当有 60%~70% 雏鸡随意走动,有啄食行为时开食。另外,最好安排在白天进行开食,效果较好。

雏鸡采食有模仿性,一旦有几只学会采食,很短时间全群采食。开食在一平面上进行,用专用开食盘或将料撒在纸张、蛋托上,3 天以后改用料桶。开食料用全价饲料,保证营养全面。为了促进采食和饮水,育雏前 3 天,全天光照。这样有利于雏鸡对环境适应,找到采食和饮水的位置。

5.1.4.3　雏鸡的管理

雏鸡管理的任务是创造适宜的环境条件,采取必要的管理技术,保证雏鸡正常生长发育,提高育雏率。

(1)温度　温度与雏鸡体温调节、运动、采食和饲料的消化吸收等有密切关系。雏鸡体型较小,温度低,很容易引起挤堆死亡。育雏温度随季节、鸡种、饲养方式不同有所差异。高温育雏能较好地控制鸡白痢的发生,冬季防止呼吸道疾病的发生。1 周龄以内育雏温度掌握在 34~36 ℃,以后每周下降 2~3 ℃,6 周龄降至 18~20 ℃。温度计水银球以悬挂在雏鸡背部的高度为宜,平养距垫料 5 cm,笼养距底网 5 cm。温度计的读数只是一个参考值,实际生产中要看雏鸡的采食、饮水行为是否正常即"看雏施温"。

若雏鸡伸腿、伸翅、伸头、奔跑、跳跃、打斗,卧地舒展全身休息,呼吸均匀,羽毛丰满干净有光泽,证明温度适宜;若雏鸡挤堆,发出"滴滴"的轻声鸣叫,呆立不动,缩头,采食饮水减少,羽毛湿,站立不稳,说明温度偏低,应适当的升温。如果雏鸡的羽毛被水淋湿,有条件的场家应立即送回出雏器以 36 ℃温度烘干,可减少死亡,温度过低会引起瘫痪或神经症状;若雏鸡伸翅,张口呼吸,饮水量增加,寻找低温处休息,往笼边缘跑,说明温度偏高,应立即进行通风降温,降温时注意温度下降幅度不宜太大;如果雏鸡往一侧拥挤,说明的有贼风袭击,应立即检查口处的挡风板是否借位,检查门窗是否未关闭或被风刮开,并采取相应措施保持舍内温度均衡。

(2)湿度　雏鸡从高湿度的出雏器转到育雏舍,温度要求有一个过渡期。第一周要求湿度为 70%~75%,第二周要求温度为 65%~70%,以后湿度保持在 60%~65% 即可。育雏前期高湿度有助于剩余卵黄的吸收,维持正常的羽毛生长和脱换。干燥的环境中尘埃飞扬,可诱发呼吸道疾病。由于环境干燥易造成雏鸡脱水,饮水量增加而引起的消化不良。生产中,应考虑育雏前期的增温(洒水、增加饮水器、火炉放置水盆)和后期的防潮措施(增加通风量、及时更换潮湿垫料、减少饮水器数量、适当限制饮水)。

(3)通风　通风的目的主要是排出舍内污浊的空气,换进新鲜空气,另外,通过通风可有效降低舍内湿度。自然通风主要靠开闭窗户来完成,机械通风要利用风机负压通风来完成。生产中,要特别注意冬季舍内的通风换气。密闭式禽舍通风量的计算,冬季每千只 $30 \sim 60 \ m^3/min$,夏季每千只 $120 \ m^3/min$。

(4)光照　育雏期前 3 天,采用 24 h 连续光照制度,光线强度为 $20 \sim 25$ lx,便于雏鸡熟悉环境,找到采食、饮水位置,也有利于保温。$4 \sim 7$ 天,每天光照 20 h,$8 \sim 14$ 天为16 h,以后采用自然光照。光线强度也要逐渐减弱。研究发现,红、绿光均能有效防止啄癖发生,但采用弱光更为简便有效。

(5)饲养密度　饲养密度的单位常用每米饲养雏鸡数来表示。在合理的饲养密度下,雏鸡采食正常,生长均匀一致。密度过大,生长发育不整齐,易发生啄癖,死亡率较高。饲养密度大小与育雏方式有关(表 5.1)。

表 5.1　雏鸡饲养密度(每米饲养只数)

周龄	平面育雏/只	立体笼养/只
0~2 周	25	40
3~4 周	20	25
5~6 周	15	20

(6)断喙　种用家禽饲养期长,在密集饲养条件下很易发生啄癖(啄羽、啄肛、啄趾等)尤其在育成期和产蛋期,啄斗会造成鸡只的伤亡。另外,鸡的采食时常常用喙将饲料勾出食槽,造成饲料浪费。断喙是解决上述问题的有效途径,效果明显。商品家禽放养条件下,无须断喙。

1)断喙时间　断喙时间一般在 7~14 日龄进行。雏鸡太小喙太软,易再生,而且不易操作,对鸡的损伤大。断喙太晚出血较多,不利于止血。

2)断喙方法　断喙常用专门的断喙器来完成,刀片温度在 700~800 ℃(颜色暗红色)。断喙长度上喙切去 1/2(喙端至鼻孔),下喙切去 1/3,断喙后雏鸡下喙略长于上喙。断喙操作要点:单手握雏,拇指压住鸡头顶,食指放在咽下并稍微用力,使雏鸡缩舌防止断掉舌尖。将头向下,后躯上抬,上喙断掉较下喙多。在切掉喙尖后,在刀片上灼烫1.5~2 s,有利止血。

美国 NOVA-TECH 公司最近发明了一项新的断喙工艺,使用高强红外线光束,对雏鸡没有任何损伤。在 1 日龄孵化厅内完成。红外线光束穿透喙外壳(角质层),直至喙部的基础组织。起初,角质层仍保留得完整无缺。1~2 周后,鸡只正常的啄食和饮水等活动使外层脱落,露出逐渐坚硬的内层。半自动化的操作过程,采用独特的可以固定鸡头部的面罩,确保操作过程的精确性和连续性。

3)断喙注意事项　切除部位掌握准确,确保一次完成;断喙前后2天应在雏鸡饲粮或饮水中添加维生素K和复合多维,有利于止血和减轻应激反应;断喙后一周内饲槽中饲料应有足够深度,避免采食时啄痛创面;断喙后应注意观察鸡群,发现个别喙部出血的雏鸡要及时烧烫止血。

(7)日常管理要点

1)环境控制　温度、湿度、通风、光照、饲养密度等环境条件是成功育雏的基本条件。合理的育雏条件见前述。

2)合理饲喂　雏鸡胃肠容积小,消化能力弱,日常饲喂要做到"少给勤添",满足需求。15日龄前每3h喂饲一次,以后每4h喂饲一次。开食在浅盘或硬纸上进行,3日龄后换用小型料槽或料桶。

3)强弱分群　集约化、高密度饲养条件下,尽管饲养管理条件完全一样,难免会造成个体间生长发育的不平衡。适时进行强弱分群,可以保证雏鸡均匀发育,提高鸡群成活率。在育雏过程中,要及时将发育迟缓、体质软弱的雏鸡挑出来。对于这部分鸡更要加强饲养,饲养在光线充足、温度适宜的环境中,同时供给优质全价饲料,使其很快得到恢复。

4)疫病预防　严格执行免疫接种程序,预防传染病的发生。每天早上要通过观察粪便了解雏鸡健康状况,主要看粪便的稀稠、形状、颜色等。对于一些肠道细菌性感染(如鸡白痢、大肠杆菌病、禽霍乱等)要定期进行药物预防。20日龄前后要预防球虫病的发生,尤其是地面垫料散养。

5)做好记录　记录内容有每日雏鸡死淘数、耗料量、温度、防疫情况、饲养管理措施、用药情况等,便于对育雏效果进行总结和分析。

5.2　育成期的饲养与管理

育雏期末到鸡性成熟为育成期,一般指7~20周龄。这个阶段饲养管理的好坏极大决定了鸡性成熟的体质、产蛋状况和种用价值,切不可忽视。育成期的饲养管理任务:培养具有优良繁殖体况、健康无病、发育整齐一致、体重符合标准的高产鸡群。

5.2.1　育成鸡的生长发育特点

5.2.1.1　各个器官发育趋于完成,机能日益健全

(1)体温调节机能　雏鸡达4~5周龄时,全身绒毛换为羽毛,并在8周龄时长齐以后,几经脱换最终长出成鸡羽,体温调节机能逐步健全,使鸡对外界的温度变化适应能力增强。

(2)消化机能　消化机能趋于完善,采食量增加,消化能力增强。这一时期生长发育迅速,体重增加较快,育雏期末,小母鸡对钙的利用和储存能力显著增强。

(3)生殖机能　育成鸡10周龄时,性腺开始活动发育,以后发育很快,到16~17周龄时便接近性成熟,但此时身体还未发育成熟,如果不采取适当的饲养管理措施,小母鸡

可能会提前开产,而影响身体发育和以后产蛋。

(4)防御机能　育成期除了鸡体逐渐强壮和生理防御机能逐步增强外,最重要的是免疫器官也逐渐发育成熟,从而能够产生足够的免疫球蛋白,以抵抗病原微生物的侵袭。所以,育成期应根据鸡群状态和各种疫病流行发生特点,定期做好防疫工作。

5.2.1.2　体重增长与骨骼发育处于旺盛时期

据研究,育成期的绝对增重最快,如果以育成期体重的绝对增重为100%,育雏期为80%,产蛋期仅为25%。尤其是褐壳蛋鸡育成期体重增长最最快,13周龄后,脂肪沉积量增多,可引起肥胖,所有9周龄后实行适当限饲。骨骼在此阶段发育也很快,到16~18周龄时,跖骨长度即达到成年标准,身体其他部位的骨骼也基本发育完成。

5.2.1.3　群序等级的建立

群饲鸡群群序等级的建立是不可避免的,是鸡群的一种正常行为表现,它对正常发育也有一定影响。研究资料表明,鸡群在8~10周龄时开始出现群序等级,到临近性成熟时已基本形成。如果此期间经常变动鸡群,会使原群序等级被打乱而重新建立,就好干扰鸡群的正常生长发育。所以,育成期要保持鸡群和环境相对稳定。

5.2.2　育成鸡的培养目标

生长均匀一致,体重均匀度达80%以上,即在平均标准体重±10%范围内的鸡只占鸡群的80%以上。保证开产后产蛋高峰期持续时间长;生长发育良好,防止过肥、过瘦,体质健壮;适时达到性成熟开产,18周龄见蛋。协调好体成熟和性成熟的关系,为产蛋期做好准备。18周龄体重,褐壳蛋鸡1 500 g,白壳蛋鸡1 250 g。育成期体重每小于标准体重50 g,全期产蛋量少6枚左右。要求育成率达96%以上。

5.2.3　育成鸡的饲养方式

(1)笼养　相同房舍饲养数量多,饲养管理方便,鸡体与粪便隔离,有利于疫病预防,免疫接种时抓鸡方便,不易惊群。但笼养投资相对较大,适合大规模集约化家禽饲养。笼具有育雏育成笼、育成专用笼两种。育成笼为三层阶梯式,单笼饲养3~4只,每组饲养90~120只。房舍要求通风良好,地面干燥,有窗式,多开窗通风。

(2)网上平养　在离地面60~80 cm高度设置平网。网上平养鸡体与粪便彻底隔离,育成率提高。平网所用材料有钢丝网、木板条和竹板条等,各地尽量选择当地便宜的材料,降低成本。网上平养适合中等数量养殖户采用,在舍内设网时要注意留有走道,便于饲喂和管理操作。饲养密度18~20只/m²,平均需饲槽长度5~7 cm/只。

(3)地面垫料平养　在舍内地面铺设厚垫料,料槽或料桶、饮水器均匀分布在舍内,鸡吃料和饮水的距离以不超过3 m为宜。这种方式投资较小,而增加了鸡的运动量,适合小规模家禽养殖户采用。缺点是鸡体与粪便接触,易患病,特别是增加了球虫病的发病率,生产中一定要进行药物预防。饲养密度18~20只/m²。地面垫料平养成败的关键是对垫料的管理。在选择垫料时,要求柔软、干燥、吸水性好。日常管理要防止垫料结块,饮水器不能漏水,还要经常翻动垫料,潮湿结块的垫料要及时更换。

5.2.4　育成期的饲养与管理技术

5.2.4.1　育成期的饲养与管理要点

（1）转群　6周龄由育雏舍转入育成舍，改变饲养方式和饲养方法。转群一般在夜间进行，转入后全天光照，以尽快适应新的环境。

（2）限制饲喂　限制饲喂的目的是控制体重，防止过肥而影响产蛋，同时可以节约饲料10%~15%（约1kg）。育成期的饲料营养浓度较育雏期和产蛋期都低，适当加大麸皮、米糠的比例，降低粗蛋白和能量水平。平养时可供给一定量的青绿饲料，占配合饲料用量的25%左右。

育成鸡每天要减少喂料次数，平养时上午一次性将全天的饲料量投放于料桶或料槽内，笼养时上午、下午两次投料。育成鸡每日喂料量的多少要根据鸡体重发育情况而定，每周称重一次（抽样比例为10%），计算平均体重，与标准体重对比，确定下周的饲喂量。为了提高限饲的效果，限饲前要严格挑出病鸡和弱鸡，有充足的饲槽，每次喂料，所有的鸡同时采食。

（3）光照控制　光照通过对生殖激素的控制而影响到家禽的性腺发育。育成期的生长重点应放在体重的增加和骨骼、内脏的均衡发育，这时如果生殖系统过早发育，会影响到其他组织系统的发育，出现提前开产，产后种蛋较小，全年产蛋量减少。因此，育成期特别是育成后期（10~18周龄）的光照原则是光照时间不可以延长，光照强度不可以增加。

育成期光照一般以自然光照为主，适当进行人工补充光照。每年4月15日至8月25日期间孵出的雏鸡，育成中后期正处于自然光照逐渐缩短的情况，附和光照原则，可以完全利用自然光照来控制性腺发育。而每年8月26日至次年4月14日出雏的雏鸡，育成中后期处于自然光照逐渐延长的情况，这时要结合人工补充光照（每天定时开、关灯）使每天光照保持恒定时数，或者使光照时间延渐缩短。密闭式禽舍，每天连续光照8h，光照强度10lx。

（4）环境条件的控制　育成期舍内温度应保持在15~30℃，相对湿度55%~60%，注意通风换气，排除氨气、硫化氢、二氧化碳等有害气体，保证新鲜氧气的供应。另外，要做好育成禽舍的卫生和消毒工作，如及时清粪，料槽（盘）、饮水器的清洗消毒，带鸡消毒等。最后，还要注意环境安静，避免惊群。

（5）补充断喙　在7~12周龄期间对第一次断喙效果不佳的个体进行补充断喙。用断喙器进行操作，要注意断喙长度合适，避免引起出血。

（6）疫苗接种和驱虫　育成期防疫的传染病主要有新城疫、鸡痘、传染性支气管炎等。具体时间和方法见鸡病防治部分。驱虫是驱除体内线虫、绦虫等，驱虫要定期进行，最后在转入产蛋禽舍前还要驱虫一次。驱虫药有左旋咪唑、丙硫咪唑等。

5.2.4.2　育成鸡均匀度的控制

体重均匀度指群体内体重在平均体重±10%范围内的个体所占的比例。均匀度的控制是育成期的关键管理技术，较高的均匀度才能保证鸡群开产的一致性和持续稳定的高产蛋率。为了获得较高的均匀度，生产中要做好以下几方面工作。

（1）保持合理的饲养密度　育成期要及时调整饲养密度,高的饲养密度是造成个体间大小差异的根本原因。

（2）保证均匀采食　只有保证所有鸡均匀采食,才能达到均匀度高的育成目标。在育成阶段一般都是采用限制饲喂的方法,这就要求有足够的采食位置,而且投料时速度要快。这样才能使全群同时吃到饲料,平养时更应如此。

（3）搞好分群管理　分群就是按公母、大小、强弱等差异将大群鸡分成相同类型的小群,在饲喂中采取不同的方法,以使全部鸡都能均匀生长。分群要结合称重定期进行,一般是将个体较大的强壮个体从群中挑选出来,置于另外的饲养环境,然后限制其采食,使体重恢复正常。对于体型较小的弱鸡,要养于环境较好的地方如上层笼位,加强营养,赶上正常体重。

（4）定期称重　育成期每周末随机抽取 5%～10% 个体进行体重发育检查,同时计算均匀度。与饲养手册标准体重对比,根据体重情况决定下一周的喂料量。

5.3　产蛋期的饲养与管理

鸡群从开始产蛋到淘汰的期间叫产蛋期。一般多指 21～72 周龄,对于实行强制换羽的鸡群,则包含下一个产蛋年。产蛋期的饲养与管理旨在提高鸡群的产蛋量和蛋品质,降低耗料比和死亡淘汰率。

5.3.1　产蛋鸡的生理特点和产蛋规律

5.3.1.1　产蛋鸡的生理特点

（1）开产后身体尚在发育　刚进入产蛋期的母鸡,虽然性已成熟,开始产蛋,但身体还没有发育完全,体重仍在继续增长,开产 20 周后,约达到 40 周龄时生长发育基本停止,体重增长极少,40 周龄后体重增加多为脂肪沉积。

（2）产蛋鸡富于神经质,对环境变化非常敏感　母鸡产蛋期间对于饲料配方变化;饲喂设备改换;环境温度、湿度、通风、光照、密度的改变;饲养人员和日常管理程序的变换以及应激因素;等等,都会对产蛋产生不良影响,影响鸡的生产潜力充分发挥。

（3）不同周龄产蛋鸡对营养物质的利用率不同　母鸡刚达性成熟时(蛋用鸡在 17～18 周龄),成熟的卵巢释放雌激素,使母鸡的"贮钙"能力显著增强。随着开产到产蛋高峰时期,鸡对营养物质的消化吸收能力很强,采食量持续增加。而到产蛋后期,其消化吸收能力减弱,脂肪沉积能力增强。

（4）换羽的特性　母鸡经过一个产蛋期后,便自然换羽。从开始换羽到新羽长齐,一般需 2～4 个月的时间。换羽期间因卵巢机能减退,雌激素分泌减少而停止产蛋。换羽后的鸡又开始产蛋,但产蛋率较第一个产蛋年降低 10%～15% ,蛋重提高 6%～7% ,饲料利用率降低 12% 左右。产蛋时间缩短,仅可达 34 周左右,但抗病力增强。

5.3.1.2　鸡的产蛋规律

蛋鸡开产后产蛋率和蛋重的变化具有一定的规律性,就年龄讲,第一年产蛋量最高,第二年和第三年每年逐渐递减10%~15%,饲养管理中应注意观察这一规律性,采取相应措施,提高合理种蛋的数量。

(1)预产期(18~20周龄)　转群到5%产蛋率,一般18周龄见蛋,20周龄达到5%产蛋率。预产期饲喂与光照是关键。

(2)始产期(20~24周龄)　从开产到产蛋率达70%。始产期内产蛋规律性不强,同一个体产蛋间隔较长;各种畸形蛋、软壳蛋比例较大,蛋重较小,种鸡受精率和孵化率偏低,一般不适合进行孵化。始产期产蛋率上升幅度较快,体重也增加较快。如鸡群育雏期发育不良,体质较差,饲养管理不当,均有可能影响产蛋率的快速增长。

(3)主产期(25~58周龄)　产蛋率85%以上阶段。从25周龄开始,产蛋率稳步上升,在27周龄前后可达到最高产蛋率90%以上,维持90%以上产蛋率10~16周。主产期产蛋规律较为稳定,蛋重变化不大,蛋壳质量稳定。饲养管理上的失误会造成产蛋率的下降,不容易恢复到原来水平。

(4)终产期(59~72周龄)　59周龄以后,随着产蛋率的下降,蛋重逐渐增大,蛋壳品质有所下降,到72周龄时,产蛋率下降到50%~55%,一个产蛋年结束。这时种鸡可以淘汰或再利用一年。

5.3.2　产蛋期的饲养方式

(1)平养　有地面垫料和网上两种。饲养密度7~8只/m²。按每5只鸡设一产蛋箱,还要设置栖架,夜间休息,避免在地面上过夜而受到老鼠的侵袭。可适当补充青绿饲料,农村小规模可采用这种方法。

(2)立体笼养　立体笼养笼具采用蛋鸡笼,三层阶梯式鸡笼。立体笼养的优点是饲养密度大,便于观察鸡群的健康状况和产蛋情况,能及时淘汰病鸡和低产鸡,适合大规模鸡场和养殖户采用。另外,立体笼养种蛋收集方便,不易破损和受到粪便、垫料污染。立体笼养要注意饲料的全价性,特别是维生素和矿物质的供给。

产蛋笼的基本要求:1 900 mm×2 174 mm×1 585 mm(轻型笼96只),2 110 mm×2 135 mm×1 588 mm(中型笼90只),采食宽度117 mm(轻)、139 mm(中)。底网纵向条间距2.2~2.5 cm,横向条间距5~6 cm。后侧和两侧隔网3 cm,防止互啄。

5.3.3　预产期的饲养与管理

5.3.3.1　预产期蛋鸡的生理特点

预产期蛋鸡生殖器官发育迅速,卵巢、输卵管增长达到最快的时期;预产期蛋鸡骨钙沉积加快,出现髓质骨,为形成蛋壳做准备;预产期蛋鸡腹脂沉积加快,体重增加明显;预产期蛋鸡反应敏感,易受应激影响。

5.3.3.2　预产期的饲养与管理要点

(1)适时转群　根据育成鸡的体重发育情况,在17~18周龄由育成禽舍转入种禽舍。经过转群后,鸡群进入一个洁净、无污染的新环境,对于预防传染病的发生具有重要意义。转群前,要做好转群前的准备工作,对禽舍进行彻底的清扫消毒,准备转群后所需笼具等饲养设备。做好人员的安排,使转群在短时间内顺利完成。另外,还要准备转群所需的抓鸡、装鸡、运鸡用具,并经严格消毒处理。为了减少对鸡群的惊扰,转群要求在光线较暗的时候进行。凌晨天亮前,天空具有微光,这时转群鸡较安群,而且便于操作。夜里转群,舍内应有小功率灯泡照明,抓鸡时能看清部位。

转群时要小心捉鸡,以免造成骨折或损伤到正在发育的卵巢;转群时将发育良好、中等和迟缓的鸡分栏或分笼饲养。对发育迟缓的鸡应放置在环境条件较好的位置(如上层笼),加强饲养管理,促进其发育;结合转群可将部分发育不良、畸形个体淘汰,降低饲养成本。

结合转群进行开产前最后一次疫苗接种,鸡新城疫Ⅰ系疫苗 2 倍量肌内注射,同时肌注新城疫、传染性支气管炎、减蛋综合征三联油苗。转群后多观察,4~5 天适应期,会出现撞笼、吊脖、断翅现象,及时调整受欺、受伤鸡。

(2)更换饲料　转入产蛋禽舍后,更换预产期饲料,粗蛋白 15.5%~16.5%,代谢能 11.6 MJ/kg,钙 2.2%。增加饲喂次数,每天 2~3 次。喂料量逐渐增加。或者直接更换为产蛋前期饲料。

(3)增加光照刺激　从 18 周龄开始增加光照刺激,通过增加人工光照时间的方法来刺激鸡群迅速开产,而且开产比较整齐一致,产蛋率上升较快。在 18 周龄,体重达到标准时,每周增加光照时间 30~40 min,一直增加到日光照 16 h 的水平。转群时如果鸡群的体重偏轻,发育较差,要推迟增加光照刺激的时间,加强饲喂,让鸡自由采食。体重达到标准后,再增加光照刺激。

如果性成熟早,体重不到 1 500 g 就已经见蛋,应立即换产蛋料,但是不要增加光照,否则因体重小开产,产蛋高峰维持不长;如果到了开产日龄因体重小而不产蛋,也要等体重到 1 500 g 时再增加光照。

5.3.4　产蛋初期的饲养与管理

(1)更换饲料　当产蛋率达到 5% 时,及时更换产蛋前期饲料(粗蛋白 17%~18%,钙 3.5%)。这样既可以满足产蛋的需求,同时满足体重增加的营养需要。

(2)做好均料、净槽工作　均料是指饲养人员每次加料后,当鸡群采食一段时间后,用手将料槽中的饲料摸平。均料可以刺激鸡群啄食,特别在夏季可以增加采食量。日喂料 3~4 次。净槽是指让鸡将料槽中的饲料吃干净,保证营养摄入均衡,防止夏季饲料霉变。要求每天至少净槽一次。

(3)预防啄癖发生　进入产蛋期的鸡群管理不当容易发生啄肛、啄蛋等恶癖。预防措施为逐渐增光,及时转群,前期做好断喙工作。

(4)收蛋　种鸡群一般每天收集 3 次,上午 11:00、下午 2:00 和 6:00,防止种蛋污染。商品鸡群可以一天收蛋一次。

(5)补喂沙砾　笼养鸡每周补喂 1 次,每千只鸡 700 g 沙砾,帮助消化。

(6)监测体重增长　进入产蛋期体重的变化要符合要求,否则全期的产蛋会受到影响。在产蛋率达到 5% 以后,至少每两周称重一次,体重过重或过轻要设法弥补。40 周龄后体重增加很少。

(7)做好生产记录　填写产蛋鸡管理日报表,记录内容包括当日存栏数、当日死淘数、当日总耗料量、平均只耗料量、产蛋数、产蛋总重量、次品蛋数、料蛋比等。

5.3.5　产蛋高峰期的饲养与管理

（1）维持相对稳定的饲养环境　蛋鸡产蛋最适宜的环境温度为 13～18.3 ℃，低于 10 ℃或高于 30 ℃会引起产蛋率的下降。禽舍的相对湿度控制在 65%左右，主要是防止舍内潮湿。禽舍要注意做好通风换气工作，保证氧气的供应，排除有害气体。产蛋期光照要维持 16 h 的恒定光照，不能随意增减光照时间，尤其是减少光照，每天要定时开灯、关灯，保证电力供应。停电无发电机准备蜡烛。

（2）饲喂优质饲料　选择优质的饲料原料，如鱼粉、豆粕，减少菜粕、棉粕等杂粕的用量，增加多种维生素的添加量。粗蛋白含量提高到 20%～21%。

（3）减少应激　进入产蛋高峰期，一旦受到外界的不良刺激（如异常的响动、饲养人员的更换、饲料的突然改变、断水断料、停电、疫苗接种），就会出现惊群，发生应激反应。后果是采食量下降，产蛋率同时下降。在日常管理中，要坚持固定的工作程序，各种操作动作要轻，产蛋高峰期要尽量减少进出禽舍的次数。开产前要做好疫苗接种和驱虫工作，高峰期不能进行这些工作。

（4）注意观察鸡群　早晨观察精神状态、粪便颜色、形态、采食饮水情况；晚上关灯后听呼吸道声音有无异常，特别在冬季。

5.3.6　产蛋后期的饲养与管理

（1）更换饲料　随着日龄的增加，产蛋率出现明显的下降。一般到 59 周龄时，为了避免饲料浪费，要更换产蛋后期饲料。粗蛋白水平下降到 16.5%，钙的含量升高到 3.7%～4.0%，维持蛋壳品质。适当减少喂料量，每只每天 2～3 g。

（2）淘汰低产鸡　方法见前述。反应灵敏，两眼有神，鸡冠红润；羽毛丰满、紧凑，换羽晚；腹部柔软有弹性、容积大；肛门松弛、湿润、易翻开；耻骨间距 3 指以上，胸骨末断与耻骨间距 4 指以上。低产鸡的表现，笼门开启灵活，便于抓鸡。母鸡三层阶梯式鸡笼，公鸡两层笼。

（3）加强卫生消毒　到了产蛋后期，由于饲养员疏于管理，鸡群很容易出现问题。经过长时间的饲养后，禽舍的有害微生物数量大大增加，所以更要做好粪便清理和日常消毒工作。

（4）抗体监测　产蛋后期每月进行一次抗体监测，根据抗体水平进行必要饮水免疫。

5.3.7　产蛋鸡的日常管理

蛋鸡饲养人员除了喂料、捡蛋、清粪、打扫卫生和消毒以外，最重要的是观察和管理鸡群，及时发现和解决生产中的问题，以保证鸡群健康和高产、稳产。

（1）观察鸡群　观察鸡群的目的是要了解鸡群的健康、采食状况和生产情况。根据设计的光照制度，在早晨开灯后观察鸡群的精神状态、采食和粪便情况。如发现精神委顿、羽毛不整、冠脚干瘪和粪便发绿（稀白或带血）等现象，说明鸡已经生病，应马上挑出隔离饲养，或治疗或淘汰。如有死鸡，应当报知技术员做好诊断，以便及时控制疫情。

夜间关灯后,要仔细倾听鸡只的动静,如有无呼吸异常声音,当发现有咳嗽、打呼噜、甩鼻和打喷嚏鸡只,应及时抓出进行隔离或淘汰,防止扩大感染和蔓延。要注意观察有无啄癖鸡,一旦发现要及时挑出。观察环境温度的变化情况,尤其是冬季(特别是晚上)、夏季要经常查看温度记录及通风、光照和供水系统,发现问题及时解决。及时发现停产鸡及7月龄后仍未开产的鸡,对那些冠色苍白、表面粗糙、冠小而萎缩,肛门干燥、圆而小、呈黄色,耻骨尖端厚而硬,耻骨间距小,腹容积小,喙、腿部黄色未退,全身羽毛完整而有光泽,腹部皮肤厚而粗糙,脂肪多,已换羽或正在换羽的鸡,要及时捡出处理。对那些体重过大或过小及瘫、瘸鸡,应及时淘汰。

(2)减少应激　蛋久对环境的变化非常敏感,尤其是轻型蛋鸡更为明显,任何环境条件的变化都能引起应激反应。如抓鸡、注射、免疫、断喙、换料、停水、停光、生人进入鸡舍、异常声音、新颜色、飞鸟等,都可以引起鸡群的惊恐而发生应激反应,影响鸡的采食量和产蛋率以至健康状况,严重时还会导致鸡群发病死亡。所以,饲养员要固定,尽量使光照、温度、通风、供水、供料和集蛋等控制系统正常。如果根据产蛋情况或饮料等因素需要调整日粮时,应注意避免突然改变,最好有1周的过渡时间。

(3)采取综合性卫生防疫措施　注意保持鸡舍的环境卫生,经常洗刷水槽,定期消毒。产蛋前期至高峰期除了做好日常饲养管理工作外,还应特别注意因系列机能旺盛、代谢强度大、产蛋率和自身体重增加等原因而出现抵抗力低的特点,要定期认真做好消毒和抗体效价的检测工作。产蛋后期,每隔8～10周可以根据检测的抗体高低决定是否加强免疫。

(4)采用营养全价品质优良的日粮　要求饮料必须是全价日粮;始终保持饲料新鲜,不喂霉败变质的饲料喂料时要少添勤喂;及时淘汰低产鸡和停产鸡。

(5)供给水质良好的饮水　水的供应必须确保全天供给。试验证明,在育成鸡阶段如断水6 h,在产蛋后则影响产蛋率1%～3%;产蛋鸡断水36 h,产蛋量就不能恢复到原来水平。饮水器具要每天清洗。产蛋鸡的饮水量随气温的变化而变化,一般情况下每只鸡每日饮水量为200～300 mL。

(6)做好生产记录　生产记录的内容很多,最低限度必须含以下几项内容:日期、鸡龄、存栏数、产蛋量、存活数、死亡数、淘汰数、耗料、蛋重、体重、用药和免疫等。管理人员必须经常检查鸡群的实际生产记录,并与该品系鸡的性能指标相比较,找出不足,及时纠正和解决饲养管理中存在的问题。

5.3.8　产蛋鸡的四季管理

(1)春季　春季气温逐渐升高,日照时间逐渐延长,且波动较大,因此要特别注意气候的变化,以便采取相应措施。包括充分满足鸡营养需,日粮营养全价;平养鸡要设足产蛋箱,减少窝外蛋;舌头时要及时清理掉在笼底下的鸡粪;遇到大网降温天气,要及时关闭门窗和通风孔;在保证通风挣扎的同时注意保温。春季各种病原微生物容易滋生繁殖,为了减少疾病的发生,最好在天气变暖前彻底清扫和消毒,并加强病症检测工作。

(2)夏季　夏季饲养管理的主要任务是防暑降温,并保证摄入足够的营养。鸡的正常体温比其他哺乳动物高,一般41～42 ℃,且全身覆有羽毛,又无汗腺,所以对高温的耐热能力较差。在自控式人工气候室内研究表明,30 ℃左右时,鸡的产蛋率、蛋重和体重均无显著降低,而饲料利用率却显著下降;34 ~ 35 ℃时则各指标均显著或及显著下降。环境温度越高,持续时间越长,下降幅度越大,恢复也越慢,这也与品种有关。升温方式对产蛋率率和蛋重的影响不一,短期快速升温对产蛋率影响圈套,长期缓慢升温对蛋重影响较大。当环境温度超过 35 ℃时,鸡就会发生热昏厥而中暑。夏季可采用如下防暑降温方法。

1)减小鸡舍所受到的辐射热和反射热 增加鸡舍房顶厚度或内设顶棚,在房顶上安装喷头,对房顶喷水。在鸡舍周围植树(尤其伞盖较大的树,如桐树),搭置遮阴凉棚或种植藤蔓植物。

2)增加通风量 采取自然通风的开放式鸡舍,当夏季气温过高时,应将门窗及通风孔全部打开,增加通风量和气流速度。采用此方式通风在我国东北三省等北方部分地区基本能够满足夏季降温的需要,而在南方就无能为力了。

3)纵向通风、湿帘降温法 密闭式鸡舍要开动全部风机昼夜运转,采取负压通风湿帘降温的鸡舍,可使舍温下降 5 ~ 7 ℃。采用此方法要确保湿帘冷水循环系统和通透性正常,此方法在我国广泛应用,效果较好。

4)喷雾降温法 在鸡舍或鸡笼顶部安装喷雾器械,直接对鸡体进行喷雾。设备可选用高压隔膜泵,没有条件的也可用背负式或手丈式喷雾器喷水降温。

5)供给清凉的饮水 夏季的饮水要保持清凉,水温以 10 ~ 30 ℃为宜。水温 32 ~ 35 ℃时,鸡饮水量水减,水温达 44 ℃以上时则停止饮水。水的比热较大,对鸡的体温起重要的调节作用。炎热环境中鸡主要靠水分蒸发散热,饮水不足或水温过高会使鸡的耐热性降低。让鸡饮冷水,可刺激食欲,增加采食,从而提高产蛋量和增加蛋重。笼养蛋鸡在夏季高温时极易出现稀便,主要原因是高温下致使饮水量增加,或饮水污浊。防止稀便的根本方法是改善鸡舍的温度和通风状况,必要时可适当限制饮水。

6)添加抗热应激添加剂 在大气温度高的夏季,鸡群食量减少,为了保证产蛋必须根据鸡的采食量调整日粮浓度。试验表明,在高温环境下,用 3% ~ 5% 的油脂代替部分能量饲料,使鸡的净能摄入量增加,对提高母鸡的产蛋率有良好的作用。为了更好地防暑降温,可在饲料或饮水中添加 0.02% 维生素 C 或 0.1% ~ 0.15% 小苏打等。

(3)秋季 日照时间逐渐变短,天气变凉,对产蛋鸡来说增加人工补加光照的时间十分重要。开放式鸡舍还要做好防寒保暖工作,夜间关闭部分窗户(尤其是北面),防鸡感冒。同时,应注意鸡舍的通风换气工作。在秋季换羽和停产早的鸡多数为低产鸡,应尽早淘汰。

(4)冬季 冬季时间最短,气温最低,无论是密闭式鸡舍还是开放式鸡舍都要做好防寒保暖工作,防止贼风袭击。舍温 7 ℃时生产基本正常,-9 ℃以下时鸡就有冻伤的可能。有条件的鸡场在冬季大风降温天气,可采用直热式"热风炉",供暖效果良好。在做好保温的前提下,要处理好通风换气与保温的矛盾。

5.3.9 减少饲料浪费

饲料成本占鸡蛋总成本的 70% 左右,因此,必须重视减少饲料浪费。鸡场饲料浪费量很大,通常占全年消耗的 2% ~ 5% ,一般粉料浪费较多,颗粒饲料浪费较少,为了减少浪费,应注意以下几点。

(1)使用全价料,及时淘汰病、弱、残和不产蛋的母鸡 全价饲料能满足鸡的生理和生产需要,饲料转化率高。随时淘汰病、弱、残和不产蛋的母鸡

(2)料槽(桶)的结构和高度 料槽过小,很容易添满而出现"撒料";料槽过深,饲料采食不净而产生霉变浪费;料槽无檐易撒料;料槽所放位置过低易被鸡拨弄造成浪费。所以,料槽应大小适中,其高度以高出鸡背 2 cm 为宜。笼养鸡因料槽侧板上有一定宽度的檐,所以浪费较少。因此,须选用规格标准的料桶(槽),吊置高度要适中。

(3)喂料量 一次加料过多是饲料浪费的主要原因,料槽的加料量应不多于 1/3,料桶应不超过 1/2 较好。

(4)饲料颗粒大小 《产蛋后备鸡、产蛋鸡、肉用仔鸡配合饲料》(GB 5916—2008)规定,后备鸡配和饲料应全部通过孔径为 5.00 mm 的编织筛;产蛋鸡配合饲料应全部通过孔径为 7 mm 的编织筛。饲料过细,适口性差,易飞散;过粗,鸡易择食,而采食不够均匀,易造成营养不平衡。蛋鸡饲料多采用粉料或碎裂料。

(5)水槽中水位高度 水槽中的水位不有太高,特别是喂干粉料时,鸡喙上所沾的饲料会浸到水槽中而浪费,同时还会污染饮水。据报道,此项浪费每年每只鸡为 1.4 ~ 1.8 kg。所以,定时给水比常流水能减少饲料浪费。另外,采用乳头饮水器饮料浪费较少。

(6)断喙 断喙不仅可以避免"啄癖",而且能有效地防止饮料浪费。据调查,断喙的鸡比未断喙的鸡饲料浪费减少约 3% 。

(7)饲料要妥善保存 灭鼠及防止其他野鸟的危害,据统计,一只老鼠每年可吃掉 9 ~ 11 kg 饲料。老鼠不仅吃掉饲料且传播疾病,因此必须定期捕杀老鼠,可采取投药、料仓储料和门窗防护网等多种方式灭鼠。一些养鸡场在鸡舍中养猫,使老鼠得到了较好的控制。另外,要做好饲料的避光、防霉和防潮工作,尤其是夏天要防止饲料因吸潮高温而发霉变质,防止维生素失效,最好不要一次购入大量饲料。

5.3.10 蛋重大小的控制

影响蛋鸡蛋重因素很多,但是有实际意义和能够通过人为方式进行控制的因素主要有如下几个方面。

(1)开产日龄 蛋鸡的开产日龄直接影响整个产蛋期的蛋重。蛋鸡开产越晚,产蛋初期和全期所产的蛋重就越大。根据法国伊莎褐壳蛋鸡的资料,开产日龄延迟 1 天,蛋重平均增加 0.15 g。目前,运用各种饲养管理技术措施(如育成期控光、限饲等)可以调控鸡的开产日龄,以生产大小适宜的蛋,而年总蛋重不变。

(2)开产母鸡体重 达到蛋重标准的一个最重要的因素是母鸡达到性成熟时的体重。体重很可能不仅是影响产蛋初期,而且是影响整个产蛋期蛋重的重要因素。在产蛋期喂同一日粮,对 18 周龄体重小的母鸡来说,整个产蛋期仍然轻,而且蛋重也明显地小。因此,欲在产蛋后期控制蛋重,应尽早降低日粮的蛋白质水平,以限制体重的增长。

(3)日粮中亚油酸含量 亚油酸参与脂肪代谢,其通过对蛋黄的影响而影响蛋的大

小。日粮中保证最大蛋重的亚油酸水平,目前公认为1.5%。

(4)日粮中能量水平　后备母鸡的生长对日粮的能量浓度最为敏感,其中以14~20周龄的生长鸡受能量进食量的影响最大。提高能量进食量就能育成体重较大的母鸡,而开产体重是决定蛋重大小的重要因素。在理想的条件下(舍温20℃左右),产蛋期轻型和中型蛋鸡每只每日的代谢能需要量分别为1 172~1 255 kJ和1 339~1 464 kJ。如果蛋鸡每天的能量进食量低于上述数值的低限,则产蛋量和蛋重均受到影响。S. Leeson指出,能量进食量是影响产蛋量的最关键因素,而蛋白质进食量则是决定蛋重的关键因素。

(5)日粮中蛋白质水平　蛋白质水平或者更准确地说蛋白质进食量是影响鸡蛋大小的主要营养因素。在多数情况下,产蛋母鸡(来航型)每日进食17 g氨基酸平衡的蛋白质是足够的,而在产蛋后期蛋白质进食量可减少几克而并不影响产蛋量。

试验表明,当伊莎褐壳蛋鸡产蛋早期体重低于标准体重,将日粮蛋氨酸添加量由原标准的每天每只410 mg增加到450 mg,能够明显提高蛋重。

综上所述,蛋的大小是一个可以调控的生产指标,可以通过控制母鸡的开产日龄、体重以及蛋白质、能量等营养素的进食量来控制蛋的大小,以满足市场需要,并取得更大的经济效益。

5.4　蛋用种鸡的饲养与管理

5.4.1　蛋用种鸡的饲养方式

(1)笼养　蛋用型种鸡笼养目前最为普遍,管理方便,采用人工授精技术。母鸡三层重叠式,公鸡两层阶梯式,公鸡笼安放在母禽舍的一头。

(2)地面平养　这种饲养方式采用开放式禽舍结构,分舍内垫料地面和舍外运动场两部分。其中,运动场面积是舍内地面的1~1.5倍。公母混群饲养,自然交配,公母配比为1:10~1:15,舍内饲养密度5只/m²。运动场设沙浴池,放置食槽、饮水器,四周设围网。舍内四周按每5只鸡设一产蛋箱,还要设置栖架,夜间休息,避免在地面上过夜而受到老鼠的侵袭。另外舍内也设置食槽(料桶)和饮水器。地面平养适合鸡的生活习性,可适当补充青绿饲料,种蛋受精率可达90%以上,省去人工授精的麻烦。农村小规模可采用这种方法。

5.4.2　种鸡生长期的饲养与管理

(1)公母分群饲养　公母鸡的生长发育规律不同,采食量不同。如果公母混养,生长均匀度不好控制,育成后期出现早配现象。公母分群应尽早进行,一般在育雏结束时结合转群分开饲养于不同栏舍。如果在出壳时雏鸡经翻肛鉴别,公母育雏期就分开饲养,效果更好。

(2)剪冠和断趾　种公鸡1日龄时进行剪冠,有利于品系识别。平养自然交配公鸡

1 日龄需要进行断趾,以免成年后交配过程中踩伤母鸡。

(3)选种与淘汰 种鸡进行合理的选择,才能提高整个种鸡群的种用价植,提高合格种蛋的数量和养殖效益。

1)集中挑选 集中挑选一般结合转群同时进行。第一次在 6~7 周龄由雏鸡转到育成鸡时进行,重点是对畸形、发育不良和病鸡进行淘汰。畸形包括喙部交叉、单眼、跛脚、体形不正等。发育不良有羽毛生长不良,眼、冠、皮肤苍白,特别消瘦等。第二次选择在 12~13 周龄时进行,主要是对公鸡的淘汰。由于公鸡留种数量小,要加大选择力度,选择发育良好,冠大鲜红,体重大的个体。第三次选择在 18 周龄转入产蛋禽舍前进行,主要是对母鸡的选择,观察其全身发育状况,要逐只进行,淘汰发育不良的个体。

2)分散淘汰 为了节约饲料,降低生产开支,在整个育成期各个阶段,每周要集中一天把畸形,发育不良个体从鸡群中取出,分散淘汰。分散淘汰对大型饲养至关重要。

(4)白痢净化 分别在 12 周龄、18 周龄进行,要求阳性率在 0.5% 以下。

(5)公母混群 鸡先于母鸡转入成年禽舍。

5.4.3 繁殖期的饲养与管理要点

(1)营养需要特点 主要是维生素、微量元素与商品蛋鸡有差别,见表 5.2。

表 5.2 商品蛋鸡和蛋种鸡营养需要差异

营养素	商品蛋鸡	蛋种鸡
维生素 A/(IU/kg)	10 000	15 000
维生素 E/(mg/kg)	10.3	30~50
维生素 B_1/(mg/kg)	1	2
维生素 B_2/(mg/kg)	4	8
维生素 B_6/(mg/kg)	3	4
维生素 B_{12}/(μg/kg)	15	20
泛酸/(mg/kg)	8	18
叶酸/(mg/kg)	0.5	1
生物素/(mg/kg)	25	100
锰/(mg/kg)	70	80
锌/(mg/kg)	50	60
铁/(mg/kg)	40	60
碘/(mg/kg)	0.3	1.0

(2)选用优质的饲料原料 种鸡对各种霉菌毒素比较敏感,为了提高种蛋的受精率和孵化率,禁止使用霉变的饲料。棉粕、菜粕中含有有毒成分,种鸡饲料最好不要添加。

（3）公母分饲　种公鸡饲料的营养需要与种母鸡不同,要求专用饲料。公鸡繁殖期饲料:代谢能 10.86 ~ 12.12 MJ/kg;粗蛋白 12% ~ 14% ;钙 1.5% 。公鸡料桶要吊起,母鸡够不着。而母鸡料桶采食盘较深,有栅条,公鸡头大伸不进去。

（4）保持合适的蛋重　蛋重过大、过小都不适合做种蛋。蛋重大小受鸡群开产体重、产蛋周龄、饲料营养水平、采食量的影响。因此要做好性成熟的控制,避免开产过早,蛋重过小。中后期通过降低饲料蛋白、能量、亚油酸水平来避免蛋重过大。

（5）种蛋的利用　蛋种鸡比商品蛋鸡开产晚 2 ~ 3 周,一般 20 ~ 21 周见蛋,22 ~ 23 周龄产蛋率为 5% ,24 ~ 25 周龄达 50% 。25 ~ 73 周为种蛋利用期,自然交配 24 周龄放入公鸡,人工授精提前两天连续输精。

思考与练习

1. 如何根据生理特点养好雏鸡?
2. 蛋鸡产蛋前期生理特点是什么?
3. 如何防止蛋鸡过早开产?
4. 如何防止产蛋后期早衰现象?
5. 如何防止饲料的浪费?
6. 如何控制蛋重的大小?

第6章　肉用鸡的饲养与管理

6.1　现代肉鸡的分类

现代肉鸡的分类主要根据鸡的生长速度、上市日龄、鸡肉风味等进行。一般来说,肉鸡生长速度越快,上市越早,风味越差。但作为生产者来说,生长速度和风味要兼顾,才能取得较高的收益。按照这种分类方法,现代肉鸡分为快大型肉鸡和优质肉鸡两大类。

快大型肉鸡35～56天上市,适合不同的消费需求,35天适合市场活鸡销售,56天主要做分割肉销售,突出胸肌的发育最大化,有利于出口。快大型肉鸡羽色以白色为主(AA肉鸡、艾维茵肉鸡),也有黄羽类型(安卡红肉鸡、狄高黄肉鸡等)。

优质肉鸡是指肉质优良、风味鲜美,体型外貌符合某一地区人民的喜好及消费习惯,符合一定的市场要求的地方品种(柴鸡)或杂交改良品种。优质肉鸡与快大型肉鸡相比,生长速度慢,上市体重小,但价格高。目前我国优质肉鸡比重超过了50%,主要原因为国内需求增加迅速。而快大型肉鸡由于出口受阻,国内需求萎缩。

6.2　肉用仔鸡饲养与管理

肉用仔鸡在我国民间通常称为"童子鸡"。当今世界各国都把不到性成熟就供食用的幼龄或青年鸡称为肉用仔鸡。肉用仔鸡因其生产周期短、价格便宜是目前鸡肉供给的主要来源。

6.2.1　肉用仔鸡生产特点

(1)早期生长速度快,饲料转化率高　快大型肉鸡6周龄,母鸡2.2 kg以上,公鸡2.6 kg以上,饲料转化率(料重比)为1.9∶1,高水平可以达到1.7∶1～1.8∶1。而且日龄越小,生长速度越快,饲料转化率就越高,即肉用仔鸡达到一定上市体重的天数越少越有利,早期生长速度快是人们用于生产经济肉食的最重要的生物学特性。

(2)生产周期短,周转快　肉用仔鸡生产周期一般为5～8周,全进全出,第一批鸡出栏后,鸡舍经清扫、消毒需2周左右,可进第二批鸡,这样一年可以饲养6批,人力、用具和房舍利用率高。因此,生产周期短,投入的资金周转快,可在短期内受益。

(3)适于高密度、规模化饲养　肉用仔鸡性情温驯,较少发生啄斗、跳跃等行为,适合密集型饲养管理。人工饲喂：每人可管理 2 000 只。半机械化（自动饮水、人工喂料）：每人可管理 5 000～10 000 只。全机械化、自动化：每人可管理 8 万～10 万只，肉用仔鸡生产要靠规模效益取胜。

（4）经营管理一体化 肉用仔鸡生产涉及的企业有种鸡场（孵化场）、饲养场、饲料厂、屠宰场。各部门需要周密计划、相互协调，才能降低生产成本，提高产品竞争力。美国的"联营合同制"以饲料厂为主体，向饲养户提供鸡苗、饲料、药品、疫苗和技术服务，养殖户提供房舍、设备和劳力，养成后按合同统一收购、屠宰加工、销售。我国大型肉种鸡企业普遍采用"公司+农户"，向农户出售鸡苗、饲料、免费技术服务，高价回收商品鸡。

6.2.2 肉用仔鸡的生长规律

（1）体重增长与饲料转化率 肉用仔鸡生长发育迅速，体重增长快，饲料转换率高。

（2）体组织成分变化 早期骨骼、肌肉生长为主，后期脂肪沉积增加，5～7 周龄是脂肪沉积高峰期，腹脂成绩比皮下脂肪沉积晚。

（3）性别发育差异 公鸡与母鸡相比，具有以下特点：生长速度快，胸部肌肉、腿部肌肉比例高，脂肪沉积能力弱，羽毛生长速度慢，饲料转化率高。

6.2.3 肉用仔鸡的饲养方式

（1）地面垫料平养 在地面上饲养肉用仔鸡，有利于腿部的发育。一般在地面铺设 10 cm 的厚垫料，雏鸡从入舍到出售一直生活在垫料上。对垫料的要求较高，干燥松软，吸水性好，不容易发霉变质，长度小于 10 cm。优点是投资少，简单易行，管理方便，胸囊肿和外伤发病率低；缺点是需要大量的垫料，常因垫料质量差、更换不及时，鸡与粪便直接接触易诱发呼吸道疾病和球虫病。

（2）网上平养 网上平养是目前肉用仔鸡最主要的饲养方式，离地面 50～70 cm 设置平网，材料有金属网、竹片、木板条等。采食、饮水均在网上进行。网上平养投资大，但可以增加饲养密度，减少球虫病的发生。网上平养时，容易发生腿病和胸囊肿。

（3）笼养 在欧洲、美国、日本利用肉鸡笼养工艺已在实践中得到应用。肉鸡笼养可以提高饲养密度，提高劳动效率，节省取暖照明费用，减少了球虫病的发生。

6.2.4 肉用仔鸡饲养准备工作

（1）制订生产计划 根据禽舍面积的饲养方式，计算饲养数量，资金准备到位，人员合理安排。

（2）禽舍与设备的准备 肉鸡出舍后，首先对鸡舍进行彻底清扫消毒，检修通风、照明、加热设备，铺设垫料或平网，喂料、饮水设备清洗消毒，安装调试结束后进行熏蒸消毒。

（3）用品准备 接雏前准备好饲料、药品、添加剂、疫苗等用品。

（4）预热 接鸡前 2 天鸡舍点火加温，并检查加温效果，要求雏鸡活动区域达到 35 ℃以上。

6.2.5 肉用仔鸡舍的环境控制

(1)温度 温度与肉用仔鸡成活率、生长速度、饲料转化率关系密切,合适的温度可以保持良好的食欲。温度应尽量保持平稳,不可以忽高忽低,晚上要有值班人员,防止雏鸡受凉感冒。第一周33~35 ℃,以后每周下降3 ℃。应注意做到"看鸡施温",以鸡群感到舒适、采食、饮水、活动、睡眠等正常为最佳标准。

加温方式有育雏伞、火炉、地下火道、地上火道、热风炉等,目前应用较广泛的是热风炉,温度稳定,效果好。

(2)湿度 第1周相对湿度60%~65%,因此时雏鸡体含水量大,舍内温度高,湿度过低容易造成雏鸡脱水,影响鸡的健康和生长,要有加湿措施,主要为洒水增湿。第2周后体重增大,呼吸量增加,应保持舍内干燥,降为55%~60%,要有降湿措施,比如加强通风,防止垫料超时,防止饮水器漏水。

(3)通风 肉用仔鸡饲养密度大,生长快,加强通风换气尤为重要。通风的目的是排除舍内的二氧化碳、氨气和硫化氢等有害气体,同时调整温度和湿度。按照每千克体重3.6~4.0 m^3/h进行通风设计。气流速度0.2 m/s,夏季加大气流速度。注意处理好冬季通风与保温的关系,中午前后加强通风,夜间关闭门窗,在不影响舍温的前提下应尽量多通风。

(4)光照 肉用仔鸡的光照制度有两个特点:一是光照时间长,目的是为了延长采食时间;二是光照强度小,弱光可以降低鸡的兴奋性,使鸡保持安静。

1)光照时间 一般育雏前两天,每天24 h,以后每天23 h,即在晚上停照1 h。也可实行间歇光照法,对于开放式鸡舍,白天采用自然光照,从第2周开始晚上间断照明,即喂料时开灯,喂完后关灯;对于密闭式鸡舍,可以实行1~2 h照明、2~4 h黑暗的间歇光照制度,每天总光照8 h。

2)光照强度 强度逐渐减弱,保持鸡群安静,有利于增重,防止啄癖的发生。在0~3天可以用25 lx的照度,4~14天用10 lx,15~35天用5 lx,35天以后用5 lx。

(5)饲养密度 饲养密度是否合适对养好肉用仔鸡和充分利用鸡舍有很大关系。合理的饲养密度可以保证采食均匀,提高生长的一致性。肉用仔鸡适于高密度饲养,但具体密度多大为好,要根据具体情况而定。在垫料上饲养密度应低一些,网上饲养密度要大一些,温度高的季节应低一些。环境控制鸡舍到出栏时最大承载量为每平方米约30 kg活重,若出栏体重为2.0 kg,则每平方米最多容纳约15只。肉用仔鸡的饲养密度见表6.1。

表6.1 肉用仔鸡饲养密度

周龄	1	2	3	4	5	6	7
周末体重/g	165	405	730	1 130	1 585	2 075	2 570
垫料地面/(只/m^2)	30	28	25	20	16	12	9
网上平养/(只/m^2)	40	35	30	25	20	16	11

6.2.6　肉用仔鸡的饲养

(1)营养标准　现代肉用仔鸡生产周期短,普遍采用两段制饲养方法,饲料特点为高能量、高蛋白。肉用仔鸡主要营养素标准见表6.2。

表6.2　肉用仔鸡主要营养素标准

营养浓度	代谢能/(MJ/kg)	粗蛋白/%	钙/%	磷/%	赖氨酸/%	蛋氨酸/%
0~4周龄	12.13	21	1.0	0.65	1.09	0.45
5周龄~上市	12.55	19	0.9	0.65	0.94	0.36

肉鸡生长速度快,容易患腿部疾病,注意饲料中钙、磷的含量和比例,补充维生素 D_3。肉用仔鸡对维生素 B_1、维生素 B_2 的需求较多。另外注意补充赖氨酸,满足生长的需求。

(2)饲料选择　颗粒料营养浓度高,便于采食,鸡只喜欢,因此饲喂效果最好,但颗粒饲料成本较高。肉用仔鸡饲喂粉状饲料要有一定的粒度,不能磨得太细,否则造成采食困难。前期用颗粒料效果最好,便于学会采食。后期用粉状饲料,但不能太细。强调上市前7天,饲喂不含任何药物及药物添加剂的饲料,严格执行停药期。要保证购进的饲料新鲜,防止发生霉变。饲料存放在干燥的地方,存放时间不能过长。

(3)进雏和开食　雏鸡必须来自健康高产的父母代种鸡,要求体质强健、无生理缺陷,开食时间掌握在出壳后24~36 h,要求先饮水,饮水后2~3 h开食为好,开食前的饮水中加入一定量的补液盐、蔗糖或速补一类的水溶性维生素和微量元素,有利于体力的恢复和生长。当有60%~70%雏鸡随意走动,有啄食行为时开食最为合适。开食最好安排在白天进行,光线较好,便于开食。雏鸡采食有模仿性,开食及3天内应在平面上进行饲喂,便于模仿,尽快学会采食。开食料最好用过筛的全价破碎颗粒饲料(鸡花料),保证营养全面,又便于啄食。如使用粉料,则应拌湿后再喂。育雏前3天,全天光照,这样有利于雏鸡对环境适应,找到采食和饮水的位置。

(4)喂料次数　1~3日龄雏鸡可将饲料撒在开食盘或干净的报纸或塑料布上饲喂,每2 h喂一次。每次的饲喂量应控制在使雏鸡30 min左右采食完,从每只鸡0.5 g/次开始,逐渐增加。4日龄开始逐步换用料桶喂料,减少在报纸和塑料布上的喂料量。全天不间断自由采食,满足快速生长的需求,注意要有足够的采食位置。每天加料两次,早上6:00和晚上6:00,有短时间的停料时间,以刺激食欲,加料后9~10 h有料,2~3 h断料。

(5)保证采食量　肉用仔鸡饲料的营养水平高,若采食量跟不上,则同样得不到好的效果。保证采食量的常用措施如下:保证足够的采食位置,保证充足的采食时间;高温季节采取有效的降温措施,加强夜间饲喂;控制适口性不良饲料原料的配合比例;采用颗粒饲料;在饲料中添加香味剂。

(6)饲料的更换　各阶段之间在转换饲料时,应逐渐更换,有3~5天的过渡期,若突然换料易使鸡群出现较大的应激反应,引起鸡群发病。

(7)减少饲料的浪费　料桶放置好后,注意经常调整料桶高度,使其边沿与鸡背高度相同,每次加料不宜过多,可减少饲料浪费。

(8)饮水　肉用仔鸡的饮水量是采食量的 2~3 倍,育雏开始使用小型饮水器,7~10 日龄后用大型吊塔式饮水器,饮水器高度随鸡群生长做相应的调整,防止饮水器漏水。

(9)做好生产记录　每天记录采食量,及时发现问题。

6.2.7　肉用仔鸡的管理

(1)采用“全进全出”的饲养制度　同一栋禽舍只能饲养同一日龄肉用仔鸡,而且同时进舍,饲养结束后同时出舍,便于对房舍进行彻底清扫、消毒,一般饲养下一批前需要空舍 7~14 天,切断传染病的传播途径。

(2)搞好分群管理　肉用仔鸡每一周结束都要根据生长情况,进行强弱分群。对弱小群体要加强饲养管理,提高其成活率和上市体重。有条件的还可以进行公母分群,分开上市。

(3)做好带鸡消毒工作　带鸡喷雾消毒能及时有效地净化空气,创造良好的禽舍环境,抑制氨气产生,有效杀灭病原微生物。带鸡消毒应选择刺激性小,高效低毒的消毒剂,如 0.02%百毒杀、0.2%抗毒威、0.1%新洁尔灭、0.3%~0.6%毒菌净、0.3%~0.5% 过氧乙酸或 0.2%~0.3%次氯酸钠等。消毒前提高舍内温度 2~3 ℃,中午进行较好,防止水分蒸发引起鸡受凉。消毒药液的温度也要高于禽舍温度,40 ℃以下。喷雾量按每立方米空间 15 mL,雾滴要细。1~20 日龄鸡群每 3 天消毒一次,21~40 日龄隔天消毒一次,以后每天一次。注意喷雾喷头距离鸡头部要有 60~80 cm,避免吸入呼吸道,接种疫苗前后 3 天停止消毒,以免杀死疫苗。

(4)加强垫料的管理　选择比较松软、干燥、吸水性好和释水性好的垫料,既能容纳水分,又容易随通风换气释放鸡粪中的大量水分。垫料应灰尘少,无病原微生物污染,无霉变。垫料在禽舍熏蒸消毒前铺好,进雏前先在垫料上铺上报纸,以便雏鸡活动和防止雏鸡误食垫料。

刚开始垫料含水率在25%以下时容易起灰,可以用喷消毒液的方法增加垫料湿度。后期要防止垫料过湿结块,一方面要加强通风换气量,及时补充和更换过湿结块的垫料。此外,还要采取措施防止垫料燃烧。每天下午翻动垫料,及时清除潮湿、结块和污染严重的垫料,控制好垫料的水分,减少舍内尘埃。

(5)肉用仔鸡“生产性”疾病的预防　随着肉用仔鸡生产性能的提高和饲养管理,环境条件等方面的问题,使肉用仔鸡腿部疾病,胸部疾病和腹水的发病率增加。这些疾病的发生严重地影响到肉用仔鸡的健康、屠体的商品价值和等级,使肉用仔鸡饲养的经济效益降低,应该针对产生的原因采取有效措施。

1)腿部疾病及其预防　肉用仔鸡发育快,容易患腿部疾病,如腿软无力、腿骨及关节变形、腿骨骨折、关节和足底脓肿等,常造成鸡的跛行,瘫痪。特别是饲养条件好的,增重迅速的高产品种,其腿部疾病的发生率更高。究其原因主要有管理、感染、遗传等方面。但其根本原因是在于肉用仔鸡腿部的生长和体躯的生长不平衡,腿部负担过重。对于发生腿部疾病的鸡,一般没有很好的治疗方法。生产上采取的方法是及时把有腿疾的鸡从鸡群中挑出单独饲养,待其达到出栏体重后再行屠宰,以减少损失。

预防腿病是肉用鸡生产中的一个重要课题。目前,只能通过采取一些综合性的措施,减少发病,减轻症状。主要措施如下:3~4周龄以内,控制饲料能量水平,使鸡长好骨架,减少体内脂肪沉积,4周龄后再加速肥育;注意饲料中各种矿物质元素的供给,使其量足而平衡,特别是要防止钙、锰缺乏,而磷过量;各种维生素的供给量必须充足有余,特别应注意维生素 D、维生素 B_2 和生物素的供给;饲养密度适宜,使鸡有一定的运动空间。一般体重在 1 kg 以上的鸡每平方米不超过 12 只;加强垫料管理。使垫料经常保持干燥、松软,防止潮湿、板结;注意环境卫生。必须定期对鸡舍消毒,防止大肠杆菌病、葡萄球菌病及其他腿足病感染的发生;减少应激发生。舍内保持安静,防止惊群,尽可能地避免捉鸡;注意育雏条件。若育雏前期温度偏低,鸡群受冷,鸡只生长后期腿病发生率就会高;注意运动,晚上用竹竿轻轻驱赶肉用仔鸡,提高其活动量,以促进内脏器官发育,特别是肺脏和心脏的发育,较大程度减少胸部的压力刺激。

2)胸囊肿的预防 胸囊肿是肉用仔鸡胸部发生的炎性水肿。它对生长没有明显的影响,但会使屠体的品质降低,商品率受到影响。它的发生主要是由于肉用仔鸡体躯较重而腿脚却相对软弱,经常蹲伏,使胸部与地面、潮湿板结的垫草或金属笼底经常接触,胸部受压和摩擦而引起的。其主要预防措施如下:实行厚垫料地面平养,加强垫草管理,进鸡前鸡舍地面要彻底冲洗,风干后再用,选择吸湿性能良好的柔软垫草并一次铺足,要经常保持垫草干燥和松软,适当控制鸡的饮水量,加强舍内通风换气;实行笼养或网上饲养的,可在笼底、网床上面加一层弹性塑料网片;控制饲养密度,使鸡有一定的活动空间,并可通过增加饲喂次数促使鸡只运动,或干粉料饲喂,减少鸡只的伏卧时间;注意日粮营养,日粮的脂肪和钠盐的含量不能过量,否则易引起拉稀,垫料板结,使胸囊肿的发生率上升;加强对腿病的预防,使鸡可以正常活动。

3)肉用仔鸡腹水综合征的预防 肉用仔鸡由于心、肺、肝、肾等内脏组织的病理性损伤而致使腹腔内大量积液的病称之为肉用仔鸡腹水综合征。在生产中,肉用仔鸡腹水综合征的病因主要是由于环境缺氧而导致的。在生产中,肉用仔鸡生长速度快,代谢旺盛,需氧量高为其显著特点,但它所处的高温、高密度、封闭严密的环境,有害气体如氨气、二氧化碳、硫化氢、粉尘等常使得新鲜空气缺少而缺氧;同时高能量、高蛋白的饲养水平也使肉鸡氧的需要量增大而相对缺氧;此外,日粮中维生素 E 的缺乏和长期使用一些抗生素等都会导致心、肺、肝、肾的损伤,使体液腹腔内大量积聚。病鸡常腹部下垂,用手触摸有波动感,腹部皮肤变薄、发红,腹腔穿刺会流出大量橙色透明液体,严重的走路困难,体温升高。病后使用药物治疗效果差,生产上主要通过改善环境条件进行预防,其主要措施如下:早期适当限饲或降低日粮的能量,蛋白质水平;降低饲养密度加强舍内通风,保证有足够的新鲜空气供给;加强孵化后期通风换气;搞好环境卫生,减少舍内粉尘及其他病原微生物的危害,特别是严格控制呼吸道疾病的发生;饲料中添加药物,如日粮添加 1% 的碳酸氢钠及维生素 C、维生素 E 等可减少发病率。

(6)做好生产记录 每一栋禽舍都应建立生产记录档案,包括进雏日期、进雏数量、雏鸡来源;每日的生产记录包括以下内容:肉鸡日龄、死亡数、死亡原因、存栏数、温度、湿度、免疫记录、消毒记录、用药记录、喂料量、鸡群健康状况,出售日期、数量。记录应保存两年以上。

(7)注意观察鸡群状况 早晨进入禽舍先注意鸡群的活动、叫声、休息是否正常,对刺激的反应是否敏捷,分布是否均匀,有无扎堆、呆立、闭目无神、羽毛蓬乱、翅膀下垂、采食不积极的雏鸡。夜间倾听鸡群内有无异常呼吸声,出现呼吸道症状时,立即注意改善环境和投药。

观察粪便状况:早晨喂料时在垫料上铺几张报纸就可以清楚地检查粪便状况。正常粪便为成形的青灰色,表面有少量白色尿酸盐。绿色粪便多见于新城疫、马立克氏病、急性霍乱等,血便多为球虫病、出血性肠炎等,感染法氏囊病时为白色水样下痢。

6.2.8 肉用仔鸡的出场与运输

(1)快大型肉用仔鸡的出场 肉鸡出栏前 6~8 h 停喂饲料,自由饮水。屠宰前的活鸡应来自非疫区,出售前要做产地检疫,按《畜禽产地检疫规范》(GB 16549)标准进行。检疫合格肉鸡出具检疫证明方可上市,不合格肉鸡按《畜禽病害肉尸及其产品无害化处理规程》(GB 16548)处理。

(2)快大型肉用仔鸡的捕捉与运输

1)快大型肉用仔鸡的捕捉 肉鸡出栏时要对其进行捕捉,捕捉时动作要合理、轻捉轻放,以减少对鸡只的应激和损伤。肉鸡捕捉要做到迅速、准确、动作轻柔。要尽量选在早晚光线较暗、夏季温度较低时进行,也可将灯光变暗,肉鸡的活动减少,有利于捕捉。

抓鸡前应该先用隔网将部分鸡只围起来,可有效减少鸡只因惊吓拥挤造成踩压死亡。应该注意的是用隔网围起鸡群的大小应视鸡舍温度和抓鸡人数多少而定。在鸡舍温度不高、抓鸡人数多时,鸡群可适当大一些,同时在操作时还须有专人不定时驱赶拥挤成堆的鸡群。在炎热季节,肉用仔鸡出栏时,则要求所围的鸡群以几十只至一二百只为宜,应该力求所围起的鸡在 10 min 左右捕捉完毕,以免鸡只因踩踏而窒息死亡。

抓鸡动作要轻柔而快捷,可以从鸡的后面握住双腿,倒提起轻轻放入鸡筐或周转笼中,严禁抓翅膀和提一条腿,以免出现骨折。肉用仔鸡出栏时,每筐装鸡不可过多,以每只鸡都能卧下为宜。

2)快大型肉用仔鸡的运输 指肉用仔鸡出栏时运送到屠宰场的过程。首先将鸡装筐小心地放到运输车上,要求码放整齐,筐与筐之间扣紧扣死。待一整车装好后,用绳子将每一排鸡筐于运输车底部绑紧,以防止运输途中因颠簸使鸡筐坠落。

6.3 肉用种鸡的饲养与管理

6.3.1 育雏、育成期的饲养与管理

育雏、育成期的肉用种鸡是指出壳至 24 周龄的鸡群,这个时期的鸡经历了快速生长和稳定生长两个阶段。

6.3.1.1 饲养方式

(1)网上平养 即在鸡舍内距地面约 70 cm 高处架设网床,鸡群在网上生活,喂饲、

饮水、活动、休息均在网床上。鸡群粪便通过网孔漏在网下。

(2)地面平养　即在鸡舍内的地面铺上垫料(如锯末、刨花、碎麦秸等,国外也有用废弃轮胎碎粒或废旧报纸球做垫料的),厚度6~9 cm,鸡群在垫料上生活。为了发展鸡只的平衡感,学会跳跃及在木条上栖息,我们建议在地面平养鸡舍内设置栖架。栖架可以从第4周开始使用到培育期结束。如果空间许可,可以在产蛋期继续使用。每只母鸡配备3 cm栖息条空间即可。

(3)网地结合(两高一低)　在鸡舍内靠两侧架设网床,中间1/3部分为铺设垫料的地面,鸡群的采食、饮水都在网床上,活动在铺有垫料的地面上。

为了提高饲养效果,在上述3种饲养方式都需要用隔网将舍内空间分隔成若干个小圈。

6.3.1.2　环境条件的控制

环境条件对生长期肉种鸡的生长发育和健康影响很大,控制好环境是保证获得良好培育效果的重要保证。

(1)环境温度控制标准　对于2周龄前的雏鸡来说,由于其自身的体温调节机能尚不健全,需要为其提供适宜的环境温度以保证其健康和发育。3周龄后种鸡对环境的适应能力逐步提高,其对环境温度的要求见表6.3。

表6.3　生长及后备期肉种鸡的温度控制参考标准

周龄	3周龄	4周龄	5~7周龄	7~24周龄
鸡体周围温度/℃	29~26	27~21	18~28	15~29
室内温度/℃	22	20	18	18

在生产实践中除经常观察温度计所显示温度是否与标准相同外,还要注意观察鸡群的表现以确定温度控制是否得当,即"看雏施温"。在温度控制方面要注意避免由于加热设备问题造成温度忽高忽低现象。

(2)光照控制标准　肉种鸡在生长期应饲养在密闭鸡舍或遮光鸡舍内。3~20周龄内每天光照时间控制为8 h,光照强度以饲养人员能够看清饮水器内水的情况、料槽内饲料情况即可。光照强度大或时间长都不利于鸡群的管理。

从21周龄开始增加光照时间,每周递增1 h,27周龄达到每天照明时间15 h。

(3)通风换气　除最初7~10天主要考虑鸡舍的保温外,适当的通风是日常管理的重要内容,以保证鸡舍内有害气体的含量不超标。按标准,鸡舍内氨气含量不能超过20 μL/L,硫化氢不能超过10 μL/L。要求饲养人员进入鸡舍后无明显的刺鼻、刺眼感觉。低温季节通风时注意防止室温下降过多和避免冷风直接吹到雏鸡身体上。

(4)相对湿度　60%左右的相对湿度对于各个生理阶段的肉种鸡都是适宜的。生产中常见的问题是室内湿度偏高,这种情况容易造成寄生虫病、霉菌病的发生,也容易造成鸡舍内有害气体含量偏高;对于鸡体的体温调节也不利。因此,生产种需要考虑采取综合措施,降低室内湿度。

（5）饲养密度　1~2 周龄为每平方米 18~25 只；3~6 周龄为每平方米 8~10 只；7~16 周龄每平方米 5~6 只；16 周龄后每平方米 4~5 只为宜。密度大不利于鸡群的均匀采食，会影响群体发育的整齐度。

6.3.1.3　雏鸡的早期处理技术

（1）剪冠　雏鸡接入育雏室后当天就需要对父系雏鸡进行剪冠处理。剪冠的目的在于能够明显区别父系鸡和母系鸡，便于及时淘汰鉴别错误的个体。剪冠时用剪刀贴近冠的基部将冠剪掉，残留的部分尽可能得少，剪后用酒精进行消毒处理。

（2）断喙　公鸡和母鸡都可以在 7~10 日龄期间进行断喙。为了减少应激，对于育雏情况不理想的鸡群，应推迟断喙时间。断喙应该使用专门的断喙器，当断喙器的刀片呈暗红色时可以进行。母鸡断喙时将上喙切去 1/2，下喙切去 1/3；公鸡上下喙均切去 1/3，如果上喙切去太长会影响以后的交配。断喙方法和注意事项可参考蛋鸡部分。

6.3.1.4　体重及喂饲量的控制

肉种鸡具有快速生长的遗传潜力，如果不控制喂饲则非常容易出现体重超标的问题，而体重超标后会严重影响以后的繁殖能力。因此，在生长期的肉种鸡培育过程中控制体重是非常关键的技术措施。

肉种鸡体重的控制需要定期称重，根据实际称量结果与标准体重相对比，调整下周的饲料用量。每个育种公司在推广自己的肉鸡配套品系的同时，会介绍相应的种鸡培育期各日龄（或周龄）的喂料量和体重推荐标准。在种鸡场的饲养实践中都需要按照这个标准落实饲养管理过程。

6.3.1.5　限制喂饲

在肉种鸡的生长发育时期，为了提高鸡群发育的整齐度和改善体重控制效果，需要采用限制喂饲技术。

（1）限制喂饲的方法　目前，生产中应用的限制喂饲技术主要有 3 种，而且 3 种限饲方法在一群种鸡都会用到。

1）每日限饲　即每天给鸡群喂饲一定配额的饲料（约为充分采食量的 70%）；此法对鸡只应激较小，适用于幼雏转入育成期前 2~4 周（即 3~6 周龄）和育成鸡转入产蛋鸡舍前 3~4 周（20~24 周龄）时，同时也适用于高速喂料机械。

2）隔日限饲　即将连续两天的饲料放在 1 天喂饲，使每只鸡都有充分采食的机会，第二天不喂饲，仅供给饮水，如此循环；此法限饲强度较大，适用于生长速度较快、体重难以控制的阶段，如 7~11 周龄（也有在 7~20 周龄一直使用的）。另外，体重超标的鸡群，特别是公鸡也可使用此法。

3）五二限饲　即每周内 5 天饲喂，2 天停料，停料的 2 天应间隔开（如每周的星期三和星期日不喂饲）。此法限饲强度较小，一般用于 12~19 周龄。

（2）限制喂饲前的准备　为了提高限饲效果，一般要求将鸡舍内分隔成为若干个小圈，每个小圈的面积为 30 m²，可以容纳 150 只鸡。如果圈栏面积大，放鸡多则鸡群发育的整齐度会受影响。限制饲养前，通过对鸡群的目测和逐只称重，将其分成大、中、小三种类群。同时将过度瘦弱、体质较差的鸡淘汰。如果鸡群整齐度很高，不必全群逐只称重，只需作个别调整即可。通常需要制订限饲计划实施表，表中要标明每个圈栏内鸡只的数量、5~24 周龄内每周每个圈栏内鸡只的标准体重和建议喂料量、实际体重和喂料量、称重的时间和每个圈栏内每只称重鸡的体重等,作为饲养实际过程中的执行计划和实际执行结果。

(3)喂饲　采用每日限饲方式时把每天的饲料在上午或中午 1 次喂给;采用隔日限饲方式则把两天的饲料放在喂料日 1 次添加,停料日不喂饲;采用五二限饲方式时,把 7 天的饲料平均在到 5 个喂料日内喂给,2 个停料日不喂饲。喂饲要有足够的槽位,一是保证喂料时槽内饲料不超过料槽深度的 1/2,以减少饲料浪费;二是保证在喂料后所有鸡都能够有足够的采食空间,吃到饲料。

(4)抽样称重　通常在每个周龄末的 1 天进行空腹称重。每次称重要抽取 5%~10% 的个体,逐只称重,分别记录。抽样要有代表性,不能人为地挑拣。每次称重足够的鸡数(约 100 只),使用轻巧的隔板在鸡舍内 2~3 处圈围鸡只。为获得准确称重结果,所有圈入的鸡只都应称重。可把体重记录在体重记录表上。

在整个饲养期内,应在每周的同一天、同一时间空腹称重。如果鸡群是每日喂料,清晨开灯后,喂料前称重。如果鸡群不是每天喂料,可安排周末停料,这样周末称重自然是空腹体重。

如果安装了自动称重系统,体重监测就非常方便。为保证自动称重系统的可靠性,需要每两周对该系统进行校对:手工称重 100 羽鸡,并以此为准校对自动系统。称重后计算出平均体重、均匀度和每周增重,并且立刻绘制出鸡群的生长曲线。分析生长曲线有助于准确地调整喂料量。如鸡群的均匀度不理想,要采取适当的措施,提高鸡群的均匀度。

(5)调整喂料量　通常按照育种公司提供的体重和喂料量参考标准落实各周龄的喂料量,但是在生产实际中会有许多因素影响喂料量,如饲料的营养水平、选用的饲料原料等。

喂料量的调整应该以体重发育情况为标准,通过喂料量的调整控制鸡体重的增长速度。根据实际称重结果与标准体重相对照,如果实际体重大于标准体重则下周的喂料量应该维持上周水平(不增加),如果实际体重小于标准体重则下周的喂料量应该比下周的标准喂料量适当增加一些。当遇到不利于限饲的情况如鸡群发病期、投药期、防疫、转群等应激因素时,要暂时停止限饲或放宽限饲标准。

6.3.1.6　提高鸡群整齐度

鸡群发育的整齐度对性成熟后鸡群的繁殖能力有很大影响。凡是育成期发育不整齐的鸡群以后的产蛋率、种蛋合格率都比较低,而死淘率偏高。提高鸡群发育整齐度的主要措施可参考蛋鸡部分。

鸡群整齐度的计算方法:以 10 000 只的鸡群为例,按 5% 鸡数抽测称重,共 500 只鸡,如果平均体重为 2 000 g,那么平均重上下浮动 10%,即 2 200~1 800 g。如果体重在此范围内的鸡有 410 只,则整齐度为 $410 \div 500 \times 100\% = 82\%$,表明鸡群整齐度很高,限饲计划执行的好。

6.3.1.7　卫生防疫管理

在生长期的最初 3 周,鸡的抗病力差,容易被感染,5 周后采用限饲方式,是一种人为的应激,也影响鸡群的免疫力。因此,在此期间必须加强卫生防疫管理工作,确保鸡群的健康。

(1)加强消毒管理　每周至少对鸡舍内外喷洒消毒剂 2 次,饮水消毒要根据具体情况安排。饲喂和饮水用具每周清洗消毒 2 次。工作人员进入鸡舍前需要消毒并更换经过消毒处理的衣服。

(2)及时接种疫苗　目前在肉种鸡生产中常见的病毒性传染病,必须通过接种疫苗进行预防。一般的育种公司都会提供该公司推荐的免疫程序,不同育种公司的免疫程序大同小异。在应用的时候需要根据当地鸡病流行情况,向专业兽医师进行咨询,确定本场鸡群的免疫程序。哈巴德家禽育种公司父母代肉种鸡生长期免疫程序如表 6.4 所示。

表 6.4　哈巴德家禽育种公司父母代肉种鸡生长期免疫程序

日龄	疫苗种类	剂量/mL	免疫方法
1	马立克疫苗	0.2	颈部皮下注射
	传支 H120		喷雾或点眼
5	新支二联活苗		点眼
	禽流感 H5	0.3	颈部皮下注射
	球虫疫苗	地面垫料育雏	滴嘴
10	法氏囊炎疫苗		滴嘴
15	新支二联		点眼
	新支流油苗	0.3	颈部皮下注射
20	法氏囊炎疫苗		滴嘴
	球虫疫苗	网上育雏	滴嘴
25	病毒性关节炎疫苗	0.2	颈部皮下注射
	鸡痘疫苗		刺翅
28	法氏囊炎疫苗		滴嘴
51	新支二联		点眼
	新支流油苗	0.5	胸肌注射
	流感 H5	0.5	胸肌注射
65	传染性喉气管炎疫苗	加白细胞介素	点眼
	病毒性关节炎疫苗	0.2	颈部皮下注射
	脑脊髓炎禽痘二联		刺翅
93	新支二联活苗		点眼
	新支流油苗	0.5	胸肌注射
	禽流感 H5	0.5	胸肌注射
146	新城疫四系		点眼
	新支流油苗	0.5	胸肌注射
	禽流感 H5	0.5	胸肌注射
	新城疫四系	二倍量	喷雾

6.3.1.8 育成期公母分饲

通过公母分开饲养,可更便于对公鸡进行体重控制和光照管理。此外,也便于管理人员在母鸡转入产蛋舍前先转移公鸡并使公鸡易于适应产蛋舍的生活。如条件有限,不能将公鸡分开育成,则需确保公鸡在其体重至少高出同期母鸡标准体重的40%时再混群饲养。在公鸡体重高于母鸡体重40%时,开始限制饲喂以维持其体重衡定持续地增长。在24周龄时,公鸡体重应高于母鸡30%。在正常情况下,按以下推荐的公母比例选留公鸡:生长阶段每100只母鸡选留12~15只公鸡;成年阶段每100只母鸡选留10~11只公鸡。

6.3.1.9 预产阶段的饲养与管理

预产阶段是指21~26周龄期间的种鸡。

(1)预产阶段鸡的增重计划 20~24周龄鸡的体重增重大。试验表明,在16~23周龄期间得以充分发育的鸡对光刺激反应敏感,并且在体成熟过程中也达到了性成熟;而此期发育不足较瘦的个体对光刺激敏感,因性激素分泌不足而使性成熟推迟。所以预产期要根据实际情况调节鸡体重,将发育正常或超重鸡群每周增重控制在160 g之内,发育不良的调至160 g以上。为便于控制体重,此时可把低于标准体重的鸡挑出,单独饲养管理。

(2)增料计划 此期应将育成鸡料换成预产鸡料,预产鸡料中的钙含量提高到2%~2.3%,蛋白质含量提高到16.5%,复合维生素用量比正常添加量提高30%。这样能改进育成母鸡营养状况,增加必要的营养贮备。与此同时,每天喂料量也应随之增加。此时应改用五二或每天限饲方式,保持体内代谢的稳定性,减轻限料造成的应激。23周龄后必须改为每日限饲。单独挑出的、低于标准体重的鸡可适当增加饲料中蛋白质(额外添加2%优质鱼粉)、复合维生素、微量元素含量,每日喂料量不应增加过多,以免体成熟快于性成熟。

(3)转群与混群 如果不是采用育成产蛋一体舍的话,鸡群在20周龄或21周龄需要从育成鸡舍转入产蛋鸡舍。转群时间晚会影响鸡群的产蛋。在转群前按照4只鸡1个产蛋窝的数量放置产蛋箱。转群时一般要求先将公鸡转入成年鸡舍,5~7天后再按1只公鸡9只母鸡的比例转入母鸡。在转群的同时要对鸡群进行选留,要求公鸡体质健壮、羽毛丰满、腿脚结实。母鸡健康、精神状态良好、羽毛光亮、肥瘦适中。将有外貌畸形、跛脚、病残、过肥过瘦的个体淘汰。

(4)环境控制 产前鸡舍环境控制的基本要求是温度适宜、地面干燥、垫草松软、空气新鲜、光线充足,以保证肉用种鸡的健康和高产。鸡舍的适宜温度为13~25 ℃,冬季尽可能保持在13 ℃以上,夏季采取纵向通风或蒸发冷却措施,尽可能降低舍温。

(5)槽位 根据鸡数配备充足的槽位,将一天的喂料量一次于早晨喂给。采用链式食槽时每只鸡采食位置25 cm,采用圆形料桶时每12只母鸡一个,喂料器要在整个鸡群内分布均匀。

(6)饲养密度 全地面垫料平养,每平方米养鸡4~5只;板条床面与地面垫料混合平养,每平方米可养鸡5~6只。饲养密度过大,影响垫料质量和舍内空气,影响鸡的健康和产蛋。另外要注意,天气炎热时饲养密度要降低10%~20%。

(7)光照 预产期光照,密闭式鸡舍从22周龄起每周增加光照1 h,直到日照明时间15~16 h为止;有窗式鸡舍于21周龄开始根据鸡群情况每周增加1 h,直到28周龄时达到 15 ~ 16 h。光照强度不低于 32 lx，并且照度均匀。

（8）观察鸡群　在每次喂料时观察鸡群的精神、采食、饮水及粪便情况，发现异常及时采取相应的措施。经常检查水槽或乳头饮水系统有无漏水现象，以免弄湿垫料。

（9）体成熟和性成熟的估测　体成熟程度可由体重、胸肌发育和主翼羽脱换三方面综合评定。

1）体重　是体成熟程度的重要标志，育成期体重应符合要求，如果前期体重超过标准，预测开产体重应比标准体重高一些。另外，应考虑生长期的季节不同，顺季鸡群开产体重轻一些，而逆季则重一些。

2）胸肌发育　肌肉发育状况以胸肌为代表，19 周龄时用手触摸鸡的胸部，胸肌应由育成期的 V 形发育成 U 形，但不应过肥。

3）主翼羽脱换　有关换羽研究表明，20 周龄左右的鸡主翼羽停止脱换，此时虽有2 ~ 3 根尚未更换，但会因性激素分泌量的增加而终止。如果主翼羽脱换根数少，说明鸡的体成熟和性成熟时间将会延迟。

6.3.2　产蛋期的饲养与管理

6.3.2.1　设备要求标准

与育成阶段相似，在环境控制全密闭舍内产蛋鸡群容易管理。然而产蛋期在开放式鸡舍饲养照样能取得良好的生产成绩，只要采取必要的措施，例如，屋顶增加隔热层，寒冷季节能取暖，强制通风，安装并在热天启用降温系统（湿帘、喷雾系统）。产蛋期的饲养密度和设备要求见表6.5。

表 6.5　产蛋期的饲养密度和设备要求（按母鸡计算）

	温和气候		炎热气候
	全部平养或20% 棚架	1/2 垫料+1/2 棚架	
饲养密度（以实际可利用面积计算）	5 只/m²	5.5 只/m²	4 只/m²
饲喂器	15 cm/只	15 cm/只	15 cm/只
链式	7.5 m/100 只	7.5 m/100 只母鸡	7.5 m/100 只
盘式（直径35 cm）	12 只母鸡/盘	12 只/盘	12 只/盘
饮水器			
钟形	80 只/个	80 只/个	70 只/个
乳头	6 ~ 8 只/个	6 ~ 8 只/个	6 只/个
上料时间	4 min	4 min	4 min
产蛋箱	4 只/个	4 只/个	4 只/个
通风量	5 m³/千克活重/h	5 m³/千克活重/h	80 m³/千克活重/h
最大光照强度	60 lx	60 lx	60 lx

注：棚架面积通常无须超过50% 的鸡舍平面空间。通风良好且设施优良的鸡舍内，20% 的板条空间就足够了，饮水器应置于棚架上

为防止公鸡偷吃母鸡饲料,应在母鸡饲喂系统上安装格栅,但此网格一定要适于所饲养种群的母鸡形体特性。少数几处无法安装格栅的弯角等必须封闭。公鸡用的料桶需要悬挂,其底盘与地面或网床之间的距离应调整到母鸡无法吃到其中的饲料,而又不影响公鸡采食。

6.3.2.2 体重和均匀度

用与培育期相同的方法进行体重监控,称重要求如下:每周称重 1 次直至 35 周龄(开始产蛋到产蛋高峰期间一周称重两次)以后至少每 3 周或每 4 周称重一次。较理想的是继续每周称重,直到鸡群淘汰。

(1)从转群至产蛋高峰 鸡只过肥不利于后期产蛋,为防止鸡只过肥,见蛋之前,应该严格地随体重来决定用料量。当鸡群每日产蛋率达到 5%~10% 时,考虑到要让产蛋率和蛋重取得良好的增长,建议快速增加用料量。这种饲养管理方法能让鸡群获得产蛋高峰,同时取得理想的体重(从 20 周直到 28 周时产蛋高峰,母鸡体重应增长 1.1~1.2 kg)。

(2)产蛋高峰后 在高峰产蛋后至鸡群淘汰期间,鸡群体重的良好管理可以在产蛋和孵化方面获得持久良好表现。尽量让鸡群以平稳的生长曲线达到最终的体重(32 周到产蛋结束,每周增重 10 g)。从开始产蛋到产蛋高峰期间汇集的鸡群信息有助于决定高峰后采用何种减料速度。必须在产蛋高峰后的第一周就开始减少喂料量,根据以下情况确定具体的减料量:产蛋率、产蛋重、体重、鸡舍温度、采食时间。

6.3.2.3 喂饲管理

(1)沙砾和谷物 每天每只鸡喂谷物 3~5 g;每只鸡每次给以沙砾 3 g,每周 1~2 次。应在下午 3:00 至 4:00 左右把谷物或砾石撒在垫料上,以刺激公母交配及翻刨垫料。

(2)见蛋到产蛋高峰 母鸡开始产蛋后,用一周的时间来过渡到产蛋料及每日喂料程序。如果鸡群的均匀度好,应该在日产蛋率达到 5% 时就可依据《父母代种鸡群记录总结》来确定增加用料。

鸡群的性成熟及体重的均匀度将决定加料的速度。鸡群的均匀度越好,日产蛋率会增加越快。对于均匀度好的鸡群来讲,可在日产蛋率达 40% 时就给以高峰料。对于均匀度差的鸡群,在日产蛋率达 60% 时才给以高峰料。

通常在开灯半小时后,开始上料。在夜间禁食后,第二天早上投料后快速地满足鸡群的食欲有助于防止出现母鸡产地面蛋。剩余的饲料可在当天的产蛋高峰过后再投放。由于日喂料量太多,可以保留一部分饲料在下午,大约熄灯前 3 h 投放。如果是采用这种喂料方法,要注意确保最后一顿的饲料量能足以均匀地分布到整个喂料系统中。

(3)产蛋高峰到产蛋结束 产蛋高峰过后,必须限制鸡群的生长,因为这时增长的体重实质上来自腹部脂肪的沉积。因此,产蛋高峰后应该迅速地减少喂料量。最高的每羽每日用料量可维持到产蛋高峰为止。随后,直至产蛋期结束,逐渐减少用料量。在产蛋高峰后的那一周就可以首次减料(减少量按每天每只 2~3 g)。接下去,根据产蛋率、产蛋重以及体重来减少喂料量(按 0.5~1 g/只的幅度逐周递减)。有时,为了控制鸡群出现肥胖的危险,产蛋高峰后的 3~4 周,需要以每周减少 2 g/羽的顺序来大幅度地减料。

对产蛋高峰差的鸡群(低于 80%),加高峰料以外的额外饲料(测试料),不仅不会显著提高产蛋水平,反而会诱发肥胖,影响产蛋的持续性。

每周监控鸡群的体重,直至鸡群淘汰。产蛋期结束时获得的体重应该尽可能地遵循平稳的增重(从 32 周龄开始直至产蛋期结束,+10 g/周)。任何过多的突发性的增长都可能导致不必要的肥胖。相反,体重长时间停滞不前,则会影响产蛋。

6.3.2.4 饮水管理

(1)饮水设备 使用钟形或乳头式饮水器,保持其合适的高度和其中的合适水位。

(2)鸡群淘汰后清洁饮水管道 在鸡群一个生产周期中,饮水管道内积存的矿物质和有机物为细菌的生长创造了有利的条件同时降低了氯的活性。因此在鸡群淘汰后,马上给饮水管道除污是很重要的。最好的办法是相继用碱性和酸性的产品。在下一批鸡群抵达前,应在饮水管道的末端采水样进行细菌学检测,以判定清洁过程和效果。

(3)饮用水的处理 氯化处理仍然是现行的最好的和最经济的饮用水处理方法。氯制剂可以通过定量泵加入。每周要在饮水管道的末端监测残余活性氯的水平一次。只有用二乙基苯二胺法分光光度法才能正确测定活性氯的水平。饮水管道的末端残余活性氯的含量应该为 0.3 ~ 0.4 mg/L。要取得良好的饮水消毒效果,应该将水的 pH 值保持在 7 以下。

(4)清洁饮水器 饮水器中的水经常被残留的饲料污染,有时甚至会滋生具有传染性的病原菌。为了防止细菌的滋生繁殖,饮水区在最初 2 周应该至少每天清洁一次,随后每周一次。天气炎热时,每天清洁一次,水位应有 15 mm。

(5)控制饮水量 为了避免鸡只过量饮水和由此而产生垫料潮湿,在培育期通常有必要对种鸡限水。在实际操作时,在上料前约半小时开始供水,并且吃完料后,必须继续供水 1 ~ 2 h。建议在每天熄灯前 30 ~ 45 min 再提供一次饮水。如果喂料计划中鸡群只在一周的某些天喂料,在停料日保持同样的方式供水。当气温升高时或鸡群表现出过分干渴行为时,应立即放缓对鸡群饮水限制。最好能为每栋鸡舍配备一个准确的水表来记录每天的饮水量。在温和气候条件下,种鸡的饮水量大约是采食量的 1.6 倍。

6.3.2.5 光照的标准化控制

育成期和产蛋期采用的光照是考虑到为了更好地控制公鸡和母鸡的性成熟年龄。只有在鸡群获得满意的丰满度和体重之后,才能给鸡群开始增加光照。在首次加光刺激后 3 ~ 4 周,鸡群应该会开始产蛋。

(1)光照计划的目标 目标是 25 周龄时取得 5% ~ 10% 的产蛋率,分析以前鸡群应用过的光照计划有助于更准确地调整光照并实现上述目标。在制订光照计划时还应牢记以下几点通用的原则:在育成期特别是 10 周龄以后,光照时间和光照强度的增加将会提早性成熟。相反,光照时间的缩短或强度的降低将会推迟性成熟。

体重是性成熟的要素之一:体重太高,会提早性成熟;体重太低,会推迟性成熟。所以控制鸡群生长对开始产蛋的日龄至关重要。均匀度较差的鸡群应迟一点启动光照刺激,以便让较轻的鸡只也有机会达到应有的体重。在产蛋期,决不能削减光照时间和光照强度。

公鸡的光照计划通常与母鸡相同。但是可以根据育成后期对公母鸡成熟度的观察结果(鸡冠、肉髯、眼周围的红色和骨盆)对光照计划做相应调整。这是一种非常有效的方法,可以使公母鸡混群时达到近似的性成熟度。

(2)光照强度 如使用开放舍,应随着纬度的递减而增加人工光照强度。如果当地纬度高于40°,人工补充光照的强度至少应是40 lx(约每平方米3.5 W的白炽灯)。如果纬度低于40°,人工光照至少应达60 lx(约每平方米5 W的白炽灯)。鸡舍内应使用3列灯组,以获得均匀光照分布。

(3)全密闭舍光照 全密闭鸡舍是指在舍内任何位置,白天关灯时的漏光≤0.5 lx的鸡舍。在给全密闭鸡舍制订光照计划时不用考虑自然光照,因而这种鸡舍的光照计划最简单,见表6.6。

表6.6 密闭鸡舍全程光照方案

年龄		光照时间	光照强度/lx
日龄	周龄	/h	
1		22	60
2		20	60
3		18	40
4		17	30
5		16	20
6		15	15
7		14	10
8		13	10
9		12	105
10		11	5
11		10	5
12		9	5
13 ~ 140		8	5
141 ~ 147	21	10	最少40
148 ~ 154	22	11	最少40
155 ~ 161	23	12	最少40
162 ~ 168	24	13	最少40
169 ~ 175	25	14	最少40
176 ~ 182	26	15	最少40
183 ~ 淘汰		16	最少40

(4)全密闭育雏育成舍、非密闭产蛋舍的光照 如果鸡群在全密闭式鸡舍内育成,转群到非密闭式(开放式)鸡舍内产蛋,通常无须在转群前加光刺激。转群后自然而然地就接受光照刺激了。

（5）非全密闭育雏育成舍、非密闭产蛋舍的光照　这是最难管理的情况。必须仔细地分析每批鸡群，考虑以前所使用的光照计划及其结果。光照启动时，应首先在早晨提供光照刺激。

1）育成后期处于日照时间增加的季节　为减小递增自然光照的影响以及避免过早性成熟，应从 13 日龄开始就给鸡只提供恒定的人工光照，其光照时数应相当于 20 周龄（140 日龄）时的自然光照时数。这种情况下，光照强度要强（最少 40 lx）。应特别注意鸡群的体重，因为培育后期自然光照在不断延长，如果体重再超标就非常容易造成母鸡提前开始产蛋。

2）育成末期处于日照时间递减的季节　制订适宜光照计划的难点在于我们必须同时考虑纬度、房舍和屋外自然光照强度之间的关系。

这里有两种可能：育成全期采用不断递减的自然光照，或者是使用自然光照直到鸡群达到 12 周龄，然后就保持一个恒定的光照时间，直至光照刺激开始。这两种情况下，为避免鸡群延迟开产，有必要提早对鸡群进行光照刺激（大约在 133 日龄）。加光时要考虑到鸡群此前实际感受到的光照时间长度。

育成期的光照计划应根据准备对鸡群进行光照刺激时的自然光照长度，做相应调整。

日照时间上升：如果鸡群 20 周龄（140 日龄）时自然光照将少于 12 h，在培育期应使用一种恒定光照时间即相当于鸡群 20 周龄时的自然光照时间。如果鸡群 20 周龄（140 日龄）时自然光照超过 12 h，在培育期应使用自然光照直至加光时。

日照时间下降：使用自然光照直至 133 日龄。

6.3.2.6　防止窝外蛋

窝外蛋对种鸡群的生产是不利的：一是减少合格种蛋数，二是增加其他种蛋被污染的概率，三是增加了额外工作量。地面蛋和不清洁的产蛋箱内的种蛋会降低雏鸡质量。

（1）母鸡行为　母鸡产蛋时输卵管外翻，这使它们特别易于受到攻击。所以它们必须待在一个它们自身和种蛋免受攻击的地方产蛋。如果产蛋箱不舒适或不足，一部分母鸡将选择在鸡舍内别的地方产蛋。一旦养成这种习惯将很难根除，并且其他母鸡还将模仿。因此，为母鸡提供数量充足的、设计合理的、放置位置恰当的产蛋箱相当重要。

（2）产蛋箱的数量　通常应为每 4 只母鸡配备一个人工的个体产蛋箱，可为 35 ~ 40 羽母鸡提供 1 m 长度的自动共用产蛋箱。如果舍内所有的产蛋箱舒适完好，并且放置合理，那么以上标准应该够用。

（3）产蛋箱的设计　常有两种类型的产蛋箱：加入秸秆、刨花或稻壳的、人工收集种蛋的个体产蛋箱和配备自动传送带集蛋的共用自动产蛋箱。产蛋箱 1 ~ 2 层。使用宽的栖息条便于母鸡进入产蛋箱：在底层排两根厚木条，上层排一根厚木条。上下层的栖息条必须相隔一定的距离以使让母鸡能上下跳跃。育成期在鸡舍内放置必要的栖息设备能更好地训练母鸡的栖息和跳跃行为。

建议为人工产蛋箱配备关闭装置，或为自动产蛋箱配置驱逐装置，这样可避免产蛋箱在夜间受到鸡粪污染。从产蛋箱的底部到上缘有 12 ~ 15 cm 的深度。为了避免地面蛋问题，产蛋箱必须离垫料有足够高（至少 50 cm）。同时鸡舍内灯泡的排列应尽可能地减少产蛋箱下产生阴影。

(4)鸡舍内产蛋箱的位置　在选择摆放产蛋箱的位置时,应考虑母鸡产蛋时的舒适性和安全性。避免把产蛋箱置于较冷的墙边、通风处和光照强的地方,同时应保证母鸡上下栖息条和进出产蛋箱的方便。如使用共用的自动产蛋箱,产蛋箱应放在木架上,而不是垫料上。当地面蛋的比例较高时,可将产蛋箱直接在垫料上放置数周,然后再恢复正常的高度。当向成年鸡舍转群时,地面垫料不宜放置太厚(母鸡会认为这种厚垫料区更适合产蛋),这样可以减少地面蛋。

(5)产蛋箱内的材料　对母鸡有吸引力的产蛋箱垫料是一项重要因素。避免采用比地面垫料差的材料。切断的麦秸比刨花好。最好不用干草。在自动产蛋箱内通常使用塑料垫子,效果不错。在塑料垫子和收集种蛋的传送带之间应有足够的空间让鸡粪干燥后脱落。建议在即将见蛋时才加入产蛋箱材料。如有可能,见蛋后才开放产蛋箱。

(6)喂料和饮水　必须能让母鸡产蛋前采食和饮水。当限水太严或水位太低时,鸡群在水源周围相互拥护浪费时间,并耽搁部分母鸡及时进入产蛋箱产蛋。同样,必须让母鸡在早上有一定的采食时间,吃饱后产蛋。实际操作时,常在开灯30~60 min后开始投料。开灯后5~6 h喂料也行,此时大部分的母鸡已经完成产蛋。

(7)收集窝外蛋　刚开产时,频繁地收集窝外蛋很重要:每小时一次直至下午。否则其他母鸡就会接着在原地产蛋。在此期间,饲养员应尽力找出产窝外蛋的母鸡,并把它们抓回产蛋箱里产蛋。这些动作应尽可能地平和,不要打扰已在产蛋箱内的母鸡。不适当的动作将诱发更多的地面蛋。地面蛋的多少很大程度上取决于鸡场饲养员的细心观察、快速行动和随和的操作。

6.3.2.7　产蛋规律

表6.7是AA父母代肉种鸡的产蛋性能参考标准,可以在生产中作为参照,以了解自己的鸡群的生产性能是否正常。表6.7中所列出的产蛋标准是在最佳饲养管理条件下爱拔益加种鸡所具有的生产潜力,当遇极端气候或饲养管理不善或饲料中的营养水平与本手册推荐值出入较大时,对种鸡的生产性能会产生影响。

6.3.2.8　种公鸡的标准化管理

(1)目标　转群时,公鸡有良好的性发育。性成熟与母鸡相一致。留有充足的公鸡,以备日后挑选、选淘。24周时,为每100羽母鸡配9~10羽公鸡。

(2)公鸡管理的要点　公鸡常规饲养管理技术和母鸡相同。

1)饲养要求　公鸡最好与母鸡在不同的鸡舍内培育。这样在调整公鸡或母鸡其中一个的光照计划时就不会影响另一个的光照计划。从第一天开始就控制公鸡的用料量。育成期限制饲养的方法与母鸡一致。随后,根据每周的体重来调整用料量。调整用料量所依据的原则和母鸡相同。

2)中期检查　17周龄左右对鸡群做第二次详细评估,仔细地检查公鸡的性成熟情况:鸡冠,肉髯,公鸡的行为以及喙尖的质量。如有必要,可把发育迟缓的公鸡隔离到一个单独的围栏内,并且调整它们的光照计划。这些准备工作对于成功转群十分重要。它可确保公母鸡获得一个近似的性成熟水平,并且可以避免混群时混入发育较差的公鸡。

表6.7 AA 父母代肉种鸡产蛋性能参考标准（常规系）

周龄	产蛋周	产蛋					孵化率/提供雏鸡数		
		饲养日产蛋率/%	入舍母鸡累积产蛋	平均蛋重/g	入舍母鸡产合格蛋	只入舍母鸡产合格蛋	入孵蛋孵化率/%	入舍母鸡周产雏鸡	累积入舍母鸡产雏
25	1	5	—	—	—	—	—	—	—
26	2	20	2	51.3	0.3	—	75	0.2	—
27	3	38	4	53.5	1.2	1	78	0.9	1
28	4	55	8	54.3	2.6	4	82	2.1	3
29	5	74	13	56.7	4.5	9	84	3.8	7
30	6	82	19	57.3	5.2	14	86	4.5	12
31	7	85	25	57.9	5.7	19	88	5.0	17
32	8	86	31	58.5	5.7	25	90	5.2	22
33	9	85	37	59.1	5.7	31	90	5.1	27
34	10	85	42	59.7	5.6	37	91	5.1	32
35	11	84	48	60.3	5.6	42	91	5.1	37
36	12	84	54	60.9	5.6	48	90	5.0	42
37	13	83	60	61.5	5.5	53	90	4.9	47
38	14	83	65	62.1	5.5	59	90	4.9	52
39	15	82	71	62.7	5.4	64	89	4.8	57
40	16	81	76	63.3	5.3	69	89	4.7	61
41	17	80	82	63.8	5.2	74	89	4.6	66
42	18	79	87	64.3	5.1	80	88	4.5	71
43	19	78	92	64.8	5.1	85	88	4.5	75
44	20	77	97	65.3	5.0	90	88	4.4	79
45	21	76	102	65.7	4.9	95	88	4.3	84
46	22	75	107	66.1	4.8	99	87	4.2	88
47	23	74	112	66.5	4.8	104	87	4.1	92
48	24	73	117	66.9	4.7	109	87	4.1	96
49	25	72	122	67.3	4.6	113	86	4.0	100
50	26	71	126	67.7	4.5	118	86	3.9	104
51	27	70	131	68.1	4.4	122	85	3.8	108
52	28	69	135	68.4	4.4	127	85	3.7	111
53	29	68	140	68.7	4.3	131	84	3.6	115
54	30	67	144	69.0	4.2	135	84	3.5	119
55	31	66	148	69.3	4.2	139	83	3.4	122
56	32	65	153	69.5	4.1	143	82	3.3	125
57	33	64	157	69.7	4.0	147	82	3.3	129
58	34	63	161	69.9	3.9	151	81	3.2	132
59	35	62	165	70.1	3.9	155	81	3.1	135
60	36	62	169	70.3	3.8	159	80	3.1	138
61	37	61	173	70.5	3.8	163	80	3.0	141
62	38	60	176	70.7	3.7	166	79	2.9	144
63	39	59	180	70.9	3.6	170	79	2.9	147
64	40	58	184	71.1	3.6	174	78	2.8	150
65	41	57	187	71.2	3.5	177	77	2.7	152
66	42	56	191	71.3	3.4	181	77	2.6	155

3)转群与公母鸡混群 通常是在 20 周龄和 22 周龄期间进行转群。混群后的头几天,应仔细观察公鸡和母鸡之间的行为。如果公鸡攻击性过强,应移走一部分公鸡。将这些移出来的公鸡放置于一个单独围栏内,当母鸡更为成熟且已准备好接受公鸡时,再把公鸡逐步放回鸡群。另一个选择方案是分成 2 个阶段来混公鸡:开始第一次混群时,混入不超过 6% 的性成熟最充分的公鸡;母鸡开始产蛋时混入剩余比例的公鸡。为了保证在挑选出那些质量差的公鸡后有可补充的公鸡,应在 24 周龄时留有 9%～10% 的良好公鸡。

4)繁殖期公鸡的管理 产蛋期公鸡必须生长平稳(每周增重 25 g),为避免公鸡出现在舍内分布不均的问题,必须在早上上完母鸡料后就马上给公鸡上料。饲喂公鸡时最好让鸡群管理人员在场,管理人员要确保每只公鸡都能吃上饲料且吃料时间控制在30 min内。

良好的垫料质量对防止腿病来讲特别重要,若公鸡有腿病就会影响交配活动。如果条件许可,可在 40 周龄时更换一部分公鸡。淘汰那些体况差的公鸡并且用年轻的性成熟公鸡(约 25 周龄)替代。

6.3.2.9 繁殖期卫生防疫管理

(1)免疫接种要求 哈巴德家禽育种有限公司种鸡免疫程序见表 6.8。

(2)搞好日常卫生管理 每天定时打扫鸡舍内外环境的卫生,垃圾、粪便及时运送到专门的处理和储存场所,每周对鸡舍内外环境消毒 2 次,病鸡及时隔离观察和诊断,死鸡要消毒和深埋。拒绝无关人员接近生产区,工作人员出入生产区要经过更衣和消毒。

表 6.8 哈巴德家禽育种有限公司种鸡免疫程序

日龄	疫苗种类	剂量/mL	免疫方法
181	新支流油苗	0.5	胸肌注射
	流感 H5+H9	0.5	胸肌注射
	新城疫四系	二倍量	喷雾
230	新城疫四系	二倍量	喷雾
272	新支二联油苗	0.5	胸肌注射
280	流感 H5+H9	0.5	胸肌注射
	新城疫四系	二倍量	喷雾
315	新城疫四系	二倍量	喷雾
357	新城疫四系	二倍量	喷雾
399	新城疫四系	二倍量	喷雾
441	新城疫四系	二倍量	喷雾

6.3.2.10 种蛋收集与储存

(1)种蛋处理 脏的产蛋箱和窝外蛋是孵化器内产生"爆裂蛋"的重要原因,并可使雏鸡受到假单胞菌和曲霉菌的感染。产蛋箱必须保持清洁,经常清除产蛋箱内的鸡粪和破碎蛋,并定期加入新鲜垫料。由于母鸡产热和垫料保温,产蛋箱的温度可以达到30 ℃。如种蛋在产蛋箱内放置时间太长,胚胎开始发育而变得敏感。当鸡群周龄增大后,这种问题更明显。每天至少应收集种蛋 4 次,热天或冷天要求更多。用新的纸质蛋托或消毒过的塑料蛋托收集种蛋。

(2)窝外蛋　这些种蛋即使表面看起来干净,但应该认为它们已受到污染。它们必须频繁地收集,并马上消毒。如果出于经济的考虑而必须孵化,这些种蛋应该单独孵化和出雏。

(3)种蛋的清洗和消毒　脏蛋不应该入孵。种蛋如果要求清洗,就必须用含有一定量洗涤剂的、温度适宜的清水清洗。为避免交叉感染,每收集和清洗一次脏蛋换一次水。种蛋必须在清洗后干燥。种蛋收集后必须马上消毒,有多种消毒方法可供选择。但是,如果允许使用,福尔马林熏蒸法是最佳选择。

(4)种蛋储存　种蛋入库前应让种蛋自然冷却 1 ~ 2 h,根据储藏时间来设定 15 ~ 18 ℃的储藏温度。因为夏天的温度往往超过 22 ℃,为蛋库内配备空调是必要的。储藏时间短时,储藏温度设为 18 ℃,相对湿度为 80%;储藏时间超过 6 天时,储藏温度设为15 ℃。当种蛋在低温储藏后回温时,就有可能在蛋壳表面出现凝露现象,应注意避免。

6.3.2.11　提高种蛋受精率

(1)调配鸡群合理的性别比例　将公母比例控制在 1∶8 ~ 1∶10。公鸡过多并不利于提高受精率。因为,公鸡相互打斗加剧,引起公鸡死淘加大;母鸡被公鸡追逐或被过度交配,导致部分母鸡害怕公鸡,不愿接受公鸡的交配。

(2)及时淘汰残弱公鸡,补充健壮公鸡　由于打斗、疾病或个体竞争力差的原因,每过一段时间,总有一些公鸡变得残弱。残弱公鸡不但其精子质量差,而且往往不能交配。因此,应定期淘汰残弱公鸡,并计算性别比例。

(3)严格控制好公鸡的体况　公鸡太肥时,行动不便,而且容易得腿病,影响公鸡的爬跨交配。公鸡太瘦时,精液质量差,缺乏活力,容易被其他公鸡甚至母鸡欺侮而胆小,不敢或不能交配母鸡。良好的公鸡应体况适中,没有腿病,充满活力。

(4)严格科学的饲养管理　鸡群必须饲喂高效优质的全价配合饲料,而寻找质量稳定、信誉好的厂家作为饲料供应商是饲料质量得以保证的关键。公鸡料必须同母鸡料分开,因为母鸡料中钙的浓度较高,而高钙日粮也会影响公鸡精液质量。做好垫料及棚架的管理也较为重要,因为垫料中的硬物及棚架上的锐角是造成公鸡跛脚的重要因素之一。

6.4　优质肉鸡生产

6.4.1　优质肉鸡的概念

一般认为优质肉鸡是指肉质优良、风味鲜美,体型外貌符合某一地区人民的喜好及消费习惯,符合一定的市场要求的地方品种(柴鸡)或杂交改良品种。

(1)优质肉鸡概念的地域性 我国幅员辽阔,不同的民族和地区有不同的喜好,对鸡的外貌、羽色、胫部颜色及粗细、皮肤颜色、体型大小等方面也有不同的要求。

(2)肉质必须优良 优质肉鸡的本质特征体现在肉质上,要求肌肉坚实、鸡味浓郁、鲜美可口、嫩滑、风味独特、营养丰富(一些鸡种还有药用价值)、适于用传统方法加工烹饪。还要求肌肉等组织器官含脂肪适中,胆固醇含量低,不含残留药物和毒物。

(3)体型外貌要求 优质肉鸡是应具有当地居民所崇尚和喜爱的美丽外观,如三黄特征、麻羽、黑羽、青胫、羽冠、乌骨鸡的三乌特征等,具有四黄或三黄一麻(羽毛黄或麻、喙、脚、皮肤黄)、三细(头、脚、骨头细)、四短(颈、身、尾、脚短)的特点,冠红,屠体美观,毛孔小,皮薄,无外伤等。

(4)生产性能良好 任何一种产业的进步仅仅靠某一方面是无法长远发展的。如果优质肉鸡只是在风味上有特色,而无法在生产上有相当的竞争力,则其前景令人担忧。所以,优质鸡应具有相应的生产性能。

6.4.2 优质肉鸡的分类

优质鸡最初是为满足广东、香港和澳门的市场需求,主要以石岐杂鸡和广东本地土鸡为主,强调具有毛黄、脚黄、皮黄的"三黄"特点,所以早期的优质鸡主要指三黄鸡。但目前优质肉鸡不能简单理解为三黄鸡,而且在分类上也更细。一般是按照生长速度,优质肉鸡可以分为快速型、中速型、慢速型三种类型。

(1)快速型 快速型一般含有较多的外国鸡种血缘,生产成本低,其肉质较差,适合较低层次的消费要求,目前品种商品鸡生产性能为 40~55 天上市,体重在 1.5~1.7 kg,包括快大三黄鸡、快大青脚麻鸡、快大黄脚麻鸡等。消费区域在长江中下游上海、江苏、浙江和安徽等省市,如"882""佛山黄"等,因其肉质明显差于中慢速优质肉鸡(仿土鸡或土鸡)在华南呈逐渐萎缩之势。

(2)中速型 中速型也称仿土鸡。为了提高地方品种的生产性能,降低生产成本,满足不同消费层次群体的要求,将地方鸡种与国外高产品种进行杂交改良,其体型外貌类似地方鸡种,但含有部分外国鸡种的血缘。仿土鸡目前有很大的市场份额。各大优质肉鸡育种公司都有推出。中速鸡公鸡在 60~70 天上市,母鸡在 80~90 天上市,体重达 1.5 kg 的鸡种更畅销,价格合适,体型适中。利用配套杂交技术生产的中速鸡品种将是未来一段时间内肉鸡育种的一个趋势。

(3)慢速型 慢速型以地方品种或以地方品种为主要血缘的鸡种,生产性能低,但肉质优良,售价较高,一般公鸡出栏 80~90 天,母鸡出栏 100~120 天,出栏体重 1.2~1.4 kg。以广西、广东湛江地区和部分广州市场为代表。要求冠红而大,羽毛光亮,胫较细,羽色和胫色随鸡种和消费习惯而有所不同。各地地方鸡种的品种资源优势正逐步转化为市场经济的商品优势。例如,清远鸡、杏花鸡、广西三黄鸡、霞烟鸡、固始鸡、江西黄鸡、鹿苑鸡、萧山鸡、北京油鸡、丝毛乌骨鸡等。

6.4.3 优质肉鸡配套模式

优质肉鸡配套模式一般用二系或三系配套模式构成,以三系居多。配套系商品代的性能表现主要体现在生长速度、肉质和颜色性状(羽色和肤色等)3个方面。生长速度通常可划分为快速、中速和慢速3个档次。

近20年来,依据我国丰富地方品种资源和一些国外品种,培育了一批改良品种和配套品系。进入20世纪90年代,优质鸡一词的内涵和外延有了较大变化,优质鸡育种和生产也在全国展开,市场由原来的香港、澳门、广东向上海、江苏、广西、浙江、福建扩展,并向湖南、湖北、河南、河北等省市蔓延。目前推广较好的新品系有深圳市康达尔养鸡公司的康达尔黄鸡,广州市江丰实业有限公司培育的江村黄鸡,广东温氏食品集团培育的新兴黄鸡、新兴麻鸡,广东省农科院畜牧研究所培育的岭南黄鸡,中国农科院畜牧研究所培育的京星黄鸡,上海华青实业集团培育的华青黄(麻)鸡。

6.4.4　优质肉鸡的放养

利用山地、果园、林地、河流滩区进行放牧饲养,利用天然动植物资源,节约饲料,提高鸡肉品质。

6.4.4.1　放养设施要求

(1)围网筑栏　放养场周围要有隔离设施。可以建造围墙或设置篱笆,其目的是防止鸡走失,同时也可以避免有人进入场内偷鸡。选择尼龙网、不锈钢网或竹围围成高1.5 m的封闭围栏,鸡可在栏内自由采食。

(2)搭建禽舍　在果树林中或林地边,坐北朝南修建禽舍。可以和看园人的住室相邻搭设,其作用是在雏鸡阶段可以让雏鸡在室内合适的环境中生活,在晚上和风雨的天气让鸡群在室内活动和采食饮水。禽舍建设竹木框架、油毛毡(石棉瓦或尼龙布)顶棚,棚高2.5 m左右,尼龙网圈围(冬天改用尼龙布保暖);禽舍大小根据饲养量多少而定,一般按每米养育10~15只计,用于夜间栖息和风雨天逃避。

(3)喂料和供水设备　如料桶、料槽、饮水器、水盆等,喂料用具主要放置在禽舍及附近,饮水用具不仅放在禽舍及附近,在放养场内也需要分散放置几个,以便于鸡只随时饮用。为了节约饲料,需要科学选择料槽或料桶,合理控制饲喂量。

6.4.4.2　放养规模及进雏月份

根据果园面积,每亩放养商品鸡80~100只,进雏数量为每亩100~120只,一般在每年3~9月进雏,放养期3~4个月。这段时间刚好植物生长旺盛、昆虫饲料丰富,可很好地被利用。

6.4.4.3　育雏期的饲养与管理

雏鸡阶段在管理方面最重要的一点就是需要人工供暖以保持雏鸡体温的稳定。搞好卫生防疫。及时清理粪便,定期进行消毒,按时接种疫苗,适时喂饲抗菌药物和抗寄生虫药物,病鸡及时检查和处理。适应性喂饲。10日龄前需要使用全价配合饲料,此后可以在饲料中掺入一些切碎的、鲜嫩的青绿饲料。15日龄后可以逐步采用每天在禽舍外附近地面撒一些配合饲料和青绿饲料,诱导雏鸡在地面觅食,以适应以后在果园内采食野生饲料。

6.4.4.4　放养驯导与调教

为使鸡能按时返回棚舍,便于饲喂,脱温的鸡在早晨、傍晚放归时,要给鸡一个信号。

可用敲盆或吹哨定时放养驯导和调教,最好2个人配合,一个人在前面吹哨开道并抛撒饲料(最好用玉米颗粒),避开浓密草丛,让鸡跟随哄抢;另一个人在后面用竹竿驱赶,直到全部进入饲喂场地。为强化效果,开始的前几天,每天中午在放养区内设置补料槽和水槽,加入少量的全价饲料和干净清洁水,吹哨并引食1次。同时,饲养员应等候在棚舍里,及时赶走提前归舍的鸡,并控制鸡群的活动范围,直到傍晚再用同样的方法进行归舍驯导。如此反复训练几天,鸡群就能建立"吹哨—采食"的条件反射,无论是傍晚还是天气不好时,只要给信号,鸡都能及时召回。

6.4.4.5　日常饲养与管理要求

(1)合理补饲　根据野生饲料资源情况决定补饲量的多少,如果放养场杂草、昆虫比较多,鸡觅食可以吃饱,傍晚在禽舍内的料槽内放置少量的配合饲料;如果白天吃不饱,在中午和傍晚需要在料槽内添加饲料,夜间另需补饲一次。遇到大风或下雨的天气,鸡群不能到禽舍外活动、采食,喂饲需要在禽舍内进行。不仅要注意喂饲全价配合饲料,还要注意喂饲足够的青绿饲料。

(2)光照管理　禽舍外面需要悬挂若干个带罩的灯泡,夜间补充光照。目的是可以减少野生动物接近禽舍,保证鸡群安全,同时可以引诱昆虫让鸡采食。

(3)观察鸡群表现　每天早晨把鸡放出禽舍的时候,看鸡是否争先恐后地向禽舍外跑。每天傍晚,当鸡群回到禽舍的时候观察鸡群,一方面看鸡只的数量有无明显减少以决定是否到果园内寻找,另一方面看鸡的嗉囊是否充满食物以决定补饲量的多少。

(4)避免不同日龄的鸡群混养　一个果园内在一个时期最好只养相同日龄的一批鸡,相同日龄的鸡在饲养管理和卫生防疫方面的要求一样,管理方便。如果想养两批鸡,最好是把放养场用尼龙网或篱笆把果园分隔成两部分,并有一定距离隔离,减少相互之间的影响。

(5)减少意外伤亡和丢失　防止野生动物的危害。防止鸡群受惊,防止农药中毒。

(6)做好驱虫工作　一般放牧20~30天后,就要进行第1次驱虫,相隔20~30天再进行第2次驱虫。主要是驱除体内寄生虫,如蛔虫、绦虫等。可使用哌嗪、左旋咪唑或丙硫苯咪唑来驱虫。

6.4.5　圈养优质肉鸡

6.4.5.1　管理要点

(1)保持合适的温度　在雏鸡阶段要按照温度要求提供合适的温度(见前述),在育肥期间尽量使温度保持在15~28 ℃,而且要防止温度出现剧烈的波动。

(2)保持禽舍内的干燥　圈养柴鸡一般都是在禽舍内铺设垫料(如干净、干燥、无霉变的刨花、锯末、花生壳、树叶、麦秸等),让鸡群在垫料上生活。

(3)保持合适的饲养密度　饲养密度过高会影响鸡群的生长发育和健康,生长的均匀度差。一般要求的饲养密度按禽舍内的面积,每平方米在1~2周龄时饲养35~45只,3周龄时饲养30~40只,4周龄时饲养25~35只,5周龄时饲养20~30只,6~7周龄时饲养15~20只,8周龄以后饲养10~15只。

(4)光照管理　白天采用自然光照,晚上在10~12时用灯泡照明2 h并喂料和饮水。

（5）增强运动　柴鸡肉的风味好与其饲养过程中的运动量大有密切关系。增加运动不仅可以提高肉的风味,还有助于提高鸡群的体质。要求在 15 日龄以后在无风雨的天气让鸡群到运动场上去采食、饮水和活动。

（6）保持鸡群生活环境的卫生　禽舍要定期清理,将脏污的垫料清理出来后在离禽舍较远的地方堆积进行发酵处理。运动场要经常清扫,把含有鸡粪、草茎、饲料的垃圾堆放在固定的地方。禽舍内外要定期进行消毒处理,把环境中的微生物数量控制在最低水平,以保证鸡群的安全。料槽和水盆每天清洗一次,每两天用消毒药水消毒一次。

（7）设置栖架　鸡在夜间休息的时候喜欢卧在树枝、木棍上,在禽舍内放置栖架可以让鸡在夜间栖息时在其上面。其优点是可以减少相对的饲养密度,减少与粪便的直接接触,避免老鼠在夜间侵袭。栖架用几根木棍钉成长方形的木框,中间再钉几根横撑,放置的时候将栖架斜靠在墙壁上,横撑与地面平行。

6.4.5.2　饲养要点

（1）饲料　饲料是影响优质肉鸡生长速度和肌肉品质的主要因素。在 20 日龄以前以配合饲料为主,以后逐渐增加青绿饲料的用量,60 日龄以后可以以青绿饲料为主,配合饲料作为补饲使用。圈养鸡还可以通过人工育虫为鸡群提供动物性饲料,如把麦秸或其他草秸放在一个池子中经过一段时间即可孵育出虫子,也可以饲养蚯蚓喂鸡。肉鸡饲料中适当补充粉碎适度的香辛料如花椒、八角、茴香、丁香、白芷、陈皮等及其副产品（如花椒籽粉）有利于改善鸡肉品质。

（2）喂饲方法　雏鸡阶段使用料桶或小料槽,以后可以使用较大料槽或料盆,容器内的饲料添加量不宜超过其深度的一半,以减少饲料的浪费。生产中,青绿饲料是全天供应,当鸡群把草、菜的茎叶基本吃完后,可以将剩余的残渣清理后再添加新的青绿饲料。配合饲料可以在上午 10 时、下午 3 时、黄昏 6 时和半夜各喂饲 1 次。一天内每只鸡喂饲的配合饲料量占其体重的 6% ～ 10%,小的时候比例大一些,随着体重的增加喂料量占体重的比例要逐渐减少。

（3）饮水要求　饮水应遵循"清洁、充足"的原则。"充足"是指在有光照的时间内要保证饮水器内有一定量的水,断水时间不宜超过 2 h,断水时间长则影响鸡的采食,进而影响其生长发育和健康,夏季更不能断水。"清洁"是指保证饮水的卫生,不让鸡群饮用脏水。

6.4.6　优质肉鸡笼养育肥

育肥是在商品肉鸡上市前进行为期 15 ～ 20 天的短期槽肥或填肥,以增加屠体的脂肪结构,提高肉质的嫩滑度和特殊香味的一种方法。优质肉鸡生长速度慢,体重小,胸囊肿现象基本上不会发生,可以采用笼养,特别是后期的肥育阶段,采用笼养可更明显地提高肥育效果。在广东一些大型优质黄羽肉鸡饲养场,0 ～ 6 周育雏阶段用火炕育雏,7 ～ 11 周采用竹竿或金属网上饲养,12 ～ 15 周上笼育肥。育肥方法主要是创造一个安静、光线较暗的环境,并通过限制鸡的活动和增加淀粉和脂肪较多的饲料,以促进肌肉的丰满脂肪积累,从而达到育肥的效益。

6.4.6.1　肉鸡笼养的优点

可以大幅度提高单位建筑面积的饲养密度,便于公母分群饲养,充分利用不同性别肉鸡的生长特点,提高饲料转化率,并使上市体重更趋一致;降低了饲料消耗。达到同样体重的肉鸡生长周期缩短了12%。在短期内获得更多的肉和脂肪。笼养管理方便,并不需要垫料,禽舍清洁,不与地面粪便接触,能防止和减少球虫病的发生。

6.4.6.2 选择适合的品种

比较适于进行后期肥育的鸡种,有惠州三黄胡须鸡、清远麻鸡、封开杏花鸡等地方品种。这类鸡前期放养,若在以农家饲料为主时,一般要5~6个月,青年母鸡体重在1.1~1.3 kg才能进行肥育。若是在舍饲条件下以配合日粮为主,一般在13~14周龄便可进行肥育。肥育鸡选择健康无病、发育均匀,并进行大小、公母、强弱分群。

6.4.6.3 饲养与管理要点

(1)驱虫 鸡体内有寄生虫,会影响育肥。因此,育肥前,应进行一次驱除鸡体内的寄生虫。

(2)上笼饲养 经过驱虫后的鸡,一般要笼养育肥,以便限制鸡的活动。同时,禽舍内要保持弱光与安静的环境,使鸡饱食后安睡,这不但更有利于育肥,还使鸡的表皮更为细嫩。

(3)供料 饲料是影响鸡肉味道的原因之一,在后期肥育的饲料中最好不要加入动物性蛋白质饲料。肉鸡育肥期饲料以能量饲料为主,蛋白质水平不应超过14%。育肥鸡日粮应以玉米、稻谷、小麦、木薯、红薯等淀粉性饲料为主,育肥鸡可少喂或不喂绿饲料。

(4)适时上市 一般经15~20天的育肥,鸡的肥度符合要求,就应及时处理,以达到较好的经济效果。育肥期一般不宜超过一个月,否则鸡的增重就不再明显增加,甚至可能掉膘。在饲养后期,出栏抓鸡、运输途中、屠宰时都要注意防止碰撞、挤压,以免造成血管破裂,皮下瘀血影响皮色。尽早出栏保证肉的质量。

思考与练习

1. 快大型肉用仔鸡生产特点是什么?
2. 简述肉用仔鸡饲养与管理要点。
3. 简述肉种鸡限制饲养的意义和方法。
4. 肉种鸡光照管理为什么很重要?

第7章　水禽的饲养与管理

7.1　水禽的生产特点

7.1.1　水禽生产现状

我国是水禽大国,水禽生产在我国家禽生产中占有重要地位,特别是近年来发展速度超过养鸡生产。我国还是羽绒生产大国,占到世界贸易量的 50% 以上。近年来,虽然水禽生产发展迅猛,但产业水平、产品质量与消费需求的矛盾日益显现。我国水禽生产具有如下几个特点。

7.1.1.1　品种资源丰富

我国水禽饲养历史悠久,形成许多生产性能优良的品种,其中鸭品种 27 个,鹅品种 26 个。著名的品种有北京鸭、绍兴鸭、金定鸭、莆田鸭、高邮鸭、建昌鸭和狮头鹅、皖西白鹅、溆浦鹅、四川白鹅、昌图豁鹅等。

7.1.1.2　饲养量大

水禽产业是我国的特色型产业,近 30 年来,我国鸭、鹅出栏量的年增长率均超过 5%。据国家水禽产业技术体系调查数据显示,2011 年肉鸭出栏量约 37.93 亿只,产肉量达 769 万吨;肉鹅出栏量达到 4.95 亿只,产肉量达 181 万吨;鸭鹅肉类产量约占我国禽肉总产量的 1/3。在中国,鸭蛋深受消费者喜爱,2015 年鸭蛋总产量达到 422 万吨,占禽蛋总产量的 15%~20%。鹅绒、鸭绒是水禽产业非常重要的产品,年产量约 5 万吨,初级品的价值超过 150 亿元。我国是世界第一大水禽生产国,饲养量占世界的 75% 以上,无论是存栏量还是肉产量均居世界第一。

7.1.1.3　区域明显

我国传统的水禽饲养区主要分布在长江流域及其以南地区,该区域内江河纵横、湖泊众多,水生动植物资源丰富,为水禽发展提供了得天独厚的自然地理环境条件。我国目前的肉鸭、蛋鸭和肉鹅产业集中在经济相对发达的华东、华南和西南部分地区。据统计山东、四川、江苏、安徽、浙江、湖南、湖北、江西、广西、福建、河南、广东、河北、重庆 14个省市区的 2015 年肉鸭年出栏量、蛋鸭存栏量占全国总量的 90% 以上;广东、四川、重庆、江苏、安徽、江西、山东、黑龙江、吉林、辽宁 10 个省市是我国肉鹅的主要产区,其出栏量占全国总出栏量的 90% 以上。水禽饲养为许多地区特别是南方一些地区畜牧业生产重要的组成部分。近年来,随着以产品加工企业为龙头,带动农民饲养水禽的外向型生产迅速发展,北方的水禽饲养特别是鹅得到了快速发展。

7.1.1.4 产业化程度提高

以水禽基地为基础,以加工企业、大型超市和交易市场为龙头的企业不断出现,延长了水禽生产的产业链,提高了产业化程度。国内涌现出一批具有较强市场竞争力的大型龙头企业,如以生产樱桃谷肉鸭为主的河南华英禽业集团具备了年出雏禽苗 1.5 亿只、屠宰加工樱桃谷鸭 1.2 亿只、羽绒 2 万吨、饲料 120 万吨的生产能力。

7.1.1.5 水禽产品种类繁多,特色鲜明

以水禽为原料加工的食品已经成为我国人民不可缺少的重要食品之一。如北京烤鸭、南京板鸭、两广烧鹅、福建卤鸭、扬州风鹅、四川樟茶鸭、咸鸭蛋、松花蛋等深受广大消费者青睐。水禽副产品如羽绒、肥肝、鸭舌等商业价值高,市场需求量大。

7.1.2 水禽的生物学特性与经济学特性

7.1.2.1 水禽的生物学特性

(1)水禽适应性强,抗病力强 水禽有很强的环境适应能力,从冬季气候十分严寒的地区到赤道附近,世界各地都有水禽的饲养。在我国,除西藏外,其他各省都有自己的地方水禽良种。引种后,在一个新的环境中仍然能够保持良好的生产性能。与鸡相比,水禽生产中发生的疾病比较少。目前,鸡的常见传染病有近 20 种,而水禽则不足 10 种;营养代谢病是养鸡生产中常遇到的问题,而在水禽生产中则很少出现。

(2)喜水喜干 水禽的祖先都是在河流、湖泊、沼泽附近生活的,喜欢在水中洗浴、嬉戏、配种、觅食。虽然经过了几百乃至几千年的驯化、选育,但是家养水禽仍然保留了其祖先的这种习性。水禽的尾脂腺都很发达,分泌的油脂被水禽用喙部涂抹于羽毛上,会使羽毛具有良好的沥水性,在水中活动不会被浸湿;水禽趾蹼的结构也非常有利于在水中划水,没有耳叶、耳孔被羽毛覆盖可以防止进水。这些都为水禽在水中活动创造了条件。另外,作为家禽饲养,从生产效益方面考虑,要求鸭每天在水中活动的时间是有限的,大部分时间仍是在陆地活动和休息。因为,在水中活动会消耗大量的体能,影响饲料效率。在其休息和产蛋的场所必须保持干燥,否则对水禽的健康、产蛋数以及蛋壳质量都会产生不良影响。

(3)耐寒怕热 水禽的颈部和体躯都覆盖有厚厚的羽毛,羽毛上面油脂的含量较高,羽毛不仅能够有效地防水,而且保温性能非常好,能有效地防止体热散发和减缓冷空气对机体的侵袭。在寒冷的冬季水禽也可以在水中游戏,因而有"春江水暖鸭先知"之说。冬季只要舍内温度不低于 10 ℃,不让水禽吃雪水则仍然可以使产蛋率保持在较高的水平。不过应该注意的是,温度过低(舍温低于 3 ℃)同样会使产蛋数下降。由于水禽体表大部分被羽毛覆盖,加上羽毛良好的隔热性能,皮肤无汗腺,其体热的散发受到阻止,在夏季酷暑的气温条件下,如果无合适的降温散热条件则会出现明显的热应激,造成产蛋减少或停产。

(4)合群性 水禽都具有良好的合群性,其祖先在野生状态下都是群居生活的,在驯化过程中它们仍然保留了这种习性。因此,在水禽生产中大群饲养是可行的。雌性水禽通常性情温顺,在大群饲养条件下有良好的合群性,相互之间能够和平相处。但是,雄性

水禽的性情比较暴躁,相互之间会出现争斗现象,尤其是不同群的公禽相遇后表现更突出,因此在成年种用水禽群管理中尽可能注意减少调群,当不同群体到运动场或水池活动时也应防止出现混群。

(5)鸭胆小,鹅胆大 鸭胆小,到陌生的地方去时,走在前面的鸭往往显得踌躇不决,不愿前进,只有当后面的鸭拥上时才被迫前进;当一只或几只鸭发觉自己与大群走散时会不停地鸣叫并追寻鸭群。在生产中如果出现某些突发的情况也容易使鸭群受到惊吓,会使它惊恐不安、相互挤压、践踏,造成伤残,严重影响生产。鹅则相对胆大,一旦有陌生人接近鹅群则群内的公鹅会颈部前伸、靠近地面,鸣叫着向人攻击。鹅的警觉性很好,夜间有异常的动静其就会发出尖厉的鸣叫声。因此,有人养鹅做守夜用。

(6)生活有规律,易调教 水禽稍经训练很容易建立条件反射。这对于采用放牧饲养方式的鸭、鹅群来说,给鸭、鹅群的管理带来了很大的便利。在生产当中鸭群、鹅群的产蛋、闹圈、采食、运动、休息等都容易形成固定的模式,管理人员不能随意改变这些环节以免影响生产。

(7)鸭嗜腥,鹅喜青 水禽都是杂食性禽类。鸭是由野鸭驯化成的,野鸭生活在河、湖之滨,主要以水草和鱼虾及蚌类等水生动植物为食,家鸭仍然保留了野鸭喜食动物性饲料的生活习性。在蛋鸭的饲养管理中必须保证饲料中有一定比例的动物性原料,这是保证蛋鸭健康和高产的物质基础。鹅喜欢采食植物性饲料,但是在生产中配制饲料时必须添加动物性原料,否则会影响鹅的健康和生产。

7.1.2.2 水禽的经济学特性

(1)繁殖潜力大 优秀的蛋鸭品种年产蛋数可以达300多个,质量超过20 kg,比蛋用型鸡的产蛋数高出许多。一些地方麻鸭种群经过选育后产蛋数地大幅度提高,比地方鸡种的选育效果明显。鹅的产蛋数普遍比较低,但是有的品种(种群)产蛋数也比较高,如我国东北地区的豁鹅高产群体的年平均产蛋数达到120个,优秀个体可以超过150个。这为通过选育提高鹅的繁殖力提供了很好的遗传基础。

(2)生长速度快 商品肉鸭在7周龄的平均体重能够达3 kg,其增重速度超过了肉鸡。良种鹅在以青绿饲料为主的情况下,10周龄的平均体重可达3 kg以上,每增加1 kg的体重仅消耗配合饲料1 kg左右。

(3)肉的品质好 水禽肉都是红肉,具有良好的风味,尤其适合亚洲人的消费习惯。鹅肉为平性,鸭肉为凉性,多食不会"上火"。

(4)羽绒价值高 水禽的羽绒具有良好的保暖效果,质地很轻,是重要的保暖服装材料,也是国际市场上紧缺的产品。

(5)肥肝生产效果好 肥肝是一种高价值的食品,在欧洲市场有很大的消费量。部分鹅和鸭品种是生产肥肝的重要家禽,一只鹅的肥肝质量能够达到500 g左右,一只鸭的肥肝质量也可以达到350 g。

7.2 鸭的饲养与管理

7.2.1 蛋用鸭的饲养与管理

7.2.1.1 雏鸭的饲养与管理

雏鸭是指 4 周龄以内的鸭,这个阶段称为育雏期。

(1)饲养方式

1)地面平养 育雏舍地面最好用水泥或砖铺成,便于清扫消毒,并向一侧倾斜,以利于排水。在较低的一侧设排水沟,盖上网板,上面放置饮水器,饮水时溅出的水漏入排水沟中。北方地面设炕道,用沙土或干净的黏土铺平、打实,上面铺设垫料。育雏舍前应有宽 4 ~ 5 m 的运动场,晴天无风时也可在运动场上喂料、饮水。运动场要求平坦且向外倾斜,避免雨天积水。运动场外接人工水浴池,但水面不宜太深,经常更换池中水,保持清洁。

2)网上育雏 适合南方潮湿地区采用。离开地面 60 ~ 80 cm 设置平网,将雏鸭养在网上。网材可以是金属、竹木,网面最好是塑料,网眼直径 1.5 ~ 2.0 cm,周围网壁高 30 cm。

3)笼养 增加了单位房舍面积的饲养量,管理方便,适合规模化生产。

(2)雏鸭的挑选 挑选正常出壳、毛色相同、羽毛整洁而富有光泽、大小一致、眼大有神、行动灵活、抓在手中挣扎有力、脐部收缩良好、鸣叫声响亮而清脆的雏鸭。凡是畸形、体重过小、软弱无力、腹部大、脐部愈合不好等应剔除。如果选择作为种用的雏鸭还应符合品种的外貌特征。

(3)饲养要点

1)"开水" 刚孵出的雏鸭第一次接触水或饮水,称为"开水""点水"或"潮口"。一般在雏鸭出壳后 24 ~ 26 h 进行,水温以 20 ℃左右为宜 。及时"开水"可以给雏鸭补充水分,促进胃肠运动,有利于胎粪排出,加快新陈代谢,增进食欲。在长方形盘中"开水":盘长为 60 cm,宽为 40 cm,边高为 4 cm,盘中盛 1 cm 深的清水,1 次可放 50 ~ 60 只雏鸭,任其自由饮水,洗毛。也可在塑料布上"开水":塑料布四周的下边垫一根竹竿或木条,使水不外流,然后向雏鸭身上喷洒温水,让雏鸭相互啄食身上的水珠,但这种方法适合在气温较低的早春或秋末进行。

雏鸭在浅水中活动 5 ~ 10 min,天气冷时间短些,天热时时间长些。饲养量多的鸭场给雏鸭饮水多采用饮水器或浅水盆,水中可加入 0.02% 的高锰酸钾、抗生素等。雏鸭经过 2 ~ 3 次就可学会饮水和洗毛。在饮水时注意水不要过深,以免淹死雏鸭。

2)"开食" 第一次喂料称"开食",一般在开水后 10 ~ 15 min,雏鸭绒毛稍干后进行。我国农村传统养鸭方法:开食饲料主要喂给半生半熟的夹生米饭,要求"不生、不烂、不黏、不硬"。饲喂时,将雏鸭放到塑料布或芦席上,先洒点水,略带潮湿,然后放出雏鸭,饲养员一边轻撒饲料,一边吆喝调教,诱使其啄食。较猛较多的雏鸭要提前捉出,以免吃得过饱伤食。对于部分吃得少或没有吃到饲料的雏鸭,单独圈在一起,专门喂料。现代养鸭生产"开食"要求用全价配合颗粒饲料,保证营养全面。

3)日常饲喂　农谚说:"鸭食腥,鹅食青"。从第三天起雏鸭饲料中要加入少量动物性饲料(即加腥),如鲜鱼虾、鱼粉或黄鳝、蚯蚓、螺蛳、蚕蛹等,并加入少量青饲料(即加青),从第七天起青料的喂量为精料的20%~30%,不喂青料的加喂多维素。10日龄以内的雏鸭,每昼夜喂5~6次,即白天4次,夜晚喂1~2次;11~20日龄雏鸭,白天减少1次,夜晚仍喂1~2次;20日龄以后,白天喂3次,夜晚喂1次。如果采用放牧饲养,可视觅食情况而定。采食野生饲料多,中餐可不喂,晚餐可以少喂,早晨放牧前可适当补充精料,使雏鸭在放牧过程中有充沛的体力采食活食。

雏鸭饲喂量,一般精料量每天按2.5 g递增,一直加至50日龄为止,每只鸭每天消耗125 g饲料,以后就维持这个水平。

(4)掌握适宜的环境条件

1)温度　在温度管理上,最关键是第一周,必须昼夜有人值班,细心照料。正如农谚所说"小鸭请来家,五天五夜不离它"。1~3日龄,30~28 ℃;4~6日龄,28~25 ℃;7~10日龄,25~22 ℃;11~15日龄,22~19 ℃;16~21日龄,19~17 ℃。供温设施可以用火炕、火炉、保温伞、红外线灯、热风炉等。

2)湿度　鸭喜欢游水,但不能整天泡在水里,休息的环境一定要干燥,尤其是雏鸭更喜欢干爽的环境。鸭舍内湿度不能过大,圈窝不能潮湿,垫草必须干燥,尤其是在吃过饲料或下水游泳回来休息时,一定要在干燥松软的垫草上休息。1周内使舍内空气湿度为60%以上,1周以后为50%左右。

3)通风换气　育雏舍要特别注意通风换气,保持舍内空气新鲜,不受污染。舍内可安装排风扇,育雏舍每天要定时换气,朝南的窗要适当打开,但要防贼风,不要让风直接吹到鸭身上。尤其是在冬季,冷风直接吹向鸭体会诱发感冒。

4)光照　0~7日龄的雏鸭,每天光照时间20~23 h。从8日龄开始,逐步缩短光照时间,降低光照强度。从15日龄起,要根据不同情况,如上半年育雏,完全利用自然光照;下半年育雏,由于日照短,可在傍晚适当增加1~2 h光照。夜间弱光,防止老鼠侵袭。

5)密度　饲养密度合理,密度过大会影响采食和休息,均匀度差。密度过小不利于保温,饲养数量下降。合理的饲养密度见表7.1。

表7.1　蛋用雏鸭平面饲养密度

日龄	1~10	11~20	21~30
饲养密度(夏季)/(只/m²)	30~35	25~30	20~25
饲养密度(冬季)/(只/m²)	35~40	30~35	20~25
笼养/(只/m²)	60~65	35~45	25

(5)分群管理　根据雏鸭各阶段的体重和羽毛生长情况进行。雏鸭进入育雏舍要按大小、强弱和性别进行分群饲养,每群之间用隔网隔开,每个隔间的四角最好围成弧形,避免雏鸭被挤在角落里造成意外的伤亡。每群300~500只。应把体质弱的雏鸭单独组成一群,放在舍内温度较高处。这样使强雏、弱雏都能得到适宜的环境和饲养条件,可保

证其正常的生长发育。

(6)放水和放牧　将雏鸭赶到水面上游泳、洗浴、饮水称为放水。放水的目的是适应水禽的习性,加强运动,促进消化和新陈代谢,促进其生长发育,保持鸭体清洁。同时,也是锻炼鸭的胆子,增加与人接触的机会,遇到环境变化时不受惊吓。放牧饲养的鸭群要从小训练鸭下水。1~5日龄可与雏鸭开水结合起来进行。但因雏鸭尾脂腺不发达,羽毛防湿性能较差,放水时间不宜过长。否则,湿透羽毛易受凉感冒。一般上下午各1次,每次3~5 min。随日龄增加,可逐步增加放水时间和次数。1周龄以上的雏鸭,就可以进行放牧训练,使雏鸭适应自然环境,增强体质和觅食能力。开始可以选择晴朗天气,在外界温度和舍内温度相近时,放鸭于舍外运动场或鸭舍周围活动,不宜走远,时间不宜长,每次20~30 min。待雏鸭适应后,慢慢延长放牧路线,选择较理想的放牧场地。2周龄后,只要气温适宜,天气晴朗,圈养鸭白天均可在运动场活动;放牧饲养鸭每天上下午各放牧1次,中午休息,时间由短到长,逐步锻炼,但最多不超过1.5 h。雏鸭放水稻田后,都要到清水中游洗一下,然后上岸梳理羽毛,入舍休息。

(7)搞好清洁卫生,预防疾病　雏鸭抵抗力低,易感染疾病,因此要给雏鸭提供一个清洁卫生的环境。随日龄增长,雏鸭排泄物不断增多,鸭舍极易潮湿。因此,必须经常打扫,勤换垫草,保持舍内干燥。食槽、饮水器每天清洗、消毒,鸭舍周围也应经常打扫。鸭舍及其周围定期消毒。按时免疫注射,投药防病。

7.2.1.2　青年鸭的饲养与管理

蛋鸭5~16周龄称为育成期,通常称为青年鸭阶段,约需3个月。

(1)青年鸭的特点

1)生长发育快　进入育成期的鸭生长仍然很快,这一阶段主要是长骨骼、羽毛和内部器官。从外表看,羽毛是衡量蛋鸭正常生长的主要特征。

2)活动能力强　青年鸭活动能力强,放牧时,如果放牧地天然饲料丰富,活动场地也好,常会整天奔波,不肯休息。根据这个特点,对青年鸭应加以控制,保证其适当的休息,否则会因消耗过大而影响生长发育。

3)食量大,食性广　根据这个特点,应对青年鸭进行调教,培养良好的生活习惯。利用其能吃、活动能力强的特点,把食性广的特性培养起来,使青年鸭在任何环境下,都能适应各种不同的饲料,能敢于采食新的饲料品种。放牧饲养时,就可以充分利用各种天然的动植物饲料,提高生活力。

(2)圈养青年鸭的饲养与管理　育雏期结束后,仍将青年鸭圈在固定的鸭舍内饲养,不予放牧,这种方法通称为圈养。圈养可以人为地控制舍内环境条件,受自然界制约的因素较少,有利于科学养鸭,达到高产稳产的目的。由于集中饲养,便于向集约化生产过渡。比放牧节省人力,可以增加饲养量,提高劳动生产率。

1)合理分群　分群能使鸭群生长发育一致,便于管理。鸭群不宜太大,以500只为宜,分群时要淘汰病、弱、残鸭,要尽可能做到日龄相同、大小一致、品种一样、性别相同。分群的同时应注意饲养密度,适宜的密度是保证青年鸭健康、生长良好、均匀整齐,为产蛋打下良好基础的重要条件。

值得一提的是,在此生长期,羽毛的快速生长,特别是翅部的羽轴刚出头时,密度大易相互拥挤,稍一挤碰,就疼痛难受,会引起鸭群践踏,影响生长。这时的鸭很敏感,怕互相撞挤,喜欢疏散。因此,要控制好密度,不能太拥挤。饲养密度随鸭龄、季节和气温的不同而变化:5~10 周龄,每平方米 20~12 只;11~20 周龄,每平方米 12~8 只。冬季气温低时,每平方米可以多养 2~3 只,夏季气温高时,少养 2~3 只。

2)限制饲养 由于圈养,鸭活动少,为防止青年鸭体重过大过肥,或性成熟过早,影响以后的产蛋量,使鸭群生长发育一致,适时开产,要对青年鸭进行限制饲养,同时可以节省饲料。限制饲养一般从 8 周龄开始,16 周龄结束。控制其日粮营养水平,增喂青饲料和粗饲料,降低日粮中粗蛋白质和能量浓度,但钙、磷、微量元素和维生素要保证满足需要,以促进骨骼和肌肉的生长发育。但无论采用何种方式,都要称测体重。称重是进行限制饲养和分群工作的科学依据。

3)合理光照 光照时间的长短和光照的强弱影响着性成熟。青年鸭饲养时不用强光照明,光照强度为 5 lx;光照时间宜短不宜长,要求每天的光照时间为 8~10 h。但是,为方便鸭夜间休息、饮水,并防止因老鼠或鸟兽走动时引起惊群,舍内应通宵弱光照明。遇到停电时,应立即点上带有玻璃罩的煤油灯(马灯),不可延误。若为秋鸭,自然光照即可。

4)适当加强运动 运动可以促进青年鸭骨骼和肌肉的发育,增强体质,防止过肥。每天要定时赶鸭在舍内作转圈运动。鸭舍附近若有放牧的场地,可以定时进行短距离的放牧活动。每天分早、中、晚 3 次,定期赶鸭子下水运动 1 次,每次 10~20 min。

5)预防疾病 对圈养鸭的疾病预防要从多方面去做。要配备营养完善的日粮,满足其营养需要。制定科学的免疫程序,定期对鸭群进行鸭瘟、禽霍乱等主要传染病的免疫注射。

(3)放牧青年鸭的饲养与管理 放牧饲养是我国传统的饲养方式。青年鸭是鸭一生中最适于放牧的时期。可以利用农区的水稻田、稻麦茬地和绿肥田放牧,觅食农田的遗谷、昆虫和农田杂草。节约大量饲料,降低成本,同时使鸭群得到锻炼,增强体质。在农田觅食过程中,对农作物起到中耕除草、施肥的作用,有利于农作物的生长和增产,是农牧结合的好形式。

1)采食训练 育雏期和放牧前的雏鸭是利用配合饲料喂养,从喂给饲料到放牧饲养,需要有一个训练和适应的过程。除了继续育雏期的放水、放牧训练外,主要训练鸭觅食稻谷的能力。

将洗净的稻谷经水浸泡使其柔软,最好经开水煮到米粒从谷壳里爆开露出(即"开口谷"),再经冷水浸凉后,逐步由少到多加入到配合饲料中喂给鸭,直到全部用稻谷饲喂。或者先让鸭群饥饿一段时间,把煮过的稻谷撒在席子或塑料布上,由于饥不择食,鸭自然就吞咽下去。但第一次撒料不要撒得太多,既要撒得少而且又均匀,逐步添加,造成"抢吃"的局面。只要第一次吃进去煮过的稻谷,以后会越吃越多。待青年鸭适应吃稻谷后,放牧前还要调教鸭吃落地谷。将喂料用的席子或塑料布抽去一半,有意将一部分稻谷撒在地上,让鸭采食,这样喂几次后,鸭知道吃地上的稻谷,再把席子或塑料布全部抽走,将稻谷全部撒在地上任其采食。学会吃落地谷了,再将一部分稻谷撒在浅水中,让其采食,从而使鸭子建立起地上水下都能觅食稻谷的能力,以后放牧时,鸭就会主动寻找落谷,也就达到放牧的目的。

2）放牧路线　对放牧地周围的地形地势、水源和天然饲料情况、农作物种类、收获季节、施肥习惯、喷洒农药情况进行访问了解，做出周密计划，确定放牧路线。放牧路线的远近要适当。鸭从小到大，路线由近到远，逐步锻炼，使其适应，不能让鸭整天泡在田里，使鸭太疲劳，必须要有一定时间让鸭休息。往返路线尽可能固定，以便于管理。行走时要找水路，或有草地的线路，不得走在石子路上和水泥路上，以免烫伤双脚。过江过河时，要选择水浅流缓的地方，上下河岸要选择坡度小、场面宽阔之处，以免拥挤践踏。行走途中一般要逆风、逆水前进，每次放牧时，途中要有 1～2 个阴凉可避风雨的地方，牧地附近也要有休息的场所。

3）稻田放牧管理要点　稻田放牧时，要选择合适的田块。放牧在稻田，其秧苗必须种活，并已转青分蘖，直至抽穗扬花时，都可以放牧；稻子收割后，田里有大量落谷，这是放鸭的最好时期；放鸭稻田的水不宜太深，浅水中水生小动物容易捕捉，杂草也嫩，易连根拔起吃掉，即使没有吃光，由于经过鸭子的践踏，也被埋入泥中而死掉，真正起到除草的作用。同一片田块不能多次重复放，要合理安排，轮流放牧。放过一两次后，要停几天再放。结合治虫进行的放鸭，要先摸清虫情，尽可能在虫子旺发时，把处于半饥饿状态的鸭群放进去，可以一举全歼害虫，又节省农药，也不污染环境。同时，根据气温和水温确定放牧的时间。稻田里放牧通风程度不如在江河里，而且田水浅，水易被晒热，气温超过30 ℃时就十分闷热，不适宜放鸭进去。所以，稻田放牧要在上午 9 点以前和下午凉爽的时候进行。

4）其他地点放牧　可以利用周围的湖荡、河塘、沟渠进行放牧。主要利用这些地方浅水处的水草、小鱼、小虾、螺蛳等野生动植物饲料。这种放牧形式往往和农田放牧结合起来，互为补充。

5）放牧注意事项　对放牧的鸭群，平时要用固定的信号和音响动作进行训练，使鸭群建立听从指挥的条件反射，这样在管理鸭群时，可以做到"招之即来，驱之即走"。天热时，切忌在中午放牧，只能在清晨和傍晚时放牧，牧地不能太远，防止鸭疲劳中暑。遇到下面几种情况不能放牧：①刚施过农药、化肥、除草剂、石灰的地方；②发生传染病或被传染病污染过的放牧场地及水源；③秧苗刚种下或已经扬花结穗的地方；④被污水和矿物油污染的水面。

7.2.1.3　成年鸭的饲养与管理

母鸭从开产到淘汰为止为产蛋期，一般指 17～72 周龄。

（1）蛋鸭舍的建造　鸭舍的长度和宽度主要依据场地大小和形状、饲养规模来决定。常见的蛋鸭棚长度在 25～50 m，宽度在 7～15 m。舍内地面要求应该进行硬化处理以便于清理和冲洗消毒，舍内两侧地面稍高、中间略低，并应在舍中间设置一条排水沟，宽度约 20 cm，上面用铁丝网覆盖，饲养过程中水盆放在上面。如果在鸭舍一侧设置水槽，水槽可以靠墙而设，在水槽外侧约 20 cm 处设置排水沟并加盖网。运动场是鸭群活动的场所，它应该安排在鸭舍靠水面的一侧，以方便鸭群下水活动及从水中出来后晾晒羽毛，运动场的面积一般为鸭舍内面积的 1.5～2.5 倍，场地的地面要平整，可以在朝向水面的方向稍有斜坡以便于雨后及时排除积水。修整时要注意清除尖锐的物体以防止刺伤鸭的脚蹼。运动场与水面相连的斜坡称为"鸭坡"，鸭坡的坡度不宜超过 35°，以便于鸭群出入水面。鸭坡的下端应该伸入到水面以下,否则当水位下降后鸭坡的下端露出,鸭群下水时要跳下去,上岸则更费力。

运动场的两侧应砌 0.8 ~ 1 m 高的隔墙用于防止鸭群外逃和阻挡外来人员及其他动物接近鸭群。靠近侧墙处可以搭设几个凉棚,一方面可以供鸭群遮阳避雨,另一方面也可以在舍外喂饲。从夏季遮阴避暑考虑,在运动场内及其周围应该栽植一些阔叶乔木。运动场的两侧可以砌设一两个砖池,里面放置一些干净的沙粒,让鸭自由采食以帮助消化。

(2)圈养鸭的饲喂与饮水

1)饲喂 圈养鸭对饲料要求较高。代谢能 11.7 ~ 12.12 MJ/kg,粗蛋白质含量18% ~ 20%,钙含量 2.5% ~ 3.5%。有青绿饲料供应的地区,青绿饲料可占混合料的30% ~ 50%,无青绿饲料供给的,可按要求添加复合维生素。提高动物性饲料所占的比例,同时适当增加饲喂次数,由每天 3 次增至 4 次,白天喂 3 次,晚上 9 ~ 10 点喂 1 次。每天每只鸭喂配合料 150 g 左右。有条件的外加 50 ~ 100 g 青绿饲料(或添加多种维生素)。

当产蛋率达 90% 以上时,喂含 20% 粗蛋白质的配合饲料,并适当增喂青绿饲料和颗粒型钙质饲料。颗粒型钙质饲料可单独放在盆内,放置在鸭舍内,任其自由采食。整个产蛋期要注意补充沙砾,放在沙砾槽内,让其自由采食。产蛋率达 90% 以上的时间可以维持 20 周以上。

2)饮水 圈养鸭更应注意水的供应。圈养鸭大部分时间关在舍内饲养,尤其是冬天,鸭群在水中活动时间大大减少,如果供水不合理,势必严重影响鸭的产蛋和养鸭的经济效益。在供水上要抓住以下 3 个关键:①水要足。圈养鸭不仅白天要供足水,晚上也不可缺水。鸭的代谢机能旺盛,睡到半夜感到饥渴,就随时吃草喝水,直到现在鸭仍保持它祖先夜间觅食水草的特性。在夜间,必须同样供足饮水,保证鸭子过夜不渴不饿不叫。②水要净。每天至少洗刷 2 次水槽,然后充足供应新鲜清洁的饮水。为保证所供饮水不被鸭子弄脏,水槽(水盆)不可敞开,必须用铁丝或竹条制成网状格子罩住水源,恰好只能让鸭的头颈伸进去喝水,而脚不能步入水中,以防把水弄脏。③水要深。圈养鸭的水槽(水盆)装置要深,能经常保持盛装 10 ~ 12 cm 深的水。较深的水不但让鸭喝着方便,更为重要的原因是鸭子的鼻腔要经常冲洗,保持通畅才能正常呼吸。如水槽(水盆)盛水太浅,鸭的鼻腔得不到冲洗,则会被分泌的黏液堵塞,使呼吸不畅。

供水系统应尽量靠鸭舍的某一侧,且该侧位置应略低于舍内其他各处。料盆不应与供水系统相距过远,一般应在 1 ~ 1.5 m。

(3)圈养鸭的管理要求

1)合理的光照制度 从 19 周龄起每周增加光照时间 20 min,直增加到每天的 16 h 或 17 h 为止,就保持这样的时间不变。每天必须按时开灯和关灯。光照强度 5 ~ 8 lx。

2)保持垫料的干燥 鸭舍内的垫料更容易潮湿,需要定期清理、更换,换入的新垫料应清洁、干燥。饮水系统附近的垫料更应经常更换。

3)减少鸭只带水入舍 当鸭群在水中洗浴后应让其在运动场上梳理羽毛和休息,待羽毛上的水蒸发后再让其回到舍内。

4)产蛋体重的控制 体重变动是蛋鸭产蛋情况的晴雨表。因此,观察蛋鸭体重变化,根据其生长规律控制体重是一项重要的技术措施。一般开产体重要求如绍鸭在1 400~1 500 g的占85%以上。开产以后的饲料供给要根据产蛋率、蛋重增减情况作相应的调整,最好每月抽样称测蛋鸭体重1次,使之进入产蛋盛期的蛋鸭体重恒定在1 450 g,以后稍有增加,至淘汰结束时不超过1 500 g。在此期间体重如增加或减少,则表明饲养管理中出现了问题,必须及时查明纠正。

5)鸭蛋收集 每天收蛋两次。春夏季5:30开灯,将鸭群放到运动场,让鸭在运动场采食少量青绿饲料、活动。进舍收蛋。7:00清洗水盆(或水槽)、料盆(或料槽),加水、加料。收鸭进舍采食饮水。8:30将鸭群赶出鸭舍,让它们到池塘洗浴。第二次收蛋。秋冬季,6:00开灯,收蛋。7:00在舍内驱赶鸭群进行"噪鸭"。7:30清理水盆(水槽)、料盆(料槽),加水、加料。9:00将鸭群放到运动场活动(气温过低时不放鸭出舍),并喂饲少量的青绿饲料。第二次收蛋。

6)稳定饲养管理操作规程 蛋鸭生活有规律,但富神经质,性急胆小,易受惊扰。应减少各种应激因素。

(4)放牧鸭的饲养与管理 我国传统饲养蛋鸭多为放牧方式,以放牧为主,补饲为辅。这种方式能充分利用当地资源,投资少,适合于小本经营,迄今仍不失为一种因地制宜、就地取材的饲养方式。但是,放牧饲养毕竟是粗放的饲养方式,受季节和气候条件影响较大,在实践中,应根据不同季节的气候条件和天然饲料条件、产蛋情况,采取相应的放牧方式。

1)放牧时间 群鸭的生活有一定的规律性,在一天中,要出现3~4次积极采食的高潮,3~4次集中休息和洗浴。根据这一规律,在放牧时,不要让鸭群整天泡在田里或水面上,而要采取定时放牧法。放鸭人要选择好放牧场地,把天然饲料丰富的牧地,留作采食高潮时放牧。由于鸭群经过休息,体力充沛,又处在较饥饿状态,所以一进入放牧地,立即低头采食,对饲料选择性降低,能在短时间内吃饱肚子,然后再下水浮游、洗澡,在阴凉的草地上休息。这样有利于饲料的消化吸收。如不控制鸭群的采食和休息时间,整天东奔西跑,使鸭子终日处于半饥饿状态,得不到休息,既消耗体力,又不能充分利用天然饲料,是放牧鸭群的大忌。

2)一条龙放牧法 一般由2~3人管理(视鸭群大小而定),由最有经验的牧鸭人(称为主棒)在前面领路,另外两名助手在后方的左右侧压阵,使鸭群形成5~10个层次,缓慢前进,把稻田的落谷和昆虫吃干净。这种放牧法对于将要翻耕、泥巴稀而硬的落谷田更适合,宜在下午进行。

3)满天星放牧法 将鸭群驱赶到放牧地后,不是有秩序地前进,而是让鸭散开来,自由采食,先将会逃跑的昆虫活食吃掉,适当"尝鲜",留下大部分遗谷,以后再放。这种放牧法适合于干田块,或近期不会翻耕的田块,宜在上午进行。

(5)蛋种鸭的饲养与管理要点

1)养好公鸭 留种的公鸭经过育雏、育成期、性成熟初期3个阶段的选择,选出的公鸭外貌符合品种要求,生长发育良好,体格强壮,性器官发育健全,精液品质优良,性欲旺盛,行动矫健灵活。种公鸭要早于母鸭1~1.5个月孵出,在母鸭产蛋前,已达到性成熟。

育成期公母鸭分开饲养,一般公鸭采用以放牧为主的饲养方式,让其多采食野生饲料,多活动,多锻炼。饲养上既能保证各器官正常生长发育,又不能过肥或过早性成熟。对性开始成熟但未达到配种期的种公鸭,要尽量放旱地,少下水,减少公鸭间的相互嬉戏、爬跨,形成恶癖。配种前 20 天将公鸭放入母鸭群中,此时要多放水,少关饲,促其性欲旺盛。

2)公母配比要适当 我国的蛋用型麻鸭,体形小而灵活,性欲旺盛,配种能力强。早春、冬季公母比例为 1∶20,夏、秋季公母比例为 1∶25,这样的性别比例,种蛋受精率可达90% 以上。在配种季节,应随时观察配种情况,发现受精率低,要找出原因,首先要检查公鸭,发现性器官发育不良、精子畸形等不合格的个体,要淘汰,立即更换公鸭,发现伤残的公鸭要及时调出补充。

3)加强种鸭饲养 饲养上除按母鸭的产蛋率高低给予必需的营养物质外,要多喂维生素、青绿饲料。维生素 E 能提高种蛋的受精率和孵化率,饲料中应适当增加,每千克饲料中加 25 mg,不低于 20 mg。同时,还应注意赖氨酸、蛋氨酸、色氨酸这 3 种必需氨基酸应满足要求,保持平衡,尤其是含色氨酸的蛋白质饲料不能缺乏。色氨酸有助于提高种蛋的受精率和孵化率,饼粕类饲料中色氨酸含量较高,配制日粮时可加入一定饼粕类和鱼粉。

4)多放水 自然配种的鸭,在水中配种比在陆地上配种的受精率高,种公鸭在每天的清晨和傍晚配种次数最多,因此天气好应尽量早放鸭出舍,迟关鸭,增加户外活动时间。种鸭场应设置水池,最好是流动水,要延长放水时间,增加活动量。若是静水应常更换,保持水清洁不污浊。

5)鸭舍和运动场干燥清洁 鸭舍内和运动场要经常打扫,垫草及时更换和翻晒,保持干燥、清洁,防止种蛋污染。鸭舍内要通风良好,空气新鲜,温度适宜。鸭舍周围环境要安静,不使鸭惊群。运动场要平坦,不平的要修补好,特别是鸭滩,连接水面的斜坡上既平整又不能滑。

6)及时收集种蛋 种蛋清洁与否直接影响孵化率。每天清晨要及时收集种蛋,不让种蛋受潮、受晒、被粪便污染,尽快进行熏蒸消毒。

(6)蛋鸭四季的管理 在不能完全控制环境条件的鸭舍,鸭群还受到不同季节的气候条件的影响,会造成应激而影响产蛋率。因此,要维持蛋鸭的稳产高产,必须根据季节的变化,采取相应的饲养管理措施,为蛋鸭创造适宜的产蛋条件和环境。

1)春季管理要点 春季气候渐暖,日照时数逐渐增加,气候条件对蛋鸭产蛋很有利,而且春季蛋鸭生理机能活跃,精力旺盛。因此春季要充分利用这一有利条件,使蛋鸭高产稳产。要使鸭多产优质的蛋,必须加强饲养管理。饲料营养要全面,使母鸭发挥最大的产蛋潜力。一般日粮中粗蛋白质在 19% ~ 20%,各种必需氨基酸要保持平衡,适当补充鱼肝油、多种维生素。春季不要怕鸭饲料吃过头,只怕饲料跟不上,使鸭身体垮下来。

早春时有寒流袭击,要注意天气预报,重视保温工作,室内温度最好维持在 13 ~ 20 ℃。春夏之交,天气多变,会出现早热天气,或连续阴雨,要因时制宜区别对待。经常打开门窗,充分通风换气,保持舍内干燥,搞好清洁卫生,食槽、饮水器、舍内和运动场定期消毒,舍内垫草不要过厚并定期清除,每次清除都要结合消毒 1 次。运动场的排水沟要疏通,不积污水和粪 便。鸭群驱虫也是春季管理的一个环节,以丙硫咪唑驱虫为佳。

2）夏季管理要点　鸭耐寒怕热,夏季的高温气候会给产蛋鸭造成严重的热应激反应,在临床上表现为采食减少、粪便过稀、产蛋量减少、蛋壳脏,还可能会出现中暑现象。缓解蛋鸭在夏季的热应激可以从以下几方面采取措施:增强屋顶的隔热效果;在规划鸭场时就应考虑植树遮阴问题,若新建鸭场其树木较小而无法利用树荫时,则应在运动场中间及边侧搭设凉棚以方便鸭的纳凉;夏季要降低鸭舍内的相对湿度,减少饮水器、水槽中水的漏洒,鸭洗浴后应等羽毛晾干后回舍,及时排出运动场的积水,更换潮湿垫料和加强通风等;高温时节可以让鸭在水池中的洗浴次数和时间适当增加,以增加体热的散发。若是面积较小的池塘还应注意更新池水,以免水质出现腐败。定期对池水进行消毒处理;在夏季气温最高的几天若舍温超过 33 ℃的情况下,前半夜可让鸭在运动场休息纳凉,房舍供鸭出入的小门不要关闭,让鸭群在夜间 12 点以后回舍产蛋。为了防止鸭群露宿时受惊扰,运动场应有灯光照明。

3）秋季管理要点　10 月正是冷暖交替的时候,气温多变。如果养的是上一年孵出的秋鸭,经过大半年的产蛋,身体疲劳,稍有不慎,就要停产换毛,故群众有"春怕四,秋怕八,拖过八,生到腊"的说法。所谓"秋怕八",就是指农历八月是个难关,只要渡过这个难关,鸭子产蛋直到腊月,有保持 80% 以上产蛋率的可能,否则也有急剧下降的危险。此时的管理重点是保持环境稳定,尽可能推迟换羽。补充人工光照,使每天光照时间不少于16 h,稳定光照强度。增加营养。补充动物性蛋白质饲料。维持舍内环境稳定,尽可能减少鸭舍内小气候的变化幅度,保持环境相对稳定。深秋要防寒保暖,使鸭舍保持 13 ~20 ℃的温度。适当补充无机盐饲料。最好鸭舍内另置矿物质饲料盆(骨粉 1 份+贝壳粉5 份),任其自由采食。选留高产鸭,淘汰低产鸭。

4）冬季管理要点　入冬前要对鸭舍进行全面检修,堵塞漏洞,修好门窗。夜间在门窗上覆盖草帘或覆盖双层塑料布,塑料大棚更要加盖厚草帘来保温。冬季饲养密度提高到每平方米 8 ~9 只,有利于相互取暖,提高舍温。冬季在日照充足的白天,将大棚草苫、塑料膜掀开,进行"晒棚"。每天下午要添加垫料。冬季每天的光照总时数达到 18 h。天黑开灯到晚上 10 点关灯,凌晨 3 点开灯到天明。

冬季蛋鸭出舍前要进行"噪鸭",首先打开窗户,平衡舍内外温度,然后轻轻驱赶鸭群在舍内慢慢转圈运动,当 80% 左右鸭发出强烈叫声时,即可出舍,大 10 min 左右。出舍后同样要多驱赶运动,要求每天 2 ~3 次,每次 2 ~3 圈。如果遇到刮风下雪,也要坚持让鸭子出去溜几圈,可适当减少室外运动时间,增加室内运动量。

除了陆上运动外,冬季养鸭也需要适当下水活动。但与夏季相比,要减少下水次数,缩短下水时间,每天下水 2 次,选择在中午前后(上午 10 时至下午 2 ~4 时),每次下水10 min 左右。晴暖天时间长些,阴天短些,遇到下雪天不下水。下水前一定要做好噪鸭运动,提前热身。

冬季蛋鸭饲料应该提高能量水平,增加玉米等高能量的比例,同时添加 1% ~2% 的油脂,使饲料中的代谢能水平达到 12.0 ~12.5 MJ/kg,粗蛋白水平 18%。特别注意补充维生素 A 和维生素 D。温水拌料,每次使料温达到 38 ℃,趁热投喂。冬季用温度较高的深井水或加温的自来水较好。据报道,冬季饮用温水、采食温食可以提高产蛋率 10% 左右。冬季一次加料过多,剩料容易结冰,采食结冰的饲料影响产蛋。另外,冬季昼短夜长,要加喂夜食,促进产蛋,每天夜间 12 时左右开灯喂料 1 次。

7.2.2　肉用鸭的饲养与管理

7.2.2.1　商品肉用仔鸭的饲养与管理

（1）大型商品肉用仔鸭的生产特点

1）生长快,饲料转化率高　在家禽中,大型商品肉鸭的生长速度最快,7 周龄活重可达 3.4~3.8 kg,为其初生重的 50 倍以上,远比麻鸭类型品种或其杂交鸭生长速度快。大型肉用仔鸭 4 周龄料重比为 1.7∶1~1.9∶1,5 周龄料重比为 1.9∶1~2.1∶1,6 周龄料重比为 2.3∶1~2.6∶1。

2）产肉率高,肉质好　大型商品肉鸭胸肌、腿肌特别发达,7 周龄时胸、腿肌肉可达 600 g 以上,占全净膛重的 25.4%。肌肉间脂肪多,肉质细嫩,是加工烤鸭、板鸭、炸鸭食品和分割肉的上乘食材。

3）生产周期短,周转快　大型商品肉鸭早期生长速度特别快,生产周期极短,资金周转快。今年来在某些地区出现了大型肉鸭小型化生产,要求上市体重在 2.0 kg 左右,上市日龄在 30 天左右,这样大大加快了资金的周转,提高了鸭舍和设备的利用率。

4）采用"全进全出"制,生产加工一体化　大型肉鸭仔鸭的突出特点是早期生长速度快、饲料转化率高。但超过 8 周龄以上则增重减缓,饲料转化率随之下降。当前,活鸭销售或冻鸭屠宰日龄以 6~7 周龄经济效益最佳,生产分割肉以 8~9 周龄比较合适。因此,大型肉鸭的生产采用全进全出的生产流程,在最适合屠宰的日龄批量出售,并建立屠宰、冷藏、加工、销售一体化的网络,以获得最佳的经济效益。

（2）饲养方式　商品肉仔鸭普遍采用地面垫料平养。开放式鸭舍,舍内铺设垫料。鸭舍的前檐下室内外结合部设置饮水槽,槽口宽度不要大于 15 cm,或使用自动供水装置防止鸭子跳入水中戏水而污染水质和携带水分浸湿垫草,水槽的四周应由水泥硬化,并同时设置使用漏水盖板的排水沟,以便冲洗消毒。肉鸭虽然可以旱养,但在运动场上设置比较浅的水池,对于夏季养鸭防暑降温有一定好处。在其他季节一般不要使用,以免浸湿垫草。

（3）环境条件控制

1）温度　3 周龄之前的雏鸭,因自身体温调节机能差,在育雏最初 2 天育雏室温度应达到 33~35 ℃,绝不要使室温低于 29 ℃。3 日龄后鸭舍温度应逐日下降,至 15 日龄时降到常温,一般应保持在 20 ℃左右为最佳。对于 3 周龄后的肉鸭来说,20 ℃左右的室温对于其生长发育、健康、羽毛生长、饲料效率是最适宜的。

2）湿度　鸭舍内应保持适宜的湿度,一般相对湿度以 50%~75% 为宜,过于干燥或过于潮湿都对鸭子的生长不利。鸭子具有喜水又怕湿的生物学特性,养鸭必须提供充足的饮水,同时地面的垫草必须保持干燥。但往往鸭群饮水、戏水会引起垫草潮湿,舍内往往出现湿度大的现象。

3）通风换气　对育雏室的通风要注意三点:一是从鸭舍上部排气;二是使通风速度缓慢;三是要注意根据室内温度、气味进行通风调节。若通过门、窗通风应设置缓冲间,用塑料薄膜隔挡避免室外冷空气直接进入室内,特别要防止空气对流和出现贼风。

4)饲养密度　合理饲养密度见表7.2。

表7.2　肉仔鸭早期饲养密度

日龄	地面饲养/(只/m²)	网上育雏/(只/m²)
1~7	20~25	25~30
8~14	10~15	15~20
15~21	7~10	10~15

5)光照　经过大量的试验表明,肉子鸭采用连续照明,可取得比较好的饲养效果。方法为每日23 h光照,1 h黑暗,让鸭群适应黑暗环境,防止突然停电造成大的应激反应。在育雏舍的喂料处和饮水处光照要相对亮一些,但光照强度不可过高,雏鸭光照强度应为10 lx左右。

(4)饲养要点

1)饮水　肉鸭从一开始进场至上市出售,要始终供给充足清洁的饮水。在饲养全过程中,不论任何时间,如果水源被中断,就应立即移走饲料,防止噎死。1周龄以前的雏鸭最好饮用凉开水,其他生长期可用常温自来水或深井水。深井水以现抽现用为最好,因刚从深井中抽出的水具有冬暖夏凉的特点,一般为9~22 ℃。夏季饮用凉水可增加鸭子的食欲,冬季饮用温水可减少鸭子体内的营养消耗有利增加体重。

1周龄时在育雏室应使用禽类钟形真空饮水器或自动悬挂式饮水器,每只鸭按平均10 mm宽度计算,饮水器的边缘与鸭背的高度一致,避免鸭子因戏水浸湿羽毛及垫草。2周龄后,应逐渐增添饮水槽,减少钟形饮水器。饮水槽一般长度2 m,上口宽15 cm为宜,槽上缘卷口,以减少溅水,每只鸭要求水槽宽度16 mm。从第3周龄开始,可全部更换为饮水槽饮水,满足饮水槽的数量。

雏鸭苗到场后,不要急于开食,应让其先饮水。初次饮水应加适量抗生素及保健药物,对残弱鸭苗或长途运输的鸭苗初次饮水应饮用5%~10%的葡萄糖水,待2~3 h后再喂食,以助清理肠胃,排除胎粪,促进新陈代谢,加快腹内卵黄吸收。长途运输雏鸭苗,1日龄鸭当日不能及时到达鸭场,应在途中供给饮水。因鸭苗量大,饮水不便,可利用喷雾器装上清洁的温开水(20~25 ℃)对鸭绒毛上轻轻喷雾,使其在绒毛上形成水珠,这样雏鸭苗可以啄到水珠。喷水必须形成雾状,否则会浸湿鸭绒毛,而且鸭子还啄不到水喝,最终会导致脱水甚至死亡。

2)饲喂　商品肉鸭一般分两期料,育雏料(1~21天)和育肥料(21天~上市)。也有分三期料的,即在适宜上市的7周龄前增加了一个后期料。

小鸭开食以出壳后不超过36 h为宜。开食料要求容易消化,不论是颗粒料还是粉粒,玉米等颗粒原料必须很好粉碎,以免影响消化。第1天吃食不要供给太多,应试着每日增加喂食量,当雏鸭养到21天左右,更换育肥饲料,换料要平稳过渡。突然换料口感改变会造成应激反应。

全价颗粒配合料饲喂方便,鸭子能吃饱吃好,还不至于浪费。在集约化养鸭场使用最为普遍,一些散养户也习惯使用颗粒料喂鸭。若颗粒料中粉料率高,将会影响鸭群的生长,并造成浪费。粉料使用时用水调拌,以手捏后再放下不成块为宜。这样的饲料适口性好。

0~7 天的雏鸭每百只鸭可合用一个管状喂料筒(每只鸭有 10 mm 的进食空间)。也可以使用料盘,但料盘的缺点是鸭子易践踏饲料,引起污染导致疫病,并且易造成浪费。使用料盘供料,应多备一些料盘,便于周转使用,轮换清洗消毒。7 天以后逐步改成使用喂料槽,每 250 只鸭可合用一只 2 m 长双边喂料槽,每只鸭合 16 mm。

饲料容器与饮水器或饮水槽距离不能太远,以能使鸭群随时采食、饮水为宜。但也不宜太近,否则撒在料槽外的饲料易遇水发生霉变,在夏季要注意料槽不能置于阳光下,避免饲料因阳光照射受热而加速氧化。

(5)管理要点

1)实行"全进全出"制　鸭苗整批进场,成鸭整批出场,不得留存。

2)管理程序化、制度化　鸭场日常实施有规律的饲养管理制度,以适应鸭群有规律的生活特点。鸭场要实行"五定",即定人、定时、定饲料,设备定位、定行为规则,以避免鸭群发生应激反应。

3)适当运动　运动可以促进骨骼和肌肉的发育。每天可定时驱赶久卧的鸭群,以防止发生腿疾。雏鸭所使用的料盘、饮水器都要在育雏室内均匀分布,水和料不可距离太远,以免过分消耗鸭体营养。对于脱温后的鸭群每日应使其在室内外自由运动,夏季在运动场上设水面运动场,其他季节最好不用。采用室内网上饲养方式,密度相对较大,运动范围小,应注意定时驱赶使其运动,并要设法能采到阳光,以防止腿疾和啄羽。

4)夏季管理　夏季天气炎热,必须设法做好防暑降温工作。

5)冬季管理　冬季气温比较低,要注意防寒保暖。鸭舍温度不应低于 16 ℃,这样对脱温后鸭群比较适宜。冬季保温要注意保持相对稳定,温度忽高忽低易引起感冒。冬季应将鸭群放到运动场上晒太阳,若天太冷中午前后晒太阳为最佳时间。运动场为水泥地面或潮湿地面,应铺上一层干垫草。冬季鸭子消耗热量大,应当增加高热量饲料,饮水温度不要太凉,饮用太凉的水会过多地消耗体内营养,最好使用现抽取的深井水为宜。

7.2.2.2　肉种鸭的饲养与管理

现代肉鸭多采用品系配套杂交,分级制种,形成繁育体系,种鸭场包括曾祖代场、祖代场、父母代场,其中父母代场最常见。以下介绍父母代肉种鸭的饲养与管理。

(1)育雏期的饲养与管理　雏鸭体质娇嫩,发育不完全,对外界抵抗力差,因此,必须保证提供适宜的饲养管理条件,以提高育雏成活率及育雏质量。

1)育雏舍的准备　种苗到达前至少一个月将育雏舍腾空,全面彻底地清扫消毒。检查维修供水、供电、供暖、通风等设施设备,清洗消毒饮水器,供料器具。最后将所有设备、用具、垫料置于育雏室内进行熏蒸消毒。在种鸭苗到达前 12 h,应将室内温度升至27 ℃,育雏区温度升至 33~35 ℃。

2)选好种苗　在选购种苗时,要了解引种祖代场的防疫情况、疫病流行情况。当地没有威胁鸭的传染病流行时,要了解种鸭养殖孵化场内的饲养管理水平及以往种苗销售情况、生长情况。确定好种苗供应场家后,供需双方应就所承担的责任义务达成协议或签订合同,以确保种苗质量。进种苗时,要选择个体中等、精神饱满、羽毛金黄色的健康个体。

3)种苗运输 车辆及装苗的容器要干净,并要经过严格消毒。若是短距离运输,既要注意保暖,又应注意通风,还要注意防雨淋。长距离运输最好选用冷暖空调车辆,途中也要适当开窗调节一下车箱内空气,车厢内的温度要控制在 26 ℃以上,夏季中午不要超过 35 ℃。途中每隔 2～3 h 要对鸭绒毛喷水一次,以免运途时间过长而引起鸭苗脱水。喷水要使用能喷雾的"打气式喷雾器",只有喷雾才能在鸭体绒毛上形成雾珠,方可使鸭苗饮上水珠,否则鸭苗是无法补充水分的。

4)育雏方式 比较常见的有两种:一种是地面平养育雏,另一种是网上平养育雏。育雏方式与种鸭苗的成活率及育成后的品质关系密切。地面育雏要铺垫清洁柔软舒适的垫料,如铡短的稻草或稻壳,若用麦草,一定要压成扁平状,以防止扎伤鸭腹部,对初生雏第一次至少应垫 5～6 cm,以后要经常铺垫,始终保持垫草清洁、干燥。网上育雏,在育雏室内设置 60～100 cm 高的塑料网座,这种方法雏鸭与粪便隔离,有利于预防和减少疫病发生,而且能节约垫草开支。一次性投资较大,但可长期受益。

养种鸭一般多采用地面育雏方式,不论采用何种育雏方式,都应将公鸭、母鸭分开放置饲养。对公鸭栏内放入一定数量的有"标识印记的母鸭"以便刺激性正常成熟。

5)环境控制 种鸭苗跟商品雏苗的环境控制要求基本一致,相对讲管理要求要更严一些。光照对种鸭后期繁育的成功影响很大。种鸭苗供应商会提供光照模式,以期通过光照的调整达到适时成熟的目的。各种鸭养殖场必须遵循这一规律,控制光照时间及光照强度。在设计的照明时间内,光的强度不应低于 10 lx。

樱桃谷父母代种鸭的光照程序:开始第一天按 23 h 光照时间,以后逐日减少 1 h,即第二天 22 h,第三天 21 h,第四天 20 h,第五天 19 h,第六天 18 h,从第七天开始以后整个育成期始终维持 17 h,每日 4 点至 21 点有光,光照强度 20 lx。

6)饮水与开食 培育雏鸭要掌握"早饮水、适时开食,先饮水后开食"的原则。在饮水前,先使每只雏鸭的嘴在饮水器中沾湿一下,以保证雏鸭及时找到水源,当种鸭苗有 1/2 以上东奔西跑并有啄食行为时即可开食。饮水的质量必须是以人可饮用的生活用水。对地表水万万不可饮用,因地表水微生物、有机物质含量高可引起鸭苗发病。

7)投料及饲喂 雏鸭喂料应遵循定量、定时、一次投完的原则。"定量"就是按投料时的存栏数乘以当日的标准日喂量,准确称取;"定时"即每天在同一时间投料,一次投完。种鸭苗实行的是限制饲喂,为了保证每只鸭苗吃料均匀,应一次性地投完,并要勤观察和记录每日的吃料情况。切记投料时,同时供应充足的饮水。

育雏期种鸭苗每日的饲喂标准应由种鸭苗的供应商提供。

(2)育成期的饲养与管理 雏鸭从 5 周龄开始至产蛋前的 22 周龄称为育成期,也可称育成阶段。

1)限制饲喂 从 4 周龄开始,每周末喂食前空腹进行称重,随机抽查每个群体 10%的鸭子(弱鸭应剔除),公母鸭分开单独称重,公鸭栏内的母鸭不称重。计算平均体重。实际体重与标准体重进行比较的结果作为饲喂量调整的参考依据。当实际体重大于标准体重时,绝对生长速度过快,可适当减去一定的喂量;如果绝对生长速度较小,可按原饲喂量再延续一周;当实际体重等于标准体重时,饲喂量可按标准延续;当实际体重小于标准体重时,可酌情增加 5~10 g 的喂量。

每日早晨 8:00~8:30 进行投料。为确保种鸭都能够同时采到时,投料时要尽量撒开,撒的面积要足够大,为防止饲料吃不尽而造成浪费及污染现象,可使用大块塑料薄膜铺在地上再撒料。

2)饮水　饮水要与水面运动场洗浴水分开,以防种鸭喝脏水。饮水要干净,饮水槽要一天一清洗消毒。当停电缺水时,宁肯不喂料也不能让缺水,需要储备有一定量的清洁水。水面运动场内的供水应为长流水,尽量防止鸭子饮脏水而引起发病。

3)公母并群　种鸭在 19 周龄时就应当并群。并群前应当增加母鸭的饲喂量,将公鸭母鸭的喂量调成一致。选择个体素质较好、健壮的鸭子按 1:5 的公母比例进行搭配。对弱残鸭应予以剔除作淘汰处理。

4)产蛋巢的设置　19 周龄时放入产蛋槽,按每 3 只鸭子一个窝的数量设计,提前训练种鸭的就巢产蛋。

(3)繁殖阶段的饲养与管理　繁殖阶段种鸭的饲养管理,对母鸭公鸭应同样重视。此阶段要注重"四率",即种蛋合格率、入孵蛋受精率、受精蛋出雏率和健雏率。

1)环境管理　鸭群由育成期进入产蛋阶段后,环境要求适宜、稳定,环境的细微变化都会导致种鸭产蛋率下降。因此必须做好产蛋期种鸭的护理工作。温度对种鸭的产蛋影响较大,特别是夏季,突然遇上超常高温天气,鸭群很容易引起热应激反应,导致了产蛋率突然下降甚至发病。在冬季随时注意天气变化,突然发生大雪降温天气,要尽量把室温控制到正常温度,以免影响产蛋率和受精率。

鸭舍内要始终保持垫草干净、干燥。每天要在早上 8:00 及晚上 8:00 铺垫草,垫草要铺厚,以便保持干燥。铺垫垫草时应就地摊放,不要让垫草腾空撒放,灰尘飞扬。垫草必须来自非疫区的新鲜柔软的稻草或稻壳,并且应在使用前进行熏蒸消毒。在保持垫草干净的同时,还要注意预防鸭子因戏水后携带水分打湿垫草。使用设计合理的饮水槽,既能饮水又不会打湿羽毛。饮水槽下或旁边有排水沟,能及时排出溢水。

良好的通风能排途灰尘和污浊的空气,同时降低相对湿度和垫草水分。平时注意通风设备的正常维修,保持完好,确保鸭舍环境空气新鲜和干净。若有条件,进行空气质量检测,氨的含量在任何时候都不应超过百万分之二十。

从 20 周龄开始,将自然光照改为每周逐步增加人工光照时间,至 26 周龄应保证稳定的光照制度,即每日 17 h 的光照时间(早上 4:00 到晚上 9:00),光室内光照强度不低于 10 lx,以确保种鸭的良好的产蛋性能。下面提供一个樱桃谷父母代种鸭 SM$_3$ 产蛋期的光照程序,分两种情况:一种是针对温和气候及大陆性气候,每天 17 h 一直维持到淘汰;另一种是针对炎热气候情况下,从 18 周到 22 周由 17 h 逐步增加至 18 h,时间从早上 2:00 到晚上 8:00,光照强度 20 lx。

合适的饲养密度与避免应缴:产蛋种鸭自育成后期进入 18 周龄起,每只鸭子至少应有 0.55 m 的场地,分圈栏饲养以 250 只为宜。饲养过程中要保持环境的相对稳定,保证环境安静舒适。

2)饲喂　从育成期进入繁殖阶段,饲料要随之由育成鸭料转为产蛋鸭料。从育成期饲料改为种鸭产蛋期饲料,每只鸭每周增加 25 g 日喂食量,4 周后自由采食。

3)公母配比　自然交配,原则上应保持 1∶5 的公母配比。有的为了节省公鸭的使用量,采用 1∶6 的公母配比也得到了比较好的受精率效果。公母鸭到了产蛋后期,种蛋的品质偏差,为了获得良好的经济效益,于 66 周龄以后把老公鸭更换成进入成熟期的青年公鸭,效果较好。

4)种蛋收集管理　少数种鸭开始出现产蛋在 23 周龄或 24 周龄,但是只有鸭群达到 5% 的产蛋率时,才认为是产蛋开始。在产蛋初期,相当比例的蛋产在产蛋槽外面,随着产蛋量的增加,这一状况会很快改变。另外一种情况就是在产蛋初期有相当比例的过小或过大的蛋(双黄蛋),随着产蛋量的增加,这一现象也会很快过去。蛋留在产蛋槽中的时间越短,蛋越干净,被污染的可能性也越小。因此收蛋要及时,同时避免产蛋种鸭产蛋争巢而引起蛋的破裂。

每天早晨 5∶00 左右即开灯检蛋,6∶00 第二次检蛋,7∶00 ~ 8∶00 第三次检蛋。有一些鸭子白天产蛋,每天下午 4∶00 再检第四遍蛋。每次检蛋后及时挑选,剔除不合格蛋(包括破蛋、双黄蛋、小蛋、砂壳蛋、畸形蛋等)。对脏蛋要单独码放,然后将合格蛋及时码盘、消毒。

5)搞好种鸭的卫生防疫　种鸭的饲养、种蛋的质量最主要是搞好卫生防疫,严格控制疫病。种鸭场对外要严格隔离,出入种鸭场、孵化殖场及生产区的一切人员、设备、车辆、物品都要进行严格有效的消毒。强化饲养管理,提高鸭群的抗病能力。在场内无病或周边社会上没有疫病发生情况下,不要使用疫苗,为了确保安全,避免意外情况发生,应在兽医指导下使用。对病死鸭要按兽医卫生要求严格处理。种鸭场不养其他畜禽,人员不吃其他禽类肉品和同类鸭产品,还要注意控制野鸟及鼠、蝇类。

6)做好生产记录　做好各项生产记录,以备查考,及时发现问题,及时采取措施,总结改进。生产记录主要包括以下内容:每天记录鸭群变化,包括死亡数、淘汰数、转入隔离间鸭数和实际存栏数;每天产蛋数、合格蛋数、不合格蛋数、破蛋数、脏蛋数等;每天按实际喂料的重量记录采食情况;称合格蛋重,并及时记录;记录预防接种日龄、疫苗种类、接种方法;每日大事记,收入、支出、盈利或亏损等情况。

7.2.2.3　填肥鸭的生产

(1)填肥鸭生产的特点　填肥鸭是一种快速育肥方法。填肥鸭主要供制作烤鸭用。北京鸭经填肥后制作烤鸭已有数百年历史。由于填鸭是一种用高热能饲料强制肥育的方法,可使鸭体重快速增加并大量积聚脂肪,特别是肌间脂肪含量增加,从而改善了屠体品质。填肥鸭肌肉纤维间均匀地分布着丰富的脂肪层,俗称"间花",同时皮下脂肪层也增厚,烤鸭在烤炉中烘烤时,炉内温度在 230 ~ 250 ℃。鸭烤熟后,全身呈枣红色,一部分脂肪渗出皮外,皮下脂肪逐渐把皮炸脆。因此,北京烤鸭具有外焦里嫩、肉质鲜美、皮层松脆、肥而不腻、多汁爽口等特点。

填(肥)鸭是在中雏鸭养到 5 ~ 6 周龄、体重在 1.75 kg 以上时,转入强制肥育阶段。一般经 10 ~ 15 天填饲期后,体重达到 2.6 kg 以上即可上市,供制作烤鸭用。

(2)填肥鸭的营养水平和饲料调制　进入填饲期的中雏鸭尚处在发育未成熟阶段。因此,填肥饲料的蛋白质水平不能过低。营养不平衡不仅影响生长发育,而且还会使抗逆力减弱,容易形成"脂肪肝"或瘫痪。填肥鸭的营养水平以代谢能12.14～12.56 MJ/kg、粗蛋白质 14%～15% 为宜,并要注意矿物质特别是钙和磷的含量及适当比例,以免因矿物质不足或钙磷失调影响增重和引起弱腿病。

用于配制填料的各种饲料原料必须先粉碎,日粮中还需含有一定量的能起粘浆作用的粉状料,通常使用小麦面粉,占日粮的10%～15%。将配合好的日粮按1∶1加水搅拌成黏稠的粥状,放置1～2 h使其软化。

(3)填饲技术

1)填鸭的选择与分群　应选用北京鸭为代表的大型肉用鸭种,5 周龄以前的培育方法与自由肥育方法相同,当中鸭体重达到 1.6～1.8 kg 或 5 周龄以上时,按体重大小和体制强弱分群饲养。这有利于填饲量的掌握和肥度的整齐。

2)填饲时间和填饲量　通常是每6 h 填饲 1 次,每天填饲 4 次。每次填饲量随着鸭日龄增长和生长情况逐渐增加,切忌突然猛增,以防填饲过多而被撑死,或者因消化不良而造成瘫痪。开始填第 1 天,每次填饲的带水饲料质量为鸭体重的 4/12,以后每天增加30～50 g 湿料,1 周后每次填湿料 300～500 g。要根据鸭群的具体情况掌握填饲量,填饲前 1 h 观察鸭食道膨大部状况,如果 90% 的鸭在此部位出现垂直的凹沟,表示前一次填料不足,应加料;如晚于填食前 1 h 出现凹沟,表示前一次填料量偏多或鸭群消化不良,应推迟填饲时间或适当减少填入量。也可以触摸鸭食道内无饲料来增加填入量。

3)填饲操作　填饲的操作技术很重要。采用填饲机填喂时,左手握住鸭头部,掌心靠着鸭后脑,拇指和食指撑开鸭下喙,中指压住鸭的舌头,将鸭喙套进填食胶管,让胶管轻轻插入鸭的食道膨大部。在捉鸭的同时用右手托住鸭颈胸接合处,在左手将鸭头送向填鸭胶管的同时,右手即将鸭体放平,使鸭体和胶管在同一条轴线上,只有这样插胶管时才不致损伤食道。插管时必须把鸭颈拉直,否则也会损伤食道。插好管子后,用脚踏离合器启动唧筒,待饲料全部压入鸭子食道后退出胶管,把鸭放走,再捉第 2 只鸭子。填鸭的操作技术要点:鸭体平,开喙快,压舌准,插管适,进食慢,撤鸭快。

(4)填肥鸭的管理

1)防止受伤　填鸭体重大,行动笨,容易受伤,所以,过道和运动场须平坦、无异物,防止摔伤。驱赶鸭群应缓慢,不可惊吓,以防挤压伤残。填鸭往往很懒,久卧不动,容易造成瘫痪和腹部垫伤,故应每隔 1～2 h 缓缓驱赶运动一次。

2)供给足够的清洁饮水　饮水不足会影响食物的消化吸收。饮水器应放置稍高,以免低头饮水时食物流出来。

3)抓鸭方法　在填鸭期间每天抓鸭多次,抓法不妥容易造成损伤,因为填鸭骨软皮嫩且肥重。抓脖子、翅膀或腿部均易引起鸭体挣扎,容易伤残。正确的抓法是抓嗉囊部位,四指并拢握住嗉囊部,拇指握颈底部。应轻抓轻放,切不可连扔带摔。

4)舍内要清洁干燥　填鸭排粪量多,应每天清除粪便和被污湿的垫料,更换新垫草,气温高时也可铺干沙土。填鸭舍应通风良好,排除空气水分。填鸭如长时间卧在潮湿脏的地面上,会导致胸腹部羽毛锈烂脱落,皮肤发炎,成为不合格的次品。填鸭用的饮水器每天清洗一次,每次填食后应清洗填料机,清洗出来的水料混合物可用于浸泡饲料。

5)运输　用手接触填鸭的尾根宽厚,翅根与肋骨交接处有大面突出的脂肪球,腹部隆起者即是肥度好的填鸭。填鸭喂料 2 h 后方能启动。常用的运输笼有竹笼、塑料笼及铁丝笼,以塑料笼为最好。装笼时每笼最好不能超过 10 只,轻装轻卸,切忌在途中滞留。夏季应早晚运输,其他季节白天运输。

7.3 鹅的饲养与管理

7.3.1 鹅生产的特点

7.3.1.1 鹅繁殖的季节性

鹅产蛋具有较强的季节性,一般从当年的秋季(9~10 月份)开始至次年的春季(4~5 月份)为其产蛋繁殖期。在气温偏高、日照时间长的 6~8 月份,母鹅进入休产期。因此,肉用仔鹅的生产也具有明显的季节性。一般鹅种全年只产 3~4 窝蛋,且每产一窝蛋就会产生就巢性。因此,鹅产蛋少、繁殖力低,并具有明显的季节性繁殖。

7.3.1.2 鹅早期生长迅速

一般肉用仔鹅 9~10 周龄体重可达 3.5 kg 以上即可上市销售。因此,肉用仔鹅生产具有投资少、见效快、获利多等优点。

7.3.1.3 鹅是最能利用青绿饲料的肉用家禽

鹅的消化道极其发达,食管膨大部较宽,富有弹性,肌胃肌肉厚实,肌胃压力比鸡大 1 倍。消化道长度为其体长的 10 倍。鹅对青粗饲料的消化能力比鸭强,纤维素利用率为 45%~50%。所以鹅是理想的草食家禽。无论以舍饲、圈养或放牧方式饲养,其生产成本费用较低。特别是我国南方地区气候温和,雨量充足,青绿饲料可全年供应,为放牧鹅提供了良好的条件。近几年来,一些地区发展种草养鹅取得了显著的经济效益。

7.3.2 种鹅的饲养与管理

7.3.2.1 育雏期的饲养与管理

雏鹅是指 0~4 周龄阶段的幼鹅。

(1)育雏方式 雏鹅对温度的适应性较强,我国南方传统养鹅为自温育雏,育雏室中可不设垫料,而是准备直径 75 cm 的竹篮,篮底垫软干稻草或棉絮,上盖棉被。

规模养鹅育雏方式以地面垫料平养为主,育雏室要求保温性能好。春季和冬季育雏要有加温设施,保证室内有高而均匀的温度,避免忽冷忽热。要求垫料应柔软,吸水性好,不易霉变。常用的垫料有锯屑、稻壳、稻草、麦秸等。有条件的饲养者也可进行网上平面育雏,使雏鹅与粪便彻底隔离,减少疾病的发生,同时还可增加饲养密度。网的高度以距地面 60~70 cm 为宜,便于加料加水。

(2)育雏条件 温度是首要条件,保温期的长短,因品种、气温、日龄和雏鹅的强弱而异,一般需保温 2~3 周。适宜的育雏温度是 1~5 日龄时为 28~27 ℃,6~10 日龄时为 26~25 ℃,11~15 日龄时为 24~22 ℃,16~20 日龄时为 22~20 ℃,20 日龄以后为 18 ℃。

地面垫料育雏时,一定要做好垫料的管理工作,防止垫料潮湿、发霉。育雏室相对湿度一般要求维持在 60% ~ 65%。注意房舍的通风换气,特别是寒冷季节育雏,不能让冷空气直接吹到雏鹅。育雏期间一般要保持较长的光照时间,有利于雏鹅熟悉环境,增加运动,便于雏鹅采食、饮水,满足生长的营养需求。1 ~ 3 日龄 24 h 光照,4 ~ 15 日龄 18 h 光照,16 日龄后逐渐减为自然光照,但晚上需开灯喂料。光照强度,0 ~ 7 日龄每 15 m 用 1 只 40 W 灯泡,8 ~ 14 日龄换用 25 W 灯泡。高度距鹅背部 2 m 左右。

(3)雏鹅的选择　　健壮的雏鹅是保证育雏成活率的前提条件,对留种雏鹅更应该进行严格选择。引进的品种必须优良,并要求雏体健康。健康的雏鹅外观表现:绒毛粗长、有光泽、无粘毛;卵黄吸收好,脐部收缩完全,没有脐钉,脐部周围没有血斑、水肿和炎症;手握雏鹅,挣扎有力,腹部柔软有弹性,鸣声大;体重符合品种要求,群体整齐。

(4)潮口与开食　　雏鹅开食前要先饮水,第一次下水运动与饮水称为潮口。雏鹅出壳后 24 h 左右,即可潮口,30 ℃左右温开水放入盆中,深度 3 cm 左右,把雏鹅放入水盆中,把个别雏鹅喙浸入水中,让其喝水,反复几次,全群模仿即可学会饮水。雏鹅第一次饮水,时间掌握在 3 ~ 5 min。在饮水中加入 0.01% 高锰酸钾,可以起到消毒饮水、预防肠道疾病的作用,一般用 2 ~ 3 天即可。长途运输后的雏鹅,为了迅速恢复体力,提高成活率,可以在饮水中加入 5% 葡萄糖,按比例加入速溶多维和口服补液盐。

雏鹅开食时间一般在出壳后 24 ~ 30 h 为宜,保证雏鹅初次采食有旺盛的食欲。开食料一般用黏性较小的籼米,把米煮成外熟里不熟的"夹生饭",用清水淋过,使饭粒松散,吃时不粘嘴。最好掺一些切成细丝状的青菜叶,如莴笋、油菜叶等。开食不要用料槽或料盘,直接撒在塑料布或席子上,便于全群同时采食到饲料。第一次喂食不要求雏鹅吃饱,吃到半饱即可,时间为 5 ~ 7 min。过 2 ~ 3 h 后,再用同样的方法调教采食,等所有雏鹅学会采食后,改用食槽、料盘喂料。一般从 3 日龄开始,用全价饲料饲喂,并加喂青饲料。为便于采食,精料可适当加水拌湿。

(5)雏鹅的饲喂　　雏鹅阶段消化器官的功能没有发育完全,因此要饲喂营养丰富、易于消化的全价配合饲料,另需优质的青饲料。饲喂时要先精后青,少吃多餐。雏鹅精料中粗蛋白质控制在 20% 左右,代谢能为 11.7 MJ/kg,钙水平为 1.2%,磷水平为 0.7%。另外,注意添加食盐、微量元素和维生素添加剂。

(6)雏鹅的分群　　雏鹅刚开始饲养,饲养密度较大,每米饲养 30 ~ 35 只,而且群体也较大,300 ~ 400 只/群。随着雏鹅不断长大,要进行及时合理的分群,减少群体数量,降低饲养密度,这是保证雏鹅健康生长、维持高的育雏成活率、提高均匀度的重要措施。

(7)适时放牧　　放牧能使雏鹅提早适应外界环境,促进新陈代谢,增强抗病力,提高经济效益。一般放牧日龄应根据季节、气候特点而定。天暖的夏季,出壳后 5 ~ 6 天即可放牧;天冷的冬春季节,要推迟到 15 ~ 20 天后放牧。

(8)做好疫病预防工作　　雏鹅时期是鹅最容易患病的阶段,只有做好综合预防工作,才能保证高的成活率。雏鹅应隔离饲养,不能与成年鹅和外来人员接触,育雏舍门口设消毒间和消毒池。定期对雏鹅、鹅舍及用具用百毒杀等药物进行喷雾消毒。小鹅瘟是雏鹅阶段危害最严重的传染病,常常造成雏鹅的大批死亡。购进的雏鹅,首先要确定种鹅有无用小鹅瘟疫苗免疫。种鹅在开产前 1 个月接种,可保证半年内所产种蛋含有母源抗体,孵出的小鹅不会得小鹅瘟。如果种鹅未接种,雏鹅在 3 日龄皮下注射 10 倍稀释的小鹅瘟疫苗 0.2 mL,1~2 周后再接种 1 次;也可不接种疫苗,对刚出壳的雏鹅注射高免血清 0.5 mL 或高免蛋黄 1 mL。

7.3.2.2　育成期的饲养与管理

育成期是指从 5 周龄到开始产蛋这一阶段的留种用鹅。种鹅的育成期时间较长,在生产中又分为 35~70 日龄、70~100 日龄、100~150 日龄、150 日龄到开产等 4 个时期。每一时期应根据种鹅的生理特点不同,进行合理的饲养管理。

(1)35~70 日龄种鹅的饲养与管理　这一阶段的鹅又称为中鹅或青年鹅。中鹅在生理上有了明显的变化,消化道的容积明显增大,消化能力逐渐增强,对外界环境的适应性和抵抗力大大加强。这一阶段是骨骼、肌肉、羽毛生长最快的时期。饲养管理上要充分利用放牧条件,节约精料,锻炼其消化青绿饲料和粗纤维的能力,提高适应外界环境的能力,满足快速生长的营养需要。中鹅的放牧管理是养好后备鹅的关键。

牧鹅群的采食习性是缓慢行走,边走边食,吃一顿青草后,就地找水源饮水,饮水后休息一阵,然后再行走采食青草。放牧时一定要按鹅群采食—饮水—休息这一习性,有节奏地放牧,保证鹅群吃得饱,长得快。放牧地点要选择水清草茂的地方,对于没有充足水源的草地上放牧,要有拉水车、饮水盆等设备,有规律地让鹅饮水。

中鹅放牧饲养要注意适当补饲,在由雏鹅转为中鹅阶段更应补饲,随着放牧时间的延长,逐步减少补饲量。补饲时间在每天收牧以后进行,补饲料由玉米、谷粒、糠麸、薯类等组成,同时加入 1% 的骨粉,2% 贝壳粉,0.3% 食盐。补饲量根据草场情况和鹅只日龄而定。有经验的牧鹅者,结合在茬地或有野草种子草地上放牧,能够获得足够的谷实类精料。具体为"夏放麦茬,秋放稻茬,冬放湖塘,春放草塘"。

在夏季牧鹅,应适时放水,在水中戏水洗浴,有利于防暑降温。一般每隔 30 min 放水 1 次。而且夏季中午应在干燥通风阴凉处休息,可选择在大树下或有遮阴棚的地方。

(2)70~100 日龄种鹅的饲养与管理　这一时期是鹅群的调整阶段。首先对留种鹅群进行选留。后备种鹅在 70 日龄时,已完成初次换羽,主翼羽在背部要交翅。留种时首先要淘汰那些羽毛发育不良的个体。

后备种公鹅的要求:具有品种的典型外貌特征,身体各部发育匀称,肥度适中,两眼有神,喙部无畸形,胸深而宽,背宽而长,腹部平整,脚粗壮有力、距离宽,行动灵活,叫声响亮。

后备种母鹅的要求:体重大,头大小适中,眼睛明亮有神,颈细长灵活,体型长圆,后躯宽深,腹部柔软容积大,臀部宽广。这时体重要求达到成年标准体重的 70% 左右,大型品种 5~6 kg,中型品种 3~4 kg,小型品种 2.5 kg 左右。

然后进行种鹅的合群训练。后备种鹅是从鹅群挑选出来的优良个体,有的甚至是从上市的肉用仔鹅当中选留下来的。这样来自不同鹅群的个体,由于彼此不熟悉,常常不合群。在合群时首先要注意群体不要太大,以 30~50 只为一群,而后逐渐扩大群体,300~500 只组成一个放牧群体。另外,要注意同一群体中个体间日龄、体重差异不能太大,尽量做到"大合大,小并小",提高群体均匀度。再一点合群后饲喂要保证食槽充足,补饲时均匀采食。

(3)100~150 日龄种鹅的饲养与管理　这一阶段是鹅群脂肪沉积最快的时期,采食旺盛,容易引起肥胖,出现早产。因此,这一阶段饲养管理的重点是限制饲养。限饲前公母分群,避免部分早熟个体乱交配,影响到全群的安定。后备母鹅 100 日龄以后逐步改用粗料,日喂 2 次,饲粮中增加糠麸、薯类的比例,减少玉米的喂量。草地良好时,可以不补饲,防止母鹅过肥和早熟。正常放牧情况下,补饲要定时、定料、定量。实行限制饲养,不仅可以很好地控制鹅的性成熟,达到同期产蛋,而且可以节约饲粮,降低饲养成本。

(4)150 日龄到产蛋前的饲养与管理　阶段历时 1 个月左右,饲养管理的重点是加强饲喂和疫苗接种。为了让鹅恢复体力,沉积体脂,为产蛋做好准备,从 150 日龄开始,要逐步放食,满足采食需要。同时,饲料要由粗变精,促进生殖器官的发育。这时要增加饲喂次数到每天 3 ~ 4 次,每次让其自由采食,吃饱为止。饲料中增加玉米等谷实类饲料,同时增加矿物质饲料原料。这一阶段放牧不要走远路,牧草不足时要在栏内补充青绿饲料,逐渐减少放牧时间,增加回舍休息时间,相应增加补饲数量(中型鹅种每天每只补饲50 ~ 70 g),接近开产时逐渐增加采食精料量。

种鹅开产前 1 个月要接种小鹅瘟疫苗,所产的种蛋含有母源抗体,可使雏鹅产生被动免疫。具体方法见后述。另外,还要接种鸭瘟疫苗和禽霍乱菌苗。所有的疫苗接种工作都要在产蛋前完成,这样才能保证鹅在整个产蛋期健康、高产。禁止在产蛋期接种疫苗,防止应激反应的发生,以免引起产蛋量下降。

7.3.2.3　产蛋期种鹅的饲养与管理

鹅群进入产蛋期以后,一切饲养管理工作都要围绕提高产蛋率,增加合格种蛋数量来做。

(1)产蛋前的准备工作　种鹅转入产蛋舍时,要再次进行严格挑选。对公鹅选择较严格,除外貌符合品种要求、生长发育良好、无畸形外,重点检查其阴茎发育是否正常。最好通过人工采精的办法来鉴定公鹅的优劣,选留能够顺利采出精液、阴茎较大者。母鹅只剔除少量瘦弱、有缺陷者,大多数都要留下做种用。生产中为了便于种蛋的收集,要在鹅棚附近搭建一些产蛋棚。产蛋棚长 3.0 m,宽 1.0 m,高 1.2 m,每千只母鹅需搭建3 个产蛋棚。蛋棚内地面铺设软草做成产蛋窝,尽量创造舒适的产蛋环境。饲养管理上逐渐减少放牧的时间,更换产蛋期全价饲料。母鹅在开产前 10 天左右会主动觅食含钙多的物质,因此除日粮中提高钙的含量外,还应在运动场或放牧点放置补饲粗颗粒贝壳的专用食槽,让其自由采食。

(2)产蛋期的饲喂　随着鹅群产蛋率的上升,要适时调整日粮的营养浓度。产蛋期日粮营养水平:代谢能 11.1 MJ/kg,粗蛋白质 15%,钙 2.2%,磷 0.7%,赖氨酸 0.69%,蛋氨酸 0.32%。饲料配合时,要有 10% ~ 20% 的米糠、稻糠、麦麸等粗纤维含量高的原料。

在喂精料的同时,还应注意补喂青绿饲料,防止种鹅采食过量精料,引起过肥。喂得过肥的鹅,卵巢和输卵管周围沉积了大量脂肪,会影响正常排卵和蛋壳的形成,引起产蛋量下降和蛋壳品质不良。有经验的养鹅者通过鹅排出的粪便即可判断饲喂是否合理。正常情况下,鹅粪便粗大、松软,呈条状,表面有光泽,易散开。如果鹅粪细小、结实,颜色发黑,表明精料过多,要增加青绿饲料的饲喂。喂料要定时定量,先喂精料再喂青料。青料可不定量,让其自由采食。每天饲喂精料量,大型鹅种 180 ~ 200 g,中型鹅种 130 ~150 g,小型鹅种 90 ~ 110 g。早上 9:00 喂第一次,然后在附近水塘、小河边休息,草地上放牧;下午2:00喂第二次,然后放牧;傍晚回舍在运动场上喂第三次。回舍后在舍内放置清洁饮水和矿物质饲料,让其自由采食饮用。

(3)产蛋期的管理 首先要作好产蛋训练。母鹅的产蛋时间多集中在凌晨至上午9:00以前,因此每天上午放牧要等到9点以后进行。为了便于拣蛋,必须训练母鹅在固定的鹅舍或产蛋棚中产蛋,特别对刚开产的母鹅,更要多观察训练。放牧时如发现有不愿跟群、大声高叫,行动不安的母鹅,应及时赶回鹅棚产蛋。一般经过一段时间的训练,绝大多数母鹅都会在固定位置(产蛋棚)产蛋。母鹅在棚内产完蛋后,应有一定的休息时间,不要马上赶出产蛋棚,最好在棚内给予补饲。

为了保证种蛋有高的受精率,要按不同品种的要求,合理安排公母比例。我国小型鹅种公母比例为1:6~1:7,中型鹅种公母比例为1:5~1:6,大型鹅种公母比例为1:4~1:5。鹅的自然交配在水面上完成,陆地上交配很难成功。一般要求每100只种鹅有45~60 m²的水面,水深1 m左右,水质清洁无污染。种鹅在早晨和傍晚性欲旺盛,要利用好这两个时期,保证高的受精率。早上放水要等大多数鹅产蛋结束后进行,晚上放水前要有一定的休息时间。产蛋期间应就近放牧,避免走远路引起鹅群疲劳。放牧途中,应尽量缓行,不能追赶鹅群,而且鹅群要适当集中,不能过于分散。放牧过程中,特别应注意防止母鹅跌伤、挫伤而影响产蛋。鹅只上下水时,鹅棚出入口处要求用竹竿稍加阻拦,避免离棚、下水时互相挤跌践踏,保证按顺序下水和出棚。每只母鹅产蛋期间每天要获得1~1.5 kg青饲料,草地牧草不足时,应注意补饲。

许多研究表明,每天13~14 h光照时间、5~8 W/m²的光照强度即可维持正常的产蛋需要。在秋冬季光照时间不够时,可通过人工补充光照来完成光照控制。在自然光照条件下,母鹅每年(产蛋年)只有1个产蛋周期,采用人工光照后,可使母鹅每年有2个产蛋周期,多产蛋5~20牧。

南方和中部省份,严寒的冬季正赶上母鹅临产或开产的季节,要注意鹅舍的保温。夜晚关闭鹅舍所有门窗,门上要挂棉门帘,北面的窗户要在冬季封死。为了提高舍内地面的温度,舍内要多加垫草,还要防止垫草潮湿。天气晴朗时,注意打开门窗通风,同时降低舍内湿度。受寒流侵袭时,要停止放牧,多喂精料。

7.3.2.4 休产期种鹅的饲养与管理

母鹅经过7~8个月的产蛋期,产蛋明显减少,蛋形变小,畸形蛋增多,不能进行正常的孵化。这时羽毛干枯脱落,陆续进行自然换羽。公鹅性欲下降,配种能力变差。这些变化说明种鹅进入了休产期。休产期种鹅要调整饲喂方法,逐渐停止精料的饲喂,应以放牧为主,舍饲为辅,补饲糠麸等粗饲料。每年休产期间要淘汰低产种鹅,同时补充优良鹅只作为种用。保持一定的年龄比例,1岁鹅占30%,2岁鹅占25%,3岁鹅占20%,4岁鹅占15%,5岁鹅占10%。有些地区饲养种鹅,采取"年年清"的留种方式,种鹅只利用1年,公母鹅还没有达到最高繁殖力阶段就被淘汰掉,这是不可取的。休产期的种鹅可以拔毛3次,增加养殖效益。

7.3.3 商品肉鹅的饲养与管理

7.3.3.1 仔鹅的放牧育肥

放牧育肥是一种传统的育肥方法,也是目前养鹅最广泛采用的方法。放牧育肥可以很好地利用自然资源,达到节约饲料的目的,同时放牧饲养鹅只增重快,成活率高,饲养管理方便,设备投资少,是一种最经济、值得推广的育肥方法。

(1)牧场要求 要求在水草丰美的滩涂、林间草地、湖边沼泽等野生牧场放牧较为合适。根据牧草生长情况,每亩地可放养 20 ~ 40 只育肥鹅。如果利用人工种植草场,每亩地可放养 80 ~ 100 只子鹅。另外,还可以在收获后的稻田、麦田中放牧,采食落谷。

(2)放牧时间安排 雏鹅在 10 ~ 15 日龄开始短时间放牧,1 月龄以后可采用全天放牧,刚开始每天 8 ~ 10 h,以后逐渐延长到 14 ~ 16 h,使鹅只有充分的采食时间。天气暖和时早出晚归,天气较冷或大风时要晚出早归,但要注意早上放牧最早要等到露水干后进行,否则鹅只采食到含有大量露水的牧草会引起拉稀,影响到生长。

(3)牧鹅技术 放牧鹅群的关键是要让鹅听从指挥,这就需要使鹅群从小熟悉指挥信号和语言信号,形成条件反射。从雏鹅开始,饲养人员每当喂食、放牧和收牧前,要发出不同而又固定的语言信号,如大声吆喊、打口哨等。另外,在下水、休息、缓行、补饲时都要建立不同的语言信号和指挥信号。

要做好"头鹅"的培养和调教。"头鹅"反应灵敏,形成条件反射快,其他鹅只的活动要看"头鹅"来完成。"头鹅"一般选择胆大、机灵、健康的老龄公鹅。为了容易识别"头鹅",可在其背部涂上颜色或颈上挂小铃铛,这样鹅群也容易看到或听到"头鹅"的身影或声音,增加安全感,安心采食和休息。

鹅群在放牧时的活动有一定的规律性,表现为采食—饮水—休息。鹅群采食习性是缓慢游走,边走边吃,采食 1 h 左右,从外表看出整个食道发鼓发胀,表明已吃饱。这时应赶到水塘中戏水和饮水,然后上岸休息和梳理羽毛,每次放水时间为 0.5 h 左右,上岸休息 0.5 ~ 1 h 后再进行采食。在水草丰盛的季节,放牧鹅群要吃到"五个饱",才能确保迅速生长发育和育肥。"五个饱"是指上午能吃饱 2 次,休息 2 次;下午吃饱 3 次,休息 2 次后归牧。

(4)补饲 放牧育肥的子鹅,食欲旺盛,增重迅速,需要的营养物质较多,除以放牧为主外,还应补饲一定量的精料。传统的补饲方法为在糠麸中掺入薯类、秕谷等,供归牧后鹅群采食,这种补饲方法难以满足子鹅营养需要。建议补饲精料改为全价配合高能高蛋白日粮,可以使鹅只生长迅速,快速育肥,提前上市。每日补饲的次数和数量,应根据鹅的品种类型、日龄大小、草场情况、放牧情况来灵活掌握。

(5)定期驱虫 绦虫病是放牧鹅群常发病,分别在 20 日龄和 45 日龄,用硫氯酚每千克体重 200 mg,拌料喂食。线虫病用盐酸左旋咪唑片,30 日龄每千克体重 25 mg,7 天后再用 1 次,可彻底清除体内线虫。

7.3.3.2 仔鹅的舍饲育肥

舍饲育肥是种草养鹅发展的趋势,生产效率较高,在一些天然放牧条件较差的地方、农区养鹅、冬季养鹅都离不开舍饲育肥。

(1)栏舍的准备 对栏舍的基本要求是尽量宽敞,能够遮风挡雨,通风采光良好。为了节省投资,鹅舍可以利用闲置厂房、农舍,农村还可以在田间地头搭建简易棚舍。将鹅舍内用砖或竹木隔成几个大的圈栏,每个圈面积 15 ~ 25 m²,每平方米饲养 4 ~ 6 只育肥鹅。在华南一带,地面潮湿,可以用竹条搭成棚架,高度 60 cm 左右,将鹅养在棚架上,与粪便和潮湿的垫料隔离,有利于疾病的预防和子鹅的生长。

(2)饲喂方法　舍饲育肥饲料以配合饲料为主,适当补充青绿多汁饲料。一般配合饲料蛋白质水平16%~19%,代谢能水平11.8 MJ/kg,粗纤维水平3.5%~5%,育肥后期要求适当低的蛋白质水平和高的粗纤维水平,有利于子鹅生长。刚开始青绿饲料比例稍大,青饲料和精饲料比例为3:1,先喂青料再喂精料;后期减少青料量,而且先精后青,促使子鹅增膘。白天加料3~4次,夜晚补饲1次,自由饮水。

(3)牧草种植　一般在秋季种植的牧草有大白菜、黑麦草、燕麦、紫云英,可供当年冬季和来年春季利用。每亩产草3 000~7 500 kg。春季种植牧草为苜蓿、三叶草、聚合草、美国籽粒苋、苦荬菜等,夏季即可利用,每亩产草5 000~8 000 kg。鲜草可直接饲喂,也可以直接放牧,但要注意放牧不可过食,一般每次采食约30%时就应更换草地,以有利于牧草的恢复。

7.3.3.3　仔鹅的填肥

将配合好的饲料加水搅拌成干泥状,放置3~4 h,待饲料全部软化后制成直径1.5 cm的条状食条。然后夹住鹅的后脑部,以拇指和食指将上下喙分开,用右手将食条强制填入鹅的食道,每填一条,用手顺着食道轻轻地推动一下,帮助鹅推下,每天进行3~4次。每次填饲后,将鹅放入安静的舍内休息,经过10~15天后,鹅体内脂肪沉积增多,育肥完成。

7.3.4　鹅羽绒的生产与开发

羽绒生产是鹅业开发的一个重要组成部分。目前我国鹅的饲养量已达6亿只,年产羽绒量3万吨以上,相当于世界贸易量的2.5倍。

7.3.4.1　羽绒的组成

羽绒根据生长发育程度和形态的差异又可分为以下几种类型。

(1)毛片　毛片是羽绒加工厂和羽绒制品厂能够利用的正羽。其特点是羽轴、羽片和羽根较柔软,两端相交后不折断。生长在胸、腹、肩、背、腿、颈部的正羽为毛片。毛片是鹅毛绒主要的组成部分。

(2)朵绒　生长发育成熟的一个绒核放射出许多绒丝,并形成朵状。

(3)伞形绒　指未成熟或未长全的朵绒,绒丝尚未放射状散开,呈伞形。

(4)毛形绒　指羽茎细而柔软,羽枝细密而具有小枝,小枝无钩,梢端呈丝状而零乱。

(5)部分绒　系指一个绒核放射出两根以上的绒丝,并连接在一起的绒羽。

另外,生产上常见的有以下几种劣质羽绒:①黑头,指白色羽绒中的异色毛绒。黑头混入白色羽绒中将大大降低羽绒质量和货价。出口规定,在白色羽绒中黑头不得超过2%,故拔毛时黑头要单独存放,不能与白色羽绒混装。②飞丝,即每个绒朵上被拔断了的绒丝。出口规定,"飞丝"含量不得超过10%,故飞丝率是衡量羽绒质量的重要指标。③血管毛,指没有长成的毛片,比普通的毛短而白,毛根呈紫红色或血清色,含有血浆。

7.3.4.2　鹅的活体拔毛技术

(1)活体拔毛的优点　方法简单,容易操作,不需要什么设备,是目前畜牧业生产中投资少、效益高的一项新技术。周期短,见效快,每隔40~45天拔毛1次,1只种鹅利用停产换羽期间可拔毛 3 次,而专用拔毛的鹅可以常年拔毛,每年可以拔 5 ~ 7 次。活体拔毛比屠宰取毛法能增产 2 ~ 3 倍的优质羽绒。没有经过热水浸烫和晒干,毛绒的弹性强,蓬松度好,柔软洁净,色泽一致,含绒量达 20% ~ 22% 及以上。其加工产品使用时间比水烫毛绒延长 2 倍左右。

(2)活体拔毛前的准备工作　在拔毛前,要对初次参加拔毛的人员进行技术培训,使其了解鹅体羽绒生长发育规律,掌握活体拔毛的正确操作技术,做到心中有数。初拔者,拔 1 只鹅的毛大约需要 15 min,熟练者 10 min 左右即可完成。鹅的准备:对鹅群进行检查,剔除发育不良、消瘦体弱的鹅。拔毛前几天抽检几只鹅,看看有无血管毛,当发现绝大多数羽毛的毛根已经干枯,用手试拔容易脱落,表明已经发育成熟,适于拔毛。前一天晚上要停止喂料和饮水,以免拔毛过程中排粪污染羽毛。拔毛应在风和日丽、晴朗干燥的日子进行。

为了使初次拔毛的鹅消除紧张情绪,使皮肤松弛,毛囊扩张,易于拔毛,可在拔毛前 10 min 左右给每只鹅灌服 10 ~ 12 mL 白酒。方法为用玻璃注射器套上 10 cm 左右的胶管,然后将胶管插入食道上部,注入白酒。

拔毛必须在无灰尘、无杂物、地面平坦、干净(最好是水泥地面)的室内进行。将门窗关严。非水泥地面,应在地面上铺一层干净的塑料布。存放羽毛要用干净、光滑的木桶、木箱、纸箱或塑料袋。备好镊子、红药水或紫药水、脱脂棉球,以备在拔破皮肤时消毒使用。另外,还要准备拔毛人员坐的凳子和工作服、帽子、口罩等。

(3)拔毛鹅的保定　拔毛者坐在凳子上,把鹅翻转过来,使其胸腹部朝上,鹅头向着人,用两腿同时夹住鹅的头颈和双翅,使鹅不能动弹(但不能夹得过紧,防止窒息)。拔毛时,一手压住鹅皮,一手拔毛。两只手还能轮流拔毛,可减轻手的疲劳,有利于持续工作。

(4)拔毛方法　拔毛一般有两种方法:一种是毛片和绒朵一起拔,混在一起出售,这种方法虽然简单易行,但出售羽绒时,不能正确测定含绒量,会降低售价,影响到经济效益;另一种是先拔毛片,后拔绒朵,并且分开存放,分开出售,毛片价低,绒朵价高。先拔去黑头或灰头等有色毛绒,予以剔除,再拔白色毛绒,以免混合后影响售价。

(5)拔毛要领　腹朝上,拔胸腹,指捏根,用力均,可顺逆,忌垂直,要耐心,少而快,按顺序,拔干净。具体拔法:先从颈的下部开始,顺序是胸部、腹部,由左到右,用拇指、食指和中指捏住羽绒,一排挨一排,一小撮一小撮地往下拔。切不要无序地东拔一撮,西拔一撮。拔毛时手指紧贴皮肤毛根,每次拔毛不能贪多(一般 2 ~ 4 根),特别是第一次拔毛的鹅,毛囊紧缩,一撮毛拔多了,容易拔破皮肤。胸腹部拔完后,再拔体侧、腿侧、肩和背部。除头部、双翅和尾部以外的其他部位都可以拔取。因为鹅身上的毛在绝大多数的部位是倾斜生长的,所以顺向拔毛可避免拔毛带肉、带皮,避免损伤毛囊组织,有利于毛的再生长。

(6)拔毛注意事项　①降低飞丝含量;②拔毛时若拔破皮肤,要立即用红药水或紫药水涂擦伤部,防止感染;③刚拔毛的鹅,不能放入未拔毛的鹅群中,否则会引起"欺生"等攻击现象,造成伤害;④若遇血管毛太多,应延缓拔毛,少量血管毛应避开不拔;⑤少数鹅在拔毛时发现毛根部带有肉质,应放慢拔毛速度;若是大部分带有肉质,表明鹅体营养不良,应暂停拔毛;⑥体弱有病、营养不良的老鹅(4 ~ 5 岁以上),不应拔毛;加工全鹅制品,要求屠体皮肤美观者,也不宜拔毛。

(7)拔毛后的饲养管理 拔毛后的鹅放在事先准备好的具有安静、背风保暖、光线较暗、地面清洁干燥、铺有干净柔软垫草条件的圈舍内饲养。每天除供给充足的优质青绿饲料和饮水之外,还要给每只鹅补喂配合饲料 150~180 g,增加含硫氨基酸和微量元素的供应,促进鹅体恢复健康和羽毛的生长。拔毛后鹅体裸露,对外界环境的适应力减弱,3 天内不要在烈日下放养,7 天内不要让鹅下水洗浴或淋雨。7 天后,鹅的毛孔已基本闭合,可以让其下水洗浴,多放牧,多吃青草。经验证明,拔毛后恢复放牧的鹅,若能每天下水洗浴,羽绒生长快,洁净有光泽,更有利于下次拔毛。种鹅拔毛后,最好公母分开饲养放牧,防止公鹅踩伤母鹅。

7.3.4.3 鹅绒的包装和储藏

绒朵遇到微风就会飘飞散失,包装操作时绝对禁止在有风处进行。包装袋以两层为好,内层用较厚的塑料袋,外层为塑料编织袋或布袋。先将拔下的羽绒放入内层袋内,装满后扎紧内袋口,然后放入外层袋内,再用细绳扎实外袋口。

拔下的羽绒如果暂时不出售,必须放在干燥、通风的室内储藏。白鹅绒受潮发热,会使毛色变黄。因此,在储藏羽绒期间必须严格防潮、防霉、防热、防虫蛀。定期检查毛样,如发现异常,要及时采取改进措施。库房地面一定要放置木垫,可以增加防潮效果。不同色泽的羽绒、毛片和绒朵,要分别标志,分区存放,以免混淆。当储藏到一定数量和一定时间后,应尽快出售或加工处理。

7.4 肥肝的生产

7.4.1 肥肝生产现状

肥肝是采用人工强制填饲,使鹅、鸭的肝脏在短期内大量积储脂肪等营养物质,体积迅速增大,形成比普通肝脏重 5~6 倍,甚至十几倍的肥肝。据报道,一只鹅肥肝质量在 500~800 g,最大者可达 1 800 g,一只鸭肥肝的重量为 300~500 g,最大者可达 700 g。肥肝质地细腻,呈淡黄色或粉红色,味鲜而别具香味。

7.4.2 品种的选择

7.4.2.1 鹅的品种

中国鹅和欧洲鹅在外形、生产性能和肥肝性能方面差异很大。欧洲鹅的颈粗短,体型大,繁殖率低,填饲方便,肥肝性能较好;中国鹅的多数品种体型较小,颈细长,繁殖率虽高,但填饲困难,加上没有经过对肥肝性能的选择,食道黏膜对填饲刺激的抵抗力较弱。但在改进填饲机械和操作技术后,同样能生产出合格的肥肝;同时中国鹅和欧洲鹅之间可以进行杂交,其后代的杂交优势明显,肥肝性能良好。据实验报告,大型的狮头鹅平均肝重可达 600 g 以上,中型的溆浦鹅平均肝重约 570 g,而小型的永康鹅平均肝重也可达 400 g 左右。其他一些小型鹅种,虽然肥肝性能较差,但通过和大型鹅种的杂交,其杂交后代的产肥肝性能亦有很大程度的提高。

朗德鹅是国外最著名的肥肝专用鹅种,许多国家直接将朗德鹅用于肥肝生产或作为杂交亲本,用来改进当地鹅种的肥肝性能。朗德鹅是由法国西南部的图鲁兹鹅(Toulouse)、玛瑟布鹅(Masseube)和朗德鹅,长期互相杂交形成的,这种鹅又称法国西南灰鹅。8 周龄的肉用仔鹅活重 4.5 kg 左右,经填饲后活重可达 10 ~ 11 kg,肥肝平均重700 ~ 800 g,年产蛋 35 ~ 40 个,蛋重 180 ~ 200 g,就巢性较弱,但受精率只有 65% 左右。

7.4.2.2　鸭的品种

我国的鸭种较多,但能投入肥肝生产的品种不多。我国最早用于肥肝生产的鸭种是四川西昌的建昌鸭。实验表明,本品种填饲两周的平均肝重为 229 g,填饲 3 周肝重273 g,最大肥肝重 545 g,肥肝占图体重 9.8%,肝料比为 1∶24。我国目前用于肥肝生产的主要品种是北京鸭等大型肉鸭品种。据中国农业科学院畜牧研究所实验,北京鸭填饲2 周平均肝重 290 g,肝料比 1∶25,填饲 3 周肝重 350 g,肥肝占屠体 8% ~ 9%,肝料比1∶36。福建农学院涌瘤头鸭填饲 2 周,平均肥肝重 255 g,最大肥肝 354 g,肥肝占屠体重 7%,肝料比 1∶29。

7.4.3　填肥技术

7.4.3.1　填饲肥肝鸭、鹅的适宜周龄、体重和季节

(1)填饲适宜周龄与体重　鹅、鸭填饲适宜周龄和体重随品种和培育条件而不同。但总的原则是要在其骨骼基本长足,肌肉组织停止生长,即达到体成熟之后进行填饲效果才好。一般大型仔鹅在 15 ~ 16 周龄,体重 4.6 ~ 5.0 kg;兼用型麻鸭在 12 ~ 14 周龄,体重 2.0 ~ 2.5 kg;肉用型在鸭体重 3.0 kg 左右;瘤头鸭和骡鸭在 13 ~ 15 周龄,体重2.5 ~ 2.8 kg。采用放牧饲养的鹅、鸭,在填饲前 2 ~ 3 周补饲粗蛋白质 20% 左右的配合饲料或颗粒饲料,为进入填饲期大量填饲打下良好的基础。

(2)填饲季节的选择　肥肝生产不宜在炎热季节进行。这是因为水禽在高能量饲料填饲后,皮下脂肪大量贮积,不利于体热的散发。如果环境温度过高,特别是到填饲后期会出现瘫痪或发病。填饲最适温度为 10 ~ 15 ℃,20 ~ 25 ℃ 尚可进行,超过 25 ℃ 以上则很不适宜。相反,填饲家禽对低温的适应性较强。在 4 ℃ 气温条件下对肥肝生产无不良影响。但如室温低于 0 ℃ 以下,应有防冻的设施。

7.4.3.2　填饲饲料的选择和调制

(1)填饲饲料的选择　国内外的试验和实践证明,玉米是最佳的填饲饲料。玉米含能量高,容易转化为脂肪贮。而且玉米的胆碱含量低,使肝脏的保护性降低。因此,大量填饲玉米易在肝脏中沉积脂肪,有利于肥肝的形成。玉米的颜色对肥肝的色泽有明显影响,用黄色或红色玉米填饲的肥肝,色泽较深。

(2)填饲玉米的调制　常用的调制方法有以下三种。

1)水煮法　将用于填饲的玉米淘洗后,倒入沸水锅中,水面浸没玉米粒 5 ~ 10 cm,煮3 ~ 6 min,捞出沥去水分;然后加入占玉米质量 1% ~ 2% 的猪油和 0.3% ~ 1% 的食盐,充分搅匀,待温凉后,供填饲用。

2)浸泡法　将玉米粒至于冷水中浸泡 8 ~ 12 h,随后沥干水分,加入 0.5% ~ 1% 食盐

和 1%~3% 的动(植)物油脂。

3)干炒法　将玉米粒在铁锅内用文火不停翻炒至八成熟,待玉米呈深色为止。填饲前再用热水将玉米 1~1.5 h,沥干后加入 0.5%~1% 的食盐,拌匀后填饲用。

上述玉米的三种调制方法均可获得良好的填饲效果。浸泡法比煮熟法和干炒法更简便易行,节省劳力和调制加工费用。

7.4.3.3　填饲期、填饲次数和填饲量

(1)填饲期和填饲次数　填饲期的长短取决于填饲鹅、鸭的成熟程度。我国民间有以 14 天、21 天、28 天为填饲期的习惯。鹅的填饲期较长,鸭则较短。如能缩短填饲期,又能取得良好的肥肝最为理想;填饲期越长,伤残越多。填饲期与日填饲次数有关,一般鹅日填饲 4 次,家鸭日填饲 3 次,骡鸭日填饲 2 次。

(2)填饲量　日填饲量和每次填饲量应根据鹅、鸭的消化能力而定;填饲初期,填饲量应由少到多,随着消化能力增强逐渐增量。每次填饲时应先用手触摸鹅、鸭食道膨大部,如上次填饲料已排空,则可增加填饲量;如仍有饲料贮积,说明上次填饲过量,消化不良,应有手指帮助把食道中的积贮玉米捏松,以利消化,严重积食的可停填一次。

在消化正常的情况下,则应尽量填足,使大量脂肪装运到肝脏贮积,迅速形成肥肝。鹅、鸭每天填饲量为:小型鹅的填饲量以敢于密集在 0.5~0.8 kg,大、中型鹅在 1.0~1.5 kg;北京鸭 0.5~0.6 kg;骡鸭在 0.7~1.0 kg。达到上述最大日填饲量的时间越早,说明禽的体质健壮,肥肝效果也越好。

7.4.3.4　填饲方法

填饲方法可分为手工填饲和机械填饲两种。由于人工填饲劳动强度大,工效低,所以多为民间传统生产中使用,而商品化批量生产中一般都使用机械填饲。当前填饲机有手摇填饲机和电动填饲机两种。根据中国鹅颈细长的特点,国内已研制出多种型号的鹅、鸭填饲机。鹅用填饲管延长到 50 cm,容易插到鹅的食道膨大部,进行自下而上的填饲,效果很好。

7.4.3.5　填饲期的管理

(1)肥舍保持干燥　填饲鹅、鸭一般采用舍饲垫料平养,要经常更换垫料,保持舍内干燥。圈舍地面要平整,填饲后期,肥肝已伸延到腹部,如圈舍地面不平,即已造成肝脏机械损伤,使用肥肝局部瘀血或有血斑而影响肥肝的质量。

(2)供给充足的饮水　要增设饮水器,保持随时都有清洁饮水供应,以满足育肥禽对饮水的迫切需要。但在填料后半小时内不能让鹅、鸭饮水,以减少它们甩料。另外饮水盘中可加一些沙粒,让其自由采食,以增强消化能力。

(3)保持育肥舍的安静　鹅、鸭富于神经质,易受外界噪音、异物的惊扰而骚动不安,这会影响消化、增重和肥肝增长。舍内光线宜暗,饲养员要细心管理,不得粗暴驱赶鹅、鸭群和高声喧嚷。

(4)饲养密度合理　一般每平方米育肥舍可养鸭 4~5 只、鹅 2~3 只。饲养密度大,互相拥挤碰撞,影响肥肝的产量和质量。舍内围成小栏,每栏养鹅不超过 10 只,鸭不超过 20 只。

(5)填饲期内限制与肥鹅、鸭的活动　禁止其下水,以减少能量消耗,加快脂肪沉积。

7.4.4　屠宰与取肝

7.4.4.1　屠宰

将鹅、鸭挂在屠杀架上,头部向下,人工割颈部气管与血管,放血时间为 3～5 min,充分放学的屠体皮肤白而柔软,肥肝色泽正常;乳放血不净屠体色泽暗红,肥肝瘀血,影响质量。

7.4.4.2　浸烫

将放血后的鹅、鸭至于 60～65 ℃的热水中津塘,时间 1～3 min,水温不能过高,过高脱毛时易损伤皮肤,严重者影响肥肝质量;水温过低拔毛又很困难。屠体应在热水中翻动,使身体各部位的羽毛能完全湿透,受热均匀。

7.4.4.3　脱毛

由于肥肝很大,部分在腹腔,一般采用人工拔毛。拔毛时将浸烫过的鹅、鸭放在桌上,趁热现将胫、蹼、喙上的表皮捋去,然后依次拔翅羽、背尾羽、颈羽和胸腹部羽毛。拔完粗大的毛后将屠体放入盛满水的拔毛池中,水不断外溢,以淌除浮在水面上的羽毛。手工不易拔尽的纤羽,可用酒精火焰喷灯燎除,最后将屠体清洗干净。拔毛氏不要碰撞腹部,也不可互相堆压,以免损伤肥肝。

7.4.4.4　预冷

由于鹅、鸭的腹部充满脂肪,脱毛后取肝脏会使腹脂流失;而且肝脏脂肪含量高,非常软嫩,内脏温度未降下来取时容易捉坏肝脏。因此,应将屠体预热,使其干燥,脂肪凝结,内脏变硬而不至于冻结,才便于取肝脏。将屠体放在特制的金属架上,胸腹部朝上,置于温度为 4～10 ℃的冷库预冷 18 h。

7.4.4.5　取肥肝

将屠体放置在操作台上,胸腹部朝上,尾部对着操作者,右手持刀从龙骨末端处沿腹中线切开皮肤,直到泄殖腔前缘。随后在切口上段两侧各开一个小切口中,用左手食指插入屠体右侧小切口中,把右侧皮肤钩起,右手持刀轻轻沿原腹中线切口把腹膜割破,用双手同时把腹部皮肤、皮下脂肪及腹膜从中线切口出向两侧扒开使腹脂和部分肥肝暴露,然后用左手从鸭体左侧伸入腹腔,把内脏向左扒压,右手持刀从内脏与左侧肋骨间的空隙中,把刀伸入腹腔,沿着肋骨脊柱与内脏切割,使内脏与屠体的腹腔剥离。然后仔细将肥肝与其他脏器分离。操作时不可割破肥肝,以保持肥肝体完整。取出的肥肝用小刀修除附在上面的神经纤维、结缔组织、残留脂肪、胆囊下的绿色渗出物、瘀血、出血斑和破损部分,然后放入 0.9% 的盐水中浸泡 10 min,捞出后沥水,称重分级。

思考与练习

1.简述水禽的生产特点。

2.简述影响肥肝生产的因素。

3.论述提高肉鸭、肉鹅育雏期成活率的综合措施。

4.论述提高鸭、鹅产蛋率的综合技术措施。

第8章 特禽的饲养与管理

特种经济禽类生产简称特禽,是指除鸡、鸭、鹅之外的,具有较高经济价值和特殊用途的禽类,包括已驯化、半驯化的禽种以及某些可以人工饲养的野生禽类。如鹌鹑、肉鸽、火鸡、珍珠鸡、雉鸡、鹧鸪、鸳鸯、乌骨鸡、鸵鸟、蓝孔雀、金丝雀、八哥等。特种经济禽类是国内学者针对我国禽类生产的实际情况提出并使用的概念。

特种经济禽类在生产上以经济用途分类,大致可分为肉用类、野味类、药用类、玩赏类、狩猎类及其他专用类。

我国的特禽生产起步于20世纪70年代末,先后从国外引进了美国重型肉用尼古拉斯火鸡、加拿大海布里德中型火鸡、法国贝蒂纳轻型火鸡、法国伊沙鸡、珍珠鸡和肉用鹌鹑、美国七彩山鸡、肉用王鸽、德国野鸭等特禽良种。此外,我国还对其他特禽进行驯养和选育工作,在全国范围内建立了若干具有一定基础和规模的特禽育种场、专业场和生产场。由于特禽具有较高的营养价值、药用价值和玩赏价值,且有利于生态保护,所以随着人民生活水平的提高,特禽生产必将成为很有生产力的养殖业。

8.1 肉鸽

家鸽起源于野生的原鸽,现今品种繁多,按用途可分为信鸽、观赏鸽、肉鸽三大类。家鸽不仅在肉用、通信、观赏等方面有较高价值,而且在药品检验、地震预报、环境检测、医药科研等方面均发挥出它特有的作用。

8.1.1 肉鸽的品种

(1)王鸽 王鸽又称美国王鸽,是世界著名的肉用鸽品种之一,1890年在美国新泽西州译成,是目前饲养数量最大、分布最广的品种。王鸽体形短胖,胸圆背宽,尾短而翘,平头光脚,羽毛紧密,体态美观。成年公鸽体重800~1 100 g,母鸽体重700~800 g。年产乳鸽6~8对,4周龄乳鸽体重600~800 g。王鸽有白色、银色、红色、黄色、蓝色等多种羽毛的品系,国内以白王鸽和银王鸽为主。白王鸽全身羽毛洁白,喙肉红色,眼大有神,眼球深红色,脚枣红色;银王鸽全身羽毛银灰,翅羽有两条黑色条带,腹部尾部浅灰红色,眼环黄色,脚红色。

(2)贺姆鸽 贺姆鸽是世界著名的种鸽,有多个品系。肉用品系中以1920年美国育成的大型贺姆鸽最出名,羽毛有白色、灰色、黑色、棕色等。肉用型体形虽较小,但其肉质好,耗料少。贺姆鸽羽毛紧密,躯体结实,无脚毛,体形较短而宽,喙呈圆锥状,以耐粗饲、善孵育而优于其他良种。成年公鸽体重 680～765 g,母鸽体重 600～700 g,4 周龄乳鸽 600 g,年产乳鸽 7～8 对。

(3)鸾鸽 鸾鸽是世界上最古老的品种之一,原产于意大利和西班牙。鸾鸽是肉鸽良种中体型最大、体重最重的品种。羽毛有白色、斑白色、黑色、灰色等,身体顾长,胸宽深,肌肉丰满,颈长而粗壮。毛羽宽长,末端圆钝,不上翘。性情温顺,不善飞,不爱活动,适于笼养。成年公鸽体重 1 400～1 500 g,母鸽 1 200 g,年产乳鸽 6～8 对,4 周龄的乳鸽体重可达 750～900 g。

(4)卡奴鸽 卡奴鸽又称卡诺鸽,原产于比利时和法国,为肉用和观赏兼用鸽,卡奴鸽外观魁梧,毛色有白、黑、黄、红等。体形特征为头大,颈粗,胸圆而阔,短翼,短尾,矮脚,尾下垂但不着地。性情温顺,容易饲养,为较佳的肉鸽品种。卡奴鸽属中型鸽种,成年公鸽体重 700～800 g,母鸽体重 600～700 g。繁殖力强,年产乳鸽 8～10 对,高产者达 12 对以上。

(5)蒙丹鸽 蒙丹鸽又称蒙腾鸽,原产于法国和意大利。因善飞翔,喜地上行走,行动缓慢不愿栖息,故又称地鸽。蒙丹鸽和世界各地的原有鸽种杂交形成了很多品系,按产地分为法国、瑞士、意大利、印度、美国毛冠等蒙丹鸽。毛色多样,有纯黑、纯白、黄色等,以白色最受市场欢迎。成年公鸽体重 750～850 g,母鸽体重 700～800 g,1 月龄乳鸽体重达 750 g,年产乳鸽 6～8 对。

(6)石岐鸽 石岐鸽产于广东省中山且石岐一带,是我国育成的大型肉用鸽品种,以中国鸽为母本,与贺姆鸽、卡奴鸽、王鸽等杂交而成。石岐鸽体长、翼长、尾长,形如芭蕉的蕉蕾。头平,鼻长,喙尖。成年公鸽体重 750～800 g,母鸽体重 650～750 g,年产 7～8 对乳鸽。石岐鸽适应性强,耐粗饲,容易饲养,性情温顺,皮色好,肉嫩,味美,但蛋壳较薄。

8.1.2 肉鸽的生活习性

(1)单配 鸽对配偶有选择性,单配,情感专一,公母鸽配对后便和睦相处、飞鸣相依。若飞失或死亡一只,另一只则需要很长时间才另找配偶。母鸽无配偶不产蛋。

(2)喜群聚,性好浴 鸽的合群性好,喜群居、群飞、成群活动等。鸽喜欢卫生、干燥的环境,栖息于具有一定高度的巢窝内,喜欢水浴、沙浴和日光浴。因此,鸽舍应保持清洁、干燥、通风、向阳,在运动场设栖架、水浴池和沙浴,在舍内设离地鸽巢。

(3)素食为主,嗜盐性强 鸽子无胆囊,以植物性饲料为主,喜食小米、绿豆、红豆、玉米、麦子、稻谷等粒料。由于野生原鸽长期生活在海边,常饮海水,形成喷香盐的习惯,所以必须在保健沙中加入适量的食盐。

(4)记忆力强,警觉性高 鸽子有发达的感觉器官,对方位、鸽巢、管理程序、饲养员的呼叫声都有较强的记忆、识别能力,具有高度的辨别方向能力、归巢能力、高空飞翔的持久力。鸽子迁移新舍要很长时间才能安定。鸽子的警觉性也很高,对外来刺激反应敏感,易发生惊群。鸽的饲养环境要安静、安全、固定,不宜轻易迁巢。

(5)公母鸽共同孵化,哺育幼鸽

1)孵蛋 蛋产出后由公母鸽轮流孵化。白天以雄鸽为主,夜间以雌鸽为主。在孵化中一旦安静或安全的孵蛋环境受到破坏,亲鸽便会弃蛋不孵。

2)哺育幼鸽 鸽是晚成鸟,出壳时眼睛不能睁开,体表仅见稀绒毛,不会行走和觅食,主要靠鸽乳(亲鸽的嗉囊腺所分泌的一种富含蛋白质的物质)哺育。幼鸽的喙插入亲鸽的喙内,亲鸽从嗉囊内呕出食物来,幼鸽便在亲鸽的口里把食物吞入,公母鸽共同哺育幼雏。

(6)适应性强 长期自然选择使鸽具有很强的适应能力,在酷暑、严寒、风霜雪雨等逆境中均能生存。

8.1.3 肉鸽的经济价值

(1)鸽肉高蛋白质,低脂肪 乳鸽肉质细嫩,味道鲜美,既是名贵佳肴,又是高级滋补品,素有"一鸽胜九鸡"之说。鸽肉还具有调心、养血、补气、养颜、固本、扶正、祛邪等药用价值。鸽肉蛋白质含量为21%~22%,脂肪含量仅为1%~2%,维生素 A、维生素 B_{12}、维生素 E 及微量元素含量均较高。

(2)肉鸽生长迅速,饲养期短 当年留种鸽,就能生产乳鸽。乳鸽25~30天即可出售,体重可达500~750 g。一对良种肉鸽每年可产7~9对乳鸽,肉鸽寿命长,一般5~6年,有的长达十几年。

(3)肉鸽饲养投资少,效益高 每平方米可饲养4对种鸽,鸽笼、鸽舍简易,亲鸽孵蛋、哺育,不需要特殊的孵化设备,因而投资较小。饲养规模可大可小,管理简便,1人可饲养300对种鸽。鸽饲料来源广,消耗少。

8.1.4 肉鸽的繁育特点

8.1.4.1 肉鸽的繁殖过程

肉鸽从交配、产蛋、孵化到乳鸽的成长,这段时间称为繁殖周期,共45~60天,分为求偶配对、筑巢产蛋、孵蛋期、哺育乳鸽4个阶段。

(1)求偶配对 5~7月龄的肉鸽已进入性成熟阶段,并表现出各种求偶行为。公鸽的求偶动作是对着母鸽将头昂起,颈部鼓胀,背羽松起,尾羽展开呈扇形,同时频频点头,发出"咕咕"声,跟在母鸽后面亦步亦趋。母鸽在公鸽"求爱"动作的刺激下,喜欢接近公鸽,彼此梳理头部和颈部的羽毛,相互亲吻,称为鸽吻。配对分人工配对和自然配对,自然配对时应注意公母比例、体重、年龄悬殊不能太大。

(2)筑巢产蛋 筑巢做窝是鸽子的天性,公母鸽配对后会自行筑巢。一般是公鸽负责,搜寻做窝的材料,用喙衔草,每次一根,由母鸽接去后做成像锅底形的巢。鸽子产蛋前也会选择人造的窝,只要人造窝同鸽造窝一样,鸽子很快就会顺利产蛋。

筑巢后公鸽便开始强迫母鸽留在巢内,如果母鸽有时离巢觅食,公鸽则立刻起飞紧紧追赶、喙打,直到母鸽返巢,这种行为叫"驭妻""追蛋"。追赶越积极,驭妻能力越强的公鸽生产能力也越强,这一对鸽产蛋就越快。

鸽子配对后经5~7天便开始产蛋,每窝连产两个蛋。第1个蛋在下午产出,相隔48 h再产第2个蛋,鸽蛋重15~20 g,白色,呈椭圆形。

(3)孵蛋期 公母鸽配对并产下蛋后即轮流孵化,此期需18~20天。多在两个蛋产下后,开始公母鸽轮流孵蛋。母鸽孵蛋时间在 4:00 至第 2 天 9:00,公鸽在 9:00 至4:00 替换母鸽孵蛋。此阶段应提高饲料的营养水平,使亲鸽获得足够的营养,以便为乳鸽出壳后提供足够的鸽乳。

(4)哺育乳鸽　乳鸽从出壳到独立生活,需 20 ~ 30 天。此间父母亲鸽共同照料,轮流饲喂。同时,亲鸽又开始交配,2 ~ 3 周后生下一窝蛋,再开始孵化,周而复始地进行。

乳鸽初生 1 个月可独立生活,6 个月后可配对。母鸽可利用期为 5 ~ 6 年,公鸽可利用期为 7 ~ 8 年。肉用种鸽每年生产乳鸽 12 只,每隔 45 天左右产一窝蛋。

8.1.4.2　鸽的雌雄、年龄鉴别

(1)乳鸽的雌雄鉴别　同窝的乳鸽中,生长快、身体粗大的是雄性。10 日龄后公鸽反应敏感,用手抓乳鸽,羽毛竖起,用喙啄手。外貌上公鸽头粗大,喙宽厚稍短,鼻瘤大而偏平,脚粗大。母鸽头小而圆,喙长而窄,鼻瘤小,脚细小。4 ~ 5 日龄前翻肛门观察其形状,公鸽的肛门下缘较短,上缘覆盖下缘,从后面看两端稍微向上弯曲;母鸽肛门上缘较短,下缘覆盖上缘,肛门两侧向下弯曲。

(2)乳鸽的年龄鉴别　准确识别鸽子的年龄对适时配对和行程具有重要意义。建立完整的记录是正确掌握年龄的最可靠方法,无记录时可根据外貌进行鉴别。

1)根据羽毛的更换规律识别　鸽有主翼羽 10 根,副主翼羽 12 根。主翼羽更换用来识别童鸽的月龄,2 月龄更换第 1 根主翼羽,以后每 13 ~ 16 天更换一根,换完 10 根为 6 月龄。

2)根据鸽喙的形状及嘴角结痂识别　乳鸽喙末端较尖,软而细长;童鸽厚而硬;成年鸽喙较粗短,末端较硬而滑,年龄越大,喙末端越钝,越光滑。成年鸽因哺喂乳鸽嘴角出现茧,年龄越大茧越大,5 年以上的亲鸽,嘴角两侧的茧呈锯齿状。

3)根据鸽鼻瘤大小及颜色识别　乳鸽的鼻瘤红润,童鸽浅红且有光泽,2 年以上鸽的鼻瘤已有薄薄的粉白色,5 年以上的鸽的鼻瘤粉白而粗糙。鼻瘤随年龄增大而稍微增大。

4)根据鸽脚颜色和鳞纹识别　童鸽脚颜色鲜红,鳞纹不明显,鳞片软而平,趾甲软而尖,脚底软而滑;2 年以上的鸽脚颜色暗红,鳞纹细而明,鳞片及趾甲稍硬而弯;5 年以上的鸽脚呈紫红色,鳞纹粗,鳞片突出粗糙,呈白色,趾甲硬而弯曲,脚垫厚而粗硬。

8.1.5　肉鸽的营养需要与饲料配方

8.1.5.1　肉鸽的营养需要

肉鸽营养需要的特点是以素食为主,喜食粒料;日粮中脂肪含量不能过高(一般为3% ~ 5%);对矿物质的需要高于其他畜禽;对水的需要量高于鸡。目前,国内尚无统一的肉鸽饲养标准。

8.1.5.2　肉鸽的常用饲料和饲料配方

(1)肉鸽的常用饲料

1)能量饲料　玉米、稻谷、小麦、大麦、高粱、小米等。

2)蛋白质饲料　豌豆、蚕豆、黄豆、绿豆、赤豆、火麻仁、花生米等。

3)矿物质饲料　贝壳粉、骨粉、石灰石粉、食盐、木炭末、黏土、沙土、元素添加剂等。

(2)肉鸽的饲料配方举例　鸽子的饲料配方简单,由两大类即能量饲料(禾本科籽

实)和蛋白质饲料(豆科籽实)组成。幼鸽阶段:谷粒(3~4种)占75%~80%,豆类(1~2种)20%~25%。种鸽哺育阶段:谷粒(3~4种)占70%~80%,豆类(1~2种)占20%~30%。

传统肉鸽饲料配方,饲料稳定性差,营养成分不全面,易致偏食,影响肉鸽生产性能的。饲喂颗粒饲料可促进肉鸽生长发育,提高抗病力。

8.1.5.3 保健沙的补充与使用

传统养鸽必须饲喂保健沙。保健沙可补充矿物质和维生素,有助于消化吸收、解毒、促进生长发育与繁殖等。

配制保健沙的原料有黄泥、细沙、骨粉、贝壳粉、旧石灰、木炭末、龙胆草末、食盐、甘草末、红铁氧、红泥等。

配制保健沙时,应检查所用各种配料纯净与否,有无杂质和霉变情况;混合配料时应由少到多,多次搅拌。保健沙应现配现用,保持新鲜;定时定量供给,育雏期种鸽多给些,非育雏期则少给些,每对鸽15~20 g。值得注意的是,保健沙配方应随鸽子的状态、生长阶段、季节的变化而改变。

8.1.6 肉鸽的饲养与管理

8.1.6.1 乳鸽的饲养与管理

乳鸽又称幼鸽或雏鸽,是指1月龄内的鸽。乳鸽期间基本上不能行走和自行采食,只能靠亲鸽从嗉囊中吐出半消化乳状食糜维持生长。乳鸽一天中饲喂量以上午最多,其次是下午,中午最少。食量随日龄增加而逐渐增多,10~20日龄食量最大,以后又逐步递减。根据上述生长特点,在饲养与管理上必须抓好以下几点。

(1)及时进行"三调"

1)调教亲鸽给乳鸽喂乳 发现个别亲鸽不会喂乳时,要给予调教。把乳鸽的嘴小心插入亲鸽的口腔,经多次重复后,亲鸽一般就会哺乳。

2)调换乳鸽的位置 通常先出壳的乳鸽长得快,或有个别亲鸽每次先喂同一只乳鸽,则先受喂的那一只乳就长得快,导致同一窝中两只乳鸽的大小差异很大。为避免上述情况,可在乳鸽会站立前将其位置调换一下,这样亲鸽就可先喂小的乳鸽,使两者均匀一致。

3)调并乳鸽 若一窝孵出1只雏鸽或1对乳鸽中途死亡1只,可合并到日龄相同或相近、大小相似的其他单雏或双雏窝内饲养,使不带乳鸽的种鸽提早产蛋、孵化,既提高繁殖力,又可避免发生因被亲鸽喂得过多而致乳鸽嗉囊积食的现象。

(2)注意饲料调换 乳鸽1周龄后,亲鸽改喂食糜,即经浸润的谷类、豆类、籽实料。饲料转变容易引起消化不良,发生嗉囊炎、肠炎及死亡等现象,这是乳鸽培育的一个难关。因此,最好给亲鸽饲喂颗粒较小的谷物、豆类、籽实类,或将谷豆类籽实浸泡后晾干再喂,也可每天给乳鸽喂适量酵母等健胃药。

(3)及时离亲 不作种用的商品乳鸽,在21日龄就要离开亲鸽,进行人工肥育出售。留种的雏鸽,28日龄离巢单养,否则会影响亲鸽产蛋和孵化。

(4)乳鸽的人工哺育 目前1~7日龄乳鸽的人工哺育尚处于试验阶段,而8~21日龄乳鸽的人工哺育开展得比较成功。一般由亲鸽或保姆鸽喂养至 8 ~ 12 日龄才进行人工哺育,人工哺育的乳鸽饲料学以玉米、小麦、麸皮、豌豆、奶粉、酵母粉等为原料,再适量加入蛋氨酸、赖氨酸、复合维生素、食盐和矿物质科学配制而成。哺喂时,要用开水将料调成糊状,然后用注射器接胶管注入乳鸽嗉囊内,每天喂 2 ~ 3 次,注意不要喂太胀。

(5)肉用乳鸽的肥育　为了提高乳鸽肉质,增加乳鸽体重,在出售前 1 周进行人工育肥。

1)填肥对象　选用 3 周龄、身体健康、羽毛整齐光滑、体重 350 g、无伤残的乳鸽作为填肥对象。

2)填肥环境　周围环境安静,房舍空气流通、干燥,光线不宜过强,并能防止兽害。

3)饲养密度　每 1 ~ 1.2 m² 育雏笼 50 只。

4)填肥饲料　玉米、小麦、糙米、豆类适当添加食盐、禽用复合维生素、矿物质和健胃药。

5)填肥方法　把饲料粉碎成小颗粒,再浸泡软化,晾干,也可采用配合粉料,水料比 1:1,每只乳鸽一次填喂 50 ~ 80 g,每日 2 ~ 3 次。

8.1.6.2　童鸽的饲养与管理

童鸽是指 1 ~ 2 月龄、刚离开亲鸽开始独立生活的幼鸽。

(1)初选　选留符合品种特征、发育良好、没有缺陷、体重已达到标准的乳鸽,带上有号码的脚环,并做好各项性状的原始记录,然后转到童鸽舍饲养。

(2)饲养环境　离巢后的乳鸽由亲鸽哺育转为独立生活,饲养和环境变化较大,本身适应和抗病能力差,稍有疏忽就会使鸽生长发育受阻或发生疾病。因此,最初几天应将幼鸽饲养于育雏床上,10 ~ 15 天后再转入离地网上饲养。

(3)训练采食、饮水　刚离巢的幼鸽,在饲料品种、数量和饲喂时间上,都应与亲鸽哺育时期一样。最初几天应将饲料撒在饲料盒上,训练幼鸽啄食或人工填喂,直到能独立采食为止。饮水比学采食要迟些,能独立吃食的鸽子不一定能自己找水喝,可将鸽子的嘴轻轻按到水中,反复几次,鸽子就会自动饮水。

(4)换羽期的管理　童鸽约 50 日龄开始换羽,此时对外界环境变化敏感,容易受凉和发生应激,也易受沙门杆菌、球虫等感染。因此,应做好防寒、保温工作,适当增加饲料中能量饲料的含量,以增强童鸽的御寒能力。能量饲料占 85% ~ 90%。

(5)清洁卫生和消毒工作　鸽舍和运动场每天清扫 1 ~ 2 次。每隔 3 ~ 4 天给鸽子洗澡 1 次。及时清除鸽舍周围的杂草、异物,减少蚊、蝇、鼠的危害,饮水器和食槽要定期消毒,每周 1 ~ 2 次。

8.1.6.3　青年鸽的饲养与管理

青年鸽是指 2 月龄以上的鸽子,称育成鸽或后备鸽,是培育种鸽的关键阶段,育成鸽培育的好坏,直接影响到种的生产性能。

(1)限制饲喂　育成鸽生长发育仍很迅速,第二性征逐渐明显,爱飞好斗。这个时期应适当限制饲喂,防止采食过多或体重过肥。

(2)分群饲养　3 ~ 4 月龄时,第二性征开始出现,活动能力增加,这时应选优去劣,公母分开饲养,防止早配早产影响生长发育。

（3）调整日粮　5～6月龄的育成鸽,其生长发育趋于成熟,主翼羽已脱换七八根。应增加豆类饲料喂量,使其成熟一致。

（4）加强运动和驱虫　宜采用网养或地面平养,让鸽多晒太阳、多运动。育成鸽群养时易感染体内、外寄生虫,应及时驱虫。

8.1.6.4　种鸽的饲养与管理

由青年鸽转入配对后的鸽子称种鸽,配成对进入产蛋和孵育仔鸽的种鸽称为亲鸽。

（1）配对期的饲养与管理

1）人工辅助配对　把选配的雌、雄鸽关在配对笼里,笼子两个侧面有隔板,看不见其他鸽子,只能看到指定原配鸽,它们在同笼内采食和活动以逐渐熟悉。若配对恰当,2～3天就会亲热起来,互相理毛、亲嘴,交配成功后,即可转移到群养舍中或产蛋笼中。

2）认巢训练　训练产蛋鸽按人们的要求在指定的地方产蛋。笼养鸽子因活动地方小,一般都会跳上巢盆里产蛋。在巢盆内放一个假蛋,当鸽愿意在盆内孵化时,再放入真蛋,将假蛋拿出。对几天还找不到巢的配对鸽,可关在预定的巢房内,吃食饮水时放出来,过3～4天就会熟悉巢房,并固定下来。

3）重选配偶　鸽子需要重新选择配偶有3种情况:一是配对时双方合不来;二是丧失配偶;三是育种需要拆偶后重配。

（2）孵化期的饲养与管理

1）准备好巢盆和垫料　种鸽一经配对就应在适当的地方放入巢盆,垫上柔软的垫料,诱导其快产蛋。

2）安静的孵化环境　应采取措施挡住视线,减少对种鸽的干扰,使期专心孵蛋。群养鸽要关在巢房内,不让其外出活动,强制孵蛋。

3）定期检查　要定期检查胚蛋受精,胚胎发育情况。第一次4～5天,照蛋后取出无精蛋;第二次11～13天,照蛋时取出死胚蛋,受精蛋转移给同期产蛋的产蛋鸽继续孵化。注意两只蛋的孵化时间要相同或相近。

4）助产　对已啄壳而无力出壳的雏鸽,要进行人工辅助出壳。将鸽蛋破口,用针轻轻挑碎硬蛋皮,延长半圈或一圈,使雏鸽能不费力地将蛋壳顶开。

8.2　鹌鹑

鹌鹑简称鹑,是由野生鹌鹑驯化而来的,是鸡形目中最小的一种禽类,其体重、生产性能及适应性已较野鹑大有提高。

鹌鹑是饲养量最大的特禽之一,目前全世界养鹑总数已达10亿只以上,我国约有1.5亿只,居首位。

8.2.1　鹌鹑的品种

8.2.1.1　蛋用型

（1）中国鹌鹑　由北京市种鹑场等单位于1990年联合培育成中国白羽鹌鹑。成年公鹌鹑体重145 g,母鹌鹑体重170 g,开产日龄45 天,年平均产蛋率可达80%~85%,年产蛋量265~300 枚,蛋重11~13 g,产蛋期日耗料量24 g,料蛋比为3∶1。最佳种用时间90~300 天,其生长速度与朝鲜鹌鹑相近,且屠体美观。

(2)日本鹌鹑 世界著名的蛋用型品种之一,系利用中国野生鹌鹑为育种素材,经65年反复改良育成,亦名"日本改良鹑"。主要分布于日本、朝鲜、中国、印度和东南亚一带。目前新的品系也已引入欧美鹑种血液。

日本鹌鹑体形较小,羽毛多呈栗褐色,夹杂黄黑色相间的条纹。成年公鹑体重110 g,母鹑130 g。35~40 日龄开产,年产蛋量250~300 枚,蛋重10 g。蛋壳上有深褐色斑块,有光泽;或呈青紫色细斑点或块斑,蛋壳为粉状而无光泽。

(3)朝鲜鹌鹑 由朝鲜采用日本鹌鹑培育而成,体重较日本鹌鹑稍大,羽色基本相同。按其产区可分为龙城系与黄城系两类。成年公鹑体重125~130 g,母鹑体重约150 g。45~50 日龄开产,年产蛋量270~280 枚,蛋重11~12 g。肉用仔鹑35~40 日龄活重可达130 g,半净膛屠宰率80%以上。

8.2.1.2 肉用型

主要是法国肉鹌鹑,由法国鹌鹑育种中心育成,为著名肉用型品种。体形硕大,体羽呈灰褐色与栗褐色,间杂有红棕色的直纹羽毛,头部呈黑褐色,头顶部有三条淡黄色直纹,尾羽较短。公鹑胸部羽毛呈棕红色,母鹑则为灰白色或浅棕色,并缀有黑色小斑点。种鹑生活力与适应性强;6 周龄活重240 g,4 月龄种鹑活重350 g;平均产蛋率为70%,孵化率70%,平均蛋重13~14.5 g。肉用仔鹑40 日龄体重230~250 g,半净膛率达88.3%,胸腿肌占活重的40.5%。

此外,较著名的还有美国法老肉用鹌鹑、加利福尼亚肉用鹌鹑、澳大利亚肉鹑、英国白羽肉鹌鹑等。

8.2.2 鹌鹑的生活习性

(1)喜温暖,怕强光 鹌鹑喜温暖、怕寒冷、喜干燥、怕潮湿、怕强光。

(2)食性杂,嗜食粒料 鹌鹑在早晨和傍晚采食频繁,对日粮蛋白质水平要求高,且有明显的味觉喜好。

(3)性情活泼 鹌鹑爱跳跃、快走、短飞或短距离滑翔。公鹑善鸣好斗。

(4)富有神经质 鹌鹑对周围任何应激的反应均极为敏感,易骚动、惊群和发生啄癖。

(5)配偶有选择性 鹌鹑基本为单配,当母鹑过多时发生有限的多配偶制。因选择配偶严格,故受精率较低。鹌鹑的交配行为多为强制性的。

(6)早熟,无抱性 性成熟、体成熟均较早,孵化期短,无抱性。

(7)适应性和抗病力强 尤耐密集型笼养,便于工厂化生产。

8.2.3 鹌鹑的经济价值

(1)鹌鹑蛋,肉营养丰富 鹌鹑蛋浓蛋白特别黏稠,生物学效价极高,必需氨基酸构成合理,微量元素的含量丰富。鹌鹑肉不仅具有独特的多汁性、鲜嫩性,还具有独特的芳香味。其营养成分高,胆固醇含量较低。

(2)鹌鹑蛋、肉的药用价值高 鹌鹑蛋含有磷脂、芦丁和多种激素,鹌鹑肉含有多种人体必需氨基酸,且胆固醇含量较低,因此对人类的胃病、神经衰弱、心脏病都有一定的辅助治疗作用。对结核、妇女产前后贫血、肝炎、糖尿病、营养不良、发育不足、动脉硬化、高血压等也有滋养、调理作用。

(3)鹌鹑生产性能较高,繁殖能力强 一只蛋用母鹑年平均产蛋量可达 280~300个,平均蛋重 10.5~12 g,年总产蛋重可达 3~3.6 kg,是产蛋鹑体重的 23~27 倍。

肉用仔鹌鹑生长速度快,35~40 日龄体重可达 200 g 以上,是初生重的 20 倍以上。其饲料转化率高,耗料增重比为 2.5:1~2.6:1。种母鹌鹑平均 40 日龄开产,孵化期17 天,年可继代 5 次。

(4)鹌鹑是理想的实验动物 由于鹌鹑有体型小、繁殖快、敏感性好和实验效果周期短等特点,目前不少国家都在培育"无菌鹑"和"近交系鹑",用于遗传学、医学、营养学、环保科学等方面的实验研究。

8.2.4 鹌鹑的繁育特点

8.2.4.1 种鹌鹑的选择

生产上常用外貌鉴定法(肉眼观察及用手触摸)进行鉴别选择。种公鹌鹑要求羽毛覆盖完整而紧密,颜色深而有光泽;体格健壮,头大,喙色深而有光泽,吻合良好,趾爪伸展正常,爪尖锐,眼大有神,雄性特征明显,叫声高亢响亮,泄殖腔腺发达,交配力强。种母鹌鹑要求羽毛完整,色彩明显,头小而俊俏,眼睛明亮,颈部细长,体态匀称,趾骨骨间距要款,胸骨末端间要宽。公母鹌鹑体重均应达到品种标准。在育种场,除用外貌鉴定外,还可根据系谱记录、本身成绩、后裔测定进行选择。

8.2.4.2 公母比例和种鹌鹑利用年限

(1)公母比例 鹌鹑的公母比例与品种、日龄等有关。朝鲜龙城系和日本鹌鹑为 1:2.5~1:3.5,法国肉鹑为 1:2~1:3,白羽鹌鹑为 1:3~1:4。

(2)种鹌鹑的利用年限 蛋鹌鹑一般不超过 1 年,肉鹑不超过 9 个月。当饲养管理水平高、生产性能好时,可适当延长利用时间。

(3)鹌鹑开产与适宜配种时间 鹌鹑 35~40 日龄开产,一般应在开产后 15 天进行交配留种。鹌鹑大多采用自然交配,人工授精在生产中应用很少。

8.2.4.3 鹌鹑人工孵化要点

鹌鹑自己丧失了就巢性,因此大多采用专用的鹌鹑蛋孵化器进行人工孵化。用立体孵化机孵化,当室内温度在 20~25 ℃时,箱内温度要求:0~5 胚龄为 38.6 ℃;6~14 胚龄为 38 ℃;15~17 胚龄保持 37 ℃。因为鹌鹑蛋蛋重较轻,壳薄,胚蛋水分易蒸发,因此对孵化湿度要求也较严格,孵化阶段相对湿度为 60%,出雏阶段为 70%。孵化阶段每天翻6~12 次。

8.2.4.4 鹌鹑的公母鉴别

(1)初生雏鹑鉴别 通常采用肛门鉴别法,期准确率高时可达 99%。鉴别方法同雏鸡,但手法要轻。如泄殖腔的黏膜呈黄色,其下壁的中央有一小的生殖突起,即为雄性;

反之,如呈淡黑色,无生殖突起,则为雌性。

(2)1 月龄鹌鹑的鉴别　一般已基本换好体躯部的永久羽。栗褐羽鹑的公鹑在脸、下颌、喉部开始呈现赤褐色,胸羽为淡红褐色,其上偶有少数斑点,主腹部呈淡黄色,胸部较宽。有的已开始啼鸣。母鹑脸部为黄色,下颌与喉部为白灰色,胸部密缀有许多黑色小斑点,其分布范围似鸡心,整齐而素雅,腹部灰白色。少数母鹑胸部羽毛底色酷似公鹑,可再检查其下颌与喉部颜色,母鹑鸣叫声低而短促,如蟋蟀叫声。

8.2.5　鹌鹑的饲养与管理

关于鹌鹑饲养阶段的划分国内尚无统一规定,为了便于管理,可根据其生理特性大致分为:0~2 周为雏鹑;3~5 周为仔鹑(肉用鹑各期一般推后 1 周);开产至淘汰为种鹑或产蛋鹑。

8.2.5.1　鹌鹑的营养需要

鹌鹑代谢旺盛,体温高,且生产发育迅速、性成熟早、产蛋多,但消化道短,消化吸收能力不及其他禽类。因此,鹌鹑对日粮营养水平(特别是蛋白质)要求较高。

8.2.5.2　雏鹑的饲养与管理

(1)育雏方式　鹌鹑的育雏采用平面或立体笼养均可,平面育雏时,必须在热源周围设置一个防护圈,防止乱窜。立体笼养雏效果更佳,在生产中普遍采用。雏鹑笼常用 5 层叠层式,每层的 1/3 用木板制成,供雏鹑休息,且有利于保温。仔鹑、产蛋鹑、种鹑也多为笼养。

(2)控制好环境　鹌鹑对温度变化及为敏感。雏鹑体温 38.6~39 ℃,比成年鹑体温低 3 ℃左右,因此 1~6 天的雏鹑,其环境温度应控制在 36~38 ℃,以后每隔 3 天下降 1~2 ℃,到 21 天可同室温(25 ℃左右)。同时,育雏室还必须注意通风换气。

8.2.5.3　仔鹑的饲养与管理

仔鹑的生长强度大,尤以骨骼、肌肉、消化系统与生殖系统为快。此间主要任务是抓好限制饲喂,控制其标准体重和性成熟期,并进行严格的选种、编号、称重及免疫接种。主要工作如下。

(1)及时分群　一般于 3 周龄时根据外貌特征进行分群,这种制度有利于种用仔鹌鹑的选择与培育,对不同性别与用途的鹌鹑均可取得较好效果。

(2)适当限饲　为控制种鹑及商品蛋用鹑的体重,防止性早熟、提高产蛋量与蛋的合格率,降低饲料成本,必须限制饲喂量和降低日粮蛋白质水平。

(3)控制光照　用弱光照 10 h,配合限饲,达到控制体重与性成熟期的目的和效果。

(4)定期称重　为确保限饲的顺利进行,每周应定期抽测仔鹑体重(空腹),数量少时全部称重,数量大时应称取 10%,求出平均体重及均匀度,并进行调整。

(5)防疫卫生　必须保持室内外清洁卫生,防止啄癖,定期防疫与检测,及时防治疾病。

8.2.5.4　种鹌鹑及产蛋鹌鹑的饲养与管理

(1)适时转群　一般母鹑在 5~6 日龄时已有近 5% 的产蛋率,应及时转群至种鹑舍或产蛋鹑舍,使其逐步适应新环境。将育成期饲粮改为种鹑或产蛋鹑饲粮,光照时间也按产蛋鹑的需要逐步延长。

（2）光照管理　产蛋期光照时间不宜缩短。产蛋初期每天 14 h 光照，至产蛋高峰达 16 h，直至淘汰。光照度为 10 lx 或 4 W/m^2。种鹑及产蛋鹑多为叠层式笼养，应注意使每层光照均匀。

（3）饲喂制度　有自由采集和定时定量两种，生产中均有应用。种鹑及产蛋鹑饲喂粉料、颗粒料均可，不能断水，特别应注意防止饲料溅落和浪费。

（4）集蛋　产蛋母鹑群每天产蛋主要集中于中午后到晚上 8:00 前，以下午 3:00～4:00 为最多。因此，食用蛋多于次日早晨集中一次性采集；而种蛋每日收取 2～4 次，以防高温、低温及污染，确保孵化品质。每批收集后应进行熏蒸消毒。

8.2.5.5　肉用仔鹌鹑的饲养与管理

肉用仔鹌鹑指肉用型的商品仔鹌鹑及肉用型和蛋用型杂交的仔鹌鹑，目前还包括一些蛋用型的仔鹌鹑在内，专供肉食之用。其饲养与管理基本与雏鹌鹑和仔鹌鹑相似，但应注意如下几点。

（1）笼具　选用专用的肥育笼具，笼高不低于 12 cm，3 周龄入笼育肥，饲养密度以每平方米 75～80 只为宜。

（2）饲粮及饲喂　育肥期日粮的代谢能应保持 12.98 MJ/kg，蛋白质含量为 18%，并补充足量的钙和维生素 D，可添加天然色素。自由采食，保证饮水充足与清洁。

（3）光照　实行 10～12 h 的弱光照制度，也可采用继续光照 3 h、黑暗 1 h，饲养效果更佳。

（4）室温　保持在 20～25 ℃，以期获得更佳饲料转化率，提高成活率。

（5）分群　3 周龄后按公母、大小、强度分群饲养育肥，提高生长整齐度，降低伤残率。

（6）上市　一般多于 34～42 日龄适期上市，此时肉鹑活重已达 200～240 g，蛋用型仔鹑达 130 g，捕捉与装笼，运输时应注意减少损伤。

8.3　火鸡

火鸡起源于墨西哥等地区的野生火鸡，家养火鸡不过 400 年历史。火鸡头颊如鸡，由于其皮瘤和肉锤因情绪激动而容易变色，故称七面鸡。

我国饲养火鸡的历史较短。19 世纪中后叶，国外一些传教士、医生和一些华侨陆续将火鸡传入我国，其后几十年中，饲养量一直较小，仅有少数地区做食用，大多地区是放在动物园里做观赏动物。直到近 20 年来，我国北京、广州等地先后从加拿大、美国、法国等国家引进新的火鸡品种和商用品系，火鸡饲养在我国已初步得到发展。

8.3.1　火鸡的品种

用于当前火鸡生产的品种都是来自标准化火鸡品种与非标准化品种杂交培育而成的商用专门化品种或品系。

（1）尼古拉斯火鸡　尼古拉斯火鸡是由美国育成的一种重型白羽宽胸火鸡。该品种是从大型宽胸青铜火鸡的白羽突变型中选育,并吸收其他品系火鸡血液,经 40 余年培育而成,只有重型 1 种类型。成年公火鸡体重可达 22.5 kg,母火鸡为 9～12 kg,年产蛋70～92 个,蛋重 85～90 g,受精率 90% 左右,商品用火鸡 24 周龄,公火鸡体重可达 14.36 kg,母火鸡为 8.44 kg,商品肉用仔火鸡最佳屠宰时间为 12～14 周龄,体重 5～7 kg。

（2）海布里德火鸡　海布里德火鸡由加拿大培育而成,有重、重中、中、小四个类型。其中,中型和重中型为主要产品。该品种性成熟期为 32 周龄,不同类型的产蛋量有所差异,一般年产蛋量为 84～96 个,平均每只火鸡能提供 50～55 只商品雏火鸡。重型和重中型的商品母火鸡 16～20 周龄屠宰,体重分别为 6.7～8.3 kg 和 4.4～5.2 kg;公火鸡 16～24 周龄屠宰,体重分别为 10.1～13.5 kg 和 8.3～10.1 kg。中型的商品母火鸡 12～13 周龄屠宰,体重分别为 3.9～4.4 kg;公火鸡 16～18 周龄屠宰,体重为 7.4～8.5 kg。

（3）贝蒂纳火鸡　贝蒂纳火鸡是由法国培育而成的小型肉用品种。成年公火鸡体重为 7.5 kg,母火鸡体重为 4.5 kg 左右。其适应性强,耐粗饲,抗病力强,可自然交配,受精率高。平均每年产蛋 93.63 个。商品肉火鸡 20 周龄上市,公火鸡体重为 6.5 kg,母火鸡体重为 4.5 kg 左右。该品种以肉质佳而著称。

（4）青铜火鸡　青铜火鸡原产于美洲,个体较大,胸部较宽,羽毛黑色,带红、绿、古铜等光泽。颈部羽毛深青铜色,翅膀末端有狭窄的黑斑,背羽有黑色边,尾羽末端有整齐的白边。公火鸡胸前有黑色的羽毛束,头上的皮瘤有红色到紫白色。雏火鸡腿为黑色,成年火鸡为粉红色。

青铜火鸡体质强健,性情活泼,生长迅速,肉质鲜美。成年公火鸡体重为 16 kg,母火鸡 9 kg,年产蛋量为 50～60 个,蛋重为 75～80 g。蛋壳为浅褐色,带有深褐色的斑点。母火鸡有就巢性。该品种是我国饲养最早、饲养量最大的一种。

8.3.2　火鸡的生活习性

（1）性野、好斗　平时觅食、配种时常发生争斗,但并不拼死搏斗,一方屈服即停止。易发生啄癖。

（2）警觉性高　当有人或其他动物接近时,即会竖起羽毛,皮瘤有红变蓝、粉红或紫红等各种颜色。当听到陌生声音时,会发出"咯咯"的叫声,表示自卫。

（3）耐粗饲　火鸡食性很杂,消化粗纤维能力强,对辛辣味的葱、蒜、韭菜尤为喜欢。

（4）喜温暖,耐寒　火鸡对气候环境的适应能力很强,可以在风雨下过夜,雪地上觅食,非常适宜放牧饲养。

（5）有就巢性　母火鸡一般每年产 10～15 个蛋就出现一次抱窝行为,所以很多地区利用这一特性进行自然孵化。

8.3.3　火鸡的经济价值

（1）体重大,生长快,饲料转化率高　目前大型成年公火鸡平均体重可达 20 kg 以上,母火鸡可达 10 kg 左右,12 周龄仔火鸡公母平均体重可达 5 kg 左右,饲料转化率为 2.2∶1～2.3∶1。

（2）屠宰率、瘦肉率高，肉质好，营养丰富 火鸡的屠宰率为 85%～90%，可食用部分占 77% 以上，胸、腿肌肉占活重的 52% 以上。另外，火鸡肉中胆固醇的含量较其他家禽低，蛋白质含量比牛肉、羊肉、猪肉高。并含有丰富的 B 族维生素，脂肪中富含的不饱和脂肪酸为人体所必需，长期食用也不会增加血液中胆固醇含量。

（3）适应性强，耐粗饲，抗病耐寒，容易饲养 既适宜舍饲又适宜放牧，很适合我国的具体条件。

8.3.4 火鸡的繁育特点

（1）性成熟迟 母火鸡一般 28～30 周龄性成熟，公火鸡一般 30～32 周龄，一般性成熟后 3～4 周配种繁殖为宜。

（2）产蛋有规律 母火鸡一般每年有 4～6 个产蛋周期。每个周期产蛋 10～20 枚，最多不超过 30 枚。第 2 年产蛋量比第 1 年产蛋量下降 20%～25%，第 3 年产蛋量更低。

（3）繁殖年限 母火鸡最佳利用年限为 1～2 年，也有利用 4～5 年的，但后期产蛋量低，极不经济。

（4）配种比例 自然交配时，公母比例一般为 1∶8～1∶10；人工授精则可扩大到 1∶18～1∶20。公母火鸡体重差别大，目前火鸡生产中采用人工授精比较多，火鸡的人工授精技术和鸡的基本相同，但由于火鸡个体大，保定困难，精子易衰亡，母火鸡的阴道成"S"形等，因此，在操作时需特别注意。

8.3.5 火鸡的饲养与管理

8.3.5.1 育雏期的饲养与管理

火鸡的育雏期一般指 0～8 周龄，虽然雏火鸡的育雏条件和饲养方式等均与雏鸡大同小异，但在管理上还应根据雏火鸡本身的特点，采取如下相应措施，方可获得最佳效果。

（1）适宜的环境条件

1）温度 雏火鸡比雏鸡要求更高的温度。刚出壳的雏火鸡育雏温度应保持在 36～38 ℃，以后每周降低 2～3 ℃。育雏室温度要求保持在 20～23 ℃。给温标准应根据鸡群的神态、表情等具体表现灵活掌握。为防止雏火鸡远离热源而受冻打堆，可以在热源周围设置围栏。

2）光照 合理的光照制度应结合饲养方式制定，其原则是育雏阶段的光照时间与强度应逐渐缩短，6～8 周龄时，每日光照达 14 h，开放式鸡舍应根据当地自然光照时间的长短，采用人工增减光照来控制。

3）密度 合理的饲养密度是保障雏鸡健康生长、良好发育的基本条件，地面育雏 1～5 周龄每平方米 10～20 只，6～8 周龄每平方米 7～8 只；网上平面育雏 1～5 周龄每平方米 20～40 只，6～8 周龄每平方米 12～15 只；笼养育雏 1～5 周龄每平方米 22～50 只。

（2）加强管理，精心饲养

1）适时饮水、开食 雏火鸡雏壳 24 h 内饮水，饮水后即可开食。雏火鸡喙尖有一层角质膜，最好剥去，有利于开食（也可不剥，在开食后能自行脱落）。开食饲料可以直接用配合饲料,也可加熟鸡蛋伴喂。并可利用火鸡嗜好葱、蒜、韭菜等辛辣味等本能,将切碎的葱、蒜、韭菜拌入料中,人工引诱雏火鸡学会开食。开食第 1 周喂料次数较多,以后可随日龄增大而逐渐减少喂料次数,增加喂料量。

2)断喙和去肉锥 雏火鸡在 10～14 日龄进行断喙,用断喙器断去上喙 1/2,下喙 1/3,短后喙上短,下长。在火鸡出壳当天,用剪刀切去火鸡头顶部的肉锥,避免火鸡长大后肉锥下垂挡住视线,影响视力。

8.3.5.2　育成期的饲养与管理

火鸡育成期一般指 9～29 周龄,这一阶段时间较长,根据其生长发育规律和生产需要可分为两个阶段;9～18 周龄为幼火鸡阶段;19～28 周龄为青年火鸡阶段。

(1)幼火鸡的饲养与管理 留种用的雏火鸡,饲养到 8 周龄末,要做一次选留工作。

1)饲养方式 一般采用舍饲,有条件的也可以舍牧结合或放牧饲养。

2)光照控制 公母火鸡都可以采用 14 h 连续光照,光照强度为 15～20 lx。

3)饲养密度 一般大型火鸡每平方米饲养公火鸡 2 只,母火鸡 4 只,小型火鸡 5 只。

4)放牧管理 8 周龄后的幼火鸡体质较强,可以开始放牧。刚开始时间可以短一些,每天上、下午各方一次,每次 1～1.5 h。1～2 周后可以增到每天放牧 5～6 h,上、下午个一次,中午休息。

(2)青年火鸡的饲养与管理 青年火鸡这一生长阶段生长速度逐渐减慢,体内开始沉积脂肪,并逐渐达到性成熟,对外界环境的适应能力很强。

1)进行限饲,防止过肥 限饲是发防止过肥的有效措施,可以抑制增重,推迟性成熟 使开产期趋向一致,提高种蛋合格率,从而提高火鸡的种用价值。限饲方法与肉种鸡基本一样。

2)光照控制 对青年母火鸡的光照控制比青年公火鸡更为重要。这一阶段对母火鸡光照原则是逐渐缩短或恒定,不能延长,通常光照时间为 8 h,光照强度为 10 lx。

3)加强运动 加强运动可以减少脂肪沉积,增强体质,提高种用价值。若是舍饲,则驱赶青年火鸡在舍内来回跑动。经过多次训练可以形成条件反射,达到饲养员用手势即能指挥火鸡运动。

8.3.5.3　产蛋期的饲养与管理

产蛋期一般指 29 周龄到产蛋结束。火鸡养到 29～31 周龄即开始产蛋,约到 55 周龄产蛋结束。

(1)饲养方式 主要有地面平养、网上平养和放牧饲养。目前我国采用地面平养较多。

(2)环境的控制

1)温度 成年火鸡抗寒能力比鸡强,产蛋火鸡最适宜温度为 10～24 ℃,高于 28 ℃或低于 5 ℃,对产蛋都有不良影响。

2)湿度 火鸡适宜饲养在干燥的环境中,相对湿度应保持在 55%～60%,并注意调节通风换气量。

3)光照 产蛋阶段火鸡对光照很敏感,正常的光照程序能保持母火鸡产蛋持续性,减少抱窝。29～40 周龄要求光照时间 14 h,41～44 周龄增加至 16 h。光照强度最低不少于 50 lx。公火鸡一般采用 12 h 连续光照,光照强度在 10 lx 以下。这种环境可以使公火鸡保持安静,提高精液品质和受精率,延长公火鸡使用时间,还可以减少公火鸡之间的争斗。

4)密度 一般每平方米饲养公火鸡 1.2~1.5 只,母火鸡 1.5~2 只。

8.3.5.4 肉用仔火鸡的饲养与管理

肉用仔火鸡又称商品火鸡,具有生长快、耗料少、产肉多、上市早、效益高等特点。饲养管理应注意以下几点:

(1)育雏条件 与种雏火鸡基本相同,但育雏温度要比种雏火鸡高 0.5~1 ℃。饲养方式多为平养,并要求垫料松软、干燥、吸湿性强。

(2)采用公、母分群饲养 因公、母火鸡的生长速度、营养要求、饲料转化率、出售时间等差异较大。如一般母火鸡 7 周龄即转入育肥,而公火鸡则到 9 周龄才转入育肥舍进行育肥。母火鸡 13~14 周龄出售,而公火鸡的最佳出售时间是 18 周龄。

(3)光照控制 肉用仔火鸡的光照制度有两种:一是采用逐渐缩短的光照制度,即在 1~3 日龄基本上采用 24 h 全天光照,光照强度为 50 lx。随着日龄的增加,光照时间和强度也逐渐减低。二是光照先自然后逐步缩短,再由短变长。

(4)饲养密度 在正常饲养管理及良好设备条件下,每平方米育肥舍可以承受 30 kg 体重的火鸡。

8.4 雉鸡

雉鸡又名野鸡、山鸡、环颈雉。从唐代到清代,宫廷食谱上记载了很多雉鸡的烹饪方法。但过去雉鸡来源并非靠人工繁殖和家养生产,而是从大自然猎取野生雉鸡。

美国在 1881 年从我国引进了华东环颈雉进行驯养,并通过与蒙古环颈雉杂交,培育成现在家养的雉鸡,用于狩猎和食用。20 世纪 70 年代末,日本、罗马尼亚等国又从我国引进一批东北环颈雉,进行驯养繁殖。这个时期,在我国吉林等地对环颈雉也进行了驯养研究工作,获得了显著的效果。另外,在 1986 年前后,我国引进了一批美国的七彩山鸡进行饲养繁殖。

8.4.1 雉鸡的品种

动物学家研究认为雉鸡只有 1 个种,分 30 个亚种,而分布在我国境内的就有 19 个亚种,除 3 个亚种局限于新疆外,其余 16 个亚种分布于我国各地,堪称我国特产。目前,世界上饲养的雉鸡大都是由我国这些亚种驯化或杂交而成的。

(1)东北环颈雉 东北环颈雉由中国农业科学院特产研究所等单位在 20 世纪 80 年代初期,用我国环颈雉东北亚种驯化选育而成。白色颈圈宽,产蛋性能比美国七彩雉低,体重也轻一些,公雉体重 1 100~1 300 g,母雉 800~1 000 g,每年产蛋量 25~34 个,平均蛋重 25~30 g。壳色较杂,有橄榄色、暗褐色、蓝色。但肉质优于美国七彩山鸡,特别是氨基酸含量高。

(2)美国七彩山鸡 美国七彩山鸡系由我国环颈雉杂交选育而成,其羽色基本与我国环颈雉相似,羽毛比我国环颈雉略浅,颈圈白色部分略高一些。经过多年的选育,其体重与生产性能都较原种有较大的提高。育成公雉体重可达 1 800 ~ 2 200 g,性成熟后降到 1 500 ~ 1 800 g。育成母雉体重 1 250 g,产蛋前体重 1 300 ~ 1 600 g,产蛋量 80 ~ 100 个。初产蛋重为 19.4 g,中期为 32 g。

8.4.2 雉鸡的生活习性

(1)适应性强 耐高温,抗严寒。夏季能耐 32 ℃ 以上高温;冬季-35 ℃也不畏冷,能在雪地上行走、觅食,饮带有冰碴的水,且不怕雨淋,在恶劣环境条件下也能过夜。

(2)集群性强 交配时,以公雉为核心,组成相对稳定的“婚配群”,在自己的领地上活动。如有其他群的公雉袭扰,两群即发生强烈的争斗。当新生个体产生后,以母雉为核心又组成了“血亲群”。当“婚配群”解体后,又以雏雉鸡独立形成“觅食群”。

(3)胆小而机警 平时雉鸡即使在觅食过程中也不住地抬头张望,观察四周动向。如遇危险,迅速逃避。

(4)杂食 雉鸡喜食蚂蚁、昆虫、农作物的种子和植物的茎叶等,随着季节的变化,摄食的种类也有所不同。

(5)性情活跃,善于奔走 雉鸡高飞能力差,只能短距离低飞,而且不能持久,但其脚强健,善于到处游走。行走时常左顾右盼,不时跳跃。

(6)叫声特殊 当公雉呼唤其配偶们共享食物时,常发出一种低叫声。当骤然受惊时,常发出一个或一系列尖锐的“咯咯”声。公雉在求偶挑战时,发出叫声,接连数次,同时抖动翅膀,表现出发情姿态。稍晚的时候,叫声变低。在日间炎热时,雉鸡不鸣叫或很少鸣叫。

(7)食量较小 雉鸡嗉囊较小,容纳食物也较少,喜欢少吃多餐,尤其是雉鸡吃食时习惯吃一点就走,转一圈回来再吃。

8.4.3 雉鸡的经济价值

雉鸡肉质结实而细嫩,味道鲜美,营养丰富,蛋白质、氨基酸含量均比家鸡高,脂肪和胆固醇含量比家鸡低。雉鸡胸腿肌肉脂肪和蛋白质的含量分别为 0.95% ~ 1.0% 和 24% ~ 26%。在中医食疗上,雉鸡肉有治病作用,能补气、化痰止喘、清肺止咳。雉鸡体上的色彩羽毛华丽高雅,可制成多种工艺品。

8.4.4 雉鸡的繁育

8.4.4.1 雉鸡的繁殖特点

(1)性成熟迟,季节性产蛋 雉鸡 10 月份左右才能达到性成熟,并开始繁殖。公雉比母雉性成熟推迟 1 个月左右。在自然界中,也是雉鸡繁殖期为每年 2 月份开始,产蛋至 6 ~ 7 月份。在人工饲养条件下,产蛋期可延长至 9 ~ 10 月份,产蛋量也高。因此,要注意适时留种。

(2)性行为 在繁殖季节,性成熟以后的公雉每日清早发出清脆的叫声,并拍打翅膀吸引母雉,求偶时颈羽蓬松、尾羽竖立,从侧面接近母雉,围着母雉做弧形快速来回转动,头上下点动。母雉若接受交配,则让公雉爬跨至背上,公雉用嘴啄住其头顶羽毛,进行交配。

8.4.4.2　雉鸡的繁殖技术

(1)适时放对配种　过早或过迟放对均不利于受精率的提高。放对配种时,应考虑气温、繁殖季节和公雉的争斗地位等因素。一般我国南方3月初即可放对,而北方则要延迟一个月。在正式放对配种前,可试放1~2只公雉进入母雉群,看母雉是否乐意受配。也可根据母雉的鸣唱、筑巢等行为来掌握放对时间。实践证明,放对时间应在母雉领配前的5~10天为宜。公雉进入母雉群后,经过争斗产生了群序等级,此后不再随意放入新公雉,稳定雉群,提高受精率。

(2)放配年龄和利用年限　雉鸡一般出壳10月龄即可放配,其中公雉以24月龄效果最好。生产场一般只用一个产蛋期,母雉产蛋结束即淘汰,种母雉可留2年,种公雉可留3年。

(3)公母比例　雉鸡生产大都采用大群自然交配,雉鸡的公母配比一般为1∶6~1∶8,受精率可达85%以上。

8.4.4.3　雉鸡的孵化

雉鸡的人工孵化程序和方法基本与家鸡相同,但必须注意以下几个方面的要求。

(1)控制温度、湿度　雉鸡的孵化温度要求比家鸡低。一般1~7天为37.8℃;8~14天为37.6℃;15~20天为37.4℃;21~24天为36.8~37℃。到24天时,如有1/3的雉鸡胚未出壳时,则温度要提高0.5~1℃。孵化期间,可让温度稍有高低变动,以便刺激雉胚发育。雉鸡的孵化湿度要求高于家鸡,1~20天,孵化相对湿度为60%~65%;21~24天,则为70%~75%。如湿度达不到要求,可采用增湿措施增湿。

(2)增强凉蛋次数　一般家禽到孵化后期才开始凉蛋,但雉鸡蛋从入孵开始,即要求每天凉蛋一次,每次10 min左右。这是因为雉鸡一直在自然环境条件下孵化繁殖,驯化为家禽的时间还不长。专用孵化器可以不凉蛋。

(3)及时落盘　雉鸡的孵化期为23~24天。因此,在21天就要将胚胎移入出雏室。孵化正常时,一般22天末就开始啄壳,个别已经开始出壳,23天半全部出壳,24天末即清扫出雏器。

8.4.5　雉鸡的饲养与管理

雉鸡是以植物饲料为主的杂食特禽,对饲料选择性不强,一般饲料均喜欢吃,特别爱吃颗粒饲料。刚出壳2周内的雉鸡,需要补充动物性蛋白质,这些在自然生态环境下形成的特点,在人工饲养进行饲料配合时应加以注意。

8.4.5.1　育雏阶段的饲养与管理

雉鸡0~8周龄为育雏阶段。雉鸡虽然已被驯化为家禽,但尚未完全改变野性。为使雏雉与人和食物建立良好联系,在其出壳第一次喂料时,最好混入同批少量雏家鸡,有利于消除惊恐。同时尽量减少捕捉。饲养人员接近时,要事先给予其声响信号,而且饲养员服装色泽要固定。另外,雏雉比较娇嫩,若管理不善,死亡率很高。因此,在饲养管理上还须注意以下几个方面。

（1）精心饲喂，保证营养 根据雏雉采食量小、日粮蛋白水平高的特点，开食可喂玉米拌熟鸡蛋（100 只雏雉每天加 3 ~ 4 枚蛋），2 日龄即可喂含 25% 以上粗蛋白的全价料。饲喂时少喂勤添。开始时，每隔 2 ~ 3 h 可喂 1 次，逐渐延长间隔时间，4 ~ 14 日龄每天喂 6 次，15 ~ 28 日龄每天喂 5 次，4 周龄后，每天喂 3 ~ 4 次即可。0 ~ 20 周龄共需精料 6.4 ~ 6.5 kg。

（2）控制环境，加强管理 雏雉对环境条件要求严格，初生雏温度保持在 35 ℃，而后随雏雉日龄增长而降低。一般 3 天降低 1 ℃。

由于雏雉有神经质，稍有动静就会产生惊群，乱窜乱撞，到处奔逃，甚至会伤害自己的头或弄断颈椎。因此，操作时动作要轻，尽量保持环境安静，减少惊扰及预防兽害。

及时调整饲养密度，网上平养或箱式育雏，1 ~ 10 日龄，50 ~ 60 只/m²；10 ~ 20 日龄，30 ~ 40 只/m²；30 ~ 40 日龄，20 只/m²；45 ~ 60 日龄，10 只/m²。

雉鸡非常好斗，到 2 周龄时，雉鸡群中就会有啄癖发生，这种恶习比家鸡严重，一旦发生很难制止。为此，除在雉舍通风、光照强度、营养是否全面等方面找原因加以改善外，在 10 ~ 14 日龄即可进行第一次断喙。另一办法是给雉鸡鼻孔上装上金属鼻环，鼻环装在上喙的上面。雉鸡 1 月龄时开始戴鼻环，一直戴到 4 月龄出售时。鼻环不会妨碍雉鸡的采食等正常活动，且防止啄癖效果较好。

8.4.5.2 育成阶段的饲养与管理

育成阶段是指 9 ~ 20 周龄雉鸡，这一阶段雉鸡生长发育最快。到 7 ~ 18 周龄时，其体重可接近成年雉鸡。管理上应注意以下几点。

（1）及时转群 6 ~ 8 周龄时，如留作种用，此时就应对雉鸡进行一次选择。将体型、外貌等有严重缺陷的雉鸡淘汰后，即转入青年雉鸡饲养。

（2）加强运动，防止飞逃 性情活跃、经常奔走跳动、爱活动是青年雉鸡的特点。为使青年雉鸡得到充分的发育，培育体质健壮的后备种雉，青年雉鸡舍一般采用半敞开式或棚架式鸡舍，舍外设运动场。

（3）进行二次短喙，防止啄癖 雉鸡野性较强，喜欢啄异物。青年期喙生长迅速，如果缺乏某种营养或环境不理想，啄癖现象更加严重。为防止啄癖加重，在 8 ~ 9 周龄要进行第二次断喙，以后每隔 4 周左右进行一次修喙。

（4）控制体重，防止过肥 青年期雉鸡，特别是在 8 ~ 18 周龄时最容易过肥。为保证其繁殖期能获得较高的产蛋率和受精率，应进行适当的限饲。可采取以下方法：降低日粮中蛋白质和能量水平，增加纤维和青绿饲料饲喂量；减少饲喂次数，增加运动量。

8.4.5.3 成年阶段的饲养与管理

雉鸡一般养到 20 周龄即为成年雉鸡。成年雉鸡又分为繁殖期和非繁殖期。成年种雉除了加强饲养管理外，应注意以下几个方面。

（1）营养调控 进入繁殖期的雉鸡，要求营养丰富，尤其是动物性蛋白质饲料要充分，才能满足交配、产蛋的需要。

（2）确立群序等级 在此期间，可人为帮助确定群序等级的建立。

（3）防暑降温 在 6 月中旬到 7 月末的炎热季节，如果受阳光直接照射，则会影响种雉的性活动,减少交配次数,使种蛋受精率下降。因此,必须采取搭棚、种树、洒水等降温措施。

(4)公雉轮换制 一般到繁殖后期,有部分公雉只是争斗而不交配或无繁殖能力,则必须及时进行公雉鸡轮换,但对换上的新公雉鸡要加强人工看护。

(5)勤收蛋 雉鸡因驯化较迟,公母雉鸡都有啄蛋的坏习惯,破蛋率较高。因此,收蛋要勤,发现破蛋应及时将蛋壳的内容物清理干净,不留痕迹,避免雉鸡尝到吃蛋的滋味,形成啄癖。

(6)网室内设置屏障 设置屏障遮住"王子雉"的视线,使被斗败的公雉可频繁地与母雉鸡交配,这是提高群体受精率的一个措施。

8.5 鸵鸟

鸵鸟一般指的是非洲鸵鸟,是现存鸟类中体型最大的鸟。分类学上属于鸟纲鸵形目鸵科。人工饲养鸵鸟最早的国家是南非,至今已有100年的历史,鸵鸟的商品化饲养起始于19世纪中期,目前鸵鸟的饲养已成为世界性的绿色工程。我国于1992年11月首次引进鸵鸟进行人工饲养,有的地区已形成一项新兴的鸵鸟产业,批量生产"商品鸵鸟"。

8.5.1 鸵鸟的品种

鸵鸟包括非洲鸵鸟、美洲鸵鸟和澳洲鸵鸟等品种。

(1)非洲鸵鸟 非洲鸵鸟是现代鸟类中体型最大的,雄性体长可达1.8 m,体高可达2.5 m,体重可达135 kg。两翼退化,尾羽蓬松下垂,后肢粗大,足有2趾,并有肉垫,雄性体羽黑色,雌性体羽深灰色。

(2)美洲鸵鸟 美洲鸵鸟体型较小,体高1.5 m,体重40 kg左右,体羽大体与翼色相同呈灰褐色,尾羽退化,但两翼羽发育较好,头顶枕部、颈上部和前胸为黑色。腿强大,足有三个前趾,关节、颈、腿和眼部除有少数羽毛外均裸露。

(3)澳洲鸵鸟 澳洲鸵鸟又称鸸鹋,形似非洲鸵鸟而较小,体高90~100 cm,体重40~50 kg。头短、头颈裸出无冠,内趾有爪。

8.5.2 鸵鸟的生活习性

鸵鸟原生活在贫瘠、干旱、气候恶劣的非洲、澳洲荒漠的地带,自然条件适应能力强,群居性强。一般10~15只为1群。有时多至40~50只。鸵鸟属于草食禽类,有2个胃(即肌胃和前胃),无嗉囊,兼有鸟类和反刍动物的特性,所有它有较强的草食消化能力,能大量采食青草饲料和植物种子,兼食一些昆虫等。鸵鸟喜欢饮水和水浴,能较长时间耐渴。鸵鸟有一双坚强的双足,善于奔走,1步可跨4 m左右,最大步伐能跨越7 m。一般时速达40 km,最高时速达90 km。鸵鸟有翅膀,却不善于飞翔,但能张开翅膀平衡身体乘风疾跑。鸵鸟身体高,视力发达,但胆小,易受惊吓。当鸵鸟发现敌害时迅速躲避,一旦受到敌害追逼无法脱身时,就将头埋进沙里来保护自己,这就是长期对环境适应的结果。因空间、食物和配对等发生争斗对抗时通常仰起头、扇动翅膀、翘起尾巴并发出叫声威胁对方。

一般雌性鸵鸟 2~2.5 岁、雄性鸵鸟 3~4 岁可达性成熟（澳洲鸵鸟性成熟年龄为 18~22 个月），属于季节性繁殖鸟类，到了繁殖期有明显的发情表现，雄鸵鸟常发生争斗，翅膀向两侧伸展、扇动并发出拍打声，展示自己的雄威。雌鸵鸟性情变温顺，主动接受雄鸵鸟，接受交配，交配多在清晨或傍晚进行。以杂草简单筑巢，或直接产蛋于土坑内，几只雌鸵鸟在同一巢里，一般每窝产蛋 7~9 枚，多时达 15~20 枚。在野生条件下，当巢内有 12~16 枚蛋时开始孵化。蛋长 13.1~15.8 cm，蛋重 600 g，呈乳黄色，蛋壳厚、光滑且硬。雄鸵鸟通常体色大部分黑色，夜间孵化和育雏；雌鸵鸟羽色多为灰色近乎沙色，白天孵化和育雏。这样孵化时不易受敌害。孵化期 41~42 天，鸵鸟的雏鸟为早成鸟。下面将非洲鸵鸟、美洲鸵鸟和澳洲鸵鸟的生活习性分别介绍一下。

非洲鸵鸟原产于干旱、贫瘠、气候恶劣的非洲北部和草原地区。视觉发达，脚长善走，奔跑的速度接近时速 60 km，群栖生活，几十只一群，有时多达 40~50 只，主食植物茎、叶、果实，也食昆虫、软体动物、小型爬虫类及小鸟、小兽等。喜欢饮水和水浴，能较长时间的耐渴，筑巢于地上。

美洲鸵鸟原产于南美洲南部，群栖生活，常几十只一群，主食杂草和种子及其他植物学食物，也食昆虫、爬虫等动物性食物，善于游泳，巢筑于地穴中。

澳洲鸵鸟原产于澳洲，栖息于空旷林区、草原和半沙漠地带，成对或小群生活。主食草、果实、种子等植物性食物，也食昆虫和蜥蜴类小动物。产蛋期在我国南方为每年 10 月中旬至翌年 4 月份，巢筑于地上，以沙为穴或树皮杂草堆成。繁殖期内可产蛋 30~50 枚。

8.5.3　鸵鸟的经济价值

鸵鸟是一种具有很高经济价值和食用价值的珍禽。鸵鸟瘦肉多，且比牛肉肉质鲜嫩，比鸡肉营养还要丰富，据测定鸵鸟肉蛋白质含量为 20.7%，含有人体必需的 21 种氨基酸。其肉无腥味，属高蛋白、低脂肪、低胆固醇的高级野味食品，易被人体消化吸收，可与牛腱媲美。鸵鸟的胴体重（包括肉、脂肪、骨等）约占活重的 45%，瘦肉约占胴体的 23%。鸵鸟肉外观上与牛肉相似，属于红肌肉，加工的肉制品相当于上等牛排的优质肉。1 只上市商品鸵鸟的羽毛重约占活重的 14%，鸵鸟全身羽毛均为绒羽，羽毛的质地细软，颜色有灰、黑、白三种。由于保暖性好，手感柔软，可做高贵的服饰和头饰。鸵鸟皮非常名贵，可绘制成极佳皮革，皮革的特点是轻、柔、美观，有独特的毛孔图案，透气性能好，有弹性、拉力强、不易老化、耐用、可卷曲的优点。鸵鸟蛋是现存鸟类中最大、最重的蛋，每枚鸵鸟蛋重 1.3~1.5 kg，是鸵鸟体重的 2% 左右。鸵鸟蛋加工后，其适口感比鸡蛋更细嫩，无腥味，味道鲜美，是高级营养补品。鸵鸟蛋壳坚硬，厚度约为 2.62 cm，具有象牙光泽，可以做高级雕刻观赏品。

鸵鸟不但全身是宝，而且它的消化道有酵解作用。由于其消化系统特殊结构，对粗纤维具有较强的消化能力，能更多地从青草等粗纤维含量高的饲料中获取营养，所以它多以嫩枝、树叶和青草类饲料为主食，饲料来源比较广泛。鸵鸟饲料转化率高，生长速度快,1 只鸵鸟饲养 12 ~14 个月体重可达 100 kg 左右,剥去皮、骨后可得净重 50 kg 左右的精瘦肉。同时鸵鸟的性情温顺,易于饲养,且繁殖率高,适应性和抗病力强,饲养不需要特殊的设备,饲养技术简单,管理方法易于掌握。目前我国鸵鸟饲养业还处于种群繁育阶段,尚未进入大量生产阶段。随着人们生活水平的提高,我国新兴的鸵鸟饲养业正朝着规模化商品化生产方向发展。

8.5.4　鸵鸟的繁育特点

(1)种鸵鸟的选择　种鸵鸟应选择体型大而健壮,体态结构匀称,眼大有神,羽毛整齐且有光泽,性情温顺,愿意接近人,具有明显性状的种用特征。雄鸵鸟要求身体高大,一般在 2.5 m 以上,体重 150 kg 以上,头较大,眼睛有神,劲粗长,躯体前高后低,腿脚粗壮有力,具有明显的雄性特征,性欲旺盛。生殖器大而红,精液品质好,受精率高,日配种在 6 次以上,无遗传缺陷。雌鸵鸟要求体高 2.2 m 以上,体重 130 kg 以上,体型适中,头颈部上面针毛较少,眼大有神,颈细长,背较平直,背后半部羽毛少,后躯丰满,性情温顺,愿意接近人,产蛋量高,年平均产蛋量在 80 枚以上,蛋重在 1.3 kg 以上。鸵鸟 2 周岁性成熟开始产蛋。一般雌鸵鸟性成熟早于雄鸵鸟,雄、雌鸵鸟配比以 1:2 ~1:3 为宜。繁殖期要防止雄鸵鸟间争斗。

(2)雌雄鸵鸟的鉴别　鉴别鸵鸟性别可在 2 周龄时观察其泄殖腔以鉴别性别。方法是先将雏鸵鸟固定,轻轻打开泄殖腔。若在泄殖腔腹部可见有个圆锥状物阴茎,其表面有阴沟者为雄鸵鸟;泄殖腔腹壁无上述阴茎和阴沟,仅有一份红小型凸起(阴蒂)者为雌鸵鸟。鉴别 6 月龄鸵鸟的性别时,可将手指戴上消过毒的指套,擦上食油或液状石蜡,将食指深入泄殖腔。若感到腹壁上有 3 ~4 cm 长形的硬物(阴茎)者为雄鸵鸟;若泄殖腔腹壁上感觉不到长形硬物,仅仅是有较小凸起,则为雌鸵鸟。

(3)交配产蛋　雌鸵鸟性成熟在 2 ~2.5 岁以后,而雄鸵鸟性成熟在 3 岁以上,因此雄鸵鸟比雌鸵鸟大 1 岁婚配为宜。雄鸵鸟在繁殖期常争斗,故宜 1 雄 3 ~4 雌或 1 雄 5 ~6 雌小群同栖。性别配比的大小应根据雄鸵鸟体质状况及配种能力的强弱进行调整。交配时间为 0.5 ~1 min,多在清晨或上午,少数在傍晚进行,一般一只雄鸵鸟 1 天能交配4 ~6 次,个别可达 10 次以上,性欲弱者应少配。种鸵鸟交配 1 周左右开始产蛋,产蛋一般在下午 3 ~7 时,个别在上午或夜间。雌鸵鸟有就巢性。营巢时在沙地掘穴,每穴产蛋10 ~15 枚,多时达 18 ~20 枚,初产鸵鸟产蛋较少,随着年龄的增长产蛋量逐渐增加,7 岁时达到产蛋高峰期。1 只雌鸵鸟每年产蛋 80 枚左右,个别高产个体可达 100 ~120 枚,每产 12 枚蛋后开始抱窝。雌鸵鸟巢主允许其他雌鸵鸟在自己巢中产蛋,因为这样可以减少自己产蛋的损失。但雌鸵鸟能从蛋壳上气孔的图案辨别是否是自己产下的蛋。

鸵鸟有就巢性,在人工饲养条件下每产 1 枚蛋应及时取走,使其失去抱巢条件而不抱巢,但鸵鸟仍有产蛋休止期,应在 11 月份将雌、雄种鸵鸟分开饲养,使雌鸵鸟有更好的体质以提高下一年的产蛋率。鸵鸟性情温顺,人工饲养更易接近人,但在繁殖期间雄鸵鸟为了保护雌鸵鸟和鸟蛋,其性情变得凶暴,不近人情,饲养员在繁殖期要注意安全。

(4)种蛋的选择与保存

1)选择　要选择健康种鸵鸟所产的蛋,种蛋的大小要适中,蛋形正常,蛋壳厚而硬,蛋壳呈乳白色,具有光泽,蛋壳表面光滑清洁,没有皱纹,裂痕和污点等。

2)收取与保存　收取种蛋时要用干净纸或干净毛巾取蛋,以防污染。同时,要轻拿轻放,特别要注意防止受到雄鸵鸟的攻击。收取的种蛋在无特殊贮蛋设备情况下,应置于通风良好处,温度保持在 5 ～ 15 ℃,相对湿度60%,时间不超过 5 天。在保存过程中应注意通风,防止细菌和真菌在种蛋表面繁殖,种蛋应大头向上,每天翻蛋 2 次。夏季保存以不超过 1 周为宜。同时,要注意环境的消毒,做好卫生工作,杜绝蚊蝇和昆虫。

(5)种蛋的孵化与育雏

1)孵化前的准备工作　孵化前孵化器及其附属设备应进行彻底的清洗消毒。蛋架可以用温和的含碘消毒剂、肥皂水等擦洗。孵化器和孵化室用40%的甲醛溶液进行熏蒸消毒。关闭门窗,室内按每立方米20 mL 甲醛配20 g 高锰酸钾熏蒸20 min 左右。20 min 后打开门窗通风,或以26%的氨水溶液喷洒地面进行中和。孵化室门口设内盛4%的火碱盆 1 个。种蛋入孵前用百毒杀及新洁尔灭交替使用(每周更换一次)对种蛋表面进行消毒。此外,还要检查孵化机各部件是否正常。在种蛋入孵前空转 2 天,调试好孵化机内的温度和湿度。

2)种蛋的孵化　在自然条件下,当巢内有 12 ～ 16 枚蛋时,鸵鸟便开始孵化。整个孵化过程由雌鸵鸟和雄鸵鸟交替完成。

在人工饲养条件下,鸵鸟种蛋大多采用人工孵化。孵化时蛋的大端向上,稍倾斜;种蛋孵化温度为 36.4 ～ 36.7 ℃,出雏温度为 36.1 ～ 36.3 ℃,孵化室内温度 22 ～ 25 ℃。孵化室相对湿度为 22%,孵化机和出雏机的相对湿度为 25% ～ 35%。此外,鸵鸟蛋在孵化期里要求通风换气,以使胚胎不断与外界进行热能交换。尤其是出雏前 30 ～ 42 h,胚胎代谢更加旺盛,产生的热量更多,如不能进行及时散热,耗氧量过高会严重影响鸵鸟胚胎的正常发育,因此要保证孵化器内的通风换气量。同时要定时翻蛋,改变种蛋的位置和角度,促进胚胎外膜生长和羊膜运动,防止胚胎与蛋壳粘连。翻蛋角度为50° ～ 55° 会使孵化率有所提高,每 2 h 翻蛋 1 次,转入出雏机后要停止翻蛋,并要进行凉蛋;种蛋入孵20 天以后,每天凉蛋 3 次,每次 5 ～ 30 min。在孵化过程中,实行 24 h 值班制,每隔 30 min观察 1 次孵化器内湿度变化情况,每 2 h,记录 1 次,并经常检查机器有无故障。若遇停电则要及时关闭孵化机并打开机门,待自发电电机电压稳定后再开机。在孵化过程中,还要进行验蛋,验蛋方法可用照蛋灯照蛋,以观察胚胎发育情况,便于随时调整孵化温度和湿度,检查种蛋是否正常,将未受精的蛋或早期死亡的胚胎从孵化器取出。以后每周1 次检查胚胎发育情况,及时检出死胚蛋。种蛋转入出雏器后要每隔 6 h 照蛋 1 次,观察雏鸵鸟啄壳情况,当看到鸵鸟啄破壳内膜时,每隔 2 h 照蛋 1 次,并确定是否要采取助产措施。一般在 34 ～ 38 天落盘。此时要及时清理,并对种蛋落盘完后的孵化机和出雏完后的出雏机进行彻底的熏蒸消毒。

3)出雏　种蛋孵化足 41 天时鸵鸟即开始出雏,此时要保持孵化机的温度和湿度之间的平衡。对雏鸵鸟应当任其自由出壳,出壳后让雏鸵鸟先在出雏机内休息 1 h,待鸵鸟身上羽毛干燥后再出孵化机,转至育雏舍饲养。如果破膜后 48 h 鸵鸟自己仍未能出壳,则应在气室内近雏喙处人工钻孔助产。对破壳后如 6 h 未能出壳的鸵鸟要人工破壳,即由前往后的从头部剥壳,以不出血为原则,保证雏鸵鸟的安全。雏鸵鸟出壳断脐时可用龙胆紫液消毒,并用灭菌纱布包扎,待雏鸟的羽毛干燥蓬松后即转入育雏舍里进行育雏。

4)育雏　雏鸵鸟出壳后由于其机体幼小(初生雏鸵鸟体重1.1 kg),各方面功能尚未健全,对环境条件等反应十分敏感。因此,需要转入育雏舍精心饲养管理,饲养密度一般可按每平方米5~6只,随着日龄增大和生长发育,逐渐降低饲养密度。1.5月龄以下的雏鸵鸟需在育雏舍进行人工保温高密度育雏,饲养舍面积每平方米1只;1.5月龄以上的雏鸵鸟需要饲养舍的面积是0.5 m²。每群雏鸵鸟以8~12只为宜,开食应在孵出后的3天左右,开食前可由卵黄提供营养,3日龄开始供给清洁温水饮用,1~2 h后喂给雏鸵鸟饲料。1~8日龄每天喂7~8次,以后逐渐减少至4~5次,到5日龄可放保育箱。开食的青料一定要切细,青料太干时可用水润湿后在拌如精料中。最初3~5天给新生雏鸵鸟饮水用3%~5%的多维葡萄糖水,以后育雏期间必须不断供给清洁饮水。雏鸵鸟的养育方式为地面垫料平养。垫料必须松软,用吸湿性强的优质垫料,要每天清理粪便,经常更换垫料和沙子,并注意通风换气。同时,要观察记录鸵鸟的活动、休息、采食及粪便等情况,发现异常及时调整饲养方法。

8.5.5　鸵鸟的饲养与管理

(1)雏鸵鸟的饲养与管理　鸵鸟育雏期一般是指从0~12周龄的生长阶段。由于雏鸟的免疫功能不健全,体温调节机能差,对环境条件变化及其敏感,因此,鸵鸟育雏期需要精心饲养管理。首先要满足育雏环境条件,如适宜的温度、湿度、通风、光照和饲养密度。1周龄雏鸵鸟对温度变化及其敏感,若出壳不久的雏鸵鸟背部暖而腹部受凉,则腹中的卵黄吸收不良或完全不吸收,会大大降低其成活率。为了保温御寒,舍笼地面要铺垫草,最好使用电热板等保温设备,育雏舍温应保持30~35 ℃,促进卵黄的吸收,使胃液流动促进消化。在饲养过程中要定时观察温度做好记录;要经常观察鸵鸟活动和休息等情况,以便尽早发现问题,及时加以解决,减少损失。如雏鸵鸟互相挤聚在一起,食欲不振,精神沉郁,并发出震颤的吱吱声,则表明温度略低,应及时升温,同时还要防止雏鸵鸟因被踩压窒息而死。如雏鸵鸟张嘴喘气呼吸,大量饮水,并且展翅散热,食欲减退甚至拒食,则表明温度过高,可采用多给饮水,降低舍温等措施来进行调整。

育雏舍适宜温度:出壳后2周龄内的雏鸵鸟应保持在26 ℃以上,3周龄保持24 ℃,4~5周龄22 ℃,5周龄20 ℃,以后逐渐降至18 ℃;一般2~3月龄以后脱温。1~4周龄选晴天气温高时,将雏鸵鸟放到运动场上活动,晒晒太阳。炎热夏天,运动场有树荫或搭棚遮阴,并注意打开门窗,降低育雏舍的温度。育雏舍前期相对湿度一般以50%~55%为宜。雨季湿度大,应适当降低湿度。掌握湿度的原则是育雏前期湿度比育雏后期低。为了保证雏鸵鸟的生长发育,饲养密度要合理,初生雏鸵鸟1周龄鸵鸟舍内的饲养密度一般为每平方米4~5只,2周龄为每平方米2只。随着鸵鸟日龄的增大和生长发育,逐渐降低其饲养密度,3月龄的雏鸵鸟平均每只舍内面积2 m²。除育雏舍外,运动场面积也要由每只平均5 m²逐渐扩大至10 m²。随着月龄的增长,鸵鸟需要分群饲养,减小饲养密度。1~2月龄幼小鸵鸟可转群到较大运动场活动。鸵鸟的育雏方式为地面垫料平育。

刚出壳的鸵鸟腹中的卵黄提供营养可维持其2~3天的生活,不需喂饲料,2~3天后卵黄营养基本吸收完,雏鸵鸟才开始采食。为促进其胃肠蠕动、吸收残留卵黄、排出胎粪、增进食欲,在开食前先给雏鸵鸟饮水,雏鸵鸟在初饮后 1~2 h 不可饲喂湿料,以免引起雏鸵鸟消化不良。对于迟迟不开食的雏鸟应放入 1~2 周龄的鸵鸟引导其开食。雏鸵鸟新陈代谢旺盛,生长速度快,对营养物质的需求量较大,因此配制日粮既要调制全价性,满足鸵鸟对能量、蛋白质、维生素、矿物质等营养物质需要的同时,还要注意雏鸵鸟消化系统不完善,对粗纤维的消化利用能力有限,如日粮搭配不当极易引起消化不良而影响其生长发育。人工饲养可喂颗粒饲料,雏鸵鸟采食的青饲料有苜蓿、三叶草叶、白菜叶、莴苣叶等,每日饲喂 4~5 次,夜晚可以不喂。3 个月以下雏鸵鸟青饲料可占 40%,精料中含 50% 左右草粉。1 月龄雏鸵鸟日给精料 0.1~0.3 kg,青饲料 1.0~0.6 kg,此阶段精料最好做成颗粒饲料进行饲喂。精料饲喂量不宜过多,防止雏鸵鸟出现因增重太快进而骨骼关节变形发生腿病。由于鸵鸟肌胃中能磨碎饲料,因此,雏鸵鸟每天每只要补喂4~5 粒洁净的沙砾。同时要防止饲料混入难以消化的物质,如碎玻璃、铁丝、铁钉、塑料等异味。雏鸵鸟饮水供应要求定时定量,防止暴饮过度和弄湿雏鸵鸟腹部引起生病。每天给水量为采食量的 1.8~2 倍。

雏鸵鸟的抗病能力差,易生病,每天应做好卫生和消毒工作,及时清扫粪便,洗净晾干饮食用具,用高锰酸钾 15 mL/m³ 消毒,运动场用 2%~3% 火碱喷湿,消毒后用清水喷洒地面。每天饲养管理工作要填写育雏记录表格,从中了解雏鸵鸟的健康生长情况。

(2)育成期及成年鸵鸟的饲养与管理 非洲鸵鸟 4 月龄以后消化功能逐渐完善,对各种气候条件适应性很强。生长期的鸵鸟,其饲养和管理主要抓好放牧、饲喂和鸵鸟舍的环境卫生工作。春节除雌鸵鸟产蛋进入舍内以外,早上在太阳晒干草上露水时,可赶鸵鸟至运动场和草场进行放牧,任其自由采食活动。太阳下山后将鸵鸟赶回舍内。4 月龄以上的幼鸵鸟生长快,日粮中粗蛋白质含量应在 15%~16%,钙和磷的含量为 30%~40%。随着鸵鸟日龄的逐渐增加,采食量增大,吸收利用粗纤维的能力逐渐增强,可以散放任其采食青粗饲料或天然植物。在冬季应早上迟放,晚上早归,冬季和阴天因青饲料缺乏供应不足可喂混合精料,具体配制为玉米面 30%、高粱面 22%、白面 5%、豆饼面20%、麸皮 10%、鱼粉 8%、骨粉 4%、食盐 1%,另加不定量的带骨肉碎末及少量维生素。饲喂鸵鸟时,应按定量喂给精、青料。在春、夏季节牧草生长旺盛期,保证供给清洁充足的饮水。生长后期鸵鸟喂后 2 h 应驱赶,饮水器和食槽每天清洗 1 次,鸵鸟进行适当的活动,每次 1 h 左右,以防鸵鸟发胖,体内脂肪沉积使其产蛋繁殖率下降。此外,要注意搞好管理,及时清除粪便和异物,定期对饮水槽、料槽、运动场和鸟栏消毒。

(3)种鸵鸟的饲养与管理 种鸵鸟的饲养与管理对于产蛋量和繁殖优质雏鸵鸟很重要。饲养非洲鸵鸟可按一雄多雌一起混养。种鸵鸟饲养面积以每只 10~12 m² 为宜。饲料应按种鸵鸟的营养需要给其平衡的日粮。雌鸵鸟产蛋期需要配制含钙和磷很高的混合饲料。种鸵鸟最易缺乏维生素和微量元素如碘、铁、锌等,但不宜喂量过多,防止鸵鸟肥胖致使雄鸵鸟配种能力和精液品质下降,雌鸵鸟产蛋率下降,甚至停产。青饲料通常日喂 4 次,精饲料日喂 2~3 次。饲喂顺序是先青粗后精料或精、青粗料混饲,饲喂量1.5 kg 左右,并要供给充足清洁的饮水。此外,种鸵鸟每天上午和下午都要运动 1~2 h,种鸵鸟舍栏应经常打扫,保持卫生,饲喂、饮水工具和鸟栏最好用 2%~3% 的火碱液消毒。

种鸵鸟24月龄时进行分栏饲养。由于雌、雄鸵鸟性器官发育不是同步的,雄鸵鸟性成熟较雌鸵鸟迟,同栏以雄鸵鸟比雌鸵鸟大半年以上为宜。分栏应在傍晚进行,分栏后要注意管理防止鸵鸟逃跑出栏。待一段时间熟悉和适应后,要保持安静并加强营养,尽量减少应激,这样可获得较高的受精率和产蛋率,并及时收蛋妥善保存。

在引种过程中常出现一些问题,如从国外引进的鸵鸟没有系谱资料,不明身份、不知年龄、不知其生产性能;雄鸵鸟有的性欲不旺,不会配种;雌鸵鸟不产蛋或产蛋少,未受精蛋多等问题。为了克服上述问题,在选购种鸵鸟时必须全面了解后,对外商提供的鸵鸟要查看系谱资料,该材料记录了鸵鸟的产地、名称、本身和亲代(父母、祖父母)的生产性能,通过系谱资料可以了解到全场鸵鸟的生产性能,也可以初步判断符合购买要求的鸵鸟。

8.5.6 疾病防控

成年鸵鸟适应性广,抗病力强,但雏鸵鸟如果饲养不当就会发生疾病,影响其生长发育及成活率。因此平时要加强饲养管理,定时、定量饲喂切碎新鲜且没有被农药污染的青、精饲料,并供给充足清洁的饮水。每天饲喂饲料以后,用具应清洗并消毒,经常打扫卫生,清理粪便,每日用2%~3%的火碱、石灰等消毒剂消毒1次,消毒前将鸵鸟赶出饲养场到另外有网栏的草场放牧,待用清水冲洗后再放回饲养场。饲养区进出口设消毒池或消毒盆,内盛3%~4%的火碱。注意对鸵鸟的精神、食欲、粪便、行动进行观察,若有异常应及时治疗,发现疫情及时进行疫苗紧急接种。如患疫病死亡的鸵鸟要进行深埋或焚烧,并对污染的饲养场地和用具进行1次彻底消毒,消除疫病的传染源。

8.6 鹧鸪

鹧鸪又称石鸡、花鸡、龙凤鸟、红腿鸡等,分类属于鸟纲雉科石鸡属。美国鹧鸪原系野生种类,现已驯养为特种禽类。目前人工饲养的多为引进美国鹧鸪品种。

8.6.1 鹧鸪的品种

鹧鸪的种类较多,形态因其种类不同而异,鹧鸪体型小于鸡而大于鹌鹑。成年鹧鸪一般体长约30 cm,体重250~300 g,最重可达500 g,体形似雏鸡。雄鹧鸪头顶黑褐色,羽缘缀以栗黄色。头的两侧各具有栗黄色纵纹,二者于额和枕部相互并连,形成椭圆状环斑,绕围头顶的黑褐色部位。眉纹与额纹均为黑色,耳羽为白色,颈黑色,杂以无数卵圆形白斑;上背与肩略同,但羽端变为栗红色,肩羽的栗红色较为显著和宽阔;下背、腰及尾上覆羽为黑色,并布满纤细的白色波状横斑;颏与喉白色,胸、腹和两肋均为黑色并布满白色圆斑;下腹中央羽毛呈绒羽状,栗黄色。雌鸟头部与雄鸟相似,但羽色较浅,黑色眉纹不显著;颏耳羽呈浅栗黄色,肩羽有黑色斑块;两翅灰黑褐色,具浅黄色斑点,颏与喉白色,上胸黑褐色,并布满淡黄色圆形斑点;下胸及腹部淡黄白色,杂以黑褐色横斑;其余部分与雄鸪相同。

美国驯化的良种鹧鸪,成鸟体长 34～38 cm,雄鸪体重达 750 g 左右,雌鸪体重达 600 g 左右。这种鹧鸪头顶灰白色,自前额双眼一直到颈部连接喉下有 1 条黑色带纹,背部棕灰色,腹部棕黄色,两胁杂有多条横斑条。喙、眼、脚橘红色。雌、雄鹧鸪形态羽色几乎相同,但雄鸪体型较大,头部大而宽且稍短,羽毛光泽,脚粗大双脚有距;雌鸪体型小,头部较窄长,羽毛紧贴身体,雌鹧鸪在单脚上有小距。雌、雄鹧鸪性别准确鉴别方法是从外生殖器上区别,成年雄鸪泄殖器腔皱襞中央处有圆锥形突出物;而雌鹧鸪则无,只要外翻泄殖腔即可识别。

8.6.2 鹧鸪的生活习性

野生鹧鸪生活在亚热带和温带低矮山冈的灌丛草坡或树林间,喜在温暖干燥的高地栖息、群居,有时 3～5 只结群寻食。鹧鸪食性杂而广,喜采食谷粒、豆及其他植物嫩芽、杂草、野果和种子,也食苔藓、地衣植物,同时嗜食蚱蜢等昆虫。笼养鹧鸪尤其爱食颗粒饲料或配合,善连续吞食,但食量不大,家养鹧鸪对饲料的营养成分和对饲料的更替有着很敏感的反应。需水时也表现出啄食状或头呈水平姿势饮水。鹧鸪腿脚强健善走和快速奔跑,翼短圆,不能久飞,常做直线短距离飞行,受惊即飞向高处,鸣叫时常立于山巅树上;鹧鸪胆小、机智,遇惊时很快隐藏在灌丛深处。鹧鸪爱动,笼养时往往焦躁不安,频频走动,善于钻空隙外逃。遇到刺激易引起惊慌,若放出笼舍,又飞又叫,十分活跃。经过驯养成熟后,在不惊扰情况下,大部分可飞归入笼。鹧鸪易发生应激休息或采食时,只要一只鹧鸪带头跳跃惊叫,整笼鹧鸪都会引起骚动。鹧鸪生性好斗,尤其在春、秋交配繁殖季节雄鹧鸪为争配偶而激烈相互打斗。鹧鸪喜爱沙浴有趋光性,对温度反应灵敏而强烈,但经驯养后,也有较强的适应能力。

鹧鸪饲养 7～8 个月达到性成熟后进入种用鹧鸪阶段,雄鹧鸪性成熟比雌鹧鸪迟 3～4 周。一般营巢于灌木丛及草丛间,在家养条件下雌、雄鹧鸪均不营巢,产蛋也不固定入巢。野生鹧鸪每年产蛋 2 次,4～5 月产蛋,每巢产蛋 3～6 枚,蛋呈梨形,为白色或乳黄色。引进的生产性能好的高产鹧鸪家养后年均产蛋达 120～150 枚,高于肉鸽 10～20 倍。孵化期约为 21 天,孵出 3～4 周后,小鹧鸪即能飞行。鹧鸪的利用年限一般为 2 年,但引进的高产鹧鸪品种、种用鹧鸪的使用年限为 3 年。

8.6.3 鹧鸪的经济价值

鹧鸪是一种集观赏、肉食和药用于一身的名贵野禽品种。其肉质嫩味美,营养丰富,堪称禽肉中上品。据测定,鹧鸪肉中的蛋白质含量为 30.10%,比鸡肉高 10.6%,而且富含人体所需的 8 种氨基酸;脂肪含量为 3.6%,比鸡肉低 4.2%,脂肪中 64% 为不饱和脂肪酸,尤其含有其他禽类体内没有的牛磺酸(可促进儿童大脑发育)。此外,维生素和矿物质含量也很丰富,故为高蛋白质、低脂肪野味强的滋补食品,深受消费者青睐。鹧鸪血和脂有特殊的润肤养颜的功效,是历代帝王的营养膳食品,所有民谚有"飞禽莫如鸪,走兽莫如兔"的说法。鹧鸪肉除作为高档野味佳肴和滋补食品以外,还具有一定的药用价值。明代李时珍著的《本草纲目》称鹧鸪肉"白而肥,味胜鸡雏"。《食疗本草》认为鹧鸪肉能"补五脏,益心力,令人聪明"。中医药学记载:鹧鸪肉有滋阴、补虚、化痰的功能,主治阴虚发热、多痰咳嗽等症。鹧鸪肌胃内壁有健胃的功能。主治胃寒不消、胃脘作痛等症。

鹧鸪抗逆性强,耐粗饲,生长发育快,生长80天体重可达500~700 g,饲养周期短,生产性能好,疾病少,成活率高,容易饲养管理,设备简单,饲养效益高,适合集体养殖场规模群养,也适合农村养殖户和农家饲养。

8.6.4 鹧鸪的繁育特点

8.6.4.1 种鹧鸪的选择

(1)雌雄鉴别 区别种鹧鸪一般用外观识别和翻肛鉴别法。

1)外观鉴别法 雄鹧鸪的体型比较大,头部略宽且结实,翅膀上有鲜艳的羽毛,十分美观,两脚上有突出的距。雌鹧鸪的体型较小,头部较清秀,有较多的饰毛且有光泽,脚上无距或仅有较小的距,而且通常只长在1只脚上。

2)翻肛识别法 翻肛后可在强光下观察其生殖器结构。即将鹧鸪握在左手中,用右手拇指和食指轻轻按住肛门两侧,使肛门外翻,如发现有粒状生殖突起为雄鹧鸪,若无明显突起则为雌鹧鸪。有一定经验者在出壳羽毛干后即可鉴别,雄雌比应为1:3~1:4。

(2)种鹧鸪的选择 种鹧鸪12周龄以后,雄鹧鸪体重已达0.6 kg以上,雌鹧鸪0.5 kg以上,而且3代以内发育良好、体型丰满无疾病的成熟雄、雌鹧鸪,可以挑选出来组织繁殖,采用小群、小笼饲养。

选择留种鹧鸪的要求:选择身体健壮,发育良好,体型丰满,羽毛鲜亮,姿态正常,眼大有神,喙短而稍弯曲,头宽深而长短适中,食欲良好而又不太肥胖,肩自然向尾部倾斜,背宽平,胫部直而有力,具有很强的生命力,适应性强,易饲养,产蛋量高。

选择留种用的雌鹧鸪的要求:要身体匀称,毛色光亮,羽毛新鲜动作灵活,眼睛明亮,颈部小而细长,不胆怯。

选择留种用的雄鹧鸪的要求:头部粗大,羽毛深色,面颊鲜艳,身躯高大结实,胸脯宽大,脚趾爪橘红色,性猛喜斗。种鹧鸪有较高的受精率和种蛋孵化率。如果鹧鸪毛色变浅,甚至翅膀上部分毛完全变白是白化病的表现,应该淘汰不能留作种用。鹧鸪的面颊部有1块白斑或变色斑,全身羽毛颜色浅淡的是低劣品种,不宜留作种用。种鹧鸪的交配和产蛋性能需要通过将1对雄鹧鸪与雌鹧鸪交配前放在1个栏内进行观察,以辨别出不能使雌鹧鸪受精的雄鹧鸪和不受孕或产蛋性能低下的雌鹧鸪,拒绝交配性欲低下的雄鹧鸪也不宜留作种用。为了保证优良特性的好品种,优良的种鹧鸪使用年限为3年,使用过的雄鹧鸪每年都要淘汰。

8.6.4.2 鹧鸪的繁殖方法

雄鹧鸪经6~7个月饲养,性功能已经成熟,鹧鸪开始产蛋2周内受精率低,这是由于雄鹧鸪配种能力较弱的缘故。一般雄鹧鸪性成熟比雌鹧鸪晚2周左右。繁殖季节将雄、雌鹧鸪按1:3~1:4的比例合群饲养,雄鹧鸪常常追逐雌鹧鸪自由交配,或交配时先将1只雄鹧鸪放在1只空笼内,再提放回原来笼舍饲养,以免损耗雄鹧鸪的精力。雌鹧鸪交配后一般7~8天就会产蛋,产下第一枚蛋后就开始抱窝,但也有产下2枚蛋后仍然不抱窝的。对于不抱窝的种鹧鸪应把它们关起来,在巢箱内放置饲料和饮水,并在箱外用黑布将巢箱围住,以促进亲鸽专心抱窝。鹧鸪从抱窝到出雏约需 18 天,在这期间要进行 2 次照蛋。第一次在抱窝 4 ~ 7 天进行,把无精蛋取出;第二次在第 10 ~ 13 天进行,把死胚蛋取出,余下的可合并孵化。夏天因气温高,蛋内水分蒸发快,常使雏鹧鸪出壳困难,可以进行人工剥去一小部分,直到看到湿润的血管为止。一般情况下出壳约 42 h,亲鸽嗉囊即能分泌出乳汁喂雏鸽,当发现出壳后亲鸽不喂雏鸽时,应进行人工喂养。

8.6.4.3　种蛋的选择与储存

种蛋孵化前应选择健康的种鹧鸪所生的蛋,蛋形要求正常、大小端分明,平均长 4.2 cm、宽 3.1 cm,蛋重 20 g 左右。若种蛋收集后不能及时入孵,可先将种蛋放在库房储存 1 ~ 7 天。库房要求具备通风设备,室温达 14 ~ 16 ℃,相对湿度 70% ~ 75%。种蛋储存时间不宜超过 3 周。储存时间越长孵化率越低。

种蛋在入库保存前和入孵时要分别消毒 1 次。消毒方法是每立方米用 40% 甲醛 40 mL,加入装有 20 g 高锰酸钾容器中熏蒸 20 ~ 30 min。熏蒸时,先将种蛋大端朝上置于蛋盘中,再放入蛋架进蛋库或孵化箱,这样能使消毒气在种蛋上徐徐循环达到消毒的目的。如果种蛋存放时间较长,需每天翻蛋 2 次,以提高孵化率。

8.6.4.4　种蛋的孵化与出雏

种蛋的孵化:鹧鸪的孵化期为 23 ~ 25 天,平均为 24 天,孵化期的长短与品系和年龄有关。鹧鸪种蛋采用人工孵化的方法基本上同于鸡、鸭使用孵化器的人工孵化方法。但蛋盘和出雏盘要改制,蛋盘的铁丝间距为 1 cm。种蛋入孵前孵化器应进行消毒,入孵时种蛋按大头朝上、小头朝下排列。进入出壳盘的种蛋要平放,防止挤压,并在出壳盘上加盖铁丝网片,以免出壳幼雏掉落。孵化方法如下。

(1)温度、湿度　温度应比孵化温度略低,并且孵化前期比孵化后期温度要高 0.5 ℃左右,而湿度则要求孵化后期比孵化前期高 10% 左右。1 ~ 7 胚龄:夏季温度 23 ~ 30 ℃,机内温度 37.5 ℃;冬季室温 18 ~ 23 ℃,机内温度 37.8 ℃,相对湿度 55% ~ 65%。8 ~ 20 胚龄:夏季室温 23 ~ 30 ℃,机内温度 37.2 ℃,冬季室温 18 ~ 23 ℃,机内温度 37.5 ℃。相对湿度 55% ~ 60%。21 ~ 24 胚龄夏季室温 23 ~ 30 ℃,机内温度 37 ℃,相对湿度 60% ~ 70%。

(2)通风　为保证胚胎正常的气体代谢,必须供给新鲜空气,孵化器内的排气孔与孵化间的进气孔应分开或远离,以免机内排出的污浊空气回流到孵化间进而造成恶性循环。

(3)照蛋　在整个孵化过程中,要对入孵种蛋 2 次照蛋,检查种蛋胚胎发育情况,头照在第 7 ~ 8 天进行,及时捡出无精蛋和死胚蛋;二照在第 20 ~ 21 天进行,若发现种蛋的气室边缘红色浑浊不清,无起落波动即为死胚蛋,必须剔除。

(4)翻蛋　翻蛋能使胚胎受热均匀,促进胚胎发育。翻蛋还能使胚胎运动,保证胎位正常,从入孵第一天起每隔 2 h 翻蛋 1 次至 20 天止。翻蛋角度要求 90 ℃,翻蛋动作要轻。

(5)晾蛋　孵化中后期胚胎温度过高需要晾蛋,每次 15 ~ 20 min。

(6)出雏准备　将发育正常的蛋从孵化盘移入出雏器内继续孵化至出壳。雏鸽未能出壳应进行人工帮助出壳,鹧鸪有较强的趋光性,出雏器内应尽量避光,以免刚出壳的雏鸽见光线后骚动。

8.6.4.5　出雏

雏鸽出壳后停留在机内干燥与保温 8~12 h,出壳头 3 天出雏室中温度应保持 36~38 ℃,相对湿度 50%~70%。待雏鸽羽毛干后及时取出放入雏鸽箱中,同时要取出蛋壳,以免空壳套住雏鸽头部窒息死亡。为了给雏鸽保温,箱底需填上垫草,箱的大小规格以放 100 只为宜,并要注意搞好清洁卫生,及时清除粪便,避免在舍内地面大量洒水。同时,饲料要新——喂湿料应现拌现喂,并经常洗刷食槽,严谨饲喂发霉变质的饲料,以免引起疾病。

8.6.5　鹧鸪的饲养与管理

8.6.5.1　雏鹧鸪、种鹧鸪的选择

饲养鹧鸪必须先对所有饲养的雏鹧鸪进行个体选择,特别是作为种用的鹧鸪,雏鹧鸪品质的优劣不但直接影响到其生长发育、成活率及饲料费用,而且直接关系到生产性能和种用价值。选择的雏鹧鸪应体质健壮,两眼有神,发育良好,两腿稳健有力,羽毛色泽光亮清洁,个体体重在 12 g 以上,头大小适中,脐部收缩良好,食欲旺盛,增重快,叫声洪亮,泄殖腔附近无粪便污染,这样的品种一般可选作商品鹧鸪饲养,准备将来留作种用的鹧鸪苗除应符合上述要求外,还要求个体大,发育好,体重适中,活力强,眼大有神,行动灵活,站立姿势正常,体羽整齐,喙短稍弯曲,头颈均匀,背部和胸部宽且两者平行,胫部硬直,脚趾齐全正常。挑选出来符合上述条件的雏鹧鸪,作为培育生产性能高的合格种用鹧鸪饲养。凡是体质较弱,发育较差,体重过轻,肩尾低,弓背、跛行或步态不稳,动作迟缓,羽毛松乱,绒毛缺乏光泽,无尾羽,泄殖腔附近不干净,将雏鹧鸪捏在手中无力挣扎或不挣扎,喙狭长,眼睛瞎或有毛病,喙过弯、上下喙不紧,背、胸不平,脚趾弯曲的,均不留做种用。挑选失去种用生产价值的鹧鸪,可另作肥育肉用商品鹧鸪饲养。肉用鹧鸪饲养到平均体重达 500 g 出栏是最适宜的,饲料报酬高。

8.6.5.2　雏鹧鸪的饲养与管理

只有科学饲养,才能使雏鹧鸪生长发育快,个体大,成活率高,为培养种鸽打下良好的基础。育雏前先消毒育雏箱和栏舍,可以用 2% 的烧碱或百毒杀等,育雏舍采用熏蒸消毒,每立方米空间可用 40% 的甲醛 28 mL,高锰酸钾 14 g,密闭消毒 24 h,充分通风后才能用于育雏。

(1)保温调湿　雏鸽 21 日龄才具备初步调节自身体温的生理功能,因此在育雏期鹧鸪的饲养温度是否适宜是育雏成败的首要条件。育雏要求适宜的温度才能保证雏鸽的生长发育,有效地提高其成活率。

雏鹧鸪出壳后前 3 天,出雏舍的温度应保持在 36~38 ℃,相对湿度 50%~70%,待羽毛渐干、两脚能站立行走时,转入育雏箱内,育雏箱长 2 m、宽 0.4 m,箱底铺一层干净的垫料,育雏箱内的温度不低于 36 ℃。育雏箱内育雏要勤查看,因为雏鸽出壳不久,体温调节能力差,有群居性,喜欢扎堆休息,容易挤压造成死伤。为了保持箱内的适宜温度,箱内要装有电灯泡,随温度需要选择灯泡瓦数;中型育雏箱除电灯供暖外,在停电时可用煤球炉或炭火盆做热源。根据具体情况调节温度。如箱内的雏鹧鸪不扎堆,自由活动空

间多,可自行觅食饮水,说明温度适宜。7 日龄的雏鹧鸪可转入育雏舍进行饲养。要根据每周所需温度来选择育雏器。育雏器内要有雏鸪活动的余地,使雏鸪根据自身条件选择离开热源还是靠近热源。随着鸪龄的增加,温度要逐渐下降。适宜温度还可以通过观察雏鸪的活动、休息或觅食状况来调节,即"看鸪施温"。当温度适宜时,雏鸪表现活泼好动,食欲良好,饮水正常,羽毛光滑整齐,分散均匀,头颈与双腿舒展地相互依靠,但互不挤压,而且安静,不发出叫声。若温度过高,雏鸪张口喘气,抢水喝,粪便稀,翅膀张开,远离热源,易患呼吸道疾病,夏季还易中暑;若温度低时,雏鸪拥挤扎堆在热源附近,缩颈,不大活动,饮水减少,雏鸪受凉腹泻,羽毛竖起,夜间睡眠不稳,闭眼尖叫,有些往往因挤压而死。温度忽高忽低,冷热不均,容易引起疾病而死亡。

掌握育雏温度的原则:前高、中平、后低,小群宜高,大群宜低;早春宜高,晚春宜低;阴天宜高,晴天宜低;夜间宜高,白天宜低。一般育雏的第一周平均温度应在 36 ~ 37.5 ℃,以后每周下降 2 ~ 3 ℃,1 个月后脱温(冬天,脱温可推至 40 天以后)。雏鸪出壳后至 20 日龄应保持全光照(至少每天 18 h),以后逐渐减少。1 个月后脱温转群,应短期保温(用红外线灯泡),以便雏鸪逐步适应外界条件。

适宜的湿度也是育雏鸪的重要因素,若湿度过大,体表散热困难易患疾病,因此相对湿度过大或过小都需要进行调整。在接雏前 5 天应调节好育器内的湿度,可将内置盛有透水的毛巾或温布的空盘放进育雏器内,自然蒸发以调节湿度。

(2)饮水　同其他家禽一样,应在出壳后 12 ~ 24 h 内应先给雏鸪饮水,以加速出壳后幼鸪一部分蛋黄囊内物质的吸收利用,同时还可以维持体内代谢平衡,防止其因脱水而死亡。出壳后的雏鸪首先要教会其知道水槽或饮水盆的放置地点,为了能诱导雏鸪知道注意水槽或饮水盆中的水,可在水槽或盆中放一些色彩鲜艳的石子,并结合防疫或补充营养,头天可在饮水中加入一定的药物,如 0.5% 高锰酸钾液(加后溶液呈淡红色即可饮用)或 0.02% 土霉素水。第二天饮葡萄糖水。饮水器不可太大太深,雏鸪若长时间得不到水,一旦遇水,抢水暴饮,会腹泻甚至没入水盆中淹死。

雏鸪的需水量可根据雏鸪的日龄和气温的不同而有所不同,1 周龄每 1 000 只雏鸪需水约 15 L,2 周龄每 1 000 只雏鸪需水约 25 L,4 周龄每 1 000 只雏鸪需水约 30 L,5 ~ 6 周龄每 1 000 只雏鸪需水 35 ~ 40 L,7 ~ 8 周龄每 1 000 只雏鸪需水 45 ~ 50 L,9 ~ 10 周龄每 1 000 只雏鸪需水 55 ~ 60 L,11 ~ 13 周龄每 1 000 只需水 65 ~ 70 L。雏鸪饮水量还应根据气温、饲料的种类等不同情况灵活掌握。

(3)饲喂　雏鸪饮水后就可开食,一般于出壳后 1 天内进行。由于育雏期间雏鸪食量较大,每 10 日体重增加 1 倍以上,而且体内代谢功能旺盛,相应的对饲料要求也高。尤其是饲料中的蛋白质(含粗蛋白质28%)、维生素、矿物质的含量应当充足,这样才能满足雏鸪的需要。开食按每 10 只幼鸪 0.1 g 酵母粉、0.1 g 磷酸钙拌入配合饲料中,喂料时可将饲料置于食盘中或均匀地撒在旧纸板上或麻布、塑料布上,让所有的雏鸪都可自由啄食饲料。开始喂食时,多数雏鸪不会啄食因而要耐心引导,开食时间要在白天。

国内饲养场的雏鸪日粮配方采用黄玉米 48%、小麦粉 3%、豆饼 34%、进口鱼粉12%、骨粉 1%、贝壳粉 1.1%、食盐 0.4%、添加剂 0.5%。如果小规模饲养鹧鸪可选用雏鸡的碾碎的全价颗粒饲料,或用市售配合饲料。在 1 周龄内,每 100 只雏鸪加入熟鸡蛋

2 个(碾碎后与饲料混匀喂),并加入少量鱼肝油和复合维生素 B 溶液。2 周龄时逐步加入淡水鱼粉,减少熟鸡蛋的用量。含有熟鸡蛋黄的饲料不能久贮,要随拌随喂,1 周龄饲喂 6 ~ 8 g,2 周龄喂 8 ~ 12 g,3 周龄喂 20 ~ 25 g,7 周龄喂 23 ~ 28 g,8 周龄喂 26 ~ 29 g,9 周龄喂 28 ~ 30 g,10 周龄喂 30 ~ 32 g,11 周龄喂 32 ~ 33 g,12 周龄喂 33 ~ 34 g。喂料一般自由采食,1 周龄前每日喂料 8 次,2 ~ 3 周龄每日喂料 5 ~ 6 次,(可减少下半夜的 1 次),4 周龄后每日饲喂 3 ~ 4 次,做到适当加以控制,掌握每日所需饲料量,既要保持不断料,又要不留料底,以免饲料霉变腐败造成浪费。此外,每周还可在饲料中拌入用开水烫过后晾干的细沙,最好再捕捉一些蚱蜢和昆虫。同时,要保证供给充足清洁的饮水。食槽和是水槽应当相距一定的距离,不同雏龄食槽和水槽的位置要求不同,例如,1 周龄雏鸪采食位置约 2 cm,2 周龄雏鸪位置约 3 cm,3 周龄雏鸪位置约 4 cm,4 周龄以上雏鸪位置约 5 cm,要耐心引导每只雏鸪到采食地点自由采食。此外,食槽里还应放些小沙砾让其自由啄食。

(4)管理　刚孵化出来的雏鸪适应外界环境的能力差,最好采用笼养。避免平养时鹧鸪相互挤压而造成死亡。鹧鸪胆小,易惊,在育雏期间应减少各种应激。并要注意观察幼鸪的吃料和饮水、精神状态和行动情况,最好每天观察记录,发现有不正常表现,应及时采取措施。如发现有精神不正常和低头垂翅、呆立不动、卧地不起、饮食不正常的,要及时从鸪群中剔出,单独饲养调治。发现死鸪应及时深埋。要合理安排饲养密度,雏鸪饲养密度为 1 ~ 10 日龄 80 只/m²,10 ~ 28 日龄 50 只/ m²,29 ~ 90 日龄 25 只/ m²。密度过大,育雏成活率低,生长缓慢,鹧鸪生性好斗,加之饲养管理不善,容易发生啄翼、啄趾、啄头、啄肛、食羽等恶癖,严重影响雏鸪生长。如发生此病可将病鸪捉出,在地面上磨它的嘴,就不会再有啄癖了。密度过小则浪费人力设备,使饲养成本相应提高。饲养鹧鸪群体规模不宜太小,一般以 100 ~ 200 只为宜,1 ~ 10 日龄每平方米可养 70 ~ 80 只,10 日龄至 4 周龄每平方米可养 50 只,4 ~ 13 周龄每平方米可养 25 ~ 30 只,13 周龄后每平方米可养 10 只。

确定一个合适的饲养密度,要根据雏鸪龄和所处的不同季节而定,一般日龄小可密一些,日龄大可疏一些;冬季可密些,夏季可疏些。笼养时,夏季中午气温高可用喷雾器适当喷雾凉水降温(避免在舍内地面大量洒水)。散养时应在有荫棚的地方设置沙浴池,让雏鹧鸪洗浴降温。根据雏鸪在发育时的强弱和大小差别,应按体质强弱、个体大小等重新分群饲养。

为了预防鸪病,除平时注意鸪舍的通风、透气、按时投料、换水外,还应经常注意育雏舍内的卫生,及时清扫地面,及时消除粪便,更换垫料,并经常和定期做好食槽及饮水器的冲洗和消毒工作。饮水器在晚上一定装满。每 100 只雏鸪用饮水器 1 个,盆底放一块布。10 ~ 15 日龄鸪,用木板垫高水盆,以免粪便污染饮水。饮水器每天要清洗 1 次,隔日用 0.1% 高锰酸钾溶液冲洗。同时,还要接种鸡新城疫苗与鸡痘疫苗,留种的种鸪要搁马立克氏病疫苗。如果出现上喙比下喙长得快,形成上喙弯曲,不能吻合时,1 周龄的雏鸪可将喙的尖端剪去一点,使上、下喙吻合或用烙铁炙烙断喙,不必切除,以防影响啄食。20 周龄后可能出现啄羽、啄趾、啄眼、啄肛等恶癖,为了减少这些恶癖,可进行断喙,断喙通常用指甲钳、小剪刀或电去喙机,除去上面喙片从嘴尖到鼻孔的 1/3 部位,切除时应使鸟头略朝上,上喙稍多切除一点,到 6 周龄时再断喙 1 次。鹧鸪在断喙时要特别注意不要将嘴撕裂,更不要断掉舌头。操作时要细心,防止出血,若发生出血可用小型烙铁将伤口烙焦进行止血。去喙后 1 周内,饲料要准备得多些,饮水也要多些,食槽内的饲料应保持 2 cm 左右深度,以免鸪喙在采食时碰角槽底而发生疼痛进而影响进食。平养 7 ~ 10 日龄后需要注意添加抗球虫药物。

8.6.5.3　育成鸪的饲养与管理

育成鹧鸪又称青年鸪或后备鹧鸪,多指 90 日龄至产前育成后作种用的阶段。这一时期的鹧鸪羽毛逐渐丰满(要脱换羽毛 3 次),飞翔能力增强,活泼好动,代谢旺盛,食量大,生长发育很快,有抗寒能力,可以脱温饲养。搞好这个阶段的饲养与管理能为培育肉鸪或优良的种鸪奠定基础。

(1)饲养　根据鸪阶段的特点,可因地制宜地采用不同的饲养法,如半露天或舍内飞翔栏饲养法,中鸪养在离地的铁丝网底的飞翔栏里,饲养舍的门窗外都钉上玻璃窗及门户外要高能铁丝网,并有围栏或围网围成的运动场。栏中有栖架和沙浴池等。此外,亦可用双层群饲笼,笼中一侧挂有食槽和饮水器,任鸪采食和饮水。饲养密度不宜过大,群笼每笼 5 ~ 10 周龄每平方米可减少至 30 ~ 40 只,10 周龄后每平方米 15 ~ 20 只,在笼中可养到 90 ~ 120 日龄。每天每只需喂饲料 30 ~ 35 g,每日喂料 3 次,可采用优质小鸡料或全价颗粒饲料,如饲料中蛋白质达不到 20%,可添加一些鱼粉,同时饲料中还可另加维生素添加剂 5 ~ 10 g,中鸪的饲料日龄配方是黄玉米 50%、小麦粉 5%、豆饼 20%、麸皮 5%、进口鱼粉 8%、骨粉 1.5%、贝壳粉 1.6%、食盐 1.4%、添加剂 0.5%。每日供给料量一般为 11 周龄 32 ~ 33 g,13 周龄 34 g。中鸪阶段由于鹧鸪活泼好动,采食量会逐渐增加。此外,还可在栏内放些瓜果蔬菜和玉米等任其采食。在喂鸪的过程中,因鹧鸪还有一定的野性,胆小易受惊吓,所有喂食时切勿惊扰,使其在安静的环境里采食。

饲养的育成鸪可以让其自由饮水,其需水量的多少要根据食料和气温的变化酌情供给。一般 1 000 只鹧鸪 11 ~ 12 周龄的饮水量为 65 ~ 72 L。如果饲养密度大,育成鹧鸪聚集在食槽或水槽时,需增加食槽或水槽。

(2)管理　育成鸪在饲养过程中,舍内必须保持安静,产蛋前要对鹧鸪进行调教,使工作人员的举动能被其接受。饲养舍冬天温度要达到 16 ℃ 以上,夏季要在 29 ℃ 以下。在寒冷的地区需要注意加温,通常每 30 ~ 40 m² 烧一只煤球炉,舍温应保持在 10 ℃ 以上,合理的光照能使鹧鸪性成熟正常。25 周龄后要逐渐增加光照时间,育成鸪每天要求 10 h 光照,白天可利用自然光照,光照每平方米 0.5 ~ 1 W,不足的光照可补充人工光照;并要求舍内干燥通风,清洁卫生。生病可相互啄伤的中鸪要随时剔出,单独精心调养治疗。在群养的情况下,鹧鸪易生体外寄生虫(如蚤、虱等),影响其生长发育,应在围栏里放些沙堆,让鹧鸪沙浴,如发现鹧鸪有寄生虫寄生,可在沙堆中撒入除虫菊粉,围栏及栖架也应经常喷洒驱虫剂,以驱杀鸪虱等。

8.6.5.4　肉用鸪的饲养与管理

育成鸪选合格的作为种鸪另外饲养,多余的雄鸪和不合格作种用的成年鹧鸪一般作为商品鸪分群饲养。培养商品肉用鹧鸪,应根据不同的种源,采取不同的饲养方法。

(1)饲养　肉用鹧鸪的饲养应以促进生长、提高饲料转化率、缩短饲养期为原则,因此肉用鹌鸪饲料的营养成分必须全面,搭配合理。成鸪日粮配方为黄玉米53%、小麦粉11%、豆饼16%、麸皮9%、进口鱼粉5%、骨粉3%、贝壳粉2.1%、食盐0.4%、添加剂0.5%。鹌鸪所用微量元素与维生素添加剂比鸡用量高0.5~1倍。如果小规模饲养鹌鸪可选用鸡全价粒状饲料,并在饲料中矿物质添加剂5%~10%。如果粗蛋白质不足,可另加鱼粉或用蚕蛹粉、血粉、骨粉、蚯蚓粉等代替。在日粮中多掺些青饲料和葱、蒜,既能增进食欲,还可起杀菌消毒作用。肉用鸪饲料要供给充分,不可间断;或每日饲喂,上、下午及晚上各两次。饲喂的方法有干喂、湿喂、干湿喂3种。

1)干喂法 干饲料多呈粉状或颗粒状,一般含水量12%左右。此种饲喂方法的优点是节省喂食时间,便于打扫鸪笼。但是饲料的适口性差,饲料易飞溅耗料,增加饲料成本。

2)湿喂法 把混合饲料与青饲料、水等拌匀而成。此种喂法优点是适口性好,饲料成本低。但热天饮料易变质,同时鹌鸪食湿料后会使粪便变稀,这样在清洗笼舍、饲具时费工费时。

3)干湿喂法 即早、晚喂干粉状饲料,在中午加喂1餐湿饲料,食槽要添足湿料,否则鹌鸪会因争食引起争斗。

肉鸪8周龄后应逐渐增加各类高能量的饲料肥育,一直喂到出售。为了做到饲料变化合理不影响鹌鸪的吸收,最好在刚开始换饮料时,采用1/3肥育饲料,2/3变通饲料来饲喂,以后逐渐加大肥育饲料的比例,在3~5天内完全改用肥育饲料,肥育饲料中脂肪含量较大,鹌鸪应进行分餐喂料,合理安排时间,定时定量,以满足其营养需要。在生长期,每天给鹌鸪喂料3次(上午、中午、下午),每对鸪日喂量约40 g,每次采食10~15 min。对哺乳鹌鸪每天晚上加喂1次,力争让鹌鸪多采食,对不带仔鸪的鹌鸪日喂鸪每天晚上加喂2次(上午和下午),每对日喂量30~35 g。同时,笼中应有充足的饮用水,若喂自来水,应放过夜再给饮用。11~13周龄鹌鸪每1 000只需水量为65~70 L。

(2)管理 成年鹌鸪饲养阶段虽然不要求较高的温度,但成鸪对温度也很敏感。成鸪的适宜温度为18~25 ℃。如果夏季温度过高,会引起成鸪骚动不安、废食、脱羽、便秘等;因此,夏季笼养时可用喷雾器喷雾降温或湿帘降温,并增加饮水次数。散养时供给充足清洁凉水并设荫棚和沙浴池,让鹌鸪洗浴降温。温度过低则会使成鸪拥挤成团,乱叫,腹泻。12周龄肉用鸪饲养密度大的每平方米可养12~16只。肥育的肉用鸪应雄、雌鸪分笼饲喂,要使笼中2/3的鹌鸪能同时采食,笼中每层不超过30 cm,以防鹌鸪跳跃消耗体力。同时,笼内要控制光亮,每天固定点灯时间约20 h,光线柔和,并根据鹌鸪日龄的增加,适当延长开窗的时间,增加新鲜空气,对鹌鸪的饲养场每天应打扫1次,每个月用生石灰消毒1次,饮水器和食槽要每周冲洗1次。在每次乳鸪离巢后要对巢箱清理消毒,并换上新鲜干草,以备下次产蛋和育雏只用。夏季鹌鸪笼养时可用喷雾器直接喷雾降温,并增加饮水次数。散养时应在有荫棚的地方设置洗浴池,让鹌鸪洗浴降温。夏天每周3~4次,冬天每3~4周1次。洗澡时间以每天上午9~10时或下午2时为宜,每隔2~3次可在浴池水中加入0.2%~0.3%的敌百虫,进行驱虫。肥育阶段的鹌鸪,一般饲养3个月平均体重可达500 g左右即可上市。后备种鹌鸪雄雌比按1:3~1:4选留。

8.6.5.5 种鸪的饲养与管理

美国鹌鸪通常在18~20周龄时性成熟。经验表明,优良种鹌鸪较一般品种可提高

10%~20%。因此,在种鹌鸪开始配种、繁殖季节前需要重新选择 1 次,雄、雌鹌鸪按 1∶3 选留组群,对于发育不良、体重达不到标准要求的个体,不宜留作种用。野生鹌鸪的生育与其他季节性禽鸟大体相同,通常在春、秋两季繁殖。野生鹌鸪在 30~32 周龄进入产蛋期,需要分笼饲养,培育种鹌鸪 28 周龄以上每平方米 8 只左右。

(1)种鹌鸪在产蛋期的饲养与管理　种鹌鸪在产蛋期间要保证饲料的营养充足、全面,供给营养全价的配合饲料,只有这样才能使鹌鸪的产蛋潜能充分发挥出来。饲料配合比例为禾本科籽实占 50%~60%,饼粕类占 20%~30%,糠麸类比例不超过 10%,动物性蛋白质饲料控制在 10% 以下。配制混合饲料量要注意饲料的多样性,这样才能保障氨基酸和其他营养物质的互补作用。为了使种鹌鸪多产蛋,应适当控制休产期。种鹌鸪饲料中的蛋白质、钙、磷都要比青年鸪高,所以在种鹌鸪开产时到产蛋高峰期应补充钙和磷,持续使用产蛋高峰期饲料可使种鹌鸪产蛋期延长到 6 个月。此外,必须供给充足的清洁饮水。

种鹌鸪的饲养方式一般采用立体笼养和平面饲养两种。多采用平地栏内饲养方式。平养鸪舍面积 30 m²,每栏饲养 80~100 只,雄雌比例为 1∶4~1∶5,并设运动场,网高 1.8~2 m,网眼 2 cm×2 cm。舍内垫草要干燥、新鲜,舍内设有饲料槽和饮水器。由于平养雌鸪经常与雄鸪交配,其种蛋的受精率比成对笼养种鸪的受精率高。鹌鸪神经敏感,对各种刺激反应强烈,光照时间的长短与强度不仅影响种鸪的采食量和性成熟,而且对产蛋量也有显著的影响。要求种鸪 1 周龄内光照 24 h,光照强度为 20 lx;从第 2 周龄起每天光照减少 1 h,直至 10 h 为止,光照强度为 10 lx;到 3 周后可以停止补充人工光照,产蛋鸪的光照时间为每天 15~16 h,每平方米 3 W,灯泡挂在离地 2 m 处。

由于鹌鸪自身调节温度能力差,尤其是产蛋期的鹌鸪对环境比较敏感,产蛋期的适宜温度为 15~24 ℃,温度低于 10 ℃ 或高于 30 ℃ 时都会造成种鸪产蛋量下降,对受精率也有不利的影响,体弱者甚至引起疾病;同时,还要保持笼舍的相对湿度为 55%~60%。

要求舍内空气流通好。鹌鸪野性强,胆小易惊,对各种噪声敏感,对各种刺激反应强烈,因此种鸪在产蛋期间鸪舍要保持环境相对安静,消除各种噪声,并不让外来人员干扰。如果种鸪受到惊吓,便向笼角急窜乱碰,有碍其健康和产蛋。对种鸪日常管理要求给予符合种鸪生理要求的环境,饲养员喂料、添水、打扫等动作要轻,不能有不良的刺激,应努力消除影响种鸪产蛋率的各种因素。

(2)种鹌鸪休产期的饲养与管理　种鹌鸪产蛋期一般为每年的 2~9 月份,换羽期停产。为了提高产蛋量(第二年比第一年产蛋量提高 15%),可在第一个产蛋期结束后应及时淘汰低产种鸪,选留高产个体。同时将雌、雄种鸪分开饲养,进入休产期。休产期种鸪应限制饲喂,控制体重。

根据上海奉贤太日珍禽种禽场的经验介绍,种鸪休产期第 1~2 周每只鸪每天饲喂 20~25 g,饲料可以用产蛋鸪料,饲料内加入 20%~30% 的谷壳、糠麸等粗饲料。3 周龄内种鸪便能完成脱毛过程,开始长出新羽毛,此时饲料可增至 23~28 g,以满足其长新羽毛的营养需要。4 周龄新羽毛生长很快,种鸪食量增大,经常呈饥饿状态,饲料可增至 30 g,粗饲料增加至 30%~35%,粗饲料增加至 30%~35%,以满足其需要。第 7 周龄由于新羽毛的逐渐成长,粗饲料可适当减少。第 9 周龄种鸪进入预产期,饲料可增至 35 g 左右,取消粗饲料。休产期内雄鸪可不限制饲喂,让其自由采食。在休产期为了使种鸪充分休息,应减少种鸽兴奋,采取控制每天 8 h 光照,16 h 黑暗(门帘用几层黑布遮光,上午 9 时卷起,下午 5 时放下)。遮光期一般种雌鹧鸪 9 周,种雄鹧鸪在遮光 7 周后进行 16 h 光照刺激,9 周后种用雌、雄鸪合群进行 16 h 光照刺激,然后进入产蛋期,持续到产蛋期结束。此外,夏季种鸪休产期舍内应安装抽风机或换气扇,使舍内空气流通。根据市场对雏鸪的需求,适当调控休产期和产蛋期,可获得较高的经济效益。

8.6.6　鹧鸪的疾病防控

刚出壳的雏鹧鸪体质较弱,神经系统发育尚未健全,对外界环境因素适应能力差,尤其是对外界温度变化特别敏感。育雏阶段温度、湿度控制不当,容易造成不良应激,诱发疾病;若饲养管理不当,卫生清洁不好,如有害气体超标、饲料发霉变质或饲料配合不当或人缺某些病原微生物,或从外界传入病原微生物,导致幼雏发生传染病。因此,在平时需精心饲养管理,以保持群鸪健壮,提高抗病能力。鹧鸪的饲养密度不能过大,避免拥挤,育雏舍的温度不能忽高忽低。3 日龄的幼雏即可剪喙,这样可以避免群饲拥挤而相互喙伤或啄肛,以饲养培养健壮的雏鸪作为基础饲养群。自外地引进的鹧鸪,不论大小都应检查隔离 2 周以后方可与原饲鹧鸪合群,同时搞好卫生防疫。鸪舍应每天清除粪便,保持地面清洁、干燥,饲料槽与饮水器等用具每天要清洗。鸪舍、笼应在进鸪前消毒,饲料槽、饮具要定期消毒。

发现病鸪应及时隔离,精心护养治疗,严禁在鸪舍内屠杀病鹧鸪。病死的鹧鸪要烧毁或埋入深坑,并做好病鸪笼舍、运动场和用具的彻底消毒工作,消灭传染病源,切断传染途径。

8.7　鸳鸯

鸳鸯俗称鸳鸯鸭,在动物分类学属于鸟纲雁形目鸭科的观赏珍禽,我国仅有一种人工驯养为肉用和药用水禽。

8.7.1　鸳鸯的品种

鸳鸯系中小型水禽,雄鸟体长约 43 cm,体重 500 g,雌鸟稍小,约 440 g,眼棕色,外围有黄白色环,嘴红棕色,雌、雄鸟羽色不同,雄鸟头部羽冠在额部和头顶中央为金属翠绿色,并带金属光泽;枕部丛生金属铜赤色,羽毛与后颈的金属暗绿色和暗紫色长羽组成枕冠;头顶两侧眼后有白色眉纹,延伸到颈部而成冠羽中侧部分;上体羽中上胸和侧胸呈金属铜紫色光泽;背部红褐色,腰部暗褐色,有铜绿色金属闪光;两翼最内侧翅上有 1 对栗黄色的两枚三级飞羽扩大呈扇状并竖立成帆状羽;下胸和两侧纯绒黑色,具有两条白色宽带斑;腹部和尾下覆羽乳白色;肋部具有黑白相间的横斑纹,其后侧具有紫赭色斑块;雌鸳鸯鸟无冠羽和帆状羽,眼周和眼后一条纵纹白色,喉部白色;头和颈的背面均灰褐色,颈侧浅灰褐色,腹部纯白。我国鸳鸯仅此一种。

8.7.2　鸳鸯的生活习性

鸳鸯具有喜水性、合群性,野生活动于山区林麓溪流、湖泊、水库及沼泽等水域。白天在水中生活,一般上午觅食、日浴、休息,午间林中休息,下午嬉水觅食。鸳鸯食性杂,迁徙季节经常数只或 10～20 只结成小群,偶尔也单独活动。飞行能力强。取食以水生杂草、野果、种子、谷物等植物为主,也兼吃蚯蚓、田螺、蚌肉、小鱼虾和昆虫。繁殖季节以鱼、虾、蛙、昆虫等动物为主,也兼食少量植物。鸳鸯适应能力强,耐寒能力可达到 −25 ℃,耐高温能力可达 42 ℃。

每年 5 月份是成年鸳鸯繁殖期,鸳鸯平时不一定有固定的配偶关系,只是在配偶时才成双入对。在水中嬉戏,求偶交配。在我国东北北部、中部长白山及内蒙古等地繁殖。夏季鸳鸯在深山的树洞内营巢繁殖,一般雌鸳鸯150～180 天开产,每窝产 8～10 枚,蛋壳淡绿黄色,繁殖后期产蛋孵化,由雌鸳鸯孵化,孵化期约为 30 天,孵出幼禽后,雄鸳鸯便扬长而去,抚育雏鸟由雌鸳鸯承担。鸳鸯到了秋天飞抵长江以南到华南一带平原的湖沼、河川等处越冬,平时往往成对生活。

8.7.3　鸳鸯的经济价值

鸳鸯具有较高的观赏、肉用和药用价值,其雄鸟羽毛比雌禽羽毛鲜艳华丽,具有羽冠,眼后有白色眉纹,翅上有 1 对栗黄色的扇状直立羽。由于雌禽羽毛艳丽、观赏价值很高,所以人们常作为庭院观赏禽。鸳鸯平时雌、雄偶居不离成对活动,因此常比喻夫妻,所以,我国民间文艺创作和诗歌经常应用鸳鸯作为"爱情"和"友谊"的象征,以此形容、标志新婚者形影不离、白头偕老。《诗经》《尔雅翼》《本草纲目》等古书籍都有关于鸳鸯的记载。鸳鸯不仅是世界各国动物园饲养的观赏鸟类,而且其肉有野味特色,肉质细嫩香脆,营养丰富。据测定,鸳鸯肉、肝和蛋中富含蛋白质,含量分别为 27%、28.4% 和18.4,含有多种氨基酸,脂肪含量分别为 2.4%、2.6% 和 1.5%。由于鸳鸯脂肪含量比鸡、鸭肉低,皮下脂肪层薄,瘦肉丰富,肉质香脆,可清蒸、红烧,也可烹调。常食具有滋阴壮阳,保肝益智、祛病健身之功效,故受到消费者的青睐。据明代李时珍《本草纲目》《饮膳正要》等书中介绍,鸳鸯肉"可强身美容,增强性欲"。随着人民生活水平的提高,人工饲养肉鸳鸯,把鸳鸯当作美味佳肴,目前由于自然界鸳鸯资源减少,鸳鸯已被列为国家保护动物,严禁捕猎。鸳鸯适应性强,对饲养条件要求不高,经过人工驯养后,食性杂,草、菜、庄稼叶、树叶、麸皮、米糠、豆渣、啤酒渣、昆虫均可饲喂,饲养成本低。肉用鸳鸯生长快,雏鸳鸯从出壳起,饲养 80 天,体重可达 3 kg。抗病力强,终生不需防疫,其性情温顺、合群性好。适宜规模化集约化养殖,也适宜农户散养。随着人们生活水平的提高,发展养殖肉用鸳鸯以满足国内外市场对珍禽鸳鸯观赏和膳食上的需求,同时增加经济效益。

8.7.4　鸳鸯的繁育特点

经驯化的鸳鸯必须模仿自然生态环境,满足其生殖的生理要求。春末雄鸳鸯在繁殖季节与雌鸳鸯成对戏水活动,求偶交配,人工养殖比以 1∶4 为宜。可编织壶形巢以供产蛋。雌鸳鸯一般从出壳到 150 天左右即可开产,每次产蛋 20～30 枚。蛋的孵化分为自然孵化和人工孵化两种。

8.7.4.1 自然孵化

雌鸳鸯每次产蛋 20～30 枚后就会自然抱窝,孵化期 30～35 天。雌鸳鸯停产 10～15 天后继续产蛋。

8.7.4.2 人工孵化

人工孵化鸳鸯种蛋可采用家禽人工孵化方法,规模孵化种蛋可采用电热恒温孵化机。电孵化机孵化操作方法如下。

(1)温度、湿度 一般孵化前期(1～15 天)孵化机温度控制在 38.5～38 ℃,相对湿度在 60%;中期(16～30 天)孵化机温度控制在 38～37.5 ℃,相对湿度在 50%;后期和出雏期温度控制在 7.5 ℃,相对湿度在 60%～70%。

(2)翻蛋 每隔 2～3 h 要翻蛋 1 次,翻蛋角度要大。

(3)凉蛋 孵化前期可以不凉蛋,但孵化中期应每天凉蛋 1 次,后期每天凉蛋 3～4 次。同时凉蛋时要适度增加空气相对湿度,用 35 ℃温水喷蛋 1 次,待蛋晾干后再放入机内进行继续孵化。

(4)通气 孵化机应有带通风孔的电风扇,使孵化机内温度均匀,空气流通,特别是孵化中后期,更要注意通气,必须稍打开机门通风透气。

8.7.4.3 出雏

鸳鸯种蛋的孵化期为 35 天左右,鸳鸯雏体破壳而出,如发现有出壳困难或无破壳能力的,应进行人工剥壳提高出雏率。出壳幼体眼睛已经睁开,能跟着亲鸟觅食。雏鸳鸯出壳后 1～3 日内对温度敏感,应保持不低于 20 ℃,3 天后逐渐降温。出壳 16 h 后先用 0.01% 高锰酸钾水饮用 1～2 天;出壳后 18～24 h 后即可开食。喜温好睡,育雏舍内垫上稻草、麦秸等垫料,并注意勤换。育雏舍内光线要充足,夜间人工光照,4 周后可利用自然光照。

8.7.5 鸳鸯的饲养与管理

(1)雏鸳鸯的饲养与管理 1～30 日龄的鸳鸯为雏鸳鸯。雏鸳鸯出壳后 1～3 日内对温度敏感,喜温好睡。因此,鸳鸯育雏阶段应控制温度,尤其是我国北方气温低,更应注意育雏保温。育雏的适宜温度:1～3 日龄为 30～31 ℃,4～10 日龄为 24～30 ℃,11～20 日龄为 21～24 ℃。育雏舍铺松软垫草,并分隔小栏,每栏 2 m² 左右,各栏安装保温电热器 1 个或白炽灯,也可采用在雏禽舍内采用地下烟道加温或电热保温等方法,或在笼舍外加上遮盖物。雏鸟出壳待绒毛干后,脚能站稳即可饮水开食。同时,应保持光照时间和强度,随着生长日龄的增加,减弱光照。饮水中宜加入适量复合维生素 B 制剂。要备足清洁饮水,切勿断水,且要先饮水后喂料。由于雏禽生长很快,消化能力较弱,要求饲料营养价值高。自制配合饲料,雏鸟阶段用玉米 45%、豆饼 18%、麸皮 10%、米糠 10%、骨粉 2%、鱼粉 2%、酵母粉 1.5%、食盐 0.5%,另加禽用多维素;7～14 日龄用玉米 45%、米糠 15%、豆饼 10%、草粉 9%、麸皮 15%、骨粉 2%、鱼粉 1.5%、酵母粉 2%、食盐 0.5%;15 日龄以后到产蛋期,用玉米 54%、豆饼 17%、麸皮 18%、鱼粉 3%、骨粉 3%、酵母粉 1.5%、食盐 0.5%,另加多维素和微量元素。饲喂时可把饲料放在大浅盘里或塑料布上让其自由采食。饲喂次数一般 10 日龄内每天 7 次,10 日龄后每天 4~5 次。7 日龄每小栏雏鸳鸯 50~70 只。由于鸳鸯有扎堆生活习惯,因此要有人日夜值班,大约每隔几小时用手轻轻拨弄赶堆,防止扎堆压死、闷死。1 周后调整密度。

雏鸳鸯不宜下水,无论采用地面饲养或网上饲养,防止雏鸳鸯扎堆,都用稻草、麦秸等垫料垫好,注意保温,2~3 周龄后可去掉垫物。育雏舍光线要充足,夜间人工光照至 1~4 周龄,4 周龄后全采用自然光照。限制光照强度可防止或减轻啄羽现象的发生,并应勤打扫,还要注意防止鼠和兽类侵害。

(2)育成鸳鸯的饲养与管理 31~70 日龄的鸳鸯为育成期鸳鸯,此生长阶段的肉鸳鸯饲养密度以每平方米 10~15 只为宜。1 月龄的肉鸳鸯生长速度快,也是消化功能逐渐完善、消化能力逐渐增强、耐粗饲的阶段,每日能采食较多的饲料。此时配合饲料中营养含量较雏鸳鸯低些,一般供给全价饲料,以保证其快速生长的需要。肉鸳鸯育成阶段的日龄配方为玉米 45%、豆饼 10%、米糠 15%、草料 9%、麸皮 15%、骨粉 2%、鱼粉 1.5%、酵母粉 1.5%、食盐 0.5%。由于雌、雄鸳鸯争食能力不同,因此要把雌、雄鸳鸯分开饲养,以利于雌、雄鸳鸯健康成长。8 周龄后雄鸳鸯体重达 2.5~3 kg,雌鸳鸯体重达 1.2~1.5 kg 时,若做商品鸳鸯则进入肥育饲养阶段,应提高日粮中的代谢能的含量,每天增加饲喂量。此时需要全价料,以保证加速生长的需要。育肥阶段后(10 周龄)应分群饲养,每群以 100~300 只为宜,饲养密度为每平方米 5~8 只,以利于雌、雄鸳鸯的健康成长。此阶段由于主翼羽和副主翼羽开始迅速生长,应注意防止发生啄羽癖。为了减少啄羽,可增加含硫氨基酸和治疗啄羽方面的添加剂,如羽毛粉、停啄灵等。同时,要注意饲养密度和环节卫生,限制光照强度等,防止和减轻啄羽的发生。肉鸳鸯 70 日龄后按 1∶5 选留种鸳鸯。

(3)种鸳鸯的饲养与管理 后备种鸳鸯的饲养从 10~24 周龄,所留雄鸳鸯应体型大、健壮、灵活;选留母鸳鸯要头小、颈长、眼大。鸳鸯混养、圈养、放养均可,各地可因陋就简。雄雌比例按 1∶3 混养。后备种圈内应设有水池和适当活动的场所,圈养以 50~100 只为宜,繁殖前是低蛋白质日粮,成年鸳鸯至产蛋的日粮配方为玉米 54%、豆饼 17%、麸皮 18%、骨粉 3%、酵母粉 1.5%、食盐 0.5%。另外还需要加喂适量维生素和微量元素。一般每天还可喂 22~50 g 青料。快开始产蛋时,如没有产蛋箱或产蛋池,可在地上垫些松软稻草以利于雌鸳鸯产蛋。产蛋期可适当增加日粮中蛋白质和代谢能含量,提高能量饲料的比例,可搭配少量的鱼粉、蚯蚓、蚌肉,同时增加一些矿物质和微量元素。平均饲料量需要为每只每天 0.125 kg。产蛋雌鸳鸯对水的需求量比非产蛋期大得多,所以要保证供给充足的饮水,同时要有适宜的光照时间和透气,以促进雌鸳鸯性成熟和成熟后的产蛋量。休产期可粗放饲养。次外,在整个饲养管理过程中,要注意保持笼舍地面干燥、清洁,并要有适当的通风和充足适宜的光照,促进雄鸳鸯精子生成和精液量增加;雌鸳鸯性成熟后产蛋。

8.7.6 鸳鸯的疾病防控

鸳鸯的抗病能力强,一般很少生病,由于人工驯养生活环境的改变,引起生活习性变化而造成代谢紊乱,特别是雏禽如果饲养管理不当也会发生疾病。因此,在饲养过程中要贯彻"以防为主,防重于治"的方针。鸳鸯入舍前用生石灰配成15%~18%的浓度对饲养场以及用具进行彻底消毒。加强饲养管理,饲养密度不宜过大。鸳鸯笼舍要清扫消毒,保持清洁,干燥和通风,勤换垫草。一旦暴发传染病立即隔离观察治疗,封锁疫区,扑杀鸳鸯群,严格处理病死鸳鸯,并对被污染的笼舍、运动场及用具进行彻底消毒,能较好地预防疫病的发生和流行。

8.8　蓝孔雀

　　孔雀古称孔鸟,又名越鸟,分类属于鸡形目雉科的观赏珍禽。孔雀有绿孔雀、蓝孔雀和杂交品种白孔雀。我国产的野生孔雀绿孔雀数量越来越少,现已被列为国家保护动物。经过人工驯养繁殖的蓝孔雀不但具有观赏价值,而且已成为特禽养殖。

8.8.1　蓝孔雀的品种

　　人工饲养的蓝孔雀雄鸟体长可达1.8 m以上,体重约5 kg,羽色绚烂华丽,全身主要为翠蓝色,头顶耸立簇冠呈扇状,白脸蓝胸;覆尾羽特别长,可达1 m多,且羽色上富有金属光泽,尾屏上五色金翠钱纹,有许多椭圆形的"眼状斑",开展时尤为艳丽;吸引雌孔雀,两翅稍圆,附跖长而强,脚上有距。雌蓝孔雀较雄蓝孔雀稍小,体重约4 kg。体羽颜色不如雄鸟体色艳丽,全身主要以灰色为主,无长覆尾羽。幼孔雀的冠羽簇为棕色,颈部背面深蓝绿色,羽毛松软,有时出现棕黄色。

8.8.2　蓝孔雀的生活习性

　　孔雀多栖息于山脚溪河沿岸地带或农田附近。喜欢清晨和黄昏活动,常见1只雄鸟带着3~5只雌鸟连同幼鸟一起觅食,有时单独活动,以稻谷种子、草籽、芽苗、麦苗和浆果等为食,有时也吃蟋蟀、蚱蜢及小蛾子等昆虫。秋冬季节结群更大。孔雀翅膀短而圆,不善飞翔,夜间多在10余米高的固定树枝休息。

　　孔雀2~3年性成熟,每年3月初开始产蛋。种孔雀从出壳到性成熟产蛋在人工饲养条件下需22个月左右,每年春夏间开始繁殖,常1雄配数雌,雄孔雀求偶常将尾屏展开呈扇形,称为孔雀开屏,吸引雌孔雀。营巢与郁闭灌木丛或竹草丛间,巢很简陋,每窝产蛋2~4枚,多时达5~6枚,平均蛋重90 g,种蛋孵化期27~28天。孔雀的寿命20~25年。蓝孔雀分布于印度、斯里兰卡等,在我国仅限于云南省西南部和南部。

8.8.3　蓝孔雀的经济价值

　　孔雀羽毛颜色绚烂华丽,尤其是雄孔雀的羽毛色彩斑斓,尾上覆羽延长成尾屏,求爱开屏时羽毛颜色光彩夺目,更为艳丽,具有很高的观赏价值。经人工驯养的蓝孔雀与其他孔雀一样,雄鸟羽毛颜色光彩夺目,有助于调节人们心理与生理失衡,给人消除疲劳,有利于人们的身心健康。此外,孔雀羽毛还可制作成高档的工艺品。蓝孔雀肉多,全净膛屠宰率可达80%,其肉质细嫩、野味浓郁、肉质鲜美、营养丰富。据测定,孔雀肉蛋白质含量高达 23.2%,远高于一般家禽,人体所需的 18 种氨基酸齐全;热量为 418 kJ/100 g,其中饱和脂肪酸仅为 0.4%,胆固醇为 49 mg/100 g,远低于一般禽类和鸡蛋,是一种高蛋白、低脂肪、低热量、低胆固醇的营养滋补品。我国早在 1 000 多年前的药典《新修本草》中就对孔雀的食用和药用价值做了记载,明代李时珍的《本草纲目》记载:"食孔雀肉辟恶,能解大毒、百毒、药毒,服食孔雀肉后服药必不效,为其解毒也"。现代中医研究认为,孔雀肉咸、凉具有滋阴清热、平肝熄风、软坚散结、排脓消肿之功效。其提取物滋补功效远远高于兔、蛇、鸡的提取物,其作用机制是提高人体免疫力,增加机体抗病力。

随着市场经济的发展,人民生活水平的提高,饲养蓝孔雀不但供观赏提高人们的物质文化生活水平,满足国内市场需求,而且可以出口创汇,经济价值很高,已成为特禽养殖业中一项低投入、高产出、高效益的新兴产业,前景十分广阔。

8.8.4　蓝孔雀的繁育特点

8.8.4.1　选种

育成孔雀饲养 1 年半后性逐渐成熟,这时应做好选种配种工作,要求选择健康无病、个体大、生长发育良好、冠羽排列形式和项羽、体羽颜色艳丽、双脚强健,趾骨间距适中的个体作为后备种孔雀。同时,还应按留种用的雄孔雀和雌孔雀一定比例(一般以 1:2 ~ 1:3)为 1 组放置固定的栏舍内饲养。

8.8.4.2　产蛋与交配

种孔雀到每年农历"惊蛰"前后开始产蛋,每年 3 ~ 8 月份是产蛋旺盛期。每年春末季节雄鸟开始繁殖活动。雄孔雀受本身生殖腺分泌出的性激素刺激,交配前常围在雌孔雀的周围,并展开尾上的覆羽呈扇状,并抖动 5 ~ 7 min 是求偶表现,称为孔雀开屏。孔雀交配需要在安静环境中进行,应防止干扰。雌、雄孔雀在繁殖期每天上午 7 ~ 8 时或下午 4 ~ 5 时进行交配。雄孔雀交配时踩在雌孔雀背上,用喙咬住雌孔雀的头顶部,体躯后部不断颤动。雌孔雀交配时尾部羽毛散开,接收雄孔雀的交配动作,整个交配过程持续 5 min 左右。交配完毕后即各自活动。雌孔雀产蛋期在每年 3 ~ 7 月份,产蛋时间为每天下午 5 时至天黑。如棚舍是水泥地面,产蛋前应放一层厚厚的沙子。雌孔雀用双脚抵在沙地上,趴成小窝后便在窝内产蛋。每只雌孔雀可产蛋 20 ~ 45 枚,一般蛋重 87 ~ 125 g,每日产 1 枚蛋,饲养员拣蛋时应该避免应激,并要注意防止雄孔雀的攻击。拣蛋后最好及时进行孵化,或放在 15 ℃条件下保存,保存时间不宜超过 1 周。

8.8.4.3　孵化方法

由于人工驯养的原因,孔雀自身的孵化能力较差,所以种蛋一般采用电孵化,但电孵化率较低,孵化孔雀种蛋自然孵化主要采取以下措施。

(1)选择鸡抱窝　选孵化力强的本地鸡,其主要特征是体格较小,脚爪短,性情温和。孵化窝应选择靠近农舍的大树下或柴草棚等较为隐蔽的地方,周围要干燥、清洁,或将其模拟成一个野外自然繁殖环境。

(2)搭窝上孵　孵化窝的地点选择好后,取一块长和宽各 60 cm、厚 0.5 cm 的铁板垫下,用于稻草、树叶等草物在铁锹扳上做一个与蓝孔雀窝相似的长圆形巢。蓝孔雀的产蛋旺季是每年的 4 ~ 5 月份,在此期间应于黄昏刚黑时将产下的孔雀蛋拾回,在灯光下剥除无精蛋后放进自制窝巢中,1 只雌鸡最多孵化 4 枚蛋。

　　人工孵化可采取专用的孵化机孵化,这样可以提高孵化率。孵化期应保持孵化室保温和通风性能良好,孵化温度为 37 ~ 37.5 ℃,前期(1 ~ 6 天)为 37.8 ℃,中期(7 ~ 15 天)为 37.5 ℃,后期(16 ~ 22 天)为 37.5 ~ 37.3 ℃,出雏(22 天后)时为 37 ℃。孵化期空气相对湿度为 60% ~ 70%,出雏时空气相对湿度为 70% ~ 75%。人工孵化蛋过程中应每 2 ~ 3 h 翻蛋 1 次(角度 90°),孵化中后期每天定时凉蛋 1 次,凉蛋时间 10 ~ 30 min。入孵后的第一周进行第一次照蛋,剔除无精蛋和死胚蛋,第二周后进行第二次照蛋,剔除死胚蛋,第 25 ~ 26 天转入出雏器,孵化第 28 天出雏完毕。雏鸟啄壳,若有 28 天雏鸟不能破壳而出的,需要人工小心剥开蛋壳的啄破线,辅助雏鸟出壳。

8.8.4.4　出雏与育雏

　　孵化 28 ~ 30 天,雏孔雀就可以出壳,刚出壳的雏孔雀先让其自饮一些 0.1% 的高锰酸钾溶液,然后喂鸡饲料(含粗蛋白在 22.5% 以上),在饲料中也可以加入适量淡鱼粉、黄粉虫及熟鸭蛋,以增加蛋白质水平。每天还要饲喂一些青绿嫩草、蔬菜或新鲜牧草等。育雏用红外线灯泡保温 4 ~ 6 天后,放到舍外活动。雏孔雀出壳后 1 ~ 2 周,应有雌鸡带到野外觅食,在这段时间让雌鸡带雏孔雀慢慢地适应外界环境。随着雏孔雀逐渐长大,适量增喂一些煮熟的蛋黄粉、钙粉和碎米,直到雏孔雀幼鸟羽毛丰满(大约 1 个月)才能与雌鸡分开饲养。野外放养孔雀应早出晚归,露水天须推迟放养时间,以免露水将孔雀羽毛湿润而染病。夜晚要把雏孔雀放入铁笼内,同时要加强饲养与管理。饲养员在晚间要认真巡逻,开灯防鼠、野猫咬死雏孔雀,严防狗、猫、鼠等的侵害。在日常管理时要定期消毒,清洗食槽和水槽,搞好环境卫生,勤换饮水和定期驱虫等,搞好疾病预防是养好孔雀的关键。

8.8.5　蓝孔雀的饲养与管理

8.8.5.1　雏蓝孔雀的饲养与管理

　　(1)育雏温度和湿度　刚出壳的雏孔雀体温达 40 ℃,对温度特别敏感,由于雏孔雀体温调节功能差,因此应搞好雏孔雀的保暖。育雏应在舍内进行,育雏开始的温度为 34 ℃,以后每天降 0.3 ℃,直至脱温。饲养雏孔雀的舍温应每天清晨观察舍内温度计和孔雀的精神表现及其活动情况,做到灵活掌握。如温度过高,雏孔雀远离热源,发现温度过高或过低雏孔雀不适时,应及时调整温度。育雏舍内的相对湿度应控制在 60% ~ 70%,育雏初期湿度可大一些,以有利于腹内蛋黄的吸收,防止体内水分的蒸发。育雏中后期,舍内可采取觅、勤换垫草等方法以保持育雏舍内的干燥,防止舍内潮湿发生球虫病和霉菌病。

　　(2)饮水和开食　雏孔雀出壳 1 天后先饮温水,半小时后开食。为了预防雏孔雀多种疾病和虚脱,每升饮水中应加入禽用口服液盐 30 ~ 50 g,以利于排泄胎粪,促进开食,防止疾病。开食的饲料应选粒状、体积小、易消化的干粉粒或混合饲料,把饲料撒到深色塑料布上,让其自由采食。每日定时补喂黄粉虫,8 周后逐渐喂给青饲料。从第 4 天起,饲料中加入 2% 小沙砾。网上育雏应注意补充矿物质微量元素,每天喂食 5 ~ 6 次。

　　(3)驯养管理　雏孔雀每群以 40 ~ 50 只为宜,饲养环境要求安静,避免嘈杂声。饲养员可利用每天喂食 5~6 次的接触机会逐渐与雏孔雀立良好的关系。在饲养过程中要注意保持舍内清洁和干燥,每天要清扫粪便与残余饲料,常换垫草,料盘和饮水器要经常清洗并定期消毒。5 周龄时,用鸡新城疫 Ⅱ 系疫苗时行接种免疫 1 次。此外,孔雀的敌害较多,尤其是雏孔雀更应防止被猫、鼠和猛禽等侵食。

8.8.5.2　育成孔雀的饲养与管理

雏孔雀 8 周龄后可放入育成禽舍栏内饲养,栏舍地面需铺一层粗沙,舍内的每栏面积 30 m²,可饲养育成孔雀 10~12 只,喂料主要是豆类(如绿豆、豌豆)、火麻仁、小麦以及含有蛋白质 19.5% 以上的家鸡中鸡饲料,而后逐渐加入豆类和籽实类。孔雀 60 日龄后除喂小鸡颗粒饲料以外,每日还需补喂熟鸡蛋和黄粉虫及青饲料,让其自由采食,以不剩料为原则。同时,栏舍内放置一些保健砂和清洁饮水供孔雀饮用。育成孔雀生长 6 月龄时,如作食用需要进行育肥,一般到 7 月龄时体重可达 3.5~4 kg 即可上市销售。

8.8.5.3　雌孔雀产蛋期的饲养与管理

育成雌孔雀 1.5 年龄以后逐渐趋向性成熟,产蛋期需要加强营养,可增喂活黄粉虫等动物性饲料及维生素和钙、磷等微量元素。要求做到定时喂料,不要随意改变饲料,使孔雀生活有一定的规律。春季气温回升,日照时间渐长,此时是孔雀的繁殖期,孔雀活动量大,食欲旺盛,需要补饲精料,以满足种孔雀系列的需要。秋季气温逐渐降低,日照时间渐短,每年 8~9 月份孔雀开始换羽,体质渐弱。孔雀换羽期应补饲火麻仁,在舍栏内角落要设置供雌孔雀产蛋的窝巢,窝内放上软草,为雌孔雀产蛋逐渐停止,此时应多喂青绿饲料。秋季孔雀换羽期和系列期除增喂精料外,要加强管理,尽量避免各种应激。在此期间如果饲养管理不善,不但影响繁殖,而且容易发生各种疾病。冬季天气寒冷,为了防寒保暖,在饲料中要适当增喂蛋白质饲料,并要让孔雀多晒太阳使其御寒。

8.8.6　蓝孔雀的疾病防控

预防孔雀美颜的基本措施是平时应加强饲养与管理,地面平养应改为网上饲养或笼养育雏,控制饲养密度。孔雀舍要保持通风干燥,禁用发霉饮料,供给新鲜全价日粮,并搞好饲养场地及食槽、饮水槽等用具的清洁卫生和消毒,勤扫粪便并及时堆积发酵处理。同时,定期对孔雀群体进行疫苗接种免疫,防止某些传染病的发生。发现传染病时必须立即隔离观察、治疗、查明原因。并把病孔雀或刚死孔雀的尸体焚烧或深埋,对被污染的舍房、饲养用具和运动场要用 2%~3% 热火碱水等高效消毒剂进行彻底消毒,消灭传染源,以控制疫情蔓延。

8.9　乌骨鸡

乌骨鸡简称乌鸡,亦名竹丝鸡,分类学属于鸟钢鸡形目雉科鸡属。原产于江西省泰和县武山下,因此又称泰和鸡,俗称武山鸡,是我国劳动人民长期驯化培育而成的优良家鸡鸡种,公元 17 世纪,我国的泰和鸡首先被日本引去后,再传到西方,现已被国际上列为标准品种。在 1915 年曾作为我国特有鸡种,参加美洲巴拿马国际博览会展出,受到好评,从此著称于世。

8.9.1　乌骨鸡的品种

乌骨鸡有很多类型,如白毛乌骨鸡、黑毛乌骨鸡、斑毛乌骨鸡、肉白骨乌的乌骨鸡等。乌骨鸡羽片呈丝状或卷羽状,形态矮小,雄鸡重 1.25 ~ 1.5 kg,雌鸡重 1 ~ 1.25 kg。乌鸡体态紧凑与一般家鸡相比体躯短矮,头小颈短,颔下有须,耳叶绿色,脚上生毛,脚有5趾。雄性顶鸡冠型特大,冠齿丛生,呈紫色,肉垂很小,颜色与鸡冠一致,缨头,头顶长有一丛丝毛,形成毛冠,雄鸡凤头。雌鸡冠小,如桑葚状圆冠,雌性戴白色绒球,从头到脚全身皮、肉、眼球、喙、舌头、筋骨均呈乌黑色,甚至鸡内脏和脂肪也是乌黑色的。这种黑色性状是一种遗传性状,并无害处。乌骨鸡羽毛有白、黑、银灰、杂斑4种颜色。

8.9.2　乌骨鸡的生活习性

乌骨鸡喜干燥、怕潮湿,但也怕热。羽毛稀不御寒,怕冷,雌乌鸡加之调节体温能力差,更易受环境影响。食性杂,爱吃害虫、玉米、稻谷、麦类、糠麸、青绿饲料。对粗纤维消化能力弱,配合日粮应以易消化、高营养、低粗纤维及动物性蛋白质混合饲料等,以放养为主,辅以充足的青绿饲料。胆小怕惊,对外界刺激反应敏感,应激性强。适应环境能力弱(如怕冷怕湿等);雏鸡体弱,抗逆性差,易患病,生活力弱,不易饲养,因此科学饲养尤为重要。

乌骨鸡性成熟期雄乌骨鸡为15 ~ 20周龄,雌乌骨鸡为24 ~ 26周龄开始产蛋,但是乌骨鸡品种单一,产蛋率低,一般年产蛋80 ~ 90枚,个别高达120枚,蛋平均重38.9 g。蛋型小,蛋壳棕褐色。乌骨鸡性格温顺,就巢性极强,常产15 ~ 20枚蛋就就巢。夏末秋初为就巢期,每次就巢持续时间为15 ~ 20天,善于孵化育雏。

8.9.3　乌骨鸡的经济价值

乌骨鸡是我国特有的药用和观赏的一个优良鸡种,乌骨鸡外貌清秀美观奇特、小巧玲珑,并具有凤尾、绿耳、丝毛、五爪、毛脚、乌皮、乌骨、乌肉、缨头、颔下须等,可供观赏;在清乾隆时期被列为"贡鸡",乌骨鸡的全身都是宝。乌鸡不但营养丰富、肉质细嫩、味道鲜美,而且是可口的黑色食品佳肴。肉、蛋是营养、滋补佳品,乌鸡体内含有浓厚的黑色素、多种氨基酸、微量元素、维生素和激素,能增加人的血红细胞和血色素含量,提高机体免疫力,为我国传统的中药材和营养滋补保健食品,能增强人体抵抗力和体力。明代李时珍《本草纲目》记载"乌骨鸡补血益阴,则虚劳羸弱可除,阳回热去,则精液自生,渴止自矣……故能除崩中带下一切虚损诸疾也"。我国民间用乌骨鸡配制中药治疗腰酸腿疼、遗精、虚损、小儿腹泻和多种妇科疾病均有一定疗效。中医认为,乌骨鸡性平,有补肝肾、益气补血、退虚热、调经止带、祛风等功效。主治崩中带下、一切虚损诸疾,对如妇女崩中带下、腰酸腿痛、虚损、消渴、久泻、久痢、骨蒸痨热等多种妇科疾病均有一定疗效。

历年来以乌骨鸡作为主要原料制成的著名中药"乌鸡白凤丸"就是用白毛乌鸡肉作为主要原料。乌鸡白凤丸有补气养血的作用,对于治疗月经不调、痛经、产后体虚、崩漏带下等症状具有一定疗效。近年来,还用于治疗血小板性紫癜、再生障碍性贫血、神经衰弱、前列腺肥大、慢性肾炎及气血不足所致的神经性耳鸣、阴虚盗汗等病症。鸡内金(俗称鸡化谷丹),性味甘平,有脾胃、消积滞的功能,可治疗积食痞满、呕吐反胃、泻痢、消渴等多种疾病,是消瘀化积、健补脾胃的良药。"乌鸡丸"、乌鸡补酒等药品,因疗效显著而驰名于国内外,远销日本及东南亚各国。北京市同仁堂中药总厂制造的乌鸡白凤丸、乌鸡凤片、乌鸡精、三七补血等药,近年来远销海外,深受用户的欢迎。随着人们膳食结构发生质的变化,乌鸡的需求量日益增加,乌鸡的养殖与加工利用正在迅速地向规模化、产业化、高科技方向发展,以满足国内外市场对乌骨鸡产品的需求。

8.9.4　乌骨鸡的繁育特点

8.9.4.1　种鸡和种蛋的选择

选择优良的乌骨鸡先要进行育种禽场选择,可根据记录和系谱选择,也可外貌特征鉴定,一定要选择具有品种、品系性状典型特点的乌骨鸡,即具有紫冠、缨女、绿耳、胡须、毛脚、五爪、白丝毛、乌皮、乌骨、乌肉等,对种雄鸡的要求体重在 1.1 kg 以上,体形大而健壮,羽毛覆盖完整而紧密,颜色深而富光泽,雄性特征明显,性欲旺盛,配种力强,同时要求体形元宝状,头颈结构均匀,喙短色深微弯,行动活泼,叫声高亢响亮,眼睛有神,胸宽,龙骨直,趾爪伸展正常,爪尖锐无弯曲;对种雌乌骨鸡要求体重在 0.9 kg 以上,羽毛完整,头小眼亮,颈细长,体态均匀,除外貌特征外,还应具有耻骨与胸骨末端间距较宽、产蛋多、换毛快、就巢性弱等特点。

选择种蛋要求是开产后 4~8 个月健康雌乌骨鸡所产的中等蛋重(45 g 以上),蛋壳表面颜色要新鲜,厚薄适中,红褐色,无斑点,光滑无皱纹,椭圆形。种蛋必须新鲜,储存不超过 1 周,其中以产后 3~5 天的新鲜蛋出雏率较高。若在当年雌乌骨鸡产的蛋中选择,则初产的前 10~15 枚蛋不宜作种用,选作种用的蛋应旋转在竹箩筐内或其他适宜容器内,置避光阴凉通风处保存。

8.9.4.2　配种

一般雄鸡饲养至 6~7 月龄即可配种,雌乌骨鸡以 2 年的为好。雄乌骨鸡性成熟可以配种时与产蛋雌乌骨鸡同笼饲养,进行自然交配。一般笼养乌骨鸡雄、雌鸡的比例为(少量饲养的)1:5~1:10,大规模饲养场 1:8~1:10。集约大群饲养时 1:10~1:12,种蛋受精率可达95%以上。雌乌骨鸡可以利用 3~4 年。笼养蛋用种乌骨鸡为了定向育种应采用人工授精方法进行配种。

种乌骨鸡笼养进行人工授精可以充分发挥优良种雄乌骨鸡的利用率,提高种蛋受精率和孵化率,减少种禽的饲养量,也有利于育种工作,可以减少种乌骨鸡配种时疾病的传播。

8.9.4.3　种蛋的孵化方法

种乌骨鸡抗寒性较差,所以不宜在冬季孵化。孵化育雏宜在春、秋季节进行,以春天孵化为好。孵化方法一般分为自然孵化和人工孵化两种。农家采用自然孵化时,可以选体重 2~2.5 kg 的就巢母鸡进行孵化,每窝可以孵化 15~20 枚。孵化期内照蛋 2 次,分别在孵化后的第 7 天和第 15 天进行。若发现就巢母鸡不离窝采食、饮水、活动和排粪等,可以轻轻将它从窝中抱出,使其饮食活动和排粪,经 10~20 min 再将它送回窝中孵化。

如天冷,抱窝母鸡离窝应注意将种蛋盖上棉被等保暖物品。乌骨鸡的孵化期为 21 天,自然孵化的成活率低于人工孵化。为了提高孵化率,种蛋宜采用人工孵化。

8.9.5 乌骨鸡的饲养与管理

8.9.5.1 雏乌骨鸡的饲养与管理

乌骨鸡与一般家鸡相比对外界环境变化较为敏感,尤其雏鸡体温调节功能差,抗病力弱,应精心饲养护理,采取封闭式育雏,种蛋孵化出雏前应做好育雏的准备工作,整个育雏的一切设备、用具使用前彻底清洗,育雏舍用 2% ~ 3% 来苏儿溶液喷洒墙壁和地面消毒,如用 1% 的火碱溶液消毒则更为彻底。药液消毒 2 次,过 48 h 后打开门窗,通风干燥,在调配好适当的温度、湿度与光照后即可入雏。对于体弱的雏鸡,应分群饲养。

(1)温度 雏生雏乌鸡体温较成年乌骨鸡体温低 2 ~ 3 ℃,最怕吹风、潮湿和寒冷,适宜而平稳的温度是提高雏鸡成活率的关键。乌骨鸡蛋小,因而雏生雏个体也小,体质弱、抗病力差、对温度特别敏感,温度过高能够热死,温度偏低互相挤压扎堆,下边的被挤压容易致死,活着的也容易生病,发育缓慢。有条件的可以使用保温育雏设备,有的用红外线或锅炉余热水源供温,育雏温度应掌握初期、弱雏、夜间、阴雨天气温度宜高,反之温度易低。若发现雏鸡远离热源、伸颈张嘴呼吸、两翅下垂、喝水较多,则表示温度过高;若发现雏鸡发出"唧唧"叫声、紧靠热源或聚集堆积、不喝水,则表示温度偏低;适宜温度雏鸡呈满天星分布。4 日龄雏鸡体温开始缓慢上升;10 日龄才能达到成年乌骨鸡体温;3 周龄左右,雏乌骨鸡体温调节功能逐渐趋于完善;6 ~ 7 周龄雏骨乌鸡绒毛换成丝毛,保温性能差还不能脱温,7 ~ 8 周龄后才能适应外界环境温度变化的能力,适应性增强,可开始脱温。育雏舍内的开始温度应达到 35 ℃,1 ~ 6 日龄的舍内温度应保持在 32 ~ 33 ℃,7 ~ 10 日龄应为 31 ~ 32 ℃,11 ~ 20 日龄应为 30 ~ 31 ℃,21 ~ 30 日龄应为 27 ~ 30 ℃,31 ~ 40 日龄应为 23 ~ 27 ℃。水泥地面要垫木屑、谷壳或稻草等。以后降到 18 ~ 20 ℃ 为止。早春和冬季育雏要检查舍温是否达到要求,当舍温比要求温度高时,雏鸡就会张嘴呼吸;要仔细观察幼雏的活动和采食情况适当调节舍温。

(2)湿度 雏乌骨鸡刚出壳时本身的含水量在 70% 以上,如果育雏舍内湿度不够,雏鸡就会因失水而影响生长发育。所以,1 ~ 3 日龄室内相对湿度应保持在 70% 左右,4 ~ 7 日龄以 60% ~ 65% 为宜。10 日龄后,空气相对湿度为 55% ~ 60%。

(3)饲养 雏乌骨鸡出壳前后 12 h 是消化吸收自身残留蛋黄的阶段。雏鸡出壳后要充分饮水,并在饮水中加入 1% 的乳酸菌液或 1% 的复合维生素,以增加营养促进蛋黄的消化吸收。初次喂食可将饲养用水拌成颗粒状,并加入复合维生素和抗生素粉剂,以进行消化道消毒,提高抗病力,饲料中粗蛋白质含量18%。1 ~ 2 周内雏鸡的饲料可撒在牛皮纸上或浅盆里,让雏鸡随时都可以吃到饲料,开始时应喂全价营养的湿料,2 周后开始喂干料。饲料可用玉米粉等按 100 只雏鸡 0.7 ~ 0.9 kg 比例喂给,可将碎米、小米用水煮至半熟。一般 3 日龄内采取全天自由采食,以熟食采食并供给饮水,7 日龄开始全部饲喂混合饲料。1 月龄内,日粮中玉米粉28%、高粱面 9.5%、麦麸 18%、麸皮 13%、豆粉20%、鱼粉 5%、骨粉 2%、食盐 0.5%、贝壳粉 4%,并适量增加绿色多汁饲料,每日可喂4 ~ 6 次。此外,笼养雏鸡开食后宜加喂占日粮 1% 的小沙砾;2 周龄后每周加 2 次小沙砾,有助于鸡对饲料消化吸收。

根据乌骨鸡在 60 日龄以前的生长特点,这个阶段的蛋白质水平应提高到 18%~19%,饲料配制以玉米、小麦为主,用 10%~15% 的鱼粉加 20% 左右的豆饼等植物性蛋白质,再拌加萝卜、青菜叶等,有条件的还可在饲料中加牡蛎粉或碳酸钙 2%~6%、槐树叶或苜蓿粉 3%~5%、食盐 0.25%~0.5%;如搭配青饲料,50 kg 混合饲料中可以加入青饲料 15~20 kg,60 日龄降到 16%~17%。也可采用以下配方:玉米 54%、碎米 12%、鱼粉 10%、豆饼 8%、麸皮 6%、肉骨粉 6%、叶粉 2%、矿物质磷和钙 2%,微量元素适量。此外,每 100 kg 混合饲料加入禽用多维 10 g。笼养乌骨鸡加喂少量小沙砾,有助于乌骨鸡对饲料的消化吸收。饲喂次数一般 3 日龄内采用全天饲喂,对 2 周龄以内的雏乌骨鸡每隔 3 h 喂 1 次,一般每昼夜要喂 8 次,采用昼夜光照,可以促进雏乌骨鸡的生长;2 周龄以后,每隔 4 h 喂 1 次,昼夜共喂 6 次。雏乌骨鸡的管理与一般良种及相仿,但要特别注意气温对乌骨鸡的影响。饲料要保持新鲜,增强适口性,少给勤添,以吃饱为好,并备足清洁的饮水。

(4)饲养密度　在 1 月龄内每平方米面积可容雏乌骨鸡 20~25 只,数量多时宜分群饲养。雏乌骨鸡每群以 200~300 为宜,笼养乌骨鸡每平方米 1~10 日龄可养 60 只,11~20 日龄可养 40 只,21~40 日龄可养 30 只,并应根据气温变化增减雏乌骨鸡个体数量。30~40 日龄后一般转入地面饲养,每个笼舍雏乌骨鸡数量以 1 500 只为宜。3 个月以后,要适当增加乌骨鸡的活动场所面积。

(5)光照　雏鸡在出壳 1 周内以每天光照 20~24 h 为宜。第二周减至 13 h,而后逐步过渡到自然光照时间。光照时灯泡离地面 2 m 为宜,每平方米 1.5~2 W 即可。合理光照不但能促使雏鸡尽早开食,而且能使雏鸡正常生长发育。除了采食、饮水和活动外,晚上 8 点后处于暗光,以利于其休息。

(6)栖息架　40 日龄起应让雏鸡训练利于栖息架,初期需要把它捉到栖息架上,雏鸡逐渐会自己上栖息架上休息。

(7)防疫　防疫的关键措施主要是搞好饲养环境的清洁卫生。第 1 周每天应清扫 1 次鸡粪,2 周后每天清扫 2 次。雏乌骨鸡养到 7~10 日龄时,应用鸡新城疫 Ⅱ 系疫苗滴鼻 1 次,或喷雾防疫;25~30 日龄进行第二次滴鼻防疫;90 日龄以上体重达 500 g 时,可以用鸡新城疫 Ⅰ 系疫苗注射防疫。为了防治雏乌骨鸡患鸡白痢病,可让雏乌骨鸡饮 2 000~3 000 IU/只庆大霉素溶液,0.01%~0.02% 诺氟沙星拌料。最好采用网上育雏方式,减少鸡体与粪便接触的机会,以预防乌骨鸡肠道疾病的发生。

8.9.5.2　育成鸡及成年鸡的饲养与管理

从 30~165 日龄为饲养育成鸡阶段。成年鸡的饲养后期要催肥,从 3 月龄起就要采取催肥措施。成年鸡的日粮中应保持钙、磷 3:1 的比例。日粮的一般配方是玉米 10%~40%、高粱或大麦 10%~30%、小米 10%~20%、麸皮或米糠 10%~30%、豆饼或花生饼 10%~25%、鱼粉 10%、骨粉、贝壳粉或蛋壳粉 2%、食盐 0.25%~0.5%,搭配青绿饲料 15%~20%。每天每只产蛋鸡平均饲喂 150 g 左右,乌骨鸡每天采食量的多少与天气变化有密切关系,冬季每天采食量偏大,以维持生命活动和御寒;而夏天天气炎热,乌骨鸡食欲降低,采食量小。因此,冬季的饲料中蛋白质的含量应适当提高一些。为了催肥,日喂4~5次,晚上适量增加粒料。饲料要拌的湿一些,切勿喂霉变饲料。早、晚两次要多喂一些精料,午间多喂一些青绿饲料,同时要供给清洁饮水,不能有缺水现象。

乌骨鸡长到成年以后需要采取肥育措施,如把雄、雌乌骨鸡分开饲养,要放置在避光的笼舍内饲养,限制乌骨鸡的活动量使其尽量多休息等,从而减少乌骨鸡能量和营养的消耗。还有的养殖户拔去乌骨鸡尾羽上和翼羽上部分长管大羽,以减少对蛋白质的消耗。鸡拔羽后要关在避光处,防止日光直接照射。商品乌骨鸡粗蛋白质要达到18%~19%,可喂大中鸡饲料,加喂少量小沙砾,后期要适当添加油脂和多种维生素添加剂促进乌骨鸡增肥。若作为后备种鸡饲养,饲料蛋白质含量和日粮代谢能要稍低些,并注意乌骨鸡的运动量。笼养乌骨鸡在喂给的饲料中还需要掺入适量的小沙砾。掺入小沙砾的好处是让饲料可缓慢地通过消耗系统,并能促进饲料消化吸收。乌骨鸡饲料缺乏小沙砾时,谷物等饲料有30%的营养物质不能为其所吸收利用。乌骨鸡饲料中所加小沙砾的多少和大小要根据乌骨鸡的具体生长发育情况来决定,通常笼养的青年雌乌骨鸡对沙砾的需要量较少,一般以每周100只鸡加喂220~230 g小沙砾为宜,其大小以大米粒或半粒玉米大小为宜;产蛋期的乌骨鸡,在产蛋的头4个月,掺入的小沙砾不要超过乌骨鸡日粮总量的5%,从第5个月至第8个月,小沙砾为8%~10%,最后几个月小沙砾为10%~12%。

成年产蛋乌骨鸡日粮中钙、磷的含量应保持3∶1的比例。为了防止产蛋乌骨鸡太肥而影响产蛋量,应多喂些青绿多汁的饲料,如白菜、胡萝卜等。日粮中玉米粉、大麦、高粱占35%~50%,青绿多汁饲料占10%~20%,鱼粉占10%,骨粉、蛋壳粉、贝壳粉占2%,食盐占4%,木炭末占1%~2%。每天每只产蛋乌骨鸡喂给总采食量平均为150 g左右,日喂4~5次,晚上还需要增加饲养。上述饲料混合均匀拌成湿料状态可以提高其适口性,同时还要保证供给乌骨鸡充足清洁的饮水。

成年乌骨鸡的饲养与管理:饲养密度为9~13周龄每平方米15只;14~17周龄每平方米10只;18~25周龄每平方米7只为宜。随着鸡群的生长和不断增加采食量,其呼吸量和排粪量也日益增多,因而鸡舍湿度大,有害气体增多,必须加强通风换气,同时增加光照,这样不仅能够促进生长发育,防止骨软症,而且还可以提高母鸡的产蛋率。此外,鸡舍还要保持温度、湿度适宜。炎热的中午或下午可向鸡舍地面和活动场地洒水降温。鸡舍鸡活动场所的周围栽一些藤本植物,遮阴防晒。注意预防疫病,经常更换垫料。根据乌骨鸡有嗜好沙浴的特性,鸡群散放活动场所最好有沙池,以利于沙浴;还要搞好鸡舍与设备的清洁卫生消毒工作,及时清除鸡粪。同时要保持环境安静。乌骨鸡胆小怕惊,外界噪声、动物窜动等都会惊动鸡群,严重影响鸡群采食、饮水和休息等正常活动,妨碍乌骨鸡正常生长发育,因此饲养环境必须安静,避免惊扰乌骨鸡鸡群生活。

雌乌骨鸡产蛋量少,每次产15~20枚蛋左右就要停止产蛋就巢孵化,雌乌骨鸡1年中通常要抱窝6~7次。就巢与乌骨鸡体内的激素变化有关。一般乌骨鸡就巢率可达60%以上,严重影响乌骨鸡群体的产蛋水平和种群繁殖能力。雌乌骨鸡就巢时,鸡冠、肉髯、脸部颜色变浅,喜欢蹲高,食欲减少,体重下降,产蛋停止。促使就巢雌乌骨鸡尽快醒抱多产蛋的方法很多,主要介绍如下12种方法。

(1)捆翅膀放光亮通风处　将就巢雌乌骨鸡翅膀捆住后白天放到光亮处,使其抱不成窝,晚上把它放在通风处,这样既可束缚乌骨鸡的行动,又能降低乌骨鸡的体温,可以抑制催乳素的产生。

(2)毛翎穿鼻　用乌骨鸡毛翎穿鼻的鼻隔(两鼻孔间是雌乌骨鸡的除醒穴位)并插留于鼻孔,使雌乌骨鸡受到持续的刺激而感到非常不安。常用爪去扒拉羽毛,使它抱不成窝,可以促使雌乌骨鸡醒抱。

(3)药物醒抱　各地用来促使乌骨鸡醒抱的药物有很多,可以每只每次选用投喂盐酸麻黄碱 50 mg、异烟肼 0.1 g、阿司匹林 0.3 g,每日 2 次;甲睾素片每只每天 15 mg 或注射激素注射液等促醒抱效果较好,每只按 0.25 mg 肌内注射或用丙酸睾酮每只 1 次肌内注射 50 mg,一般经第一次注射后 1 天内抱窝乌骨鸡即能醒抱。对个别久抱入迷的或体型较大的抱窝乌骨鸡,或醒窝 1~2 天后又重新抱窝的乌骨鸡需要做第二次肌内注射即可醒抱。雌乌骨鸡醒抱后一般隔 2~3 周即可恢复产蛋。

8.9.6　乌骨鸡的疾病防控

乌骨鸡抗病力差,大群饲养时疾病防治是一项非常重要的工作。主要预防措施是加强饲养管理,雏鸡出壳 2 周后要给全价配合饲料,保证饲料中多种营养成分平衡,同时要保证供给清洁充足的饮水。雏鸡怕冷怕湿,要将雏鸡放养或笼养在干燥温暖的舍内,并注意保持清洁卫生,防止疾病。要经常保持鸡舍笼、用具和运动场的卫生,及时清除鸡粪,勤换垫料。一般每半个月用 2% 火碱水彻底消毒 1 次。幼鸡阶段易患鸡新城疫、禽霍乱、马立克氏病,尤其是伤寒、鸡白痢病和球虫病。为防止扩大疫情传播,对新购买的鸡只必须先隔离检疫观察 2 周时间,确认无病方可允许与健康鸡合群饲养以防带入病原,还应定期做好防疫注射疫苗和服用药物预防。疾病预防贯穿于整个饲养过程之中。发现疫情要及时采取封锁、隔离和治疗措施,对病死鸡尸体应焚烧或深埋,病死鸡舍、运动场以及用具必须用 2%~3% 的热火碱水等高效消毒剂进行彻底消毒,消灭疫病传染源。

思考与练习

1. 特种经济禽类的含义是什么? 分为哪几类?
2. 肉鸽的繁殖特点是什么?
3. 简述鹌鹑的生活习性和经济价值。
4. 论述如何提高特禽生产的经济效益。
5. 分析特禽生产的发展趋势。

第9章 禽场设计与养禽设施

9.1 家禽场场址选择

9.1.1 自然条件

(1)地势地形 应选地势较高、平坦开阔、向阳背风和排水良好的地方。平原地区的场址应注意选择在周围地段稍高的地方,以利排水;在靠近河流、湖泊地区的场地应比当地最高水位高1～2 m;山区场地应选稍平的缓坡,坡面向阳。

(2)水源水质 要求水源充足,水质良好。养禽场用水量较大,除家禽饮用外,还有清洗消毒和生活用水等。全场平均每天用水量可按每只鸡2～3 kg计算。养禽场须有专用贮水池,应能储存2～3天的全场用水量。养禽场水质标准可以按人的公共卫生饮水标准。

(3)地质土壤 最好选择沙壤土或灰质土,使雨后不至于积水过久而造成泥泞的环境。

(4)气候因素 应考虑当地小气候,如气温、风向、风力与禽舍方位朝向、禽舍排列距离、排列次序的关系,如何对防疫工作有利。

9.1.2 社会条件

(1)三通条件 三通条件指供水、供电、交通条件。供水与排水要注意重点考虑。了解当地供电电源的位置、距离、最大供电允许量、是否经常停电等情况,必要时需自备发电机。养禽场要求交通方便,路面平整,但要离主要公路、河流、村镇(居民区)、工厂、学校和其他畜禽场500 m以外,特别是与畜禽屠宰场、肉类和畜产品加工厂距离应在1 500 m以上。另外,禽场污水排出条件也很重要,要考虑水源污染和环境保护问题。

(2)防疫要求 禽场要远离兽医站、畜牧场、集贸市场、屠宰场及村庄,不要在旧鸡场上建场或扩建。原种鸡场、种鸡场、孵化场和商品(肉、蛋)鸡场以及育雏、育成车间(场)必须严格分开,相距500 m以上,并要有隔离林带。各类鸡场的禽舍间距离应在50 m以上。鸡场应远离铁路、交通要道、车辆来往频繁的地方,距离在500 m以上,与次级公路也应有100～200 m的距离。鸡场应远离重工业工厂和化工厂。因为这些工厂排放的废水、废气中,经常含有重金属、有害气体及烟尘,污染空气和水源。它不但危害鸡群健康,而且这些有害的物质在蛋和肉中积留,对人体也是有害的。

通过对以上几个方面的调查分析,确定选择场址的主次条件。选择场址的主要条件应具备水源充足、水质良好、交通方便和不受疫情影响,次要条件应考虑地势地形、土壤、气候等。

9.2　禽场规划

9.2.1　禽场主要功能区

养禽场分生产区(孵化室、育雏舍、育成舍、成年舍等)、生产辅助区(饲料加工车间、蛋库、消毒更衣室、兽医室、粪便处理场等)、生活区(宿舍、食堂、医务室、浴室、厕所等)、行政管理区(办公室、财务室、会议室、值班门房、配电、水泵、锅炉、车库、机修等用房)。禽场规划的原则是在满足卫生防疫等条件下,建筑紧凑,节约土地。合理的建筑布局既能起到阻止传染病的传入和扩散的作用,又可节省土地面积,节约建场投资,为管理提供方便。

各种房舍的分区规划不仅要考虑人员工作和生活场所的环境保护,尽量减少饲料粉尘、粪便气味和其他废弃物的影响,更要考虑生产禽群的防疫卫生。生产区是总体布局的主体,生产区内禽舍的设置应结合地势地形、主导风向和交通道路的具体情况而定,按孵化室、育雏舍、育成舍和成年舍顺序给予排列,以减少雏禽感染的机会。孵化室在有条件的情况下最好单独建厂,以免售雏时人员往来带进病原。

9.2.2　禽舍间距

禽舍的间距要从防疫、排污防火和节约用地几个方面予以考虑,通常禽舍的间距为禽舍高度的3~5倍,平养有运动场的禽舍,运动场面积应为禽舍面积的2~3倍,运动场和前列禽舍之间还要设置通道,以利防疫。禽舍朝向宜坐北朝南或朝东南,以利舍内通风换气和冬暖夏凉。生产区入口处要设消毒池,宽度要大于门宽,长度要大于进场车轮周长的1.5倍。入口旁设洗澡间,洗澡间分为污染区(放置场外用衣服和鞋子)、消毒淋浴区和清洁区,三区要分明,防止场内外衣物混杂。场内道路分为净道(运送饲料和产品)和污道(运送粪便、死禽、淘汰禽以及废弃设备),互不交叉,出入口分开,净道和污道可以用草坪、林带或池塘隔离。粪便处理场应设在生产区下风口一角或场外,并采用堆积发酵处理粪便。生产区下风向设焚尸炉或处理坑,将病死禽采用焚烧法或深埋法处理。禽舍进出口要设消毒池或消毒盆,并保持消毒剂新鲜有效。另外,还要搞好场地绿化,建立各种防护、隔离林带,种植遮阴植物,可起到美化环境、净化空气的作用,有利于防疫。

9.3　禽舍建造

禽舍的合理设计可以使温度、湿度等控制在适宜的范围内,为禽群充分发挥遗传潜力,实现最大经济效益创造必要的环境条件。不论是密闭式禽舍,还是开放式禽舍,通风和保温以及光照设计是关键,是维持禽舍良好环境条件的重要保证,且可以有效地降低成本。家禽场建筑物的种类,按房舍用途划分为如下几种:①生产性用房,包括孵化室(厂)、育雏舍、育成禽舍(中雏舍、大雏舍)、种禽舍、商品蛋禽舍、商品肉禽舍等;②生产辅助性用房,包括饲料加工间和饲料库、蛋库、兽医室、消毒更衣室等;③行政管理用房,包括行政办公室、接待室、会议室、图书资料室、财务室、值班门卫室以及配电、水泵、锅炉、车库、机修等用房;④职工生活用房,包括食堂、宿舍、托儿所、医务室、浴室等房舍。现将各建筑物的要求分述如下。

9.3.1　孵化室(厂)

孵化室(厂)的总体布局和内部设计的合理与否,是提高孵化率和确保雏禽健康的重要条件。具体要求:孵化室(厂)应与外界隔离,工作人员和一切物件的进入均须遵循消毒规定,以杜绝外来传染源;孵化室的建筑应该绝缘良好,以确保室内小气候的稳定;孵化室应配置良好的通风设备,保持新鲜空气;孵化室内应分设有种蛋检验间、消毒间、贮蛋间、孵化间、出雏间、洗涤间、幼雏存放间和雌雄鉴别间等。从种蛋验收到发送雏禽的全部过程只允许循序渐进,不能交叉和往返,以防相互感染。

孵化室房屋的檐高一般为 3.1 ~ 3.5 m,室内需设天花板,四周墙壁应便于清洗消毒,地面要求排水良好。各间的具体要求如下。

(1)消毒间　用以处理进蛋和入孵前的气雾消毒,其门、墙、顶的结构要求严密,但应设有排气装置。

(2)种蛋检验与装盘间　面积应稍为宽敞,便于存放蛋盘,以及蛋架车的运转。室温应保持在 18 ~ 20 ℃。

(3)贮蛋间(种蛋库)　贮蛋温度应保持在 13 ~ 15 ℃。最好用控温设备或氨制冷机冷却,制冷量根据容蛋多少而定。

(4)孵化间　孵化间除容纳一定数量的入孵机外,应留有便于工作的通道,以便入孵种蛋在此停留预热,要求卫生条件良好,室温保持在 22 ~ 24 ℃。在专业孵化厂则应另设预热间。

(5)出雏间　容纳与入孵化机配套数量的出雏机,其他基本要求与孵化间同。

(6)雏禽存放与雌雄鉴别间　室温应保持在 29 ~ 31 ℃。

(7)照检间和洗涤间　应设在孵化间和出雏间这两个工作区的范围内,要求洗涤间应分设两处,分别洗涤蛋盘和出雏盘,防止微生物互相传染。

此外,在进蛋和发送雏禽的进出口处最好设有车廊,以便在雨季和冬季室内外温差很大时,卸蛋和装雏不受外界气温的影响。同时,在进出口应设有窗口,蛋、雏一律由专设窗口进出,以控制外界人员进入孵化室。窗口大小一般为窗台高 1.0 m,窗高 0.8 m,宽 2.0 m。

9.3.2　育雏舍

育雏舍是养育从出壳至 5 ~ 6 周龄雏禽的专用房舍。由于人工育雏需保持较稳定温度,无论采用哪种给温方式,室温范围为 25 ~ 20 ℃,逐渐下降,不宜低于 20 ℃ 以下。因此,育雏舍的建筑要求与其他禽舍不同,其特点为房舍较矮,墙壁较厚,地面干燥,屋顶装设天花板,以利于保温。同时,要求通风良好,但气流不宜过速,既保证空气新鲜,又不影响温度变化。在采用笼养方式时,其最上一层与天花板的距离应有 1.5 m 的空间。

育雏舍的建筑有开放式和密闭式两种,可根据地区气候条件、育雏季节和育雏任务选用。

开放式简易育雏舍,可采用单坡单列式,跨度为 5 ~ 6 m,高度为 2.0 m 左右,北面墙应稍厚,可留 1 m 左右的通道,南面设置小运动场,其面积约为房舍面积的 2 倍。养育较珍贵的种雏时,可设置附有天棚和平网的日光廊以代替小运动场,其面积为房舍面积的一半。

密闭式育雏舍与其他密闭式禽舍的建筑要求相同,它是一种顶盖和四壁隔热良好、无窗(附设应急窗)、完全密闭(只有进、出气孔与外界沟通)的禽舍。舍内的小气候通过各设施进行控制或调节,使之尽可能地接近最适宜于禽体生理机能的需要。进行人工通风和光照,通过变换通风量的大小和速度在一定程度上控制舍内的温度和相对湿度,使其能维持在比较合适的范围内。这种禽舍虽然造价高,投资大,但能调节环境,长年生产,而且饲养密度大,成活率高。因此,目前国内外的大型机械化养禽场多采用密闭式禽舍。

育雏舍的建筑形式、大小和栋数随家禽场的性质和内部设施的要求而不同。在采用笼养方式和环境调节的育雏舍情况下,对于雏禽接受阳光和附设运动场等条件可不予考虑。

9.3.3　育成禽舍

育成禽舍是饲养育成阶段家禽的专用房舍。其建筑要求要有足够的活动面积,以保证生长发育的需要,使育成禽具有良好的体质。开放式育成禽舍可以充分利用阳光,保证空气新鲜,并可设宽敞的运动场,扩大活动面积,为防止早熟及保证适时开产,必须备有遮光设施。

密闭式育成禽舍建筑要求已如上述,由于可以实现人为控制环境故无论采用网上平养或阶梯笼养,均可取得良好成绩,且能长年周转使用,充分发挥禽舍和设备的经济效益。

9.3.4　生产禽舍

生产禽舍可分为产蛋禽舍和肉用仔禽舍两大类型。

(1)产蛋禽舍　蛋用商品禽的产蛋禽舍建筑形式有开放式、密闭式和开放与密闭综合式等几种,应根据因地制宜的原则予以选择产蛋禽舍的建筑面积,依前述几种饲养管理方式而不同。

(2)肉用仔禽舍　肉用仔禽因为具有生长迅速、饲养周期短等特点一般都采用全进全出制,长年均衡生产,所以禽舍建筑的大小和栋数须依生产任务、饲养方式和生长速度等条件来决定。例如计划每一个周或每旬生产一批,其生长速度为 8 周龄或 80 日龄出场,则需修建9栋禽舍,安排一栋周转使用。因为每栋肉禽舍全出之后,必须进行彻底地清洗消毒,并闲置干燥一周或一旬,才允许再次进雏。这样,增建一栋禽舍,既不扰乱生产计划,又可提高禽舍的利用率,从而使每栋禽舍每年至少可生产5批或4批。

肉用仔禽舍的建筑形式主要根据管理方式进行设计。无论平养(包括网养或地面平养)或笼养,首先必须保证每只肉禽的占地面积;要求舍内温度保持在20 ℃左右,以造成广大的适温地带,避免禽群堆集。在密闭式禽舍或笼养条件下,应考虑随日龄而变化的空气需要量。舍内光线应稍暗,开放式禽舍则须适当遮光。

9.3.5 种禽舍

凡担负着育种任务的家禽场,为了观测个体或群体的生产性能以及贯彻各种育种计划和措施,必须备有育种用的种禽舍。种禽舍的建筑形式和要求,其环境因素须能满足各种家禽种用品质的需要,以发挥种禽的生产效能。因此,对于种禽舍的建筑结构材料,应根据地区气候条件予以选用。

(1)平养种禽舍 一般种禽舍采用地面平养,实行机械化管理时则采用网养或栅养。平养种禽舍也分开放式和密闭式两种,可根据地区条件选用。通常开放式种禽舍可附运动场;但在全舍饲的情况下则不设运动场。舍内多采用单列或双列的通道管理,按种禽分群的数目,用铁丝网隔成若干个栏。进行个体记录的小群配种,每栏面积4 ~ 6 m^2;群体记录的大群配种,按每平方米容纳种禽3 ~ 4 只计算;若为两组种公禽进行大群轮换配种,则应在两个大群之间设有4个种公禽栏。所有分群间隔的铁丝网必须牢固,接近地面30 ~ 50 cm部分,最好用板间隔,严防串群和互相干扰。

(2)笼养种禽舍 蛋用型种鸡笼养比平养大大提高了禽舍的利用面积,且使育种工作的开展更为准确和方便。种鸡的笼养方法分个体笼养人工授精和小群笼养自然配种两种。个体笼养可将蛋鸡笼分隔,改成单间(容4只鸡的改容3只,容3只鸡的改容2只),并将集蛋槽加上同样的分隔,手工捡蛋,使个体记录准确无误。种鸡小群笼养,按一定的公母配种比例同笼饲养以免除人工授精的手续,操作简易,便于管理,但每只种鸡的占笼面积应不少于600 cm^2,并且要解决好公鸡的配种问题,笼高应不少于60 cm。

9.3.6 饲料加工间和饲料库

家禽场的饲料加工间和饲料库建筑面积应根据禽群规模和不同日龄的饲料需要量及当地供应的饲料种类等因素进行设计。特别是有些地区还没有饲料公司供应各种定型的全价饲料,需由各场自行加工按不同营养需要的配方准备日粮。为此,家禽场的饲料加工用房,应包括原料储存库、粉碎加工间、搅拌混合间或附设压粒和烘干间、成品储藏库的容量,应能储存各种配方日粮2 ~ 4周的需要量。

9.3.7 生活用房

家禽场的生活用房主要是解决职工生活福利的需要,可根据人员编制及具体情况考虑安排。一般生活用房应修建在场外的生活区内,包括宿舍、食堂等。

9.3.8　行政用房

家禽场的行政管理用房包括门卫传达室、进场消毒室、办公室、实验室、车库、发电间、垫料库等。场内若无孵化室时还应另设蛋库。禽场的大门出入口应设有汽车消毒池,大小为 300 cm×300 cm×(15~20)cm,并附有 4 个气压的水龙头冲洗车轮,防止车轮带来疫病。

进场消毒室内应设更衣间、卫生间、淋浴间、工作服间等共两套,供男女职工分别使用。办公室可分设场长室、技术室、会议室(接待和学习兼用)等,供日常办公和职工业余活动之用。实验室内应分设病理解剖室、处理间和焚化炉等,虽属行政用房,但不得建在行政区内,而应设在生产区下风向的地方,并用围墙加以隔离。

9.4　养禽设施

9.4.1　控温、控湿设施

(1)控温设施　常分为加温设施和降温设施两种。

1)加温设施　主要有火炉、火道、电热育雏笼、暖气加保温伞、换热器和热风炉等。火炉、火道(火炕)属于传统供热方式,具有增温速度快、简便易行的优点,但舍内温度不均,空气污染较严重,适合于小型禽场使用。电热育雏笼具有空气环境好、温度均匀的优点,但耗电量太大,育雏成本高。每架育雏笼一般育雏鸡 700 只。育雏伞是平面育雏常用的方法,热源有远红外灯和电热丝两种,每个育雏伞可育雏鸡 200~300 只。换热器和热风炉是以空气作为热交换介质,用风机将加热的空气传送到舍内,这种装置的主要优点是供热与通风相结合,从根本上改善了寒冷季节禽舍内的空气环境,同时还有应用机动、投资少、热效率高、耗煤量比较少的优点。

2)降温设施　当舍外气温高于 30 ℃时,通过加大通风换气量已不能为禽体提供一个舒适的环境,必须采用机械降温。常用的降温设施有低压喷雾系统、湿帘风机系统、高压喷雾系统。由于饲养规模圈套的禽舍多采用纵向通风工艺,因此,湿帘风机系统降温最适用。湿帘常安装在两侧墙上,采用纵向负压通风。这种设施运行费用较省,温度与风速较均匀,降温效果较好。

(2)控湿设施　由于家禽的呼吸、排粪和舍内作业用水,禽舍的湿度除前 2 周外均超出标准,因此养禽生产中常用控湿设施来调节舍内的湿度。最常用的降湿设施是风机,还可以通过减少舍内作业用水、及时清粪、使用乳头式饮水器来辅助控制。在炎热的季节增湿可以降温。常用的增湿设备是湿帘,寒冷的季节用热风炉取暖既能保证舍内温度,又能通风降湿。

9.4.2　采光设备

实行人工控制光照或补充照明是现代养禽生产中不可缺少的重大技术措施之一。

目前禽舍人工采光的灯具比较简单,主要有白炽灯、荧光灯和节能灯三种。白炽灯具有灯具成本低、寿命长的特点,一般 25 W、40 W、60 W 灯泡能使舍内照度均匀,饲养场使用较多。荧光灯的灯具虽然成本高,但光效率高且光线比较柔和,一般使用 40 W 的荧光灯较多。实践中按 15 m² 面积安装一个 60 W 灯泡或一个 40 W 荧光灯就能得到 10 lx 的有效照度。节能灯具有节电节能的优点,一般使用 8 W、15 W、25 W 的较多。安装这些灯具时要分设电源开关,以便能调节育雏舍、育成舍和产蛋舍所需的不同照度。光照控制设备有遮光导流板和 24 h 可编程序控制器。遮光导流板的作用是减少外界光线的进入,做到人工控制舍内的采光,24 h 可编程序控制器主要用于控制舍内人工给光的时间。

9.4.3 通风设备

通风换气是调节禽舍空气环境状况最主要、最常用的手段。通风方式有横向通风和纵向通风,横向通风是进气口和通风机均在禽舍前后墙上安放,若风机安放在一侧下方,则进气口在另一侧上方,一侧进风,另一侧排风,俗称贯穿式通风。常用的风机为轴流式风机,一般用 4 号风机和 6 号风机较多。纵向通风风机较大,一般安放在禽舍的中央进风,禽舍两端将空气排出,或者由禽舍的一端进风,另一端排风。纵向通风的优点:能消灭和克服横向通风时舍内的通风死角和风速小而不均匀的现象,同时消除横向通风造成禽舍间交叉感染的问题。

9.4.4 供料、饮水设备

(1)供料设备 自动喂料设备包括贮料塔、输料机、喂料机和饲槽四个部分。贮料塔放在禽舍的一端或侧面,储存鸡群 2 天所需饲料,贮料塔多用散装饲料从塔顶向塔内装料。用时由输料机将饲料送往禽舍内的喂舍内的喂料机,再由喂料机将饲料送到饲槽供家禽采食。人工喂料设备有开食盘、料桶(盘)、料槽等。

(2)饮水设施 常见的饮水器有真空式饮水器、吊塔式饮水器、乳头式饮水器和杯式饮水器。真空式饮水器用于平面散养的鸡群,这种饮水器具有结构简单、便于清洗消毒的优点。盛水量有 1 kg、2.5 kg、4 kg、10 kg 等规格,可同时供 12~15 只鸡饮水。吊塔式饮水器适用于平面散养的鸡群、鸭群和鹅群,这是靠饮水器本身的重量来调节水位的,这种饮水器具有劳动效率高、水质洁净、不易漏水等优点。乳头式饮水器是机械化笼养和平养普遍使用的一种供水设备,一般每两个成鸡笼之间装一个乳头饮水器,平均 4~6 只成鸡用一个乳头饮水,这种饮水器具有结构简单、水质清洁、利于防止疾病的优点。杯式饮水器适用于各种不同饲养方式的禽舍,比较先进实用,其优点是使用方便、减少疾病传染和节省用水量。

9.4.5 集蛋设备

我国研制的 9JD—4500 集蛋装置是与三层全阶梯笼养产蛋鸡笼相配套使用的设备之一。该设备具有运转平稳、噪声小的优点,可以完成纵向、横向集蛋工作。这种装置的输蛋量为 4 000~4 500 枚/h,在规模为 15 万只的蛋禽舍使用时,每天只需集蛋两次。因为各种集蛋装置都能造成所集蛋的破损,所以平养或单层笼养的产蛋舍均使用集蛋车人工集蛋,效果好且破损率低。大型机械化多层笼养蛋禽舍均采用自动集蛋装置。

9.4.6　清粪设备

目前比较常用的清粪方式有刮板方式、传送带方式、牵引式刮板清粪机方式。9FEQ牵引式固定清粪机适用于大规模的全阶梯双列禽舍的纵向清粪工作。具有结构简单,安装、调试和日常维修方便,机具工作可靠,涂塑钢丝绳耐腐蚀效果好等优点。主要技术参数:刮粪板宽度 1.7 ~ 1.8 m,运动速度 10 m/min,刮粪高度 0.15 m,刮粪板间距 15 ~ 20 m,电机功率 15 kW。

思考与练习

1. 简述禽场控温、控湿设施。
2. 论述禽场场址要考虑的因素。
3. 论述禽场的规划和分区。

第 10 章　家禽的保健与疾病防控

10.1　家禽的保健

为了预防疾病,维护家禽的健康,必须从家禽管理工作的各个方面进行全面考虑,尽量排除可能引起家禽发病或损害家禽健康的一切应激因素。具体应遵循的原则和基本要求如下。

10.1.1　家禽保健的基本要求

(1)选择健康优良的禽种　为防止由引入的禽种带来疾病,引种前必须详细了解该场禽群的健康状况。应引入种蛋或初生雏,不宜引入成禽。对引入的家禽必须先进行隔离、检疫和观察一段时间后,方可进入场内。

(2)实行生产专业化　现代化禽场只饲养同一日龄的家禽,如果一个禽场饲养不同日龄的家禽,一旦发生传染病,由于幼雏的抵抗力差,较易感染,会一批传染一批,连续感染,不断造成损失,很难控制。

(3)不同类型的鸡舍距离要科学　如雏禽舍、育成禽舍、成禽舍应分别建在彼此相隔较远的地方,各栋禽舍之间的距离要尽可能宽些,孵化室更应远离禽舍。

(4)不同种类的家禽不可同场饲养　任何一个禽场不可既养鸡又养火鸡,家禽也不可和家畜等同养一场,否则一些共患的疾病难以有效控制。

(5)饲养密度要合理　家禽饲养密度过高不但易造成生长迟缓,饲料转化率低和生产性能低下等,而且也会加重如啄癖、羽毛蓬乱、歇斯底里(惊恐症),以及其他与应激有关的一些病症的程度。

(6)保持禽舍干净卫生　在每批家禽进舍之前,必须对禽舍、设备和用具进行彻底清洗和消毒。

(7)提供优质全价的饲料　不用霉变、酸败或结块的饲料,全价料必须严格按照规定的方法和时间充分搅拌均匀。

(8)保证饮水充足、清洁卫生　不用河水、池塘水等地表水作为家禽的饮用水。

(9)严格按照免疫程序按时对家禽进行疫苗接种　按照控制传染病和内、外寄生虫病的程序,定期做好预防性免疫和投药工作。认真做好灭蝇、灭鼠工作。建立免疫档案,详细记录预防的日期、疫苗的种类、接种方法和剂量等。

(10)谢绝参观　外来人员确有必要进入禽舍时,必须严格进行彻底的消毒,参观时仅通过观察窗而不进入禽舍。

（11）杜绝市场禽产品进场　场内的工作人员不得外购任何种类的禽产品，也不得饲养别的家禽和鸟类。

（12）严格科学处理病、死家禽　死禽、病禽应有专人专业化处理，尽快用密闭的容器从禽舍中取走，剖检后焚尸或深埋。容器应消毒后再用。

10.1.2　实行"全进全出"制

所谓"全进全出制"是指同一栋鸡舍在同一时间内只饲养同一日龄的鸡，又在同一天全部出场。"全进全出"的优点：首先是能够有效地切断循环感染的途径，防止疾病的不断传播。"全进全出"制的最大特点是在一个时期里全场无家禽，可以进行全面彻底的消毒，既消灭了病原体，又杜绝了疾病互相感染的途径，从而有利于禽群的健康和安全生产。如果在一个有不同日龄家禽的禽场，禽舍总是在连续的使用中，无法进行彻底清扫和消毒，一些病原体不断通过敏感禽只继代而毒性可能增强。由此年复一年，病愈来愈多，危害日趋严重。这正是相当数量的禽场之所以"新场兴旺发达，老场每况愈下"的主要原因所在。"全进全出"制的第二个优点是便于鸡群的统一管理，如温度、光照、日粮的配合和技术如免疫程序等技术措施的实施。

10.2　疾病防控

10.2.1　隔离饲养

隔离是指将患病家禽和疑似感染家禽控制在一个有利于防疫和生产管理的环境中，进行单独饲养和防疫处理的方法。由于传染源具有持续或间歇性排出病原微生物的特性，为了防止病原体的传播，将疫情控制在最小范围内就地扑灭，必须对传染源进行严格的隔离、单独饲养和管理。

隔离是普遍采用的很有效的防疫措施之一，传染病在发生后，防疫人员应深入现场查明疫情在群体中的分别状态，立即隔离发病动物群，并对其污染的圈舍进行严格消毒处理，同时应尽快确诊并按照诊断结果和传染病的特点，确定要进一步采取的措施。在一般情况下，要将全部家禽分为患病家禽群、可疑感染群和假定健康群等，并分别进行隔离处理。

10.2.2　严格消毒

消毒是指通过物理、化学或生物学方法杀灭或清除环境中病原体的技术或措施。它可将养殖场、交通工具和各种被污染物体中病原微生物的数量减少到最低或无害的程度。通过消毒能杀灭环境中的病原微生物，切断传播途径，防止传染病的传播和蔓延。根据消毒的目的可以分为预防性消毒、随时性消毒和终末性消毒。

10.2.2.1　消毒的主要方法和作用机制

消毒方法可概括为物理消毒法、化学消毒法和生物消毒法。

(1)物理消毒法　物理消毒法是指通过机械性清扫、冲洗、通风换气、高温、干燥、照射等物理方法对环境和物品中的病原体进行清除或杀灭。

1)机械清扫、洗刷　通过机械清扫、洗刷等手段清除病原体是最常用的物理消毒方法,也是日常的卫生工作之一。采用清扫、洗刷等方法可以除去圈舍地面、墙壁以及家禽体表污染的粪便、垫草、残余饲料等污物,随着这些污物的清除,大量病原体也被清除。

2)日光、紫外线和其他射线的辐射　日光暴晒是一种最经济、有效的消毒方法,通过其光谱中的紫外线以及热效应和干燥等因素的作用能够直接杀灭多种病原微生物。在直射日光下经过几分钟至几小时可杀死病毒和非芽孢性病原菌,反复暴晒还可以使带芽孢的菌体变弱或失活。因此日光消毒对于被传染源污染的牧场、圈舍外的运动场、用具和物品等具有重要的现实意义。

3)高温灭菌　指通过热力学作用导致病原微生物中的蛋白质和核酸变形,最终引起病原体失去生物学活性的过程,通常分为干热灭菌法和湿热灭菌法。

禽场消毒常采用火焰烧灼的物理消毒方法进行消毒,火焰烧灼灭菌法的灭菌效果明显,使用操作比较简单。当病原体抵抗力较强时,可通过火焰喷射器对粪便、场地、墙壁、笼具以及其他废弃物品进行烧灼灭菌,或将动物的尸体以及被传染源污染的饲料、垫草、垃圾等进行焚烧处理。"全进全出"制动物圈舍中的地面、墙壁和金属制品也可以用火焰烧灼灭菌处理。

(2)化学消毒法　在疫病防控过程中,常常利用各种化学消毒剂对病原微生物污染的场所、物品等进行清洗、浸泡、喷洒、熏蒸,以达到杀灭病原体的目的。消毒剂是消灭病原体或使其失去活性的一种药剂或物质。各种消毒剂对病原微生物具有广泛的杀伤作用,但有些也破坏宿主的组织细胞,因此通常仅用于环境的消毒。

1)消毒剂的作用机制　即杀菌方式,最基本的有以下3种。

①破坏细菌细胞壁　就是将细胞壁或细胞膜破坏导致细菌死亡。

②使细菌体蛋白质变性　用化学消毒剂使细菌菌体蛋白质变性而失活。

③导致菌体代谢障碍　使细菌不能正常的代谢活动而死亡。

2)消毒剂的种类　临床实践中常用的消毒剂种类很多,根据其化学特性分为酚类、酸类、醇类、醛类、碱类、氯制剂、氧制剂、碘制剂、染料类、表面活性剂和重金属类等,进行有效而经济的消毒必须合理选用消毒剂,优质消毒剂应符合以下几项要求。

①消毒作用强　药效迅速,短时间即可达到预定的消毒目标,如灭菌率达99%以上,且药效持续时间长。

②作用广泛　可以杀灭细菌、病毒、霉菌、藻类等有害微生物。

③使用方便　可以用各种方法进行消毒,如饮水、喷雾、洗涤和冲刷等。

④渗透力强　能透入裂隙、蛋的内容物、鸡粪、尘土以及各种有机物内杀灭病原体。

⑤易溶于水　药效不受水质硬度和环境中酸碱度变化影响。

⑥性质稳定　不受光、热影响,长期存储效力不减。

⑦对人禽安全　无刺激性、无腐蚀性、无毒性、无臭味、无不良毒副作用。

⑧经济　低浓度也能保证药效。

3)保证消毒效果的措施　保证消毒效果最主要的是用有效的消毒药直接与病原体

接触。一般的消毒药会因有机物的存在而影响药效,因此,消毒之前必须尽量去掉有机物等,为此,必须采取一定的措施。

①清除污物　当病原体所处的环境中含有大量的有机物如粪便、脓汁、血液及其他分泌物、排泄物时,病原体受到有机物的机械性保护,大量的消毒剂与这些有机物结合,消毒的效果大幅度降低。所以,对病原体污染的场所,污物等进行消毒时,要求首先清除环境中的杂物和污物,经彻底冲刷,洗涤完毕后再使用化学消毒剂效果较好。

②消毒剂浓度要适当　在一定范围内,消毒剂的浓度越大,消毒作用越强,如大部分消毒剂在低浓度时只有抑菌作用,浓度增加才有杀菌作用。但消毒剂的浓度增加是有限度的,盲目增加其浓度并不一定能提高消毒效果,如体积分数为 70% 的乙醇溶液的杀菌作用比无水乙醇强。而稀释过量,达不到应有的浓度,则消毒效果不佳,甚至起不到消毒的作用。

③针对微生物的种类选用消毒剂　微生物种类不同,其形态结构及代谢方式不同,对消毒剂的反应也有差异。如革兰阳性菌较易与带阳离子的碱性染料、重金属盐类及去污剂结合而被灭活,细菌的芽孢不易渗入消毒剂,其抵抗力比营养体明显增强等;各种消毒剂的化学特性和化学结构不同,对微生物的作用机制及其代谢过程的影响有明显差异,因而消毒效果也不一致。

④作用温度及时间要适当　温度升高可以增强消毒剂的杀菌能力,进而缩短消毒所用的时间。当环境温度升高 10 ℃,酚类消毒剂的消毒速度增加 8 倍以上,重金属盐类增加 2 ~ 5 倍。在其他条件都相同时,消毒剂与被消毒对象的作用时间越长,消毒的效果就越好。

⑤控制环境湿度　熏蒸消毒时,相对湿度对熏蒸效果影响很大,如过氧乙酸及甲醛熏蒸消毒时,环境的相对湿度以 60% ~ 80% 为最好,湿度过低则会大大降低消毒效果。而多数情况下,环境相对湿度过高会影响消毒剂的浓度,所以,一般应在冲洗干燥后喷洒消毒液。

⑥消毒液酸碱度要合适　例如碘制剂、酸类、来苏儿等阴离子消毒剂在酸性环境中的杀菌作用增强,而阳离子消毒剂如新洁尔灭等则在碱性环境中的杀菌作用增强。

(3)生物热消毒　生物热消毒是指通过堆积发酵、沉淀池发酵、沼气发酵等产热或产酸,以杀灭粪便、污水、垃圾及垫草等内部病原体的方法。在发酵过程中,粪便、污物等内部微生物产生的热量可使温度上升达 70 ℃ 以上,经过一段时间后便可杀死病毒、病原菌、寄生虫虫卵等病原体,从而达到消毒的目的;同时,由于发酵过程还可以改善粪便的肥效,所有生物热消毒在各地应用非常广泛。

10.2.2.2　消毒程序

根据消毒的类型、对象、环境温度、病原体性质以及传染病流行特点等因素,将多种消毒方法科学合理地加以组合而进行的消毒过程称为消毒程序。

(1)禽舍的消毒　禽舍消毒是清除前一批家禽饲养期间累积污染最有效的措施,可使下一批家禽开始生活在一个洁净的环境。以全进全出制生产系统中的消毒为例,空栏消毒的程序通常为:粪污清除、高压水枪冲洗、消毒剂喷洒、干燥后熏蒸消毒或火焰消毒、再次喷洒消毒剂、清水冲洗、晾干和转入家禽。

1)粪污清除 待家禽全部出舍后,先用消毒液喷洒,再将舍内的禽粪、垫草、顶棚上的蜘蛛网、尘土等扫出禽舍。地面沾着的禽粪,可预先洒水待软化后再铲除。为方便冲洗,可先对禽舍进行喷雾、湿润舍内四壁、顶棚及各种设备的外表。

2)高压冲洗 将清扫后内剩下的有机物去除以提高消毒效果。冲洗前先将非防水灯头的灯用塑料布包裹严,然后用高压水龙头冲洗舍内所有的地表面,不留残存物。彻底冲洗可显著减少细菌。

3)干燥 喷洒消毒药一定要在冲洗并充分干燥后在进行。干燥可使舍内冲洗后残留的细菌数进一步减少,同时避免在湿润状态使消毒药物浓度变稀,有碍药物的渗透,降低灭菌效果。

4)喷洒消毒剂 用喷雾器,其压力应达到 30 kg/cm^2,消毒时应将所有门窗关闭。

5)甲醛熏蒸 待禽舍干燥后进行熏蒸。熏蒸前将舍内所有的空、缝隙用纸糊严,使整个禽舍不透气。每 1 m^3 空间用福尔马林 18 mL、高锰酸钾 9 g,密闭 24 h。经上述消毒过程后,进行舍内采样培养,灭菌率要求达到 99% 以上;否则,再重复进行药物消毒—干燥—甲醛熏蒸过程。

育雏舍的消毒更为严格,平网育雏时,在育雏舍冲洗晾干后,用火焰喷枪灼烧平网、围栏与铁质料槽等,然后再用药物消毒,必要时需清水冲洗、晾干后再转入雏舍。

(2)设备用具的消毒

1)料槽、饮水器 塑料制成的料槽与饮水器、可先用水冲刷,洗净晒干后再用 0.1% 的新洁尔灭刷洗消毒。在禽舍熏蒸前送回,再经熏蒸消毒。

2)蛋箱、蛋托 反复使用的蛋箱和蛋托,特别是送到销售点又返回的蛋箱,传染病原的危险很大,因此,必须严格消毒。可用 2% 苛性钠热溶液浸泡与洗刷,晾干后再送回禽舍。

3)运鸡笼 送肉鸡到屠宰场的运鸡笼,最好在屠宰场消毒后再运回,否则肉鸡场应在场外设消毒点,将运回的鸡笼冲洗、晒干再消毒。

(3)环境消毒

1)消毒池 用 2% 苛性钠,池液每天换一次;用 0.2% 的新洁尔灭,每 3 天换一次。大门前通过车辆的消毒池宽 2 m、长 4 m,水深在 5 cm 以上;行人与自行车通过的消毒池宽 1 m、长 2 m,水深在 3 cm 以上。

2)禽舍间的空隙 每季度先用小型拖拉机耕翻,将表土翻入地下,然后用火焰喷枪对表层喷火,烧去各种有机物,定期喷洒消毒液。

3)生产区的道路 每天用 0.2% 次氯酸钠溶液喷洒一次,如当天运家禽则在车辆通过后消毒。

(4)带鸡消毒 鸡体是排出、附着、保存、传播病菌及病毒的根源,是污染源,也会污染环境,因此,须经常消毒。带鸡消毒多采用喷雾消毒。

1)喷雾消毒的作用 杀死和减少鸡舍内空气中飘浮的病毒与细菌等,使鸡体体表清洁;沉降鸡舍内漂浮的尘埃,抑制氨气的发生和吸附氨气,使鸡舍内较为清洁。

2)喷雾消毒的方法 消毒药品的种类和浓度与鸡舍消毒相同,操作时用电动喷雾装置,每平方米地面 60～180 mL,每隔 1～2 天喷一次。对雏鸡喷雾,药物溶液的温度要比育雏器供温的温度高 3~4 ℃。当鸡群发生传染时,每天消毒 1~2 次,连用 3~5 天。

10.2.3　检疫与免疫

10.2.3.1　检疫

检疫的目的在于检出并淘汰如鸡白痢、鸡霉形体等的带菌鸡,减少这些病的感染率。逐步建立无这些病的种鸡群。这是整个养鸡体系中的一项重要基础工作,因为只有在种鸡群中下功夫消灭这类经蛋传播的疾病,才能生产出净化的商品鸡雏。国际上养禽业发达的国家在这方面已有成功的经验。

种雏一般于 30 日龄进行第一次检疫,以后每季度一次。经一年后如检出率很低,可延长到半年一次,再延长则为一年一次。也有的将 5 月龄以上的鸡,每隔一月连续检疫 2~3 次,以后再每年一次。

目前鸡白痢和鸡霉形体的检疫以全血凝集试验应用最为普遍。因操作简便,反应较快,可在现场进行,结果也较准确。其具体方法:取白痢凝集抗原一滴和鸡血一滴于平板玻璃上,使之充分混合,在 20~35 ℃的环境中观察。2 min 内出现明显的颗粒状或块状凝集为阳性反应,在 2~3 min 内不出现凝集为阴性反应。鸡霉形体检验方法与此基本相同,也采血一滴,但要两滴全血平板染色抗原。

10.2.3.2　免疫接种与免疫程序

(1)免疫接种　免疫是通过预防接种,使家禽体内产生对某种病原体的特异性抗体,从而获得对其相应疾病的免疫力。定期预防接种是防治家禽传染病的最重要手段。

目前国际上已应用的疫苗有鸡新城疫、传染性支气管炎、传染性喉气管炎、禽痘、禽脑脊髓炎、马立克病、传染性法氏囊炎、禽霍乱和丹毒等。近年来鸡霉形体疫苗已研制成功。

家禽免疫接种可分为群体免疫法和个体免疫法。群体免疫法是针对群体进行的,主要有经口免疫法(喂食免疫、饮水免疫)、气雾免疫法等。这类免疫法省时省工,但有时效果不够理想,免疫效果参差不齐,特别是幼雏更为突出。个体免疫法是针对每个家禽逐个进行的免疫,包括滴鼻、点眼、涂擦、刺种、注射接种法等。该法免疫效果确实,但费时费力,劳动强度大。

不同种类的疫苗接种途径(方法)有所不同,要按照疫苗说明书进行不能擅自改变。一种疫苗有多种接种方法时,应根据具体情况决定免疫方法,既要考虑操作简单、经济合算,更要考虑疫苗的特性和保证免疫效果。只有正确地、科学地使用和操作,才能获得预期的免疫预防效果。现将各种接种方法分述如下:

1)滴鼻与点眼法　用滴管或滴注器,也可用带有 16~18 号针头的注射器吸取稀释好的疫苗,准确无误地滴入鼻孔或眼球上 1~2 滴。滴鼻时应以手指按压住另一侧鼻孔,疫苗才易被吸入。点眼时,要等待疫苗扩散后才能放开禽只。本法多用于雏禽。尤其是雏鸡的除免。为了确保效果,一般采用滴鼻、点眼结合。适用于新城疫Ⅱ、Ⅳ系疫苗及传染性支气管炎疫苗和传染性喉气管炎弱毒型疫苗的接种。

2)刺种法　常用与鸡逗疫苗的接种。接种时,先按规定剂量将疫苗稀释好,再用接种针或大号缝纫机针头或沾水笔尖蘸取疫苗,在鸡翅膀内侧无血管处的翼膜刺种,每只鸡刺种 1~2 下。接种后 1 周左右,可见刺种部位的皮肤上产生绿豆大小的小孢,以后逐渐干燥结脱落。若接种部位不发生这种反应,表明接种不成功,可重新接种。

3)涂擦法　主要用于鸡痘和特殊情况下鸡传染性喉气管炎强毒的免疫。在接种禽痘时,先拔掉禽腿外侧或内侧羽毛 5~8 根,然后用无菌棉签或毛刷蘸取已稀释好的疫苗,逆着羽毛生长的方向涂擦 3~5 下;接种鸡传染性喉气管炎强毒型疫苗时,将鸡泄殖腔黏膜翻出,用无菌棉签或小软刷蘸取疫苗,直接涂擦在黏膜上。不管是哪种方法,接种后禽体都有反应。毛囊涂擦鸡痘苗后 10~12 天,局部会出现同刺种一样的反应;擦肛后 4~5 天可见泄殖腔黏膜潮红。否则,应重新接种。

4)注射法　这是最常用的免疫接种方法。根据疫苗注入的组织部位不同,注射法又分皮下注射和肌内注射。本法多用于灭活疫苗(包括亚单位苗)和某些毒疫苗的接种。

①皮下注射法　现在广泛使用的马立克病疫苗宜用颈部背侧皮下注射法接种。用左手拇指和食指头颈后的皮肤捏起,局部消毒后,针头近于水平刺入,按量注入即可。

②肌内注射法　肌内注射的部位有胸部肌肉、腿部肌肉和肩关节附近或尾部两侧。胸肌注射时,应沿胸肌呈 45°角斜向刺入,避免与胸部垂直刺入而误伤内脏,胸肌注射法适用于较大的禽。

5)经口免疫法

①饮水免疫法　常用于预防新城疫、传染性支气管炎以及传染性法氏囊病的弱毒苗的免疫接种。为使饮水免疫法达到应有的效果,必须注意:第一,用于饮水免疫的疫苗必须是高效价的;第二,在饮水免疫前后的 24 h 不得饮用任何消毒药液,最好加入 0.2% 脱脂奶粉;第三,稀释疫苗用的水最好用蒸馏水,也可用深井水或冷开水,不可使用有漂白粉等消毒液的自来水;第四,根据气温、饲料等的不同,免役前停水 2~4 h,夏季最好夜间停水,清晨饮水免疫;第五,饮水器具必须洁净且数量充足,以保证每只鸡都能在短时间内饮到足够量的疫苗。大群免疫要在第 2 天以同样方法补饮一次。

②喂食免疫法(拌料法)　免疫前应停喂半天,以保证每只鸡都能摄入一定的疫苗量。稀释疫苗的水以不超过室温为宜,然后将稀释好的疫苗均匀地拌入饲料,鸡通过吃食而获得免疫。已经稀释好的疫苗进入鸡体内的时间越短越好,因此,必须有充足的饲具并放置均匀,保证每只鸡都能吃到。

6)气雾免疫法　使用特制的专用气雾喷枪,将稀释好的疫苗汽化喷洒在禽只高度密集的禽舍内,使禽吸入汽化疫苗而获得免疫。实施气雾免疫时,应将禽只相对集中,关闭门窗及通风系统。幼龄鸡初免或对致病力较强疾病进行免疫时,用直径 80~120 的雾珠,老龄鸡群或加强免疫时,用直径 30~60 的雾珠。

(2)预防接种免疫程序的制定

1)免疫程序制定的原则　免疫程序是指根据一定地区或养殖场内不同传染病的流行状况及疫苗特性,为特定动物群制定的疫苗接种类型、次序、次数、途径及间隔时间。制定免疫程序通常应遵循的原则如下:

①免疫程序是由传染病的分布特征决定的　由于家禽传染病在地区、时间和动物群中的分布特点和流行规律不同,它们对动物造成的危害程度也会随着发生变化,一定时期内兽医防疫工作的重点就有明显的差异,需要随时调整。有些传染病流行时具有持续

时间长、危害程度大等特点,应制定长期的免疫防控对策。

②免疫程序是由疫苗的免疫学特性决定的　疫苗的种类、接种途径、产生免疫力需要的时间、免疫力的持续期等差异是影响免疫效果的重要因素,因此在制定免疫程序时要根据这些特性的变化进行充分的调查、分析和研究。

③免疫程序应具有相对的稳定性　如果没有其他因素的参与,某地区或养殖场在一定时期内动物传染病的分布特征是相对稳定的。因此,若实践证明某一免疫程序的应用效果良好,则应尽量避免改变这一免疫程序。如果发现该免疫程序执行过程中仍有某些传染病流行,则应及时查明原因(疫苗、接种时机或病原体变异等),并进行适当的调整。

2)免疫程序制定的方法和程序　目前仍没有一个能够适合所有地区或养禽场的标准免疫程序,不同地区或部门应根据传染病流行特点和实际生产情况,制定科学合理的免疫接种程序。对于某些地区或养禽场正在使用的程序,也可能存在某些方以上的问题,需要不断地进行调整和改进。因此,了解和掌握免疫程序制定的步骤和方法具有非常重要的意义。

①掌握威胁本地区或养殖场的传染病的种类及分布特点　根据疫病监测和调查结果,分析该地区养禽场内常发多见传染病危害程度,以及周围地区威胁性较大的传染病流行和分布特征,并根据动物的类别确定哪些传染病需要免疫或终生免疫,哪些传染病需要根据季节或年龄进行免疫防控。

②了解疫苗的免疫学特性　由于疫苗的种类、适用对象、保存、接种方法、使用剂量、接种后免疫力产生需要的时间、免疫保护效力及其持续期、最佳免疫接种时机及间隔时间等疫苗特性是免疫程序的主要内容,因此在制定免疫程序前,应对这些特性进行充分的研究和分析。一般来说,弱毒疫苗接种后 5 ~ 7 天、灭活疫苗接种后 2 ~ 3 周可产生免疫力。

③充分利用免疫检测结果　由于年龄分布范围较广的传染病需要终生免疫,因此应根据定期测定的抗体消长规律确定首免日龄和加强免疫的时间。初次使用的免疫程序,应定期测定免疫动物群的免疫水平,发现问题要及时进行调整并采取补救措施。新生动物进行免疫接种,应首先测定其母源抗体的消长规律,并根据其半衰期确定首次免疫接种的日龄,以防止高低度的母源抗体对免疫力产生的干扰。

④根据传染病发病及流行特点决定是否进行疫苗接种、接种次数及时机　主要发生于某一季节或某一年龄段的传染病,可在流行季到来前 2 ~ 4 周进行免疫接种,接种的次数则由疫苗的特性和该病的危害程度决定。

总之,制定不同家禽或不同传染病的免疫程序时,应充分考虑本地区常发多见或威胁大的传染病的分布特点、疫苗类型及其免疫效能和母源抗体水平等因素,这样才能使免疫程序具有科学性和合理性。

(3)紧急接种　紧急免疫接种是指某些传染病暴发时,为了迅速控制和扑灭该病的流行,对疫区和受威胁区家禽进行的应急性免疫接种。紧急免疫接种应根据疫苗或抗血清的性质、传染病发生及其流行特点进行合理的安排。

接种后能够迅速产生保护力的一些弱毒苗或高免血清,可以用于急性病的紧急接种,因为此类疫苗进入机体后往往经过 3 ~ 5 天便可产生免疫力,而高免血清则在注射后能够迅速分布于机体各部参与免疫。

由于疫苗接种能够激发处于潜伏期感染的动物发病,且在操作过程中容易造成病原体在感染动物和健康动物之间传播,因此为了提高免疫效果,在进行紧急免疫接种时应首先对动物群进行详细的临床检查和必要的实验室检验,以排除处于发病期和感染期的动物。

多年来的临床实践证明,在传染病暴发或流行的早期,紧急免疫接种可以迅速建立动物机体的特异性免疫,使其免遭相应疾病的侵害。但在紧急免疫时需要注意:第一,必须在疾病流行的早期进行;第二,尚未感染的动物即可使用疫苗,也可使用高免血清或其他抗体预防,但感染或发病动物则最好使用高免血清或其他抗体进行治疗;第三,必须采取适当的防范措施,防止操作过程中由人员或器械造成传染病蔓延和传播。

10.2.3.3 免疫检测

免疫检测是主动了解家禽免疫状况、有效制订免疫接种计划和防控疾病的重要手段,被越来越多的养禽场所采用。免疫检测使用最多最广泛的方法是血清方法。鸡新城疫、传染性法氏囊病是对养鸡威胁最大的两种常见急性传染病,因此,以下简要地介绍对这两种传染病的检测方法。

(1)鸡新城疫检测 利用鸡血清中抗新城疫抗体抑制新城疫病毒对红细胞凝集的现象来检测抗体水平,作为选择免疫时期和判定免疫效果的依据。

1)检测程序与目的

①确定最适的免疫时间 大中型鸡场应根据雏鸡 1 日龄时血清母源 HI(红细胞凝集抑制试验)抗体效价的水平,通过公式推算最适首次免疫(简称首免)时间,公式如下:

最适首免时间=4.5×(1 日龄时 HI 抗体效价的对数平均值−4)+5

例如:1 日龄雏鸡母源·HI 抗体效价平均值为 1∶128,128 为 2^7,其平均对数值为 7,代入公式,则有:该批雏鸡最适首免日龄=4.5×(7−4)+5=18.5(天)

如 1 日龄时 HI 抗体效价的平均对数值小于 4,即小于 1∶16,则该批鸡须在 1 周内免疫。蛋鸡场可在进雏时带回一些 1 日龄公雏,进行心脏采血,作为母源 HI 抗体检测的材料。

②每次免疫后 10 天检测 检验免疫的效果,了解鸡群是否达到应有的抗体水平。

③免疫前监测 大中型鸡场于每次接种前应进行监测,以便调整免疫时期,根据监测结果确定是按时或适当提前或推后,以在最适时期进行接种。

2)监测抽样 一定要随机抽样,抽样率根据鸡群大小而定。万只以上的鸡群,抽样率不得少于 0.5%,千只到万只的鸡群,抽样率不得少于 1%∶千只以下的抽样不得少于 3%。

3)监测方法 如快速全血平板检测法简称全血法,用来估计鸡群的免疫状态,如检出大量免疫临界线以下的鸡只,需立即进行免疫接种,提高鸡群 HI 抗体水平。其操作简单快速,易掌握,适于中、小型鸡场或养鸡专业户采用。

操作方法:先在玻璃板上划好 4 cm×4 cm 方格,每方格在中央滴抗原液两滴,以针刺破鸡翅下静脉血管,用接种环蘸取一满环全血,立即放入抗原液中充分搅拌混合,使之展开成直径 1.5 cm 的液面,1~2 min 后判定结果。

判定结果:根据凝集程度来判定。若细胞均匀一致在抗原液中,抗原液不清亮,表明血液中有足量的 HI 抗体,抑制了病毒对红细胞的凝集作用,判定为阳性(+);若红细胞呈花斑状或颗粒状凝集,抗原液清亮,表明血液中缺乏一定量的 HI 抗体,判定为阴性(-);若红细胞呈现小颗粒状凝集,抗原液不完全清亮,有少量流动的红细胞,判定为可疑(±)。

现场每千只鸡抽测 20~30 只,若出现大量阴性鸡时,说明该群鸡免疫水平在临界线以下水平,须尽快接种;如出现大量阳性鸡,则可适当推迟免疫期。

注意事项:操作宜在 15~22 ℃温度下进行,抗原液与全血之比以 10:1 为宜。稀释后的抗原液不易保存,最好采用稳定抗原,因其血凝价稳定,试验结果准确,操作也简单。

(2)鸡传染性法氏囊病监测　主要介绍琼脂扩散实验对鸡传染性法氏囊病的监测,该法简单易行。

1)操作方法

①监测材料　抗原:在-20 ℃保存;

阳性对照血清:在-10 ℃保存,有效期一般为半年。

被检血清采自被检鸡,血清应不溶血,不加防腐剂和抗凝剂。

②琼脂板制作　取琼脂 1 g、氯化钠 8 g、苯酚 0.1 mg、蒸馏水 100 mL,水浴溶化后,用 5.6% 的 $NaHCO_3$ 将 pH 值调到 6.8~7.2,分装备用,需用前将其融化,倒入平皿内,制成厚约 3 mm 的琼脂板,冷却后置于 4 ℃冰箱保存。溶化琼脂倒入平板时,注意不要产生气泡,薄厚应均匀一致。

③打孔　首先在纸上画好 7 孔图案,把图案放在带有琼脂板的平皿下面,照图案在固定位置打孔,外孔径为 2 mm,中央孔为 3 mm,孔间距 3mm。打孔要现打现用,用针头挑去切下的琼脂时,注意不要使孔外的琼脂与平皿脱离,防止加样后渗漏而影响结果。

④抗原与血清的添加　点样前在装有琼脂的平皿上写明日期和编号。中央孔(7 号)加入抗原 0.02 mL,1、4 孔加注阳性血清,2、3、5、6 孔加入被检血清,添加至孔满为止,待孔内液体被吸干后将平皿倒置,在 37 ℃条件下进行反应,逐日观察,记录结果。

2)结果判定与应用

①阳性　当检验用标准阳性血清与抗原孔之间有明显致密的沉淀线时,被检血清与抗原孔之间形成沉淀线,或者阳性血清的沉淀线末端向邻近的受检血清孔内侧偏弯者,此受检血清判为阳性。

②阴性　被检血清与抗原孔之间不形成沉淀线,或者阳性血清的沉淀线向邻近被检血清孔直伸或向外侧偏弯着,此孔被检血清判为阴性。

③应用　如确定首免适宜时期,则应监测雏鸡的母源抗体,当30%~50%雏鸡为阴性时,可作为适宜接种的时期。如检查免疫效果,则监测接种鸡群的抗体,接种后 12 天 75%~80% 的鸡为阳性证明免疫成功。

10.2.4　常见疾病的防控

10.2.4.1　病鸡与健康鸡的鉴别

每日检查鸡群是养禽者必做的工作。根据查群观察到禽群的精神、活动、食欲与排粪情况,再结合检查家禽的采食量与饮水量,就可以了解禽群的健康状况。健康鸡与病鸡其表征不同(表10.1),应注意区别。及时发现并及早处置病鸡,能大大减少因病蔓延而造成的损失。

表 10.1   病鸡与健康鸡的区别

项目	病鸡	健康鸡
精神	精神沉郁,行动迟缓,缩头闭眼,翅膀下垂,食欲不振,反应迟钝	精神饱满,活泼好动,行动迅速,眼大有神,食欲旺盛,反应敏捷
呼吸	呼吸困难,间歇张嘴,呼吸频率增加或减少	不张嘴呼吸,每分钟平均呼吸 15~30 次
鸡冠	紫红、黑紫或苍白色	鲜红色
眼和眼睑	眼神迟滞,眼睑肿,有分泌物	眼珠明亮有神
鼻孔	有分泌物	干净无分泌物
嗉囊	膨胀,积食有坚实感或积水,早上喂食积食	早上喂食无积食
翼窝	发热、烫手	不发热
颈部	鳞片干燥无光泽	鳞片有光泽
泄殖腔	不收缩,黏膜充血、出血、坏死或溃疡	频频收缩,黏膜呈肉色
粪便	液状或水样黄白色、草绿色甚至为血便,沾污肛门周围羽毛	多为褐色或黄褐色,呈圆柱形,细而弯曲,附有白色尿酸盐
皮肤	无光泽,呈暗色	有光泽,黄白色
羽毛	蓬乱脏污,缺乏光泽	整齐清洁,富有光泽

10.2.4.2   主要疾病的防控技术

(1)鸡新城疫   鸡新城疫是由副黏病毒科的新城疫病毒引起的一种主要侵害鸡和火鸡的急性、败血性、高度接触性传染病,病毒存在于病鸡所有组织器官、体液、分泌物和排泄物中。主要特征是呼吸困难、下痢,神经机能紊乱,黏膜和浆膜出血。本病广泛分布于世界各地,是危害养禽业的严重疾病之一。

1)流行特点   鸡、火鸡、珠鸡及野鸡对本病都有易感性,其中以鸡的易感性最高,其次是野鸡。来航鸡及其杂种比本地鸡的易感性高,病死率也大。水禽不能自然感染,但可以从鸭、鹅、天鹅、塘鹅、鸬鹚中分离到病毒。各日龄的易感禽均可感染发病,但高发期为 30~50 日龄,一年四季均可发生,但冬春季较多。

本病传染源主要是病鸡和带毒鸡。病原也可以通过其他的禽类以及被污染过的物品用具、非易感动物和人传播,鸡蛋也可带毒而传播本病。自然途径感染主要是呼吸道和消化道,其次是眼结膜,也可经外伤及交配传染。

2)临床症状   自然感染的潜伏期一般为 3~5 天,根据临床表现和病程长短,可分为最急性型、急性型、亚急性或慢性型三型。

①最急性型　突然发病,常无特征症状而迅速死亡。多见于流行初期和雏鸡。

②急性型　病初体温高达 43 ~ 44 ℃,食欲减退或废绝,有渴感。精神萎靡,不愿走动,垂头缩颈或翅膀下垂,状似昏睡,鸡冠及肉髯变暗红色或暗紫色。产蛋停止或产软壳蛋。随着病程的发展,出现比较典型的症状:病鸡咳嗽,呼吸困难,有黏性鼻液,常伸头,张口呼吸,并发出"咯咯"的喘气声或尖锐的叫声。口角常流出多量黏液,病鸡常做摇头或吞咽动作。嗉囊内充满液体内容物,倒提时常有大量酸臭液体从口内流出。粪便稀薄,呈黄绿色或黄白色,有时混有少量血液,后期排出蛋清样的排泄物。有的鸡还出现神经症状,弯颈,翅、腿麻痹或痉抽搐,最后体温下降。不久在昏迷中死亡。病程 2 ~ 5 天,死亡率为 90% ~ 100% 。

③亚急性或慢性型　见于流行后期或成年鸡,或免疫后发病鸡。病鸡除有轻度呼吸道症状外,同时出现神经症状,一般经 10 ~ 20 天死亡。

3)病理变化　病理剖检变化的程度不等,根据病程而定。鸡新城疫的典型变化只有在急性病例经过 2 ~ 4 天病程之后才能见到。本病的主要病理变化是全身黏膜和浆膜出血,淋巴系统肿胀、出血和坏死,尤其以消化道和呼吸道最为明显。腺胃黏膜水肿,腺胃乳头或乳头间有鲜明出血点,或有溃疡和坏死。食道与腺胃交界处及腺胃与肌胃交界处有出血点或出血斑,肌胃角质层下也有出血点。盲肠扁桃体肿大、出血或坏死。气管黏膜出血或坏死,周围组织水肿。产蛋母鸡的卵黄膜破裂,则卵黄流入腹腔引起卵黄性腹膜炎。

4)诊断　病鸡拉稀,呼吸困难,发出"咯咯"声或"咕咕"声,或有神经症状。剖检时腺胃出血,肌胃角质膜下出血,小肠出血或坏死,扁桃体肿大、出血或坏死。用磺胺类药或抗生素等治疗无效。有条件的单位还可采取病料,进行病毒分离和鉴定工作。近些年来,我国非典型新城疫在较多鸡场发生,给诊断和防控带来新的困难,应予高度重视。非典型新城疫的特点:发生在免疫鸡群,多在二免前后发生,发病数和死亡率均低于一般的流行,雏鸡最初以呼吸道症状为主,其后才表现出新城疫典型的神经症状,成年鸡则以产蛋量减少为主症,病理剖检均不典型。

5)防控　本病尚无有效治疗方法。为了防止本病流行,必须建立综合防控措施:第一,杜绝病原侵入鸡群,建立健全严格的卫生管理和消毒防疫制度。第二,制定合理免疫程序。在鸡的生产周期为预防某种传染病须制定疫苗接种规程,其内容包括疫苗品系、用法、用量、免疫时机和免疫次数等。第三,鸡场一旦发生本病,应立即用疫苗或高免血清进行紧急接种,防止疫情扩大。病鸡尸体、被污染羽毛、垫料、粪便应深埋或焚毁,鸡舍及全场范围内加强消毒措施。

(2)传染性法氏囊病　传染性法氏囊病又称腔上囊炎,是由双 RNA 病毒属的传染性法氏囊病病毒引起雏鸡的一种急性、高度接触性传染病,临床上以法氏囊肿大、肾脏损害为特征。

1)流行特点　3 ~ 6 周龄鸡对本病最易感,成鸡多呈隐性感染。本病传染源主要是病鸡和带毒鸡。本病可直接接触传播,也可以经被污染过的饲料、饮水、空气、用具间接转播,经呼吸道、消化道和眼结膜感染。在高度易感的鸡群中,发病率高,几乎达到 100% ,典型性感染的死亡率一般为 30% 。在卫生条件较差或伴发其他疾病时,死亡率会高达

40%～60%甚至更高。本病一年四季均可发生,无明显季节性和周期性。

2)临床症状　在易感鸡群中,本病往往突然发生,潜伏期短,感染后2～3天出现临床症状,早期症状是鸡啄自己的泄殖腔,病鸡饮水、饮食减少,怕冷,步态不稳,体温正常或在疾病末期体温低于正常,精神委顿,头下垂,最后极度衰竭而死。通常于感染3天开始死鸡,并于5～7天达到最高峰,以后逐渐减少。

本病的突出表现:发病突然,发病率高,死亡集中地发生在很短几天之内,鸡群迅速康复,但一度流行后常呈隐形感染,在鸡群中长期存在。

3)病理变化　死于法氏囊病的鸡表现脱水,股部和胸肌肉颜色发暗,常有出血点或出血斑。肠道内黏液增多,肾脏肿大,有尿酸沉积。法氏囊感染后第3天由于水肿和出血,体积、质量均增大。第4天质量增加到正常值的两倍,以后体积开始缩小。第5天恢复到原来的质量,以后法氏囊迅速不断的萎缩。8天以后,仅为原来质量的1/3左右。法氏囊恢复到其正常大小时,渗出物消失,在萎缩的过程中,颜色变成深灰色。感染的法氏囊常有坏死灶,有时其黏膜面有出血点或出血斑。

4)诊断　根据流行特点(3～6周龄发病,突然发生,发病率高,死亡率低,有一过性特点)、临床症状和病理剖检变化(主要是肌肉出血和法氏囊的红肿、出血和有分泌物)综合分析,可做出初步诊断。进一步确诊需要进行病毒分离和鉴定、血清学诊断和雏鸡接种。

5)防控　传染性法氏囊病的发生主要通过接触感染,所以平时应加强卫生管理,定期消毒。制定严格的免疫程序是控制该病的主要方法。

①若雏鸡来自未接种鸡法氏囊病灭活苗的鸡群。第一,7～11日龄作第一次鸡法氏囊病弱毒疫苗免疫。采用点鼻或饮水。第二,30～35日龄作鸡法氏囊病弱毒疫苗二次免疫。第三,经过两次鸡法氏囊病弱毒苗免疫的种鸡,于18～20周龄作鸡法氏囊病灭活油佐剂疫苗免疫。接种方法采用肌内注射。

②若雏鸡来自接种过鸡法氏囊病灭活苗的种鸡群。首免应在14～20日龄,用鸡法氏囊病弱毒疫苗免疫,第5周再用弱毒苗免疫一次,至18～20周龄用鸡法氏囊病灭活油佐剂疫苗免疫。接种过弱毒疫苗的种母鸡再注射灭活疫苗时,由于记忆反应的作用,具有母源抗体滴度高、持续时间久的特点。

(3)马立克病　马立克病是由马立克病毒引起的一种高度接触性淋巴组织增生性传染性肿瘤疾病,该病以外周神经、内脏器官、性腺、肌肉和皮肤单核细胞浸润为特征。

1)流行特点　本病主要发生于鸡,火鸡也可自然感染。自然感染的鸡多在2～5月龄发病,发病率和死亡率差异较大,发病率为5%～80%,死亡率和淘汰率为10%～80%。本病一经感染后终生存在于感染鸡只的大多数组织器官中,形成终生带毒并排毒。

本病的传染源主要是病鸡和带毒鸡。传播方式是直接接触,也能通过媒介而间接传播,如病鸡或带毒鸡及脱落的皮毛屑、排泄物、被污染的饲料、垫料等。呼吸道是病毒进入体内的最重要途径。

2)临床症状　潜伏期短的3～4周,长的几个月,临床症状多样化,因为病鸡可能表现为神经型、内脏型、眼型、皮肤型及混合型等。

①神经型　主要侵害外周神经,由于所侵害神经部位不同,症状也不同,最常见侵害

坐骨神经,常见一侧较轻,一侧较重,发生不完全麻痹步态不稳,以后完全麻痹,不能行走,蹲伏地上,成为一种特征性姿态,一只腿伸向前方,另一只腿伸向后方,病鸡呈特征性劈叉姿势。臂神经受侵害时,被侵害侧翅膀下垂。

②内脏型 常侵害幼鸡,多为急性型,病鸡精神沉郁,下腹部胀大,不食,消瘦,排稀粪,最后衰竭死亡。

③眼型 一侧或两侧虹膜由正常橘红色褐变呈灰白色,俗称"灰眼"。虹膜变形,边缘不整,瞳孔缩小,如针尖大小,对光反射迟钝或消失。

④皮肤型 颈部、腿部或背部毛囊肿大形成结节或瘤状。

⑤混合型 同时出现上述两种或几种类型的症状。

3)病理变化

①神经型 病变侧神经水肿而变粗,比正常粗 2~3 倍,呈黄白灰或灰白色,横纹消失。个别神经或神经段有时表现肿瘤状增大。

②内脏型 剖检死鸡可见脏器上的肿瘤呈巨块状或结节状,灰黄白色,质硬,切面平整呈油脂样,也有的肿瘤组织浸润在脏器官质中,使脏器异常增大。

③眼型 虹膜或睫状肌淋巴细胞增生、浸润。

④皮肤型 毛囊肿大,淋巴细胞增生,形成坚硬结节或瘤状物。

⑤混合型 可见上述两种或几种类型的病理变化。

4)诊断 必须结合流行情况、症状、病理变化及实验室检查(常用琼脂扩散实验)等进行综合诊断。如神经型马立克病,根据病鸡显现的特征性的劈叉、麻痹症状和病理变化进行确诊,症状轻微而不典型,需同其他疾病加以鉴别,例如与鸡新城疫所见到的神经症状,鸡脑脊髓炎所引起的运动障碍以及因维生素和矿物质缺乏所发生的运动和发育障碍等。

5)防控 本病目前没有有效治疗方法。免疫接种是预防本病的主要措施,应在雏鸡 1 日龄时接种,并采取综合防控措施。

(4)鸡白痢 鸡白痢是由鸡白痢沙门菌引起的鸡和火鸡等禽类的传染病。

1)流行特点 本病的流行限于鸡与火鸡,其他家禽、鸟类可自然感染。传染源主要是病鸡和带菌鸡,可通过蛋垂直传播而形成世代相传。一般 2~3 周龄雏鸡多发,发病率和死亡率都很高。

2)临床症状 被感染种蛋在孵化过程中可出现死胎,孵出的弱雏及病雏常于 1~2 天内死亡,并造成雏鸡群的横向感染。出壳后感染者见于 4~5 日龄,常呈急性败血症死亡,7~10 日龄者发病日渐增多,至 2~3 周龄达到高峰。急性常无症状而突然死亡。稍缓者常见怕冷成堆,气喘,不食,翅下垂,昏睡,排出白色或带绿色的戮性糊状稀便并污染肛门周围,糊状粪便干涸后堵塞肛门,致使病雏排粪困难而发出尖锐的叫声。病雏体温升高,呼吸困难,关节肿大,心力衰竭而死。耐过的病雏多发育不良,成为带菌者。成年母鸡感染后,产蛋率及受精率下降,孵化率降低,严重者死于败血症。

3)病理变化 急性死亡的雏鸡病变较轻,肝脏充血、肿大,有条状出血,其他脏器充血。成年慢性型母鸡外表无显著变化,腹腔内卵泡变形、变色或呈囊肿状,有时发生腹膜炎和心包炎。公鸡感染常见睾丸和输精管肿胀,渗出物增多或化脓。

4)诊断　雏鸡发生白痢时,一般根据症状及病理剖检即可做出初步诊断。如部分雏鸡有下痢症状、"糊屁股"或呼吸困难,同时死亡率很高,解剖检查多见到肝、脾、心肌、肺等器官的坏死结节,同时见到肝破裂引起的内出血。成年鸡发病症状不明显,病死鸡病理变化主要是卵巢的变化。要确诊必须进行微生物学鉴定。

5)防控　呋喃类、磺胺类与某些抗生素对本病都有疗效。用药物治疗急性病例可以减少雏鸡的死亡,但治愈后仍可成为带菌者。常用呋喃唑酮、土霉素、庆大霉素、诺氟沙星、小诺米星、痢菌净、恩诺霉素或甲烯土霉素等拌料或饮水预防和治疗。预防的措施主要是加强检疫、净化鸡群,严密消毒,加强雏鸡的饲养管理和育雏室保持清洁卫生,并注意合理配合日粮。

(5)鸡球虫病　鸡球虫病是幼鸡常见的一种急性流行性原虫病,以3~7周龄的幼鸡最易感染,常呈地方性流行,春、夏季发生最多,发病率和死亡率较高,是养鸡业发展的一大障碍。鸡的球虫主要是艾美耳属的9种球虫,其中对鸡危害性最大的球虫有两种:一种是盲肠球虫(柔嫩艾美耳球虫),寄生于鸡的盲肠中;一种是小肠球虫(毒害艾美耳球虫),寄生于小肠黏膜中,能引起鸡的肠型球虫病。

1)流行特点　由孢子虫纲艾美尔科艾美尔属中的一种或数种单细胞寄生原虫寄生于鸡肠道上皮细胞所引起的以下痢、血便、生长迟缓、饲料转化率降低、死亡为特征的寄生虫性疾病。鸡球虫病对雏鸡和育成鸡的危害十分严重,雏鸡爆发球虫时死亡率为20%~30%,严重者甚至高达80%,耐过的雏鸡生长缓慢,发育不良。

2)临床症状　鸡球虫病症状常根据病程长短分为急性和慢性两种。

①急性型　病程为数天到2~3周,多见于幼鸡。病初精神沉郁,羽毛松乱,食欲减少,泄殖腔周围羽毛为稀粪所粘连。以后病鸡运动失调,嗉囊充满液体,食欲废绝,冠、髯及可视黏膜苍白,逐渐消瘦,排水样稀粪,并带有血液。若为柔嫩艾美耳球虫所引起,粪便呈棕红色,以后变为纯粹血粪;若为毒害艾美耳球虫所引起,排出大量带勃液的血便。

②慢性型　多见于月龄较大的幼鸡(2~4月龄)或成年鸡,临床症状不明显,病程较长,拖至数周或数月,病鸡逐渐消瘦,足和翅常发生轻瘫,产蛋量减少,间歇下痢,但死亡较少。

3)病理变化　柔嫩艾美耳球虫的致病力最强,常使幼鸡大批发病死亡。本种球虫病主要侵害盲肠,两侧盲肠显著肿大,充满凝固暗红色血液,盲肠上皮变厚或脱落。毒害艾美耳球虫的致病力仅次于柔嫩艾美耳球虫,损害小肠前段和中段,使肠壁扩张或气胀,极度松弛,增厚,黏膜上有许多出血点,肠壁深部及肠腔中积存凝血,使肠的外观呈淡红色或黑色。

4)诊断　根据流行特点、临床症状和剖检病理变化,即可初步确诊。若发现疑点确诊不定,可进行实验室检查。

5)防控　治疗球虫病的药物种类很多,但由于球虫易产生耐药性,并能代代相传,所以无论应用哪种药物治疗,都不能长期应用,要选择有效药物交替使用或联合使用。临床常用的有球痢灵(硝苯酰胺)、呋喃唑酮(痢特灵)、氨丙啉及盐霉素(优素精)、拉沙洛西、土霉素、金霉素等抗生素。在治疗球虫病给药期间,必须每天清扫鸡舍病鸡粪便1~2次,可以避免重复感染。

只有采取综合措施,才能控制和消灭球虫病。这些措施包括以下几个:加强饲养管理,合理搭配日粮,增加饲料中维生素 A、维生素 K、维生素 D 的含量,提高机体抗病力;搞好清洁卫生,缩短球虫卵囊在舍内停留时间;保持适当温度、湿度、光照和饲养密度,通风良好,防止潮湿;幼鸡和成鸡分开饲养,育雏期间推广网上和棚养,以减少相互感染机会;妥善处理死鸡、淘汰鸡和粪便;在鸡未发病时或有个别鸡发病时,采用药物预防。

(6)禽流感　禽流感是禽流行性感冒的简称,是由正粘病毒科、流感病毒属的 A 型流感病毒引起的禽类的一种传染性疾病,以急性败血性死亡到无症状带毒等多种病症为特点。根据禽流感病毒的致病性强弱,将禽流感分为高致病性禽流感、低致病性禽流感和无致病性禽流感 3 种。

1)流行特点　禽流感一年四季均可发生,但多暴发于冬、春季节,尤其是秋冬、冬春之交气候变化大的时期。一般情况下夏季发病较少,多呈零星发生,即使发病,鸡群的症状也较轻。

病禽是主要的传染源,康复禽类和隐性感染者在一定时间内也可带毒、排毒。水禽(鸭、鹅)是禽流感病毒的主要宿主,外观健康的鸭、鹅、鸟类,可携带病毒并排出体外,污染环境,引起禽流感的暴发性流行。病毒通过病禽的分泌物、排泄物和尸体等污染饲料、饮水及其他物体,通过直接接触和间接接触发生感染,呼吸道和消化道是主要的感染途径。另外,阴雨、潮湿、寒冷、运输、拥挤、营养不良和内、外寄生虫侵袭可促进该病的发生和流行。很多禽类都可感染禽流感病毒。其中,火鸡最敏感,鸡次之。不同日龄、品种和性别的鸡群都可感染发病,但以产蛋鸡群多发。鸭、鹅、鸽等多呈隐性感染。迁徙水禽可感染多种流感病毒且亚型变化很大,野生水禽的流感病毒分离物几乎包括了所有的血清亚型。一般认为本病通过多种途径传播,如经消化道、呼吸道、皮肤损伤和眼结膜途径传播。

本病的潜伏期几小时到几天不等,一般发病率高死亡率低,但在高致病力毒株感染时,发病率和死亡率可达 100%。

2)临床症状　由 A 型流感病毒所引起的禽流感,因感染禽种类、年龄、性别、并发感染情况及所感染毒株的毒力和其他环境因素不同,表现出的症状不一致,一般没有特征性症状。病初通常呈现体温升高,精神沉郁,食欲减少,消瘦,母鸡产蛋量下降,咳嗽,打喷嚏,啰音,大量流泪,羽毛松乱,发生窦炎,头部和颜面部水肿,冠和肉髯发绀,有神经症状和腹泻。以上这些症状可单独出现,也可同时出现。

禽流感的病理变化因感染病毒株毒力的强弱、病程长短和禽种的不同而变化不一。当病情较轻时,病变往往不太明显。可能有轻微的窦炎,表现为卡他性、纤维素性、浆液性/纤维素性、脓性或干酪性炎症。气管黏膜轻度水肿,并有数量不等的浆液性或干酪样渗出物。发生气囊炎,表现囊壁增厚,或有纤维素性及干酪样渗出物。病禽还可见纤维素性腹膜炎及"蛋性腹膜炎"。火鸡还能见到卡他性或纤维素性肠炎和盲肠炎。蛋鸡的卵泡变形、萎缩,输卵管也可见到渗出物。

如果感染高致病性毒株,因死亡很快而见不到明显的病变。但有些毒株也可引起某些非特征性的充血、出血及局部坏死等病变,包括头面部水肿、窦炎、肉垂、冠发绀、充血。内脏的变化差异较大。人工感染 H7N7 亚型时,肝、脾、肾可见坏死灶,而 HSN3 亚型则未见上述变化。

部分毒株除导致头部水肿、发绀外,内脏还可见到较明显的出血,包括浆膜及黏膜面的小点出血;十二指肠和心外膜出血;肌胃与腺胃交接处的乳头及黏膜严重出血;扁桃体肿大及出血。

3)诊断 禽流感由于其症状和病变比较复杂,变化较大,而且与其他多种传染病有相似之处,因此临床诊断有一定困难,主要依靠实验室进行病毒的分离鉴定、血清学诊断和分子生物学诊断。

4)防控 目前用于预防禽流感的疫苗主要有灭活全病毒疫苗、亚单位疫苗、重组活载体疫苗和核酸疫苗。对于禽流感病的治疗目前还没有行之有效的方法。一旦发现可疑病例,要立即封锁、隔离、消毒,并上报有关部门,一旦确诊为本病,该鸡群应就地全部扑杀、焚烧。

(7)鸭病毒性肝炎 又名雏鸭肝炎,是小核糖核酸病毒科的鸭肝炎病毒(Ⅰ型)引起的雏鸭的一种急性、接触性传染病。临床表现为角弓反张,主要病变为肝脏肿大,有出血斑点。该病具有发病急、传播迅速、病程短以及有高度致死率的特点,常给养鸭场造成重大的经济损失,也是当前一种重要的鸭传染病。

1)流行特点 本病主要发生于3周龄以下的雏鸭、蛋鸭、肉鸭包括家养的绿头野鸭,但临床上以肉用雏鸭发病较为常见。4~5周龄的雏鸭很少发生,仅有散发性的死亡病例,5周龄以上的雏鸭不易感染,鸡和鹅不能自然发病。有人用本病毒人工感染1日龄和1周龄的雏火鸡,能产生本病的临床症状和病理变化以及中和抗体,并能从雏火鸡肝脏中分离到病毒。

本病一年四季均可发生,一般冬、春季节较为多见。鸭舍环境卫生差、湿度过大,饲养密度过高,饲养管理不当,维生素、矿物质缺乏等不良因素,均能促进本病的发生。发病率可达100%,但死亡率差异很大,1周龄以下的雏鸭死亡高达95%,而1~3周龄的雏鸭死亡率不到50%。

本病在雏鸭群中传播很快,传染源多由于病鸭场引入雏鸭和发病的野生水禽带入,主要通过消化道和呼吸道感染。病愈的康复鸭的粪便中能够继续排毒1~2个月。因此,病鸭的分泌物、排泄物也是本病的主要传染源。

2)临床症状 本病的潜伏期较短,一般1~2天,人工感染大约24 h,雏鸭大多为突然发病。病初,雏鸭精神委顿,缩颈垂翅,随群行动迟缓或离群,呆滞,眼睛半闭常蹲下,打瞌睡,食欲废绝。部分病鸭出现眼结膜炎,发病几小时后,即出现神经症状,发生全身性抽搐,运动失调,身体倒向一侧,头向后仰,角弓反张,两脚呈痉挛性运动,通常在出现神经症状后的几小时内死亡,少数病鸭死前排黄白色或绿色稀粪,人工感染的病鸭一般都在接种后第4天死亡。

3)病理变化 特征性病变在肝脏,肝脏肿大,质地柔嫩,表面有出血斑点。肝脏的颜色视日龄而异,一般1周龄以下肝脏呈褐黄色或淡黄色,10日龄以上呈淡红色。少数病例的肝实质伴有坏死灶。胆囊扩张、充满胆汁,脾脏有时轻度肿大,外观呈斑驳状,多数病鸭肾脏发生充血和肿胀。脑血管呈树枝状充血,脑实质轻度水肿。肠黏膜充血,有时胰腺可见小的坏死点,日龄偏大的雏鸭常伴有心包炎和气囊炎。其他器官未见明显肉眼病变。

4)诊断　根据流行特点的特征、临床症状和剖检病理变化,即可初步确诊。若发现疑点确诊不定,可进行实验室检查。

5)防控　目前本病尚无特殊的治疗措施。一旦雏鸭群发生病毒性肝炎,则紧急预防注射高免血清,或高免鸭卵黄抗体或康复鸭血清,每只肌内注射 0.5 ~ 1 mL,能够有效地控制本病在鸭群中的传播流行和降低死亡率。

在流行鸭病毒性肝炎的地区,可以用弱毒疫苗免疫产蛋母鸭。方法是在母鸭开产之前 2 ~ 4 周肌内注射 0.5 mL 未经稀释的胚液,这样母鸭所产的蛋中就含有大量母源抗体,所孵出的雏鸭因此而获得被动免疫,免疫力能维持 3 ~ 4 周,这是当前预防本病的一种既操作简便又安全有效的方法。此外,严格检疫和消毒也是预防本病的积极措施。

(8)小鹅瘟　小鹅瘟是由鹅细小病毒引起的雏鹅的一种急性、败血性传染病。临床特征表现为精神委顿、食欲废绝、严重污痢和有时呈现神经症状,主要病变为渗出性肠炎,小肠黏膜表层大片坏死脱落,与渗出物形成凝固性栓子,堵塞肠腔。本病主要侵害 20 日龄以下的雏鹅,具有高度的传染性和死亡率,是对养鹅业危害最大的疫病。

1)流行特点　本病主要发生于出壳后 3 ~ 4 日龄至 20 日龄以下的雏鹅,不同品种的雏鹅均可感染,1 月龄以上的雏鹅较少发病。发病日龄愈小,死亡率也愈高,最高的发病率和死亡率常出现在 10 日龄以内的雏鹅群,可达 95% ~ 100%,随着日龄的增加,其易感性和死亡率逐渐下降。除此以外,死亡率的高低,在很大程度上还取决于母鹅群的免疫状态。通常经过一次大流行之后,当年留种鹅群患病痊愈后或是经无症状感染而获得免疫力,这种免疫鹅产的种蛋所孵出的雏鹅也因此获得了坚强的被动免疫,能抵抗天然或人工感染的小鹅瘟病毒。除鹅和番鸭外,其他家禽对小鹅瘟病毒均无易感性。

病雏鹅和带毒成年鹅是本病的传染源,在自然情况下主要通过消化道传染。与病鹅、带毒鹅直接接触或采食被病鹅、带毒鹅排泄物污染的饲料、饮水以及接触被污染的用具和环境(如鹅舍、炕坊等)都可引起本病的传播。

2)临床症状　本病的潜伏期为 3 ~ 5 天,根据临床症状和病程长短可分为最急性、急性和亚急性 3 种病型。

①最急性型　常发生于 1 周龄以内的雏鹅,一般无前期症状而突然死亡,或是发现精神呆滞后几小时内即呈现衰弱或倒地乱划,不久即死亡。在鹅群中传播迅速,几天内即蔓延全群,致死率达 95% ~ 100%。

②急性型　发生于 1 周龄以上至 15 日龄以内的雏鹅,常出现明显的症状。病雏鹅精神不振,食欲减退或废绝,病初虽随群做采食动作,但采得的草料含在口中并不吞咽或偶尔咽下几根,逐渐落群独居,打瞌睡,拒食,开始饮欲增强,继而拒饮,甩头,呼吸用力,鼻腔内流出浆液性分泌物,排出灰白色或淡黄绿色混有气泡或纤维碎片的稀粪,喙端和蹼的色泽变深发绀,病程 1 ~ 2 天,濒死前两肢麻痹或抽搐。

③亚急性型　主要发生于 15 日龄以上的雏鹅,一部分是由急性转为亚急性的,多出现于流行末期。以精神委顿、缩头垂翅、行动迟缓、食欲不振、消瘦、污痢为主要症状。病程为 3 ~ 7 天或更长,少数病鹅可以自行康复,但生长不良。

3)病理变化　剖检本病的病变主要在消化道,最急性型病变不明显,只有小肠前段黏膜肿胀、充血,覆有大量浓厚的淡黄色黏膜,有时可见黏膜出血。胆囊扩张,充满稀薄胆汁。

①急性型　7～15日龄、病程达2天以上的病雏鹅可出现肠道病变,整个小肠黏膜全部发炎、坏死,肠黏膜严重脱落。尤其在小肠的中下段,靠近卵黄柄和回盲部的肠段,外观上变得极度膨大,体积较正常的肠段增大2～3倍,质地紧实,似香肠状。将膨大的肠管剪开,可见肠壁变薄,肠腔中形成一种淡灰白色或淡黄色的凝固栓子,充塞肠腔。由坏死肠黏膜组织和纤维素性渗出物凝固所形成的肠栓是小鹅瘟特征性病变。出现肠栓的雏鹅日龄最早为6日龄。

②亚急性型　肠管的病变更为明显,严重者肠栓从小肠中下段堵塞至直肠内。此外,病鹅肝脏肿大,呈深紫红色或黄红色,胆囊充盈,脾脏和胰脏充血,偶有灰白色坏死点。部分病例脑有非化脓性脑炎的变化。

4)诊断　根据流行特点的特征、临床症状和剖检病理变化,即可初步确诊。若发现疑点确诊不定,可进行实验室检查。

5)防控　采用成年鹅制备的抗小鹅瘟高免血清,可用于治疗或预防本病,效果较好。对于刚孵出的雏鹅,紧急预防注射抗小鹅瘟血清每只0.5 mL,能够抵抗本病毒的感染;对于已经发病的雏鹅群,根据发病日龄每只注射1～2 mL,可以及时控制本病的流行。

对缺乏母源抗体的雏鹅,也可以接种鹅胚化或鸭胚化的小鹅瘟雏鹅弱毒疫苗进行免疫,但疫苗必须在雏鹅出壳后48 h内注射。应用小鹅瘟弱毒疫苗接种成年母鹅是目前生产实践中预防雏鹅感染小鹅瘟的最好方法。每只成年母鹅在产蛋前1个月注射,接种疫苗的母鹅产出的种蛋就含有母源抗体,孵出的雏鹅就能获得被动免疫。

此外,小鹅瘟病毒主要来自孵化场,所以必须清洗消毒孵化用的一切用具设备,收购的种蛋也必须用福尔马林熏蒸消毒,以杜绝小鹅瘟传染途径。

10.2.5　禽场废弃物的处理

人类社会对防止环境污染越来越重视,而大规模集约化的家禽生产又产生大量易于形成公害的各种废弃物,因此,家禽场的废弃物处理就变得越来越重要。如何使这些废弃物既不对场内形成危害,也不对场外环境造成污染,同时能够适当的利用,是家禽场必须妥善解决的一项重要任务。

10.2.5.1　家禽场废弃物的种类

家禽场除了一些带有臭味、含有灰尘、粉尘的污浊空气,噪声,场内滋生的昆虫等会形成公害,需要严加防范或治理外,还有一些废弃物需要很好地管理,如孵化废弃物、禽粪、死禽与污水等。

10.2.5.2　孵化废弃物的管理

孵化的废弃物有无精蛋、死胚、毛蛋、蛋壳等,孵化废弃物在热天很容易招惹苍蝇,有些蝇类甚至在其上繁殖,因此,应尽快处理。未受精蛋常用于加工食品;死胚、毛蛋、死雏等可制成干粉,蛋白质含量达22%～32%,可替代肉骨粉与豆饼;蛋壳粉为含有少量蛋白

质的钙质饲料,但利用这些废弃物必须进行高温灭菌。没有条件进行高温灭菌或加

工成副产品的小型孵化厂,每次出雏的废弃物必须尽快作深埋处理。

10.2.5.3　禽粪的收集与利用

(1)禽粪的收集

1)干粪收集系统　高床鸡舍多采用干粪收集系统,平时不清粪,待鸡群淘汰或转群后一次全部清除积粪。由于强制通风,有的装设齿耙状的松粪机,下部的积粪水分蒸发多,比较干燥,这种系统处理禽粪的数量少,能防止潜在水污染,减轻或消除臭味,不需要经常清粪,粪含水分少,易于干燥。但地面处理要好,能防止水分的渗漏;管理要好,供水系统不能漏水或溢水;由于难以装设自动清粪系统,粪尘有可能飞扬,所以必须设置良好的通风系统,气流能够均匀地通过积粪的表层。

2)稀粪收集系统　如设有地沟和刮粪板的鸡舍,或者设有粪沟,用水冲洗的鸡舍等都属稀粪收集系统。稀粪可以通过管道或抽送设备运送,需用人力较少。如有足够的农田施肥,这一系统比较经济。但有臭味,禽舍内易产生氨与硫化氢等有害气体,可能污染地下水,且含水量高的稀粪处理时耗能量多。

相比较而言,干粪收集系统对禽舍内环境造成不良影响要小,这种收集系统只要进行有效管理,有害气体与臭味很少发生,苍蝇的繁殖也能控制,对家禽场的卫生有利,也很少导致公害的发生。

(2)禽粪的利用　各种新鲜禽粪氮、磷、钾含量丰富,家禽鲜粪的产量相当于其每天采食饲粮量的 110% ~ 120%,其中含有固体物 25% 左右。每千只蛋鸡每年约产鲜粪45.6 t,约 34.7 m^3。

1)直接施撒农田　如无地方堆放,新鲜禽粪也可直接施用,但用量不可太多。禽粪中有 20% 的氮、50% 的磷能直接为作物利用,其他部分为复杂的有机分子,需经长时期在土壤中由微生物分解后才能逐渐为作物所利用。因此,禽粪既是一种速效肥,也是一种长效有机肥。如家禽场附近有足够的农田,而且有适用的机具,如撒粪机具开沟、撒粪、掩土等多种功能,能将禽粪均匀施撒在农田中,又能防止粪臭大量散发,这是一种简便经济的方法。10 万只蛋鸡粪可施肥农田 46 万 m^2。

2)堆肥　利用好气微生物,控制好其活动的各种环境条件,设法使其进行充分的好气性发酵。禽粪在堆腐过程中能产生高温,4~5 天后温度可升至 60~70 ℃,两周即可达均匀分解、充分腐熟的目的,其施用量比新鲜禽粪可多 4~5 倍,如堆肥高 1.5 m,则 10 万只蛋鸡需用 1 m^2 做堆肥场。

3)干燥　鸡粪用搅拌机自然干燥或用干燥机烘干制成干粪,可作果树、蔬菜的优质有机肥。目前,国内已研制出各种干粪处理办法,生产出各种型号的干燥机,既改善了养禽场的环境条件,又增加了养禽场的收入。

10.2.5.4　污水处理

家禽场每天由水槽末端排流混浊水,以及冲刷禽舍的脏水和孵化厂流出的脏水,产生大量污水;这些污水中含有固形物 1/10 ~ 1/5 不等。如果任其流淌,特别是通过阴沟,则会臭味四散,污染环境或地下水,故须进行适当的处理。

(1)沉淀　实验证明,含 10% ~ 33% 鸡粪的粪液放置 24 h,80% ~ 90% 的固形物会沉淀下来。有些大型鸡场将污水通过地沟流淌到鸡场后的污水处理场,经过两级沉淀后,水质变得清澈,可用于浇灌果树或养鱼。

(2)用生物滤塔过滤 生物滤塔是依靠滤过物质附着在多孔性滤料表面所形成的生物膜来分解污水中的有机物。通过这一过程,污水中的有机物既过滤又分解,浓度大大降低,可得到比沉淀更好的净化程度。

思考与练习

1. 家禽保健的基本要求有哪些?
2. 论述禽场疾病综合防控措施。
3. 如何制定科学的免疫程序?
4. 种鸡场应对哪几种传染病进行净化? 如何净化?
5. 如何提高禽场废弃物处理的生态效益和经济效益?

第11章　禽场的经营管理与产品质量

11.1　禽场经营方式与决策

掌握禽场经营管理的基本方法是获得良好经济效益的关键。因此,除善于经营外,还须认真搞好计划管理、生产管理和财务管理,同时生产与销售高质量、价格有竞争力的禽产品,从市场获得应有的效益和声誉。

11.1.1　经营与管理

(1)经营与管理的概念　经营与管理是两个不同的概念。经营是指在国家法律、条例所允许的范围内,面对市场的需要,根据企业内部的环境和条件,合理的确定企业的生产方向和经营总目标;合理组织企业的产、供、销活动,以求用最少的人、财、物消耗,取得最多的物质产出和最大的经济效益,即利润。管理是指根据企业经营的总目标,对企业生产总过程的经济活动进行计划、组织、指挥、调节、控制、监督和协调等工作。

(2)经营与管理的关系和区别　经营和管理是统一体,统一在企业整个生产经营活动中,是相互联系、相互制约、相互依存的统一体的两个组成部分。但两者又是有区别的。

1)经营的重点是经济效益,而管理的重点是讲求效益。

2)经营主要解决企业的生产方向和企业目标等根本性问题,偏重于宏观决策,而管理主要是在经营目标已定的前提下,如何组织和以怎样的效率实现的问题,偏重于微观调控。

(3)搞好经营与管理的意义

1)只有搞好经营与管理,才能以最少的资源、资金取得最大的经济效益。养禽生产风险很大,需要投入资金多,技术性强,正常运行要求组织严密,解决问题及时,其最大的开支是饲料和管理两项费用,饲料费取决于饲料配合和科学的饲养管理,而管理费用取决于经营与管理水平。这一切都要求把科学的经营与管理和科学的饲养管理结合起来。实践证明,只有经营与管理水平高,饲养管理水平才能高。

2)只有搞好经营与管理,才能合理地使用人、财、物,提高企业的生产和生存能力。

3)只有搞好经营与管理,企业有了更新设备、采用新技术的能力,才有能力参与下一轮市场竞争。

4)有高好经营与管理,才能改善本企业职工生活,才能吸引和留住人才。

11.1.2　经营管理者素质的要求

(1)掌握国家方针、政策的能力。经营管理者除了懂得有关法律以外,还要了解国家当前的方针、政策,实际上是善于分析形势。一些养禽企业家的兴起都是利用了当时有利形势,即所谓抓住"机遇"。

(2)具有市场预测应变的能力。市场经济是市场决定生产,而市场又具有多样性和变化性,谁能预测和应变谁就能占领市场。

(3)精通社会关系的能力。要办成一件事有很多关卡,一个成功的企业家上下左右的关系都能通行无阻,他每天的大量活动都是在跑关系。

(4)筹集资金的能力。集约化养禽业是高投入高产出产业,需要大量资金。经营者应有能力筹集到无息或低息的贷款、国家拨款、外资、群众集资。对筹集到的资金使用合理,减少浪费,及时转化为生产能力,增加产出和利润。

(5)根据自身优势确定生产方向、生产规模的能力。

(6)确定采用什么技术的能力

1)高投入高产出,高机械化、自动化,种禽设备主要靠引进,投资高,投资回报时间长,但产品质量高,有市场竞争力。

2)禽舍和设备主要靠国产,投资少,机械化、自动化程度低,收回投资时间较短。

3)因陋就简,尽量减少投资,经营两三年即可收回投资,主要操作依靠体力。此方法饲养的环境很不稳定,家禽发病机会多,禽产品质量难以保障。

(7)制定近期、中期、长期目标和实施措施的能力。近期目标必须切实可行,一定完成,从而鼓舞士气,树立威信。

(8)善于处理好人际关系和调动下属积极性的能力。这里的人际关系是指领导层核心人物之间的关系。而下属的积极性则靠办事公道,经济利益来调动。

(9)鉴定障碍或问题并予以解决的能力。养禽场经常产生的问题有设备方面的问题、禽群方面的问题、人员方面的问题等,所有问题应立即搞清并予以解决。

经营家禽场首先必须对家禽场的经营方式有多了解,然后再进行经营决策。

11.1.3　经营方式

(1)按产品种类划分

1)单一经营　只进行一个生产项目或只生产一种产品。如孵化场只经营孵化,蛋鸡场只生产商品蛋。

2)综合经营　如育种场不仅提供祖代种雏,也出售父母代甚至商品代种蛋与初生雏;有的大型蛋鸡场除生产商品蛋外,其自营的饲料厂也外售饲料等。

(2)按得到主产品的途径划分　综合经营进一步发展形成了养禽联合企业,联合企业一般建有鸡场、孵化厂、饲料厂(三厂)和技术服务部(一部)等,通过不同的途径取得主产品。

1)合同制生产　我国也称辐射经营(包括公司+农户、公司+农场或公司+合作社)。目前有合同制生产肉鸡的较多,如肉鸡联合企业,除建有上述三厂一部外,还建有屠宰场、冷冻厂等。联合企业(辐射体)与养鸡专业户或肉鸡场(辐射对象)签订合同供给后者肉雏、饲料,提供各种防病药物和饲养管理技术指导等。养禽专业户(场)将出栏的肉禽卖给联合企业。有的采取利润分成的办法,也是两者先订合同,辐射体负责产前、产中、产后的系列化服务,辐射对象负责提供饲养场地、人员及日常饲养管理。在利润分配上,将肉雏、饲料、运费、燃料等计入成本(不含工人工资),计算毛利,其 75%~80% 归辐射对象,20%~25% 归辐射体。

2)联合企业内生产 资金与技术力量雄厚的联合企业,特别是内部稿深加工,如鸡肉食品厂、蛋品厂等,又进行产、供、销一条龙的单位,往往在企业内部生产主产品。

从我国当前情况来看,合同制生产对发展家禽业比较有利,一个建有种鸡场、孵化厂、饲料厂和技术服务部的联合企业,可以向专业户提供良种鸡雏、全家配合饲料和疫苗等,在收购产品,这样可用较少的投资在一个县市的范围内推广良种和科学养禽,使养禽事业在一个高起点、高水平的基础上发展,并能较快地得到大量产品和取得良好的经济效益。不少养鸡发达国家一开始也是采用这种方式,以后联合企业内部生产才逐渐占上风,这是因为后者可以应用新的技术和装备进行大规模、高效的生产,并可取得来源稳定的高质量产品。

11.1.4 经营决策

开办一个企业,必须进行可行性研究,遵循一定的决策程序。决策程序一般分为三步:一是形势分析,二是方案比较,三是择优决策。

(1)形势分析 形势分析是企业对外部环境、内部条件和经营目标三者综合分析的结果。

1)外部环境 首先要进行市场调查和预测,了解产品的价格、销量、供求得平衡状况和今后发展的可能。同时也要了解市场现有产品的来源、竞争对手的条件和潜力等。

2)内部条件 主要的有如下几项:①场址适宜经营,如环境适宜生产和防疫;交通比较方便,有利于产品与原料的运输和废弃物的处理;水、电等供应有保证。②资金来源的可靠性,贷款的年限;利率的大小。③生产制度与饲养工艺的先进性,设备的可靠性与效率;人员技术水平与素质;供销人员的经营能力。④饲养禽种来源的稳定性,健康状况与性能水平等。

3)经营目标 ①产品的产量、质量与质量标准;②产品的产值、成本和利润。

一般来说,外部环境特别是市场难于控制,但内部条件能够掌握、调整和提高,企业在进行平衡时,必须内部服从外部,也就是说,养禽场要通过本身努力,创造、改善条件,提高适应外部环境和应变能力,保证经营目标的实现。

(2)方案比较 根据形势分析,制订几个经营方案,实际上这也是可行性研究,同时对不同的方案进行比较,如生产单一产品或多种产品;是独立经营或是合同制生产,是独资或是合资。主要对不同的方案在投入、风险和效益方面进行比较。

(3)择优决策 最后选出最佳方案,也就是投入回收期短,投产后的产品在质量和价格上具有优势,效益较高,市场需求大于供给,需要量将稳定增长,价格有上升的趋势等。选择这样的方案,企业可能获得较大的成功机会。

11.2　禽场的计划管理

家禽场的计划管理是通过编制和执行计划来实现。计划有三类,即长期计划、年度计划和阶段计划,三者构成计划体系,相互联系和补充,各自发挥本身作用。

11.2.1　长期计划

长期计划又称长期规划,是从从总体上规划家禽场若干年内的发展方向、生产规模、进展速度和指标变化等,以便对生产与建设进行长期、全面的安排,统筹成为一个整体,避免生产的盲目性,并为职工指出奋斗目标。长期计划时间一般为 5 年,其内容、措施与预期效果分述如下:

(1)内容与目标　确定经营方针;规划禽厂生产部门及其构成、发展速度、专业化速度、生产结构、工艺改造进程;技术指标的进度;主产品产量;对外联营的规划与目标;科研、新技术与新产品的开展与推广等。

(2)措施　实现奋斗目标应采取的技术、经济和组织措施,如基本建设计划、资金筹集和投放计划、优化组织和经营体制的改革等。

(3)预期效果　主产品产量与增长率、劳动生产率、利润、全员收入水平等的增量。

11.2.2　年度计划

它是家禽场每年编制的最基本的计划,根据新的一年里实际可能性编制的生产和财务计划,反映新的一年里家禽场 生产的全面状况和要求。因此,计划内容和确定生产指标应详尽、具体和切实可行,以作为引导家禽场一切生产和经济活动的纲领。年度计划至少包括以下各项。

(1)生产计划

1)禽群周转计划　其反映家禽场最基本的经营活动,是企业年度计划的中心环节。

2)产品生产计划　主要包括产蛋计划和产肉计划。产蛋计划包括各月及全年每只鸡平均产蛋量、产蛋率、蛋重、全场总产蛋量等。产蛋指标须根据饲养的商品系生产标准,综合本场的具体饲养条件,同时考虑上年的产蛋量,计划应切实可行,经过努力可完成或超额完成。商品蛋鸡场的产肉计划比较简单,主要根据每月及全年的淘汰鸡数和重量来编制。商品肉鸡场的产品计划中除每月的出栏数、出栏重外,应订出合格率与一级品率,以同时反映产品的质量水平。

3)饲料计划　根据各阶段鸡群每月的饲养数、月平均耗料量编制。饲料如为购入的,只注明饲料标号,如幼雏料、中雏料、大雏料、蛋鸡一号、蛋鸡二号料即可,如为本厂自配,须列出饲料种类及其数量。

(2)劳动工资计划　计划包括在职职工、合同工、临时工的人数和公职总额及其变化情况,各部门职工的分配情况、工资水平和劳动生产率等。

(3)物资供应和产品销售计划　为保证生产计划和基本建设计划得以顺利实现,需要对全年说需的生产资料做出全面安排,尤其是饲料、燃料、基建材料中应包括各种物资的需要量、库存量和采购粮,通过平衡,确定供应量和供应时期。

(4)产品成本计划　此计划是加强成本管理的一个重要环节,是贯彻勤俭办企业的重要手段。

(5)财务计划　对家禽场全年一切财务收入进行全面核算,保证生产对资金的需要和各项资金的合理使用。内容包括财务收支计划、利润计划、流动资金与专用资金计划和信贷计划等。

11.2.3　阶段计划

禽场在年度计划内一定阶段的计划。一般按月编制,把每月的重点工作,如进雏、转群等预先安排组织、提前下达,尽量做到搞好突击性工作,同时使日常工作照样顺利进行。要求安排尽量全面,措施尽量明确具体。

11.3　禽场的生产管理

家禽场的生产管理是通过制定各种规章、制度和方案作为生产过程中管理的纲领或依据,使生产能够达到预定的指标和水平。

11.3.1　制订技术操作规程

技术操作规程是鸡场生产中按照科学原理制定的日常作业的技术规范。鸡群管理中的各项技术措施和操作等均通过技术操作规程加以贯彻。同时,它也是检验生产的依据。不同饲养阶段的鸡群,按其生产周期制定不同的技术操作规程。如育雏(育成鸡或蛋鸡)技术操作阶段规程通常包括以下一些内容:对饲养任务提出生产指标,使饲养人员有明确的目标;要尽可能采用先进的技术和反映本场成功的经验;条文要简明具体。规程要邀集有关人员共同逐条认真讨论,并结合实际作必要的修改。只要直接生产人员认为切实可行时,各项技术操作才有可能得到贯彻,制定的技术操作规程才有真正的价值。

11.3.2　制订日工作程序

将各类禽舍每天从早到晚按时划分,进行的每项常规操作明文作出规定,使每天的饲养工作有规律地全部按时完成。笼养鸡每天工作程序示例如下。

(1)育雏鸡舍每日工作程序

8:00:喂料,喂料要均匀,防止断料、断水和浪费;严禁饲喂酸败、发霉变质和带有粪水的饲料;在饲料或饮水中加药,预防疾病。

9:00:清除粪便,打扫工作间及舍外门口周围,更换坏灯泡,检查温、湿度和通风;观察鸡群,及时解脱卡、吊鸡,提出笼内死鸡,抓回笼外鸡;注射疫苗。

10:00:检修调整笼门;检查引水系统是否漏水或断水,调整温度使之适宜;观察鸡采食、饮水、粪便及精神是否正常。

11:00:午餐。

12:00:午休。

13:00:喂料;观察鸡群;清扫地面。

15:00:检查笼门;调整鸡群(进鸡后半月将大、小、强、弱分别装笼饲养);察看温度,检查通风;个别治疗。

16:00:认真做好温、湿度(第一周每 2 h 记录 1 次)、增重(每周称重 1 次)、饲料消耗和死亡淘汰鸡数等项目的记录;做好交接班安排。

17:00:值白日班饲养员下班,上夜班的饲养员就位。

(2)育成鸡舍每日工作程序

8:00:喂料,喂料要均匀,防止断水、断料和浪费;严禁喂酸败、发霉变质饲料;药物治疗。

9:00:清除粪便,打扫工作间及舍外周围;观察鸡群采食、饮水、精神和粪便是否正常;及时解脱卡、吊鸡,及时提出笼内死鸡,捉回笼外鸡(包括粪便或承粪板上的鸡);更换坏灯泡,检查照明及通风是否正常;疫苗注射。

10:00:调整不适笼门;检查饮水系统是否漏水;个别治疗。

11:30:午餐。

12:00:午休。

13:00:喂料,堵漏料点。

15:00:观察鸡群;打扫卫生;整修笼门和笼底;调整鸡群(进鸡后半月将大、小、强弱及分开笼饲养,15 天分完);清粪。

16:30:认真做好温度、湿度、增重(每两周抽样称重 1 次)、饲料消耗、死亡淘汰鸡数等项目记录。

17:00:下班。

(3)产蛋鸡舍每日工作程序

6:00:开灯。

7:00:喂料;观察鸡群和设备运转情况(包括饮水系统);记录温度;清刷水槽,打扫室内外卫生。

7:30:早餐。

9:30:准备蛋盘,装蛋车;集中鸡蛋(底层),为拣蛋做好准备工作;抓回地面和粪沟内的跑鸡。

10:30:拣蛋,提死鸡。

11:30:喂料。

12:00:午餐。

15:30:准备蛋盘,装蛋车;喂料;记录。

17:00:捡蛋;打扫卫生,擦拭灯泡;做好饲料消耗、产蛋、死亡、淘汰鸡数等各项记录;清粪。

18:00:晚餐;开灯。

20:00:喂料;1 h 后关灯。

11.3.3　制定综合防疫制度

为保证家禽健康和安全生产,场内必须制定严格的防疫措施,规定对场内、外人员、车辆、场内环境、装蛋放禽的容器进行及时或定期的消毒、禽舍在空出后的冲洗、消毒,各类鸡群的免疫,种鸡群的检疫等。

(1)鸡场卫生防疫制度(示例)

1)场区卫生管理

①鸡场大门口设汽车消毒池和人员消毒池。汽车消毒池长、宽、深分别为 3.5 m、2.5 m、0.3 m,两边为缓坡;人员消毒池长、宽、深分别为 1 m、0.5 m、0.08 m。人员、车辆必须消毒后才可进场。消毒液可用 3% 火碱水,每周更换 2 次。

②场区内要求无杂草、无垃圾,不准堆放杂物,每月用 3% 的热火碱水泼洒场区地面 3 次。

③生活区的各个区域要求整洁卫生,每月消毒 2 次。

④非饲养人员不得进入生产区,工作人员须经洗澡、更衣方可进入。场区脏、净道分开,鸡苗车、饲料车走净道,毛鸡车、出粪车、死鸡处理走脏道。

⑤场区道路硬化,道路两旁有排水沟,沟底硬化,不积水,有一定坡度,排水方向从清洁区流向污染区。

⑥禁止携带与饲养家禽无关的物品进入场区,尤其禁止家禽及家禽产品进入场内,与生产无关的人员严禁入场。

⑦鸡场内禁止饲养其他禽畜。

2)舍内卫生管理

①新建鸡场进鸡前,要求舍内干燥后,屋顶和地面用消毒液消毒一次。饮水器、料桶、其他用具等充分清洗消毒。

②老鸡场进鸡前:第一,彻底清除一切物品,包括饮水器、料桶、网架或垫料、支架、粪便、羽毛等;第二,彻底清扫鸡舍地面、窗台、屋顶以及每一个角落,然后用高压水枪由上到下,由内向外冲洗。要求无鸡毛、鸡粪和灰尘;第三,待鸡舍干燥后,再用消毒液从上到下整个鸡舍喷雾消毒 1 次;第四,撤出的设备,如饮水器、料桶、垫网等用威岛等消毒液浸泡 30 min,然后用清水冲洗,置阳光下暴晒 2~3 天,搬入鸡舍;第五,进鸡前 6 天,封闭门窗,用 3 倍剂量福尔马林(每立方米用高锰酸钾 21 g,福尔马林 42 mL),熏蒸 24 h(温度 20~25 ℃,湿度 80%)后,通风 2 天,此后人员进鸡舍,必须换工作服、工作鞋,脚踏消毒液。

③鸡舍门口设脚踏消毒池(长宽深分别为 0.6 m、0.4 m、0.08 m)或消毒盆,消毒液每天更换 1 次。工作人员进入鸡舍,必须洗手,脚踏消毒液,穿工作服、工作鞋。工作服不能穿出鸡舍,饲养期间每周至少清洗消毒 1 次。

④鸡舍坚持每周带鸡喷雾消毒 2~3 次,鸡舍工作间每天清扫 1 次,每周消毒 1 次。

⑤饲养人员不得互相串舍。鸡舍内工具固定,不得互相串用,进鸡舍的所有用具必须消毒后方可进舍。

⑥及时捡出死鸡、病鸡、残鸡、弱鸡,死鸡装入饲料内袋密封后焚烧或深埋;病鸡、残

鸡、弱鸡隔离饲养。严禁死鸡贩子入场,不可因小失大。

⑦经常灭鼠,注意不让鼠药污染饲料和饮水。

⑧采取"全进全出"的饲养制度。

11.3.4 建立岗位责任制

在家禽场的生产管理中,要使每一项生产工作都有人去做,并按期作好,使每个职工各得其所,能够充分发挥主观能动性和聪明才智,需要建立联产计酬的岗位责任制。

联产计酬岗位责任制的制定主要是责、权、利分明。内容包括:承担那些工作职责、生产任务或饲养定额;必须完成的工作项目或生产量(包括质量指标);授予的权利和权限;超产奖励、欠产受罚的明确规定。

根据各地实践,对饲养员的承包实行岗位责任制,大体有如下几种方法。

(1)完全承包法 对饲养员停发工资及一切其他收入。每只禽按入舍计算交蛋,超出部分全部归己。育成禽、淘汰禽、饲料、禽蛋都按场内价格记账结算,经营销售有场部组织进行。

各种承包办法的实质都是相同的,可以由此衍生出各种方法。但本方法是彻底的,而对饲养员个人来说风险也是很大的。

(2)超产提成 这种承包方法首先保证饲养员的基本生活费收入,因为养禽生产风险很大,如鸡受到严重传染病侵袭,饲养员也无能为力。承包指标为平均先进指标,要经过很大努力才能超额完成。奖罚的比例也是合适的,奖多罚少。这种承包方法各种禽场都可以采用。

(3)有限奖励承包方法 有些养禽场为防止饲养员因承包超产收入过高,可以采用按百分比奖励方法。如一鸡场对育雏育成人员承包方法,20周龄育成率达90%日工资每人每天10元。每超过一个百分点增加2元。育雏率最高100%,日工资为30元,等于封顶。如果基数定的低一点,奖励水平仍能高一些。

(4)计件工资制 养禽场有很多工种可以执行计件工资制。如加工1吨饲料,报酬几元;雌雄鉴别,每只鸡多少钱。对销售人员取消工资,按销售额提成。只要指标定得恰当都能激发工作和劳动的积极性。

(5)目标责任制 现代化养禽企业投入产出的关系标准化,由于高度机械化和自动化,用人很少,生产效率很高,工资水平也很高,在这种情况下不用承包制而用目标责任制,完成目标拿工资,年终还有红包,完不成者将被辞退。这种制度适用于私有现代化养禽企业。承包方法必须按期兑现。由于生产成绩突出而获得高额奖励,必须如数付给。如因指标确定不当也应兑现。承包指标不应经常修订。应在年初修订,场方与饲养人员签订合同,合同期至少一年或一个生产周期。建立了岗位制,还要通过各项纪录资料的统计分析,不断进行检查,用计分方法科学计算出每一职工、每一部门、每一生产环节的工作成绩和完成任务的情况,并以此作为考核成绩及计算奖罚的依据。

11.3.5 禽场的劳动定额

影响劳动定额的因素:集约化程度,大型养禽场劳动率较高,专业程度高有利于提高劳动效率;机械化程度,机械化主要减轻了饲养员的劳动强度。因此,应该提高劳动定额;管理因素,管理严格效率高;所有制因素,私有制大型养禽场、三资企业注重劳动效率;地区因素,发达地区效率高。

11.4　禽场的财务管理

11.4.1　财务管理任务

家禽场的所有经营活动都要通过财务工作反映出来,因而,财务工作是家禽场经营成果的集中表现。搞好财务管理不仅要把账务记载清楚,做到账账相符,日清月结,更重要的是深入生产实际,了解生产过程,通过不断经济活动分析,发现生产及各项活动中存在并急需解决的问题,研究并提出解决的方法和途径,做好企业经营参谋,以不断提高家禽场的经营管理水平,从而取得最好的经济效益。

11.4.2　成本核算

在家禽场的财务管理中成本核算是财务活动的基础和核心。只有了解产品的成本,才能算出家禽场的盈亏和效益的高低。

(1)成本核算的基础工作

1)建立健全各项财务制度和手续。

2)建立禽群变动日报制度,包括饲养禽群的日龄、存活数、死亡数、淘汰数、转出数及产量等。

3)按各成本对象合理地分配各种物料的消耗及各种费用,并由主管人员审核以上材料,数字要正确,认真整理清楚,这是计算成本的主要依据。

(2)成本核算的对象和方法

1)成本核算的对象:每个种蛋、每只初生雏、每只育成禽、每千克禽蛋、每只肉用仔禽。

2)成本核算的方法

①每只种蛋的成本核算　每只入舍母禽(种禽)自入舍至淘汰期间的所有费用加在一起,即为每只种禽饲养全期的生产费用,扣除种禽残值和非种蛋收入被出售种蛋数除,即为每个种蛋成本,如下式:

每个种蛋成本=[种蛋生产费用-(种鸡残值+非种蛋收入)]/出售的初生蛋雏数

种禽生产费用包括种禽育成费用,饲料、人工、房舍与设备折旧、水、电费、医药费、管理费、低值易耗品等。

②每只初生蛋雏的成本核算　种蛋费加上孵化费用扣除出售无精蛋及公雏收入被出售的出生蛋雏数除,即为每只初生蛋雏的成本,如下式:

每只初生蛋雏成本=[种蛋费+孵化生产费-(未受精蛋+公雏收入)]/出售的初生蛋雏数

孵化生产费用包括种蛋采购、孵化房舍与设备折旧、人工、水电、燃料、消毒药物、鉴别、马立克疫苗注射、雏禽发运和销售费等。

③每只育成鸡成本核算　每只初生蛋雏加上育成期其他生产费用,再加上死淘均摊损耗,即为每只育成禽的成本。育成禽的生产费用包括蛋雏、饲料、人工、房舍与设备折旧、水、电、燃料、医药、管理费及低值易耗品等。

④每千克禽蛋成本　每只入舍母禽(蛋禽)自入舍至淘汰期间的所有费用加在一起即为每只蛋禽饲养全期的生产费用,扣除蛋禽残值后除以入舍母禽总产蛋量(kg),即为每千克禽蛋成本。如下式:

$$每千克禽蛋成本=(蛋禽生产费用-蛋禽残值)/入舍母禽总产蛋量(kg)$$

蛋禽生产费用包括蛋禽育成费用、饲料费、人工费、房舍与设备折旧费、水电费、医药费、管理费及低值易耗品等。

⑤每只出栏肉用仔禽成本　每只肉雏加上饲养全期其他生产费用,再加上死淘均摊损耗,即为每只出栏仔禽成本。

肉用仔禽生产费用包括肉雏、饲料费、人工费、房舍与设备折旧费、水费、电费、燃料费、医药费、管理费及低值易耗品等。

(3)考核利润指标

1)产值利润及产值利润率　产值利润是产品产值减去可变成本和固定成本后的余额。产值利润是一定时期内总利润额与产品产值之比。计算公式为:

$$产值利润率=利润总额/产品产值×100\%$$

2)销售利润及销售利润率

$$销售利润=销售收入-生产成本-销售费用-税金$$

$$销售利润率=产品销售利润/产品销售收入×100\%$$

3)营业利润及营业利润率

$$营业利润=销售利润-推销费用-推销管理费$$

企业的推销费用包括接待费、推销人员工资及旅差费、广告宣传费等。

$$营业利润率=营业利润/产品销售收入×100\%$$

利润反映了生产与流通合计所得的利润。

4)经营利润及经营利润率

$$经营利润=营业利润±营业外损益$$

营业外损益指与企业的生产活动没有直接联系的各种收入或支出。例如,罚金、由于汇率变化影响到的收入或支出、企业内事故损失、积压物资削价损失、呆账损失等。

$$经营利润率=经营利润/产品销售收入×100\%$$

5)衡量一个企业的赢利能力　养禽生产是以流动资金购入饲料、雏禽、医药、燃料等,在人的劳动作用下转化成禽蛋产品,通过销售又回收了资金,这个过程叫资金周转一次。利润就是资金周转一次或使用一次的结果。既然资金在周转中获得利润,周转越快,次数越多,企业获利就越多。资金周转的衡量指标是一定时期内流动资金周转率。

$$资金周转率(年)=年销售总额/年流动资金总额×100\%$$

企业的销售利润和资金周转共同影响资金利润高低。

$$资金利润率=资金周转率×销售利润率$$

企业赢利的最终指标应以资金利润率作为主要指标。如一肉鸡场的销售率是7.5%,如果一年生产 5 批,其资金利润是:资金利润率=7.5%×5=37.5%。

11.5　无公害禽产品质量控制

11.5.1　无公害禽蛋质量控制

11.5.1.1　商品蛋的初加工

我国目前一般鸡场生产的商品蛋,分拣出破损和脏蛋,合格蛋装箱上市销售,随着蛋品上市量的增加,消费者对蛋品质量要求逐步提高。国外,蛋鸡饲养规模大而集中,食用蛋上市前加工较细致,以提高商品蛋的等级。饲养 50 万只以上的大型蛋鸡场,场内需设蛋加工厂,鲜鸡蛋上市前经过:集蛋→送入蛋处理车间(洗蛋→吹干→照检→分级→涂油→包装)→商品蛋储存库→运输→上市销售等一系列过程。现将主要加工过程分述如下:

(1)集蛋　母鸡产蛋后由人工集蛋车或专用传送带,将蛋送到鸡舍一端集蛋间内,再由总集蛋带送入蛋处理间。

(2)洗蛋　蛋在产出、收集、存放和转运过程中,蛋壳已占有污物,应送入洗涤室内洗涤,一般用加有去垢剂的 47 ℃循环过滤温水冲洗,洗净蛋壳,最后在清水槽中冲去消毒液。蛋污物较多,一次不能洗净的,可再循环一次洗净。洗后的蛋随之在专门的热风处快速吹干。

(3)照检　用照检灯或透视光屏,强光下便能明显看到被检蛋壳有无破纹和蛋内部品质的差别,将破壳蛋和血肉斑的拣出。

(4)分级　先进的照检设备可与自动分级器的精密机械装置连接。自动分级器按要求的质量等级,将蛋自动分为若干等级,重量误差可在 0.7 g 以上。

(5)涂油　食用蛋装箱之前,在蛋面上喷涂一层薄薄的矿物油,可更好地保持其内部品质,延长贮放时间。

(6)装箱　以上不同规格和数量包装盛放,用蛋托装进箱内,并标明生产日期。

(7)运输和上市销售　鲜蛋属鲜产品,不宜贮放,经包装后直接运送到市场销售。由于蛋品流通渠道上周转所需时间很短。因此,消费者基本上都可购买到优质鲜蛋。

11.5.1.2　禽蛋药物残留控制

近年来,人们对食品有害物质的残留引起了高度重视,期望能够吃上安全的绿色食品。进入 21 世纪,中国加入了世界贸易组织(WTO),进出口鲜蛋品越来越多,蛋中有毒有害物质将引起人民的关注。

(1)禽蛋中药物沉积机制　对于产蛋禽,兽药和抗球虫药通常被大量地用于治疗,或饮水,或拌料。有时也可能通过饲料加工厂偶然的交叉污染而达到一定药物浓度,一些药物必须透过肠壁到达动物全身才能发挥作用;有的药物如抗球虫药只需在动物胃肠道中起作用,不过它们仍会被部分吸收。为了透过生物膜或与生物膜发生作用,这两类药物都拥有一定的亲脂性。因此,它们自然有一些会透过肠道屏障。这种亲脂性是它们靶器官或靶细胞完成消灭微生物或球虫所必需的前提条件。当这些药物进入血液后,便会分布到全身各处。在产蛋禽,卵巢、形成卵黄的生长卵泡、输卵管(蛋白分泌和形成的地方)也不例外。沉积于每一种组织中的数量及其代谢产物,由它们的物理化学性质决定。对于蛋,药残分配方式受蛋黄和蛋白形成过程的影响。

蛋黄和蛋白中的药物动力学,表现出某中共同的特征。药物残留首先出现在蛋白部分,它们反映了血浆中的水平。在血浆和随后的蛋白中达到稳定的水平所需要的时间一般为 2～3 天。蛋黄中的药物残留反映了在它们 10 天快速生长内的血浆水平,因而要根据相对于卵黄生长的用药时间长短和用药开始时间来定,蛋黄中的水平可能会上升、恒定或下降。蛋黄中的药残水平要变为恒定,用药 8～10 天是必要的。根据药物的性质和检测方法的灵敏度,有的药物只用一次就可在蛋黄或蛋白中检测到。要在蛋黄和蛋白中不出现药物残留,主要取决于被检药物在血浆中的水平。能够在体内被迅速清除的药物,在停用后 2～3 天内就不会在蛋白中出现。要在蛋黄中不出现药残,需 10 天左右。有些药物尽管在快速增长期吸收很微量,但在增长中间过渡期,蛋黄沉积残留的药物也可检测出。这可能解释了这样一个事实,鸡蛋中的氯霉素停药 70 天后仍能检测到。

(2)禽蛋中抗生素及磺胺类药物残留 实验表明,给产蛋鸡喂链霉素,每千克体重为 22 mg,在蛋中残留 96～120 h;喂土霉素,每千克体重为 44 mg,在蛋重残留 72～96 h;饲喂磺胺二甲基嘧啶,每天每千克体重为 4 000 mg,在肌肉、肝脏、脂肪中分解残留 10 天或大于 10 天。人食用有抗生素磺胺类药物残留的禽蛋会引起如下危害:①青霉素、链霉素引起过敏性休克和严重皮炎;②氯霉素、合霉素引起再生障碍性贫血和颗粒细胞缺乏症;③磺胺类药物引起无尿症和严重皮疹;④卡那霉素引起神经损害;⑤四环素引起二重感染等,都往往足以致命或导致残废。

(3)禽蛋中农药残留 禽蛋中的农药残留主要是指有机氯和有机磷两种农药,有机氯农药包括六六六、滴滴涕等;有机磷农药包括乐果、敌百虫等。这些药物都是 20 世纪 40 年代开始生产,50 年代大量使用,70 年代认为它们是一种严重的公害物质,特别是有机氯六六六、滴滴涕,危害人畜更为突出,许多国家已禁用或限用。家禽采食富有农药残留量的饲料,这些农药就会积累在禽体内。特别是禽体的脂肪组织、肌肉组织、其他脏器和卵巢内的卵子,均含有程度不同的农药残留量。禽所产的蛋,也会有农药残留量存在。人食用含有六六六和滴滴涕农药的蛋,引起肝脏、肾脏的机能障碍,无有效的治疗方法,并对中枢神经系统产生明显的中毒作用,并具有一定的致癌作用。我国对于禽蛋制品内含有六六六和滴滴涕残留量有一定限量。禽蛋(去壳)中六六六和滴滴涕的限量不得超过 1.0 mg/kg,冰全蛋中六六六和滴滴涕的限量为 0.1～0.5 mg/kg。国外对超过限量的产品均进行烧毁。

(4)有害元素残留 禽蛋中的有害元素残留,目前主要指镉、铝、汞和砷等,人长时间吃了污染有害元素的禽蛋,就会使人患慢性中毒。

人长期食用污染了汞的禽蛋和其他食品,对神经系统有积累性毒性,造成死亡或先天性(胎儿)疾病。人长期食用污染了砷的禽蛋和其他食品,会引起脑麻痹症。人长期食用污染了铅的食品,能影响人体内的酶及正铁红色素的合成,也影响神经系统。有些皮蛋含有铅,食用是应注意。人长期食用污染了镉的禽蛋、水或其他食物,会引起心血管疾病。

世界卫生组织规定禽蛋有关元素污染的限量:铅量为 0.1 mg/kg,汞量为 0.001 mg/kg,砷量为 0.05 mg/kg,镉量为 0.01 mg/kg。我国对鲜蛋内有害元素的限量:汞量为 0.05 mg/kg。

11.5.2　无公害禽肉质量控制

改革开放以来,我国肉禽业从商品生产几乎是零的状态,迅速发展成为在畜牧业中群体生产规模最大、社会影响与贡献最大的行业。因而,禽产品在生产与加工过程中造成的药物残留,引起了国内外消费者的高度重视,人们期望获得无药物残留的绿色禽产品。目前,我国禽肉产品药物残留是影响出口的关键性因素。因此,商品肉禽生产与加工过程中应严禁使用禁用药,并根据国内外肉禽产品的质量要求,随时调整用药程序和方法。

无公害食品鸡肉理化与微生物指标:无公害食品鸡肉屠宰前的活鸡应来自非疫区,其饲养过程符合中华人民共和国农业标准 NY5035、NY5036、NY5037 和 NY/T5038 的要求,并经检疫、检验合格。活鸡屠宰前应按中华人民共和国农业行业标准 NY467 要求,经检疫、检验合格后,再进行加工。加工过程中不使用任何化学合成的防腐剂、添加剂及人工色素。分割后的鸡体应先预冷后分割;从活鸡放血至加工或分割产品到包装入冷库时间不得超过 2 h。分割后的鸡体各部位应修剪外伤、血点、血污、羽毛根等。需冷冻的产品应在-35 ℃以下环境中,其中心温度应在 12 h 内达到-15 ℃以下。包装材料应全新、清洁、无毒无害。分割冻鸡产品应储存在-18 ℃以下的冷冻库。库温一昼夜升温不得超过-15 ℃。

实验实习指导

实验1　家禽外貌识别与体尺测量

1.1　实验目的

掌握保定家禽的方法,熟悉禽体外貌部位和羽毛的名称;了解家禽性别和年龄的识别方法;掌握家禽体尺测量方法。

1.2　实验材料和用具

家禽骨骼标本、成年公母鸡、禽体外貌部位名称图、皮尺、卡尺、游标卡尺、胸角器等。

1.3　实验内容

1.3.1　家禽的保定

用左手大拇指和食指夹住鸡的右腿,无名指与小指夹住鸡的左腿,使鸡胸腹部置于左掌中,并使鸡的头部向着鉴定者。这样把鸡保定在左手上不致乱动,又可以随意转动左手,以便观察鸡体各部。鸭、鹌鹑、鸽的保定法与鸡略同。鹅和火鸡因体躯较大且重,应放置笼中或栏栅里进行观察。

1.3.2　禽体外貌部位的识别

按禽体各部位,从头、颈、肩、翼、背、胸、腹、臀、腿、胫、趾和爪等部位仔细观察,并熟悉其部位名称,观察时参阅禽体外貌部位名称图。在观察过程中,需注意各部位特征与家禽健康的关系以及禽体在生长发育上有无缺陷,例如歪嘴、胸骨弯曲和曲趾等。

(1)鸡的外貌　鸡的头部有冠,冠有多种形状,指出组成鸡冠部位名称以及玫瑰冠和豆冠的区别。公鸡梳羽、蓑羽、镰羽长而尖,胫部有距。1岁时,距的长度约1 cm。母鸡冠与肉垂较小。颈羽、鞍羽、覆尾羽较短,末端呈钝圆形。后躯发达,腹部下垂。青年鸡的羽毛结实光润,胸骨直,耻骨末端柔软,胫部鳞片光滑细致、柔软,小公鸡的距尚未发育完成。小母鸡的趾骨薄而有弹性,两趾骨间的距离较窄,泄殖腔较紧而干燥。老鸡在换羽前的羽枯涩调萎,胸骨硬,有的弯曲,胫部鳞片粗糙,坚硬,老龄公鸡的距相当长。老母鸡耻骨厚而硬,两耻骨间的距离较宽,泄殖腔肌肉松弛。

(2)鸭的外貌　鸭头部较大,喙长而扁平,喙缘两侧呈锯齿形。在上喙的尖端有一坚硬的豆状突起物,色略暗,称为喙豆。母鸭颈部较细,公鸭颈粗。有色羽公鸭颈部羽毛具有金属光泽。公鸭尾羽中央的覆尾羽向上卷曲,称为性羽,可以用来区分公母。鸭的主翼羽较短小,覆翼羽较大。副翼羽上带翠绿色的羽斑,称为镜羽。后肢胫部较短,前三趾间具有蹼。公鸭叫声嘶哑,发出丝丝沙沙嗓音。母鸭体躯比公鸭小而短。北京母鸭的喙色和脚色较浅,鸣声颇大,作嘎嘎声。

(3)鹅的外貌　由鸿雁驯化而来的中国鹅,颈部细长,头部有凸起的肉瘤(额疱),有些鹅颌下有垂皮或称咽袋。由灰雁驯化而来的国外品种和新疆伊犁鹅颈直粗短,没有肉瘤,也无咽袋。中国鹅种,前躯提起,后躯发达,腹部下垂。外国鹅种,体躯基本上与地面平行,后躯不如中国鹅发达。公鹅体格大,头大,额疱高,颈粗长,胸部宽广,脚高,站立时轩昂挺直,鸣声洪亮。翻开其泄殖腔,可见螺旋状的阴茎。母鹅体格比公鹅小,头小,额疱也较小,颈细,脚细短,腹部下垂,站立时不如公鹅挺直,鸣声低细而短平,行动迟缓。母鹅腹部皮肤有皱褶,形成肉袋,俗称蛋窝。公鹅无蛋窝。

1.3.3　羽毛识别

观察和认识禽体各部位羽毛的名称、形状、羽毛结构、新生羽毛和旧羽毛的区分等。区分正羽、绒羽与纤羽。新旧羽毛有区别。新羽羽片整洁光泽,在秋冬换羽期间,旧羽毛的羽片破烂干枯;新的主翼羽的羽轴较粗大柔软,充血或呈乳白色。旧羽羽轴坚硬,较细,透明。旧羽在羽片基部有一小撮副绒羽,而新羽则没有。羽毛色泽有白、黑、红、浅黄等。羽毛斑型有横斑羽、镶边羽、条斑羽、点斑羽、弧斑羽、彩点斑羽和霜斑羽等。

1.3.4　体尺测量

在进行体尺测量之前,应复习家禽的骨骼,熟悉骨骼和关节的正确位置,使测量的结果更精确。体尺测量的方法如下:

(1)活重　家禽在空腹状态下(一般在每天早上喂料前进行)的体重,是衡量家禽身体发育的重要指标。

(2)胫长　指跖骨的长度。用游标卡尺度量跖骨上关节到第三与第四趾间的垂直距离,是衡量家禽早期骨骼发育的重要指标。

(3)胸角　了解肉鸡、肉鸭胸肌的发育情况。将家禽仰窝在桌案上,用胸角器两脚放在胸骨前端,读出所显示的角度。理想的角度应大于90°。

(4)体斜长　了解禽体在长度方面的发育情况。用皮尺测量锁骨前上关节到坐骨结节间的距离。

(5)胸宽　了解禽体胸腔发育情况。用卡尺测量两肩关节间的距离。

(6)胸深　了解胸腔、胸骨和胸肌发育情况。用卡尺测量第一胸椎到胸骨前缘间的距离。

(7)胸骨长　了解体躯和胸骨的发育情况。用皮尺度量胸骨前后两端的距离。

(8)髋宽　两髋关节间的距离,用卡尺测量。

家禽体尺表见附表1.1。

附表 1.1 家禽体尺表

禽种号	品类	性别	活重/kg	体斜长/cm	胸深/cm	胸宽/cm	胸围/cm	胸角/cm	胸骨长/cm	髋宽/cm	胫长/cm

实验 2 禽蛋的构造和品质鉴定

2.1 实验目的

了解禽蛋的基本构造,掌握禽蛋品质鉴定方法。

2.2 实验材料和用具

(1)材料 新鲜鸡蛋,保存 1 周和 1 个月左右的鸡蛋,煮熟的鸡蛋、鸭蛋、鹅蛋。滤纸,亚甲蓝或高锰酸钾,乙醚或酒精棉,食盐(精盐)。

(2)用具 照蛋器、蛋秤(小天平)、液体比重计、游标卡尺、千分尺、放大镜、培养皿、3~5 L 玻璃缸、小剪刀、小镊子、吸管。蛋壳强度测定仪、罗氏(Roche)比色扇、蛋白高度测定仪。

2.3 实验内容

按下列顺序进行品质鉴定的同时结合观察了解蛋的构造。

(1)蛋壳色泽 禽蛋的蛋壳颜色有白、浅褐(粉)、褐、青、浅绿等。一般蛋壳颜色与蛋的品质以及营养价值没有多大关系。选择种蛋时,一般也不考虑蛋壳颜色。

(2)称蛋重 用蛋秤称测各种家禽的蛋重。鸡蛋的重量为 40~70 g,鹅蛋为 120~200 g,鸭蛋和火鸡蛋重的变动范围均为 70~100 g。

(3)测量蛋形指数 禽蛋的一般形状为椭圆形,有大头(钝端)和小头(锐端)之分。具体蛋形的描述用蛋形指数来表示。蛋形指数通常是长径(纵径)和短径(横径)的比值,用游标卡尺测定。正常鸡蛋的蛋形指数为 1.32~1.39,鸭蛋形指数为 1.20~1.58,鹅蛋的蛋形指数为 1.4~1.5。

(4)蛋的比重测定 蛋的比重不仅能反映蛋的新鲜程度,也与蛋壳厚度有关。比重越大,禽蛋越新鲜,蛋壳越厚实。蛋的比重用浮力法来测定。首先是配制不同比重的食盐溶液,方法是在每 3l 水中中入不同数量的食盐,大体配制成不同比重的溶液,然后用比重计进行校正。最后分盛于玻璃缸内。每种溶液的比重集资相差 0.005,加入食盐量见附表 2.1。

附表 2.1   不同相对密度溶液加入的食盐量

溶液相对密度	加入食盐量/g	溶液相对密度	加入食盐量/g
1.060	276	1.085	390
1.065	298	1.090	414
1.070	320	1.095	438
1.075	342	1.100	463
1.080	365		

测定时先将蛋浸入清水中,然后依次从低比重到高比重食盐溶液中通过。当蛋悬浮在溶液中时,即表明其比重与该溶液的比重相等。新鲜鸡蛋的相对密度在 1.080 以上。

(5)蛋的照检   用照蛋器检视蛋的构造和内部品质。可观察气室大小、蛋壳质地,白壳蛋还可以观察蛋黄颜色深浅和系带的完整性。注意观察蛋壳组织及其致密程度。判断系带的完整性。如系带完整,蛋黄的阴影由于旋转鸡蛋而改变位置,但又能很快回到原来位置;如系带断裂,则蛋黄在蛋壳下面晃动不停。

(6)蛋的剖检   目的在直接观察蛋的构造和进一步研究蛋的各部分重量的比例以及蛋黄和蛋白的品质等。为便于观察位于蛋黄表面的胚盘,剖检前将蛋横放于水平位置 3 min。用小剪刀刀尖在蛋壳中央开一个小洞,然后小心地剪出一个直径为 1~1.5 cm 的洞口,胚盘或胚珠就位于这个洞口下面。受精蛋胚盘的直径 3~5 mm,并有稍透明的同心边缘结构,形如小盘。未受精蛋的胚珠较小,为一不透明的灰白色小点,边缘不整齐。

为进一步研究蛋的构造,将洞口的直径扩大到 2~2.5 cm(蛋壳的碎片不要扔掉)。将内容物小心倒在培养皿中,注意不要弄破蛋黄膜。在蛋壳的里面有两层蛋白质的膜,可用镊子将它们与蛋壳分开。这两层壳膜在蛋壳的钝端、气室所在处最容易看清楚。紧贴蛋壳的叫外壳膜,包围蛋内容物的叫内壳膜。禽蛋蛋白层次分明,从内向外有 4 层,分别为系带与系带层浓蛋白、内稀蛋白、外浓蛋白和外稀蛋白。为暴露内层稀蛋白层,可用剪刀剪穿外浓蛋白层(注意不要弄破蛋黄膜),内稀蛋白从剪口处流出。

(7)称蛋白、蛋黄重   用蛋白蛋黄分离器或吸管使蛋白和蛋黄分离,将蛋白放在预先称好重的培养皿中,一起称重。剩下的蛋黄连同培养皿一起称重。由总重减去培养皿的重量即可分别获得蛋白和蛋黄的重量。

(8)将蛋壳称重(包括碎片)。

(9)观察和统计蛋壳上的气孔及其数量   将两层蛋壳膜剥离,用滤纸吸干蛋壳后用乙醚或酒精棉去除油脂。在蛋壳内面滴上亚甲蓝或高锰酸钾溶液。15~20 min 后,蛋壳表面即渗出许多小的蓝色点或紫红点。借助于放大镜来统计蛋壳上的气孔数(锐端和钝端要分别统计)。统计面积为 1 cm²。

(10)观察蛋黄的层次和蛋黄心   用快刀将熟鸡蛋沿长轴切开。蛋黄由于鸡体日夜新陈代谢的差异,形成深浅不同的同心圆结构,深色层为黄蛋黄,浅色层为白蛋黄。

(11)测定蛋壳厚度   将两层蛋壳膜去掉,用蛋壳厚度仪或千分尺分别测定蛋的锐端、钝端和中间三个部位的壳厚度,然后取平均值。

(12)蛋黄色泽　用罗氏(Roche)比色扇的15个蛋黄色泽等级进行比色,统计该批蛋各级色泽数量和所占的百分比。

(13)测量蛋壳强度　蛋壳强度是指蛋对碰撞和挤压的承受能力,为蛋壳致密坚固性的指标。蛋壳强度用蛋壳强度测定仪测定,单位为 kg/cm^2。

(14)测定蛋白高度和计算哈氏单位　用蛋白高度测定仪测定新鲜蛋和陈旧蛋各1~2枚,计算哈氏单位。首先将在蛋白高度测定仪调整水平,将鸡蛋破壳后倾倒在蛋白高度测定仪的水平玻板上。取蛋黄边缘与浓蛋白边缘之中点,测量三个点取平均值,单位为mm。测出蛋白高度及蛋重后,按蛋白高度测定仪或教材所附的哈氏单位表,查出哈氏单位值。将测定各项数据记录在附表2.2。

附表 2.2　禽蛋品质测定记录表

蛋号	品种	气室直径/mm	保存期/d	系带完整性	蛋重/g	长径/cm	短径/cm	蛋形指数	壳色	壳的厚度/mm
1										
2										
3										
4										
5										

将剖检后蛋的各部分重量及其所占全蛋重的百分率填入附表2.3。

附表 2.3　禽蛋各主要成分重量及比例

编号	品种	蛋壳重/g	蛋白重/g	蛋黄重/g	各部分占的比例/%		
					蛋壳	蛋白	蛋黄
1							
2							
3							
4							

测定和计算新陈蛋(各1~2枚)的蛋白高度和哈氏单位,并填入附表2.4中。计算公式如下:

$$100\log(H-1.7W^{0.37}+7.57)$$

附表 2.4　禽蛋的哈氏单位计算

蛋号	蛋重/g	蛋白高度/mm	哈氏单位
1			
2			
3			
4			

实验 3　孵化器的构造与孵化管理

3.1　实验目的

了解孵化器的原理与构造,掌握孵化器的使用方法,熟习人工孵化的基本管理技术。

3.2　实验材料和用具

19200 型孵化器、温度计、湿度计、体温计、标准温度计、各种记录表格。

3.3　实验内容

3.3.1　孵化器的构造与使用

了解孵化器的构造,熟悉孵化器的使用。按实物依序识别孵化器的各部构造,了解其使用方法。

3.3.2　孵化操作技术

(1)码盘　将种蛋装入孵化蛋盘的过程,每手握蛋 3 个,活动手指使其轻度冲撞,撞击时如有破裂声,有裂纹蛋,取出。装盘时使蛋的钝端向上,装后清点蛋数,登记于孵化记录表中。

(2)种蛋预热　入孵前种蛋要预热,因为凉蛋直接放入孵化机内,由于温差悬殊对胚胎发育不利,还可以防止种蛋表面凝结水气。预热对存放时间长的种蛋和孵化率低的种蛋更为有利。一般在 18~22 ℃的孵化室内预热 6~18 h。

(3)入孵及入孵消毒　将码盘、预热后的种蛋蛋架车推入孵化器中。入孵的时间应在下午 4~5 时,这样白天大量出雏,方便进行雏鸡的分级、性别鉴定、疫苗接种和装箱等工作。当机内温度升高到 27 ℃,相对湿度达到 65% 时,进行入孵消毒。方法为甲醛熏蒸法,孵化器每立方米空间用福尔马林 30 mL,高锰酸钾 15 g,熏蒸时间 20 min。然后打开排风扇,排除甲醛气体。

(4)做好观察记录工作　孵化开始后,要对机显温度湿度、门表温度湿度进行观察记录。一般要求每隔 1 h 观察一次,每隔 2 h 记录一次,以便及时发现问题,得到尽快处理。

(5)温湿度的检查和调节　实习期间应经常检查孵化机和孵化室的温、湿度情况,观察机器的灵敏程度,遇有超温工降温时,应及时查明原因检修和调节。机内水盘每天加温水一次。湿度计的纱布每出雏一次更换一次。

(6)照蛋　生产中,鸡胚孵化到10~11天时进行照蛋。先提高孵化室温度,使室温达到30℃左右。照蛋方法:将蛋架放平稳,抽取蛋盘摆放在照蛋台上,迅速而准确地用照蛋器按顺序进行照检,并将无精蛋、死胚蛋、破蛋捡出,空位用好胚蛋填补或拼盘。抽、放蛋盘时,有意识地上下左右对调蛋盘,整批蛋照完后对被照出的蛋进行一次复查,防止误判。同时检查有否遗漏该照的蛋盘。最后记录无精蛋、死精蛋及破蛋数,登记入表,计算种蛋的受精率和头照的死胚率。

(7)移盘　鸡胚孵化第18~19天(鸭胚25~26天、鹅胚27~28天、番鸭30~32天)时,把胚蛋从孵化器的孵化盘移到出雏器的出雏盘的过程叫落盘(或移盘)。具体落盘时间应根据二照的结果来确定,当蛋中有1%开始出现"打嘴",即可落盘。

落盘前应提高室温,动作要轻、快、稳。落盘后最上层的出雏盘要加盖网罩,以防雏禽出壳后窜出。落盘前,要调好出雏器的温、湿度及进、排气孔。出雏器的环境要求是高湿、低温、通风好、黑暗、安静。将蛋移至出雏机中,同时增加水盘,改变孵化条件。

(8)出雏　鸡胚孵化20天后,就陆续开始出雏,一般鸭27天、鹅30天、番鸭34天就大量出壳。将出雏机门用黑布或黑纸遮掩,免得已出来的雏鸡骚动。鸡胚孵化满20.5天后,每天隔4~8 h拣出雏鸡和蛋壳一次。为缩短出雏时间,可将绒毛已干、脐部收缩良好的雏迅速拣出,再将空蛋壳拣出,以防蛋壳套在其他胚蛋上引起闷死。对于脐部突出呈鲜红光亮、绒毛未干的弱雏应暂时留在出雏盘内待下次再拣。到出雏后期,应将已破壳的胚蛋并盘,并放在出雏器上部,以促使弱胚尽快出雏。

实验4　鸡胚发育观察

4.1　实验目的

了解家禽胚胎发育的照蛋特征与剖解特征,掌握孵化的生物学检查方法。

4.2　实验材料和用具

孵化5日龄、11日龄、19日龄的鸡胚。鸡胚发育模型、照蛋器、培养皿、放大镜、滤纸、天平、死精蛋、死胎蛋等。

4.3　实验内容

(1)照蛋　用照蛋器检视孵化5天、10天、18天,观察鸡胚胎的发育情形,并用铅笔在蛋壳上记录检视的结果(无精蛋、中死蛋、弱胚、健胚)。观察鸡胚发育模型,了解每日鸡胚照蛋特征。见附表4.1。

附表 4.1　鸡胚照检

项目	第一次(5 天)	第二次(10 天)	第三次(18 天)
无精蛋	蛋内透明,有时蛋中央呈现一阴影(蛋黄)	—	—
中死蛋	蛋内有血圈、血丝,或有死亡的胚胎	蛋内呈红褐色,内部常有血条	气室边界颜色较淡,看不见血管
发育蛋	胚胎下沉或看到黑色眼点,有向外扩散的血管网。 弱胚:胚胎浮于表面,血管网纤细而淡白	尿囊在蛋的尖端合拢,血管网扩散至蛋的尖端。 弱胚:尿囊尚未合拢,蛋的尖端无血管分布,因而淡白	蛋内全为黑色,气室边界弯曲,其周围有粗大的血管,仔细可看出胎动。弱胚:气室边界平齐

(2)剖检观察　打开胚蛋撕开壳膜,首先注意胚胎的位置。尿囊和羊膜的状态,然后用镊子取出胚胎。见附表 4.2。

附表 4.2　胚胎发育不同日龄的外部特征

特征	胚龄/d		
	鸡	鸭	鹅
出现血管	2	2	2
羊膜覆盖头部	2	2	3
开始眼的色素沉着	3	4	5
出现四脚的原基	3	4	5
用肉眼可明显看出尿囊	4	5	5
出现口腔	7	7	8
背出现绒毛	9	10	12
喙形成	10	11	12
尿囊在蛋的尖端合拢	10	13	14
眼睑达瞳孔	13	15	15
头覆盖绒毛	13	14	15
胚胎全身覆盖绒毛	14	15	18
眼睑闭合	15	18	22~23
蛋白全部用完	16~18	21	22~23
蛋黄开始吸收,开始睁眼	19	23	24~26
颈压迫气室	19	15	28

续附表 4.2

特征	胚龄/d		
	鸡	鸭	鹅
眼睁开	20	26	28
开始啄壳	19.5	25.5	27.5
蛋黄吸收大批啄壳	19 天 18 h	25 天 18 h	27.5
开始出雏	20～20 天 6 h	26	28
大批出雏	20.5	26.5	28.5
出雏完结	20 天 18 h	27.5	31～31

实验 5　雏鸡处置技术

5.1　实验目的

了解雏鸡分级、剪冠、断趾、断喙的意义,掌握各项操作技术。掌握初生雏鸡性别鉴定方法。

5.2　实验材料和用具

1 日龄内雏鸡、6～9 日龄雏鸡、碘酒棉球、小剪刀、断喙器、台灯、排粪缸、运雏筐。

5.3　实验内容

5.3.1　雏鸡的分级

根据雏鸡的外观活力,蛋黄吸收情况,脐带的愈合程度,羽毛色泽等进行鉴别分级。区分健雏、弱雏和残雏。

5.3.2　剪冠

肉用鸡为防止父本与母本鸡混群,通常对父本科尼什型品系公母鸡均剪冠。蛋鸡笼养剪冠后便于采食的。剪冠于出壳 24 h 内完成。先用碘酒棉球将鸡冠部羽毛消毒处理,同时使鸡冠充分暴露,便于剪冠操作。左手握鸡,固定好头部,右手用小剪刀从前向后将冠叶一次剪掉。剪完后用碘酒棉球再次消毒创口。

5.3.3　断趾

肉用型公鸡为防止踩伤母鸡背部,于此初生时或 2～3 日龄,用断喙器(断趾器)烙去内侧第一趾(即后侧趾)的末端第一关节,或同时烙去第一、二趾第一关节。

5.3.4　断喙

断喙目的是为防止啄癖和饲料浪费,蛋用雏鸡于 6～9 日龄。断喙常用专门的断喙器来完成,刀片温度在 800 ℃左右(颜色暗红色)。断喙长度上喙切去 1/2(喙端至鼻孔),下喙切去1/3,断喙后雏鸡下喙略长于上喙。

断喙操作要点。首先打开断喙器风扇开关,转动电压旋钮,调节刀片温度,然后调节刀片上下运动频率。单手握雏,拇指压住鸡头顶,食指放在咽下并稍微用力,使雏鸡缩舌防止断掉舌尖。将头向下,后躯上抬,上喙断掉较下喙多。在切掉喙尖后,在刀片上灼烫1.5～2 s,有利止血。

将鸡喙按断喙器圆孔的深度插入断喙器内,边切边烙防止出血,切烙时将鸡体稍向上提,使上喙部多切些。

5.3.5　雏鸡的雌雄鉴别

(1)翻肛鉴别法　首先抓起雏鸡,同时以拇指与食指轻轻压迫其腹部排粪。握雏,开张肛门,在强光下(100 W 灯泡)观察生殖突起的有无,如无突起即为母雏,如有突起则依组织上的差异区别雌雄。见附表5.1。

附表5.1　初生雏雌雄生殖突起组织的差异

生殖突起状态	公雏	母雏
充实和鲜明程度	充实,轮廓鲜明	相　反
周围组织陪衬程度	陪衬有力	无力,突起显示孤立
弹力	富弹力,受压迫不易变形	相　反
光泽及紧张程度	表面紧张而有光泽	有柔软而透明之感无光泽
血管发达程度	发达,受刺激易充血	相　反

(2)羽速鉴别法　鸡的羽毛生长速度的快慢,主要受性染色体上一对基因所控制,故为伴性遗传。用快羽公鸡(kk)配慢羽母鸡(K-),所生雏鸡慢羽是公雏(Kk),快羽是母雏(k-),根据羽速快慢就可鉴别公母,准确率99%左右,方法简单,迅速。应用于白壳蛋鸡。

鉴别时将雏鸡翅膀打开,观察主翼羽与覆主翼羽的相对长度。主翼羽长,覆主翼羽短者为快羽;主翼羽与覆主翼羽长度相等或主翼羽长于覆主翼羽在2 mm 以内,主翼羽短覆主翼羽长以及无主翼羽只有覆主翼羽的均为慢羽。

(3)羽色鉴别法　鸡的银白色羽为显性(S),金黄色羽为隐性(s),而且是伴性遗传。用带金黄色基因的公鸡(ss)与带银白色基因的母鸡(S-)交配,所生雏鸡银白色绒羽的是公雏(Ss),金黄色绒羽的是母雏(s-)。根据雏鸡羽毛颜色鉴别公母,准确率更高,更为一目了然。用于现代鸡种中的褐壳蛋鸡。见附表5.2。

附表 5.2　初生雏鉴别报告

鸡号	肛鉴法	羽鉴法	剖检判定

实验 6　肉鸡屠宰性能测定与内脏观察

6.1　实验目的

掌握肉鸡屠宰的方法和程序以及屠宰性能的计算方法,观察鸡泌尿生殖系统和消化系统,了解鸡的各内脏名称和部位。

6.2　实验材料和用具

成年公母鸡若干只、手术刀、剪刀、承血盆、方瓷盘、电炉、温度计、台秤。

6.3　实验内容

(1)宰前检验　肉鸡在上市前应进行检验检疫,检验合格者才能上市、屠宰。对精神不振、羽毛松乱、行动迟缓、粪便异常的要及时挑出。

(2)宰前停食　宰前先禁食 12~24 h,只供饮水。目的是屠宰时放血完全,减少肠道内容物,以免肠道破裂对屠体造成污染。另外暂时的饥饿可以促使体内肝糖元代谢产生乳酸,有利于禽肉的熟化。宰前 2 h 停水,从外地运来的肉鸡有适当休息时间,有利于放血完全。

(3)宰前称重　经过宰前检验和宰前停食后,称活重,准备进行屠宰性能的计算。

6.4　屠宰

(1)颈外放血法　左手握住鸡两翅,将鸡颈向背部弯曲,并以左手拇指和食指固定其头,同时左手小指钩住鸡的一脚。右手将鸡耳下颈部宰杀部位的手拔去少许,然后用刀切断颈动脉和颈静脉,放血致死。血承受于承血盆中。

(2)口腔内放血法　将鸡两腿分开倒悬于吊鸡架上,左手握鸡头于手掌中,并以拇指和食指将鸡嘴顶开,右手用解剖刀,刀背面与舌面平等伸入口腔,待刀进到左耳部附近,即翻转刀面使刀口向下,用力切断颈静脉和桥形静脉联合处,血沿口腔下流。待刀拉出一半时,再转向硬腭中央裂缝的中部(两眼之间)与硬腭成 30°斜刺延脑,使羽毛松弛,易于干拔羽毛。此法屠体没有伤口,外表完整美观,放血完全。宰鸭子时应从口内将舌头稍稍扭转拉出在口角的外面,使血流畅,以防咽血。

6.5　浸烫拔羽

在血放净后,用 70~80 ℃的热水,浸烫 1.5~2 min。热水渗进毛根,因毛囊周围肌肉的放松而使羽毛宽松,便于拔毛。顺序,先烫脚皮,去掉脚皮后抓住双脚将整只鸡浸入热水中,反复搅动。

6.6　屠宰性能测定

(1)称屠体重　放血、拔羽、去除喙壳脚皮后称取屠体重,湿拔毛必须沥干水分。

(2)开腹去内脏　先挤压肛门,使粪便排出,在肛门下横剪一刀,长度 3 cm,伸进手指把鸡肠拉出,再挖肌胃、心、肝、胆、脾等内脏,仅肺和肾保留在屠体内。

(3)称半净膛重　屠体去气管、食道、嗉囊、肠、脾、胰和生殖器官。留心、肝(去胆)、肾、腺胃、肌胃(除去内容物及角质膜)和腹脂(包括腹部板油及肌胃周围的脂肪)的重量。

(4)称全净膛重　将清洗后的屠体割去脚、头。脚从踝关节分割,头部从第一颈椎处截下。全净膛重为半净膛去心、肝、腺胃、肌胃、腹脂及头脚的重量(鸭、鹅、鹌鹑保留头脚)。

(5)屠宰率的计算　常用的几项屠宰率的计算公式:

$$屠宰率(\%)=\frac{屠体重}{活重}\times100\%$$

$$半净膛率(\%)=\frac{半净膛重}{活重}\times100\%$$

$$全净膛率(\%)=\frac{全净膛重}{活重}\times100\%$$

$$胸肌率(\%)=\frac{胸肌重}{全净膛重}\times100\%$$

$$腿肌率(\%)=\frac{大小腿净肌肉重}{全净膛重}\times100\%$$

6.7　泌尿生殖器官和消化器官的观察

(1)泌尿生殖器官观察　观察公鸡睾丸、输精管、肾脏、输尿管、交配器官位置和形状;观察母鸡卵巢位置、形状、卵泡,输卵管的各部位特征。

(2)家禽的消化系统各器官观察　按照顺序观察口腔、咽、食道、嗉囊、腺胃、肌胃、十二指肠、小肠、盲肠、直肠、泄殖腔、肝脏、胆囊、胰脏等。

参考文献

[1] 杨宁. 家禽生产学[M]. 2版. 北京:中国农业出版社,2012.

[2] 李典友,高松,高本刚. 特禽高效养殖与产品深加工新技术[M]. 北京:金盾出版社,2013.

[3] 黄炎坤,吴健. 家禽生产[M]. 郑州:河南科学技术出版社,2007.

[4] 吴清民. 兽医传染病学[M]. 北京:中国农业大学出版社,2002.

[5] 杨山. 家禽生产学[M]. 北京:中国农业出版社,1995.

[6] 杨山,李辉. 现代养鸡[M]. 北京:中国农业出版社,2002.

[7] 余四九. 特种经济动物生产学[M]. 北京:中国农业出版社,2003.

[8] 赵万里. 特种经济禽类生产[M]. 北京:农业出版社,1993.

[9] 曾凡同. 养鹅全书[M]. 2版. 成都:四川科学技术出版社,1999.

[10] 杨宁,单崇浩,朱元照. 现代养鸡生产[M]. 北京:中国农业大学出版社,1994.